预测控制理论与双层结构
工业算法

丁宝苍　陈瑞芳　熊　广　杨原青　著

科学出版社

北　京

内 容 简 介

本书介绍预测控制理论和双层结构工业算法，包括预测控制原理、预测控制模型辨识、预测控制稳态目标计算、稳定过程和积分过程的双层动态矩阵控制、状态空间模型的双层动态矩阵控制、双层预测控制的非线性和变自由度处理技术，以及两步法状态空间预测控制与广义预测控制。本书综合考虑研究生这类读者群的接受水平和期望，将预测控制理论融入工业领域。本书提供大量仿真算例和例题，并且给出部分程序代码供读者研究与参考。

本书多数内容已经在河北工业大学研究生课程"预测控制"、重庆大学本科生必修课程"先进控制理论"、西安交通大学研究生公共课"泛函分析及应用"、重庆邮电大学研究生必修课"数学优化与最优控制"等课程中进行讲授、打磨和反复修改，因此可作为研究生通用的参考书。本书也适用于对控制理论和工业算法感兴趣的学生、研究人员，以及在控制工程、自动化、计算机科学等领域进行研究和应用的专业人士。

图书在版编目(CIP)数据

预测控制理论与双层结构工业算法 / 丁宝苍等著. -- 北京：科学出版社, 2024. 9. -- ISBN 978-7-03-079192-4

I. TP273

中国国家版本馆 CIP 数据核字第 2024B95R63 号

责任编辑：叶苏苏 / 责任校对：王萌萌
责任印制：罗　科 / 封面设计：义和文创

科学出版社 出版

北京东黄城根北街 16 号
邮政编码：100717
http://www.sciencep.com

四川煤田地质制图印务有限责任公司印刷
科学出版社发行　各地新华书店经销

*

2024 年 9 月第　一　版　　开本：787 × 1092　1/16
2024 年 9 月第一次印刷　　印张：19
字数：451 000

定价：198.00 元
(如有印装质量问题，我社负责调换)

前　　言

模型预测控制（model predictive control，MPC），简称预测控制，已经在流程工业中得到广泛的应用。预测控制以数学模型为基础，通过对系统的预测来优化控制器的设计和调节。它不仅考虑系统的当前状态，还通过对未来状态的预测来优化控制策略，从而获得更高的闭环性能。预测控制理论可以应用于各种领域，如化工过程控制、机械工程控制、电力系统控制等。它在处理时滞、时变和不确定系统时具有优势，并能够适应控制指标的动态变化和消除各种扰动的综合影响。通过引入基于模型的预测，可以提高控制系统的闭环性能、鲁棒性和适应性。本书将深入地介绍预测控制的原理、双层结构工业算法、两步法设计与分析结果、非线性与变自由度的处理技术等，并通过丰富的例题、程序代码来帮助读者理解预测控制的理论和工业内涵。

本书共9章，即绪论、过程测试及非参数模型辨识（第1章、第2章），稳态目标计算（第3章），稳定过程的双层动态矩阵控制、含积分过程的双层动态矩阵控制、基于状态空间模型的双层模型预测控制（第4~6章），双层预测控制的无静差特性、静态非线性和变自由度算法（第7章），两步法状态空间预测控制与广义预测控制（第8章、第9章）。

本书作者丁宝苍从1997年开始接触和学习预测控制理论及工业算法，在攻读硕士期间参加了两个预测控制工程和工业算法应用项目；在攻读博士期间，接触和学习了导师席裕庚教授于20世纪90年代提出的满意控制；博士毕业后，一直从事预测控制和工业算法的学术理论研究，推广预测控制和双层结构工业算法在工业上的应用；2010年开始开发工业算法软件；在围绕本科/研究生教学、科学理论研究和工程实践中，逐渐形成了本书的主体内容。撰写本书的目的在于搭建工程实践与理论研究之间的桥梁，以此促进预测控制和双层结构工业算法在我国的研究与应用。全书由丁宝苍统稿，陈瑞芳参与撰写了第7章部分内容，熊广参与撰写了第8章部分内容，杨原青参与撰写了第9章部分内容。本书的算法通过了长期程序/软件验证，与工业预测控制软件相关的部分的算法更是经过了工程测试和应用。

希望本书能成为预测控制和双层结构工业算法的入门指南，激发读者对该领域的思考，能够为工程实践提供有价值的工具和方法。由于作者水平有限，书中难免有不足之处，衷心希望广大读者批评指正。

丁宝苍

2023年6月于重庆邮电大学

目　　录

第 1 章 绪   论

工业界及业内相关文献中预测控制一般都对应英文 model predictive control。但在很多研究预测控制理论的文献中，预测控制被称为 receding horizon control。在工业界，预测控制除了有滚动优化功能，还有基于模型的预测、反馈校正等其他功能。如果没有反馈校正的功能，那么在基于模型预测的情况下，将预测控制称为 receding horizon control。因此，receding horizon control 在学术理论研究上用得比较多。

1.1 PID 与预测控制

在工业上，自动控制回路 80% 以上都采用比例积分微分 (proportional integral derivative，PID) 控制。有人说这个数字应该是 85%，有人说应该是 90%，对此不可能非常权威地进行统计。不但在民用工业，而且在航天、军工等电子机械装置中，自动控制回路主要采用 PID 控制策略。采用 PID 的控制系统回路框图如图 1.1 所示。图 1.1 中包括 PID；阀门（调节阀）；被控过程（被控装置）(plant)；被控输出 y；被控输出的设定值 y_{sp}(sp 即 set point)；一个加号、一个减号；将被控输出反馈回来，还可以加一个测量环节，但对于理论研究测量环节的特性已包含在 plant 里。

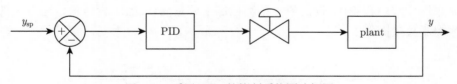

图 1.1 采用 PID 的控制系统回路框图

采用 PID+manual 的控制系统回路框图如图 1.2 所示。很多个 PID，即 PIDs，加了 s 后 y_{sp} 和 y 都是向量。

有人统计，除了 PID，在流程过程控制中预测控制能占 $10\% \sim 15\%$。实际上，有很多工厂是手动操作的，连 PID 都用不上。统计显示，在现代化的工厂即自动化程度非常高的、敢于接受先进控制策略的工厂，大概是 PID 占 80%，预测控制占 10%，还有其他的一些控制策略。

在 PID 基础上采用模型预测控制（model predictive control，MPC）的控制系统回路框图如图 1.3 所示。在预测控制里 $u = y_{sp}$；PIDs 前装上一个 MPC；将 y_{ss} 放 MPC 的前面，称为 y 的稳态目标，也就是 MPC 的设定值；将 y 的测量值传送给 MPC。

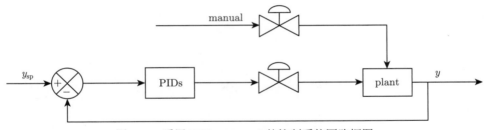

图 1.2　采用 PID+manual 的控制系统回路框图

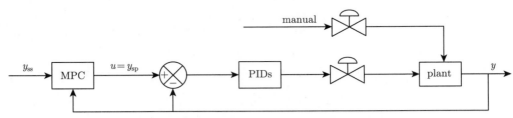

图 1.3　在 PID 基础上采用 MPC 的控制系统回路框图

可控输入 u 在过程控制中称为操纵变量（manipulated variable）；被控输出 y 称为被控变量（controlled variable）；可测干扰 f 称为干扰变量（disturbance variable），但有时也称为前馈变量（feedforward variable）。在本书中，操纵变量简写为 MV；被控变量简写为 CV；干扰变量简写为 DV。这种对三类变量的命名方法符合工业预测控制的习惯。

图 1.2 的 manual 可以替换成自动。要是预测控制用得好，manual 也被预测控制了，那预测控制的 u 包含 $u^1 = y_{sp}^1$ 和 $u^2 =$manual，见图 1.4 。没有用预测控制以前，manual 指人直接操作阀门；PIDs 指用 PIDs 来操作阀门，而人还得操作 PID 的设定值。现在用预测控制来操作阀门和 PID 设定值；预测控制主要是操作 PID 设定值，还有一部分阀门也被预测控制直接操作了。

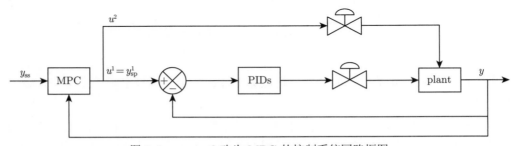

图 1.4　manual 改为 MPC 的控制系统回路框图

当然，图 1.4 也不是一般的实际情况。在实际中，有些项目做不到预测控制所有的 PID 设定值，即还是有一部分 PID 设定值仍然采用人工操作。采用 MPC+PID 的控制系统回路图如图 1.5 所示。有一部分 PID 设定值用预测控制操作，记为 y_{sp}^1；还有一部分 PID 设定值不用预测控制操作，记为 y_{sp}^2。

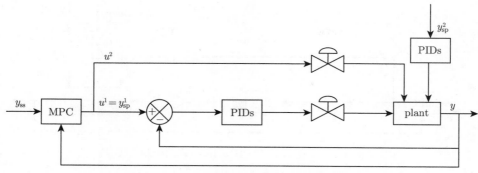

图 1.5 采用 MPC+PID 的控制系统回路图

当然，图 1.5 还不是一般的实际情况。可能有些 manual，也没法预测控制，见图 1.6 。所有的 manual 都用预测控制，确实是很高的水平，但未必所有的项目都能达到。

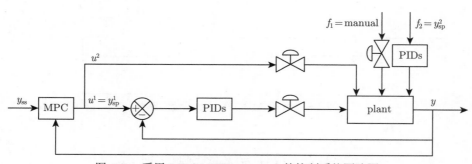

图 1.6 采用 MPC+PID+manual 的控制系统回路图

在工业中，预测控制的 u 并不全是阀门的开度：一部分是阀门开度，另一部分是 PID 的设定值。这一点容易被忽视。

预测控制被控对象如图 1.7 中虚线框所示。也就是说，用预测控制操作一个实际系统，需要建立虚线框内对象的数学模型，而不是仅仅建立 plant 的模型。所以，预测控制所用模型必须把 PID 考虑在内。图 1.7 中的 manual 变成了预测控制的 DV，y_{sp}^2 也是 MPC 的 DV。假设已得到虚线框内的模型，即得到 DV 到 CV 的模型、MV 到 CV 的模型。目前，文献中研究最多的是给定 y_{ss} 时的三个问题：

(1) $\{u(k), u(k+1|k), \cdots, u(k+M-1|k)\}$ 如何优化，即算法（algorithm）。这项研究在 20 世纪七八十年代占主流。

(2) $\{y(k)\}$ 这个点列（k 从 0 变化到无穷）是否收敛，即稳定性（stability）。这是理论研究中最多的。

(3) $y(\infty) = y_{ss}$ 是否成立，即无静差控制（或称无余差控制，即 offset-free control）。

从 20 世纪 90 年代初至 90 年代中后期，稳定性出现了很多成熟的研究结果。无静差性是假设稳定以后的特性，研究得稍微少一些，看起来形式变化要比稳定性问题少一些。

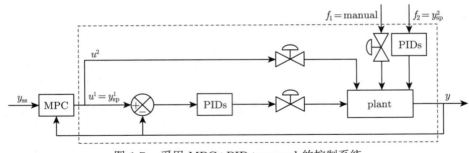

图 1.7   采用 MPC+PID+manual 的控制系统

将图 1.7 中虚线框内的预测控制要研究的对象（过程控制中经常称为广义对象）简写作 plant。然后，图 1.7 就变成图 1.8 了。所以，上面提到的三个问题，都是研究图 1.8 的。

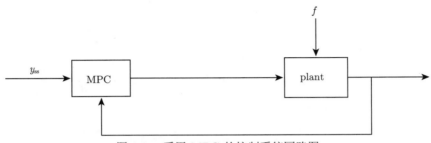

图 1.8   采用 MPC 的控制系统回路图

1.2   双层结构预测控制

当图 1.8 的方案在工业上应用时，还只能称其为动态控制（dynamic control），或者称为动态跟踪（dynamic tracking），在工业软件中经常称为 dynamic move calculation。

要考虑的最大问题，就是 y_{ss} 从何而来。用预测控制前，人工操作阀门，或者人工操作 PID 设定值。换成预测控制，如果 y_{ss} 还是由人来设定，那么仍有较高的操作难度。如果操作 PID 时操作不好，那么操作图 1.8 的预测控制设定值 y_{ss} 不一定有效果、效益。虽然加了 MPC，但是 y_{ss} 不一定能调好。如果不解决 y_{ss} 从何而来的问题，那么预测控制要想提高效益，需要很强的操作经验。因为把 y_{ss} 调到多少直接决定了控制效果和控制器实施效益，所以 y_{ss} 从何而来是关键。

例 1.1   plant 采用一种简单的形式，即传递函数模型 $y(s) = G(s)u(s)$。再根据终值定理可知 $y_{ss} = Gu_{ss}$，其中，G 为稳态增益矩阵。当采用 PID 时，每控制一个 y，就要有一个 y 的设定值。由前面的图可知，预测控制除了控制 PID 设定值，还控制一些原本手动操作的阀门，MV 和 CV 的个数也不一定相等。当 MV 和 CV 的个数不等时，并非对任意一个 y_{ss} 都有满足 $y_{ss} = Gu_{ss}$ 的 u_{ss}。随便设置一个 y_{ss}，预测控制不一定能把 CV 控制到 y_{ss}。根据线性代数知识可知，并非对于任意一个 y_{ss}，方程都有解；唯一解是很巧合的情况；大多数情况下要么无解，要么有无穷多解。工业预测控制不仅要解决 y_{ss} 从何而来的问题，还要解决 u_{ss} 是多少的问题。定义相容性：给定 y_{ss} 有没有对应的 u_{ss}。显然，任

意给定 y_{ss} 不一定有对应的 u_{ss}。定义唯一性：给定一个 y_{ss}，是否有唯一 u_{ss} 与之对应。在多解的情况下，用什么原则来选择 u_{ss}，就得有说明。

在工业操作中，显然不管是 y_{ss} 还是 u_{ss}，可能都跟经济性相关。跟经济性有关，就可以参与优化。在预测控制中，经济性是个广义的概念，不仅包括赚钱，还可能包括能耗、排放（气体、污染）等。

将图 1.8 进行修改：除包括 y_{ss}，还包括 u_{ss}，满足 $y_{ss} = Gu_{ss}$。随便给定一个 y_{ss}，不一定能找到 u_{ss}。当然，随便给定一个 u_{ss}，肯定有唯一的 y_{ss} 与它对应，只要 G 是实矩阵就行了。因为 plant 为 $y(s) = G(s)u(s)$，如果不满足 $y_{ss} = Gu_{ss}$，那么肯定会出现问题：小的是出现静差，大的是动态不稳定；若 $y_{ss} \neq Gu_{ss}$，则很容易引起动态不稳定。

总之，存在一个 $\{y_{ss}, u_{ss}\}$ 的计算问题。图 1.8 的 MPC 称为动态控制。然后，要给动态跟踪输入一组 $\{y_{ss}, u_{ss}\}$，前面就得有一个计算模块，把它称为稳态目标计算（steady-state target calculation，SSTC），如图 1.9 所示。

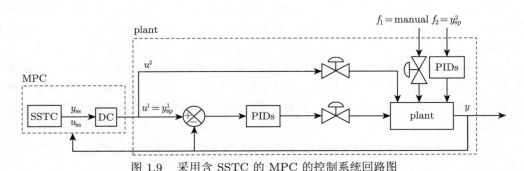

图 1.9　采用含 SSTC 的 MPC 的控制系统回路图

注：DC（dynamic control，动态控制）

既然对 PID 有期许值 y_{sp}，对动态控制有期许值 y_{ss}，那对稳态目标计算也有某种期许值。在稳态目标计算前面有 $\{y_t^{sm}, u_t^{sm}\}$（sm 即 some，表示一部分），$\{y_t^{sm}, u_t^{sm}\}$ 称为理想值（external target，ET），也称外部目标。RTO+ 含 SSTC 的 MPC 的系统回路图如图 1.10 所示。稳态目标计算根据这些理想值和其他的一些因素来计算 $\{y_{ss}, u_{ss}\}$。u_{ss} 或是阀门开度的稳态值，或是 PID 设定值的稳态值。因此，稳态目标计算得到稳态的 PID 设定值和阀门开度，然后动态跟踪计算 PID 设定值和阀门开度，使物理装置动起来。

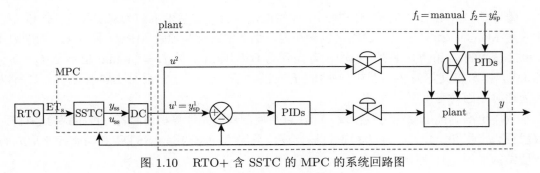

图 1.10　RTO+ 含 SSTC 的 MPC 的系统回路图

注：RTO（real-time optimi zation，实时优化）

由上面可知人工操作 $\{y_{ss}, u_{ss}\}$ 很困难。$\{y_{ss}, u_{ss}\}$ 是控制相关的（因为满足 $y_{ss} = Gu_{ss}$）；$\{y_t^{sm}, u_t^{sm}\}$ 是优化相关的或者是经济性相关的。$\{y_t^{sm}, u_t^{sm}\}$ 满足的关系如下：

$$F(y_t^{sm}, u_t^{sm}, \bullet, \bullet) = 0 \tag{1.1}$$

式中，$\bullet$ 表示其他的变量。然后

$$\min J(\text{economic}) \quad \text{s.t. } (1.1) \tag{1.2}$$

即最小化 J，满足式(1.1)，其中 $J(\text{economic}) = L(y_t^{sm}, u_t^{sm})$ 是跟经济性有关的性能指标。工业中一般将给出 $\{y_t^{sm}, u_t^{sm}\}$ 的称为实时优化（real-time optimization，RTO），其中，实时主要体现为 $F(y_t^{sm}, u_t^{sm}, \bullet, \bullet)$ 涉及的实际系统的物理参数得到实时更新。工业界和学术理论界研究 RTO 的特别多，这是一个很大的研究方向。

注解 1.1 方程(1.1)的特点是稳态的，它与稳态方程 $y_{ss} = Gu_{ss}$ 是不等价的。有些文献把方程 $F(y_t, u_t, \bullet, \bullet) = 0$ 线性化，得到 $y_t = Gu_t$。从学术的角度来讲，就应该这样线性化；否则，线性的和非线性的不一致，从理论的角度来讲也不完美。理论上，如果 $F(y_t, u_t, \bullet, \bullet) = 0$ 线性化以后不是 $y_t = Gu_t$，那么说明模型建得不好。但在工业实践中，可能不是上面的线性化关系。可能式(1.2)优化这件事是由一批人实现的，而预测控制是由另一批人实现的。即使两批人合作，也不一定能达到完全一致。两批人的工作应该保持某种独立性。

也就是说，$\{y_t^{sm}, u_t^{sm}\}$ 有一个更高层的来源，比控制更能直接地体现工业生产的追求。所以 $\{y_{ss}, u_{ss}\}$ 就由更高级的 $\{y_t^{sm}, u_t^{sm}\}$ 驱动。

例 1.2 教育委员会给学校一些指标方面的要求，学校再把指标下达给学院，学院再把指标下达给系。如果学院相当于预测控制，那么系相当于 PIDs。如果一个 PID 相当于一个导师或者一个团队，那么每个系有很多团队，即 PIDs。不管是 PIDs 级别还是学院级别考虑的事情，与更高级（学校、教育委员会）的规划相比，会有些不一样。所以 PIDs 级别和学院级别要做的事情就是尽量去执行更高级别的优化。

1.3 递阶结构预测控制

本节给包含 SSTC 的预测控制画个虚线框，一般来讲学术上称为双层结构 MPC（简称双层 MPC）。如果把式(1.2)优化包含在内，那么它就称为递阶 MPC。图 1.11 中出现的 f 包括前面的 f_1 和 f_2；另外，前面没有提到的 DV，即既不是 $f_1 = \text{manual}$ 也不是 $f_2 = y_{sp}^2$ 的 DV，本节将其记为 f_3。图 1.11 中的 f 应包含 f_1、f_2 和 f_3，而且主要包含 f_3。之所以称为递阶是因为有上下层关系。

双层更准确地应该称为双模块，即在每个控制周期先计算稳态目标，再跟踪稳态目标。双层分为上层和下层，上层为稳态目标计算，下层为动态跟踪，SSTC 和动态控制形成的双层结构如图 1.12 所示。

总之，如果要研究工业预测控制，那么首先要形成两个观念：

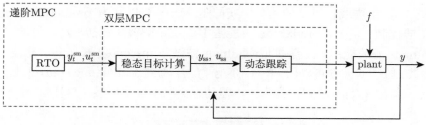

图 1.11 递阶 MPC 和双层 MPC 的包含关系

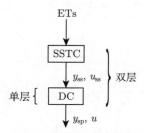

图 1.12 SSTC 和动态控制形成的双层结构

(1) 预测控制主要控制的是 PID 设定值，即 $u^1 = y_{\mathrm{sp}}^1$ 这个部分；

(2) $\{y_{\mathrm{ss}}, u_{\mathrm{ss}}\}$ 也是要计算的。

接受了这两个观念，就能从大量文献中所看到的预测控制过渡到工业预测控制——双层结构预测控制。

为了突出递阶，把图 1.10 和图 1.11 进行变形，具体如图 1.13 所示。虚线框内是 MPC，虚线框之下是实际工业过程；虚线框之上是 RTO。实际上 RTO 做的事可能还不只是给出 $\{y_t^{\mathrm{sm}}, u_t^{\mathrm{sm}}\}$，但它对预测控制的作用就在此。其他那些没有 y_t 的 y_{ss}、没有 u_t 的 u_{ss} 就由 SSTC 来直接负责。要计算稳态目标，就要设定一个标准，这个后面还要进行详细的解释。

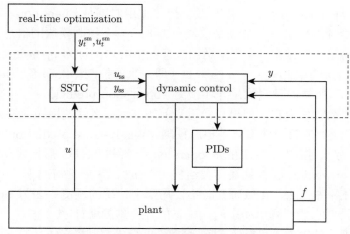

图 1.13 RTO+ 双层 MPC 的系统结构变形图

下面对 model predictive control 进行解释。model predictive control 中一定要有 model，

就要建立图 1.13 中虚线框以下的模型。实际上 MPC 可以称为 prediction-based control，即基于预测的控制。例如，prediction 可能是 Kalman 滤波（包括平滑、滤波与预报）。不光基本 Kalman 滤波能用，那些扩展 Kalman 滤波、unscented Kalman 滤波、信息融合 Kalman 滤波、粒子滤波都可以用。图 1.13 把 $\{f, y\}$ 画到了 dynamic control 上。图 1.14 有了预测模块，就把 $\{f, y\}$ 画到预测模块，即动态控制模块不再接 $\{f, y\}$。

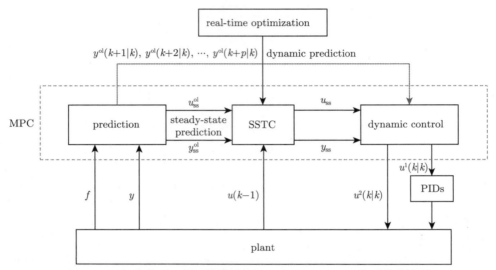

图 1.14   细分出开环预测模块后的 RTO+ 双层 MPC 的系统结构图

prediction 要做两件事。第一件事称为动态预测（dynamic prediction）。动态预测表示做一段时间的 prediction，即

$$y^{\mathrm{ol}}(k+1|k), y^{\mathrm{ol}}(k+2|k), \cdots, y^{\mathrm{ol}}(k+p|k) \tag{1.3}$$

上角标 ol 表示开环（open-loop）；没有改变控制作用时就是 open-loop。动态控制模块并没有把信息反馈给预测模块，只是预测模块单方面给动态控制模块的信息。预测模块不知道动态控制模块将给出的结果；在不知道结果情况下的预测称为 open-loop。进一步，假设在 $u(k), u(k+1|k), u(k+2|k)\cdots = u(k-1)$（即未来的控制作用都等于 $u(k-1)$，即控制作用不变）情况下，所做的预测就是开环预测（open-loop prediction）。如果已知未来很长一段时间的 f，那么就使用它；如果只知道当前的 f，那么就使用当前的 f。

prediction 模块做的第二件事就是稳态预测（steady-state prediction）。稳态预测也是 open-loop，记为 $y^{\mathrm{ol}}_{\mathrm{ss}}$。指向 SSTC 的是 open-loop，经过 SSTC 后指向动态控制的 y_{ss} 非 open-loop。另外，prediction 模块还需要给出一个 $u^{\mathrm{ol}}_{\mathrm{ss}}$。在通常情况下，$u^{\mathrm{ol}}_{\mathrm{ss}} = u(k-1)$。

prediction 有各种方法，在做研究时不要局限于传统的预测。因为 prediction 是个完全独立的模块，只要它能预测出动态的、稳态的开环预测就行。

在进行某些理论研究时，可能 k 时刻不需要再给出控制器 $u(k-1)$ 的值，因为控制器应该已知 $u(k-1)$ 的值，即控制器上个时刻送出的 $u(k-1|k-1)$。但对实际的控制，上一时刻给出的 $u(k-1|k-1)$ 未必等于 $u(k-1)$。例如，控制周期为 1min，11 : 59 给出一个

PID 设定值，到 12 : 00 时这个 PID 设定值不一定能起作用。在实际工业中，会限制 PID 设定值"慢慢变"，如果 11 : 59 给出的 PID 新设定值与（当前已实现的）老 PID 设定值相对变化比较大，就可能受限（不能在 12 : 00 兑现）。当然，可以在预测控制中考虑到这一点，即不让 PID 设定值变化这么多（即在 1min 之内可以实现），但在实际中仍然会有些问题。例如，$u^2(k|k)$ 直接作用到阀门上，保证不了 11 : 59 给的阀门开度指令在 12 : 00 时执行完毕，所以 12 : 00 时要把这个阀门开度指令再读一下，看实际阀门开度是多少。

将图 1.14 虚线框中部分称为 MPC，在理论上应该称为双层结构（double-layered）MPC，工业中一般也称为多变量约束控制（constrained multivariable control）。这两个术语名字差距很大。在工业中 PID 占 80%，预测控制占 10% 左右，其他的控制器很少；所以提到多变量约束控制，一般就是指预测控制。目前为止能够系统地处理约束并能在工业中用的，都是预测控制，所以预测控制就有一个几乎等价的代名词——多变量约束控制。

我们习惯用 f 表示 DV（别的文献可能习惯用 d）。在数学中一般习惯用 $y = f(x)$，但是我们有点不一样：f 表示 DV，u 表示 MV，y 表示 CV，x 表示应用到状态空间模型的状态。

本书包括三类算法：第 4 章介绍的普通 DMC，是最常见的 DMC；第 5 章介绍含有积分 CV 的 DMC，有其特殊的复杂性；第 6 章介绍状态空间模型的 DMC，也有它的复杂性。相对来说，第 4 章中介绍的 DMC 还是比较简单的，至少比含积分 CV 的 DMC 和状态空间模型的 DMC 更简单一些。

第 2 章　过程测试及非参数模型辨识

2.1　面向模型辨识的过程测试信号

基于模型的控制方法中，模型中包含的信息越丰富，对控制器的设计帮助越大。由于 MPC 处于协调优化控制层，所以 MPC 使用的模型需要包含准确的低频信息，而高频部分的控制问题可以交由底层的 PID 控制来完成，如图 2.1 所示。在 MPC 的模型辨识过程中，测试环节所产生的数据应能准确估计过程模型的稳态增益和慢动态信息。

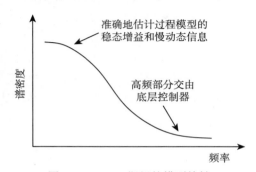

图 2.1　MPC 期望的模型特性

2.1.1　阶跃测试信号

当工业过程在某工作点达到稳态后，对 MV 施加一次阶跃改变，过程将逐渐进入新的稳态，这种 MV 的摄动过程称为阶跃测试。对 MV 施加阶跃改变后，CV 的变化曲线就是阶跃响应曲线，如图 2.2 所示。在过程的阶跃响应中包含丰富的稳态增益和慢动态信息，但包含的快动态信息相对较少。使用阶跃信号进行系统测试时，需要注意阶跃信号的幅值和持续时间。有些工业过程到达稳态的时间过长，使用阶跃响应测试得到的数据往往受到过程扰动的污染，导致辨识得到的模型产生严重的偏差。

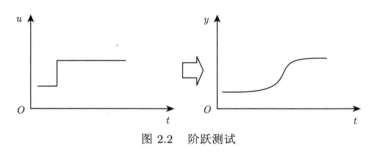

图 2.2　阶跃测试

2.1.2 白噪声测试信号

理论上最好的测试信号为白噪声，均值为零、谱密度为非零常数。白噪声的数学定义：如果随机过程 $w(t)$ 的自相关函数为

$$r_w(t) = \sigma^2 \delta(t) \tag{2.1}$$

式中，σ 为常数；$\delta(t)$ 为 Dirac 函数、脉冲函数，即

$$\delta(t) = \begin{cases} \infty, & t = 0 \\ 0, & t \neq 0 \end{cases} \tag{2.2}$$

且

$$\int_{-\infty}^{\infty} \delta(t)\mathrm{d}t = 1 \tag{2.3}$$

则该随机过程为白噪声过程。白噪声 $w(t)$ 的谱密度为 σ^2。

白噪声序列的产生可以通过对某种分布的随机数进行变换得到。在理论上，只要有了一种具有连续分布的伪随机数，就可以通过函数变换的方法产生其他任意分布的伪随机数。采用乘同余法产生 $(0,1)$ 均匀分布伪随机数的步骤如下：

（1）用递推同余式产生正整数序列 $\{x_i\}$，$x_i = (Ax_{i-1})\mathrm{mod}M$，即 x_i 是 Ax_{i-1} 对 M 取余的结果，其中 A 和 M 的选取与计算机字节有关。初值 x_0 也称为种子，一般取正的奇数。令 $x_0 = 1$，$A = 5^{13}$，$M = 10^{36}$。

（2）令 $c_i = x_i/M$（$i = 1, 2, \cdots$），则 $\{c_i\}$ 为区间 $(0,1)$ 上均匀分布的伪随机序列。幅值为 0.5 的白噪声可以通过对 $\{c_i\}$ 逐元素减 0.5 得到。

```
%产生白噪声测试信号的源程序
A=5.^17;x0=1;M=2.^42;N=511;
%乘同余法产生白噪声序列
for k=1:N
    x2=A*x0;x1=mod(x2,M);v1=x1/M;v(:,k)=v1-0.5;
    x0=x1;
end
meanv=mean(v);
k=1:N;plot(k,v);
xlabel('$k$','Interpreter','latex','FontSize',16);
ylabel(' 幅值','FontSize',16);
axis([0 511 -0.6 0.6]);
```

但是，按白噪声的变化规律动作将导致工业设备的重度磨损。事实上，常使用伪随机二进制序列和广义二进制噪声作为典型的工业过程测试信号。

2.1.3 伪随机二进制序列

伪随机二进制序列（pseudo random binary sequence, PRBS）是由 $\{0,1\}$ 信号组成的长周期信号。在一个长周期内，它是一个真实的随机二进制信号；若超过一个长周期，则

重复前一个长周期的信号。PRBS 由式 (2.4) 产生。

$$\begin{cases} s_1(l+1) = b_1 s_1(l) \oplus b_2 s_2(l) \oplus \cdots \oplus b_n s_n(l) \\ s_j(l+1) = s_{j-1}(l), \quad 2 \leqslant j \leqslant n \\ u(l) = s_n(l) \end{cases} \tag{2.4}$$

式中，$l \geqslant 0$，单位为时钟周期；$\oplus$ 为逻辑异或运算符；$b_j \in \{0,1\}$（$1 \leqslant j \leqslant n-1$）为反馈系数，$b_n = 1$，初始状态 $s_j(0) \in \{0,1\}$（$1 \leqslant j \leqslant n$）设置为不全为零的随机二进制序列。选取合适的反馈系数 b_j 可以得到最长的长周期 $M = 2^n - 1$（单位为时钟周期），对应的 PRBS 称为 M 序列。

在实际应用中，为了保证测试信号具有合适的幅值，常选择 $u(l) = a(1 - 2s_n(l))$。这样在 $u(l)$ 的计算中，$s_n(l)$ 由逻辑值转变为实数值，而测试信号 $u(l)$ 是由 $\{a, -a\}$ 信号组成的长周期信号。

由于在最长的长周期 M 内，$u(l) = -a$ 的次数总比 $u(l) = a$ 的次数差 1 次，故 $u(k)$ 的均值为（k 的单位为采样周期）

$$|E[u(k)]| = \frac{a}{M} \tag{2.5}$$

这说明 M 序列中含有直流成分。若想去掉直流成分，则可以将 PRBS 与周期为 2 的 $\{0,1\}$ 方波序列进行模 2 求和（即逐位异或），得到逆 M 序列，长周期为 $2M$，然后将得到的逻辑值 $s_n'(l)$ 代入 $u'(l) = a(1 - 2s_n'(l))$ 进行求解。

当 M 足够大时，PRBS 信号自相关函数接近脉冲序列。

```
%产生PRBS的Matlab程序代码
u=idinput(511,'PRBS',[0,1/8],[-0.5,0.5]);%Tclk = 8Ts
%u=idinput(511,'PRBS',[0,1],[-0.5,0.5]); %Tclk = Ts
figure(1);stairs(u);axis([0 511 -0.6 0.6]);
[c,lags] = xcorr(u,'unbiased');
figure(2);plot(lags,c);w=[0:200]'*1/100*pi;spaV=spa(u,50,w);
Spa_PRBS_t= spaV.SpectrumData; %求频谱的函数
for i=1:201
    Spa_PRBS(i)=Spa_PRBS_t(:,:,i);
end
figure(3);plot(w,Spa_PRBS,'LineWidth',2);
axis([0 pi 0 2]);xlabel('频率','FontSize',10.5);
ylabel('谱密度','FontSize',10.5);
```

2.1.4　广义二进制噪声

广义二进制噪声（generalized binary noise，GBN）取值为 $-a$ 与 a，信号保持不变的最短时间间隔为 $T_{\min}$，在每个转换时刻 l，按照式 (2.6) 的规则进行转换。

$$\begin{cases} P\{u(l) = -u(l-1)\} = p_{\text{sw}} \\ P\{u(l) = u(l-1)\} = 1 - p_{\text{sw}} \end{cases} \tag{2.6}$$

式中，$l \geqslant 0$，单位为 $T_{\min}$；p_{sw} 为转换概率，显然，GBN 信号均值为 0。$T_{\min}$ 称为最小转换时间，可取为控制周期或其整数倍。定义转换时间 T_{sw} 为采样时两次转换的间隙时间，则 GBN 信号的平均转换时间为

$$E[T_{sw}] = \frac{T_{\min}}{p_{sw}} \tag{2.7}$$

```
%产生GBN的Matlab程序代码
L=511;
%Tsw=8; psw=1/Tsw; %psw=1/8
Tsw=2; psw=1/Tsw; %psw=1/2
R=rand(L,1);
%定初值
if R(1)>0.5
    P_M=0.5;
else
    P_M=-0.5;
end
%产生GBN信号
U=zeros(L,1);
for k=1:L
    if(R(k)<psw)   %如果转换概率psw大于随机数R(k)，就转换，否则不转换
        P_M=-P_M;
    end;
    U(k)=P_M;
end
w=[0:200]'*1/100*pi;spaV=spa(U,50,w);
Spa_GBN_t= spaV.SpectrumData;   %求频谱的函数
for i=1:201
    Spa_GBN(i)=Spa_GBN_t(:,:,i);
end
plot(w,Spa_GBN,'LineWidth',2);axis([0 pi 0 2]);
xlabel('频率','FontSize',10.5);ylabel('谱密度','FontSize',10.5);
```

当 $T_{\min} = 1$，$a = 0.5$，$p_{sw} = 1/2$ 时，用 MATLAB 得到白噪声 GBN。但是白噪声信号不是最好的测试信号。通过降低转换概率，即增加平均转换时间，可以获得低通 GBN 信号。当 $p_{sw} = 1/8$ 时，GBN 信号为一个低通信号。GBN 信号长度可以任意设置，且不同的 GBN 信号完全不相关。

2.2 阶跃响应模型辨识

本节主要用到的符号包括：$y \in \mathbb{R}^{n_y}$ 为依赖变量（DepV），$w = \begin{bmatrix} u \\ f \end{bmatrix} \in \mathbb{R}^{n_w}$ 为独立变量（IndepV），$n_w = n_u + n_f$。

2.2.1 待辨识模型的描述

将依赖变量 y 分为两类：稳定型和一阶积分型，即 $y = \begin{bmatrix} y^{\mathrm{s}} \\ y^{\mathrm{r}} \end{bmatrix}$，其中，上角标 s 和 r 分别表示稳定（stable）和积分（ramp，斜坡）。不失一般性，假设 $y^{\mathrm{s}} \in \mathbb{R}^{n_y^{\mathrm{s}}}$，$y^{\mathrm{r}} \in \mathbb{R}^{n_y^{\mathrm{r}}}$，$n_y^{\mathrm{s}} + n_y^{\mathrm{r}} = n_y$。假设系统的稳态工作点为

$$\{y_{\mathrm{eq}}, w_{\mathrm{eq}}\} = \left\{ \begin{bmatrix} y_{\mathrm{eq}}^{\mathrm{s}} \\ y_{\mathrm{eq}}^{\mathrm{r}} \end{bmatrix}, \begin{bmatrix} u_{\mathrm{eq}} \\ f_{\mathrm{eq}} \end{bmatrix} \right\}$$

辨识的目的是得到在稳态工作点附近的系统的近似线性模型。辨识中对稳定型依赖变量和积分型依赖变量明确区分。

对稳定型依赖变量，采用如下的有限脉冲响应模型：

$$\nabla y^{\mathrm{s}}(k) = \sum_{l=1}^{N} H_l^{\mathrm{s}} \nabla w(k-l) \tag{2.8}$$

式中，H_l^{s} 为脉冲响应系数矩阵；$\nabla y^{\mathrm{s}}(k) = y^{\mathrm{s}}(k) - y_{\mathrm{eq}}^{\mathrm{s}}$；$\nabla w(k-l) = w(k-l) - w_{\mathrm{eq}}$。采用式(2.8)表示线性开环稳定模型的前提是当 $l > N$ 成立时，$H_l^{\mathrm{s}} \approx 0$，而 N 为模型时域，故式(2.8)是对 $\nabla y^{\mathrm{s}}(k) = \sum_{l=1}^{\infty} H_l^{\mathrm{s}} \nabla w(k-l)$ 的有效近似。

对一阶积分型依赖变量，采用如下的增量形式的有限脉冲响应模型：

$$\nabla(\Delta y^{\mathrm{r}}(k)) = \sum_{l=1}^{N} \Delta H_l^{\mathrm{r}} \nabla w(k-l) \tag{2.9}$$

式中，$\Delta H_l^{\mathrm{r}} = H_l^{\mathrm{r}} - H_{l-1}^{\mathrm{r}}$；$\nabla(\Delta y^{\mathrm{r}}(k)) = \Delta(\nabla y^{\mathrm{r}}(k)) = \Delta y^{\mathrm{r}}(k)$，$\Delta y^{\mathrm{r}}(k) = y^{\mathrm{r}}(k) - y^{\mathrm{r}}(k-1)$，$\nabla y^{\mathrm{r}}(k) = y^{\mathrm{r}}(k) - y_{\mathrm{eq}}^{\mathrm{r}}$。采用式(2.9)表示线性开环一阶积分对象的前提是当 $l > N$ 成立时，$\Delta H_l^{\mathrm{r}} \approx 0$，即式(2.9)是对 $\nabla(\Delta y^{\mathrm{r}}(k)) = \sum_{l=1}^{\infty} \Delta H_l^{\mathrm{r}} \nabla w(k-l)$ 的有效近似。

采用式(2.8)和式(2.9)时，需要知道 $y_{\mathrm{eq}}^{\mathrm{s}}$ 和 w_{eq}，这在多数情况下是不容易做到的。若采用数据的增量值，则无须知道 $y_{\mathrm{eq}}^{\mathrm{s}}$ 和 w_{eq}。在式(2.8)和式(2.9)的两边都乘以 Δ。注意 $\Delta(\nabla y^{\mathrm{s}}(k)) = \Delta y^{\mathrm{s}}(k)$、$\Delta(\nabla w(k-l)) = \Delta w(k-l)$ 和 $\Delta(\nabla(\Delta y(k))) = \Delta^2 y(k)$。可以得到

$$\Delta y^{\mathrm{s}}(k) = \sum_{l=1}^{N} H_l^{\mathrm{s}} \Delta w(k-l) \tag{2.10}$$

$$\Delta^2 y^{\mathrm{r}}(k) = \sum_{l=1}^{N} \Delta H_l^{\mathrm{r}} \Delta w(k-l) \tag{2.11}$$

式中，$\Delta^2 y^{\mathrm{r}}(k) = y^{\mathrm{r}}(k) - 2y^{\mathrm{r}}(k-1) + y^{\mathrm{r}}(k-2)$。合并式(2.10)和式(2.11) 得到

$$\begin{bmatrix} \Delta y^{\mathrm{s}}(k) \\ \Delta^2 y^{\mathrm{r}}(k) \end{bmatrix} = \sum_{l=1}^{N} \begin{bmatrix} H_l^{\mathrm{s}} \\ \Delta H_l^{\mathrm{r}} \end{bmatrix} \Delta w(k-l)$$

本节的最小二乘法使用了 $\left\{\begin{bmatrix} \Delta y^{\mathrm{s}} \\ \Delta^2 y^{\mathrm{r}} \end{bmatrix}, \Delta w\right\}$ 的数据集和回归系数 $\begin{bmatrix} H_l^{\mathrm{s}} \\ \Delta H_l^{\mathrm{r}} \end{bmatrix}$, $l \in \{1, 2, \cdots, N\}$。

例 2.1 已知系统的脉冲响应模型 $\{h_1, h_2, h_3, h_4, h_5, h_6, h_7, \cdots\} = \{1, 2, 3, 2, 1, 0, 0, \cdots\}$, 求阶跃响应模型 $\{s_1, s_2, s_3, s_4, s_5, s_6, s_7, \cdots\}$。

解 $s_1 = h_1 = 1$, $s_2 = s_1 + h_2 = 3$, $s_3 = s_2 + h_3 = 6$, $s_4 = s_3 + h_4 = 8$, $s_5 = s_4 + h_5 = 9$, $s_6 = s_5 + h_6 = 9$, $s_7 = s_6 + h_7 = 9$。因此, $\{s_1, s_2, s_3, s_4, s_5, s_6, s_7, \cdots\} = \{1, 3, 6, 8, 9, 9, 9, \cdots\}$。

例 2.2 已知时间序列 $\{a_0, a_1, a_2, a_3, a_4, a_5, a_6, a_7, \cdots\} = \{0, 4, 3, 5, 2, 4, 7, 8, \cdots\}$, 求差分 $\{\Delta a_1, \Delta a_2, \Delta a_3, \Delta a_4, \Delta a_5, \Delta a_6, \Delta a_7, \cdots\}$ 和二阶差分 $\{\Delta^2 a_2, \Delta^2 a_3, \Delta^2 a_4, \Delta^2 a_5, \Delta^2 a_6, \Delta^2 a_7, \cdots\}$。

解 当 $i > 0$ 时, $\Delta a_i = a_i - a_{i-1}$, 故 $\{\Delta a_1, \Delta a_2, \Delta a_3, \Delta a_4, \Delta a_5, \Delta a_6, \Delta a_7, \cdots\} = \{4, -1, 2, -3, 2, 3, 1, \cdots\}$。当 $i > 1$ 时, $\Delta^2 a_i = \Delta a_i - \Delta a_{i-1}$, 故 $\{\Delta^2 a_2, \Delta^2 a_3, \Delta^2 a_4, \Delta^2 a_5, \Delta^2 a_6, \Delta^2 a_7, \cdots\} = \{-5, 3, -5, 5, 1, -2, \cdots\}$。

并非所有的独立变量和所有的依赖变量之间都有动态因果关系。记 H_l 为

$$H_l = \begin{bmatrix} h_{11,l} & h_{12,l} & \cdots & h_{1,n_w,l} \\ h_{21,l} & h_{22,l} & \cdots & h_{2,n_w,l} \\ \vdots & \vdots & & \vdots \\ h_{n_y,1,l} & h_{n_y,2,l} & \cdots & h_{n_y,n_w,l} \end{bmatrix}$$

如果存在 $i \in \{1, 2, \cdots, n_w\}$ 和 $j \in \{1, 2, \cdots, n_y\}$, 使得对所有 $l \in \{1, 2, \cdots, N\}$ 成立时 $h_{ji,l} = 0$, 那么这些 $h_{ji,l}$ 不宜出现在被辨识的参数中。如果这些已知为 0 的参数被辨识, 那么辨识结果一般来说不是 0, 因此会影响其他非零参数的辨识结果。由于要避免这些零参数的辨识等, 一般来说基于最小二乘原理的脉冲响应模型辨识采用的是多入单出的辨识模式。为了方便采用多入单出辨识的模式, 可以将式(2.10)和式(2.11) 表示为

$$\Delta y_j^{\mathrm{s}}(k) = \sum_{i \in \pi_j} \sum_{l=1}^N h_{ji,l}^{\mathrm{s}} \Delta w_i(k-l) = \sum_{i \in \pi_j} h_{ji}^{\mathrm{s}} \Delta w_i(k-1),$$
$$j \in \{1, 2, \cdots, n_y^{\mathrm{s}}\} \tag{2.12}$$

$$\Delta^2 y_j^{\mathrm{r}}(k) = \sum_{i \in \pi_j} \sum_{l=1}^N \Delta h_{ji,l}^{\mathrm{r}} \Delta w_i(k-l) = \sum_{i \in \pi_j} \Delta h_{ji}^{\mathrm{r}} \Delta w_i(k-1),$$
$$j \in \{n_y^{\mathrm{s}}+1, n_y^{\mathrm{s}}+2, \cdots, n_y\} \tag{2.13}$$

式中, π_j 表示所有与第 j 个依赖变量有动态因果关系的独立变量的指标集; $\Delta w_i(k-1) = [\Delta w_i(k-1), \Delta w_i(k-2), \cdots, \Delta w_i(k-N)]^{\mathrm{T}}$; $h_{ji}^{\mathrm{s}} = [h_{ji,1}^{\mathrm{s}}, h_{ji,2}^{\mathrm{s}}, \cdots, h_{ji,N}^{\mathrm{s}}]$; $\Delta h_{ji}^{\mathrm{r}} = [\Delta h_{ji,1}^{\mathrm{r}}, \Delta h_{ji,2}^{\mathrm{r}}, \cdots, \Delta h_{ji,N}^{\mathrm{r}}]$。

注解 2.1 如果已知第 i 个独立变量到第 j 个依赖变量的时滞 τ_{ji}, 那么还可以去掉 $\{h_{ji}^{\mathrm{s}}, \Delta h_{ji}^{\mathrm{r}}, \Delta w_i(k-1)\}$ 的前 τ_{ji} 项。

2.2.2 数据处理

通过过程动态测试等手段,可以得到测试数据集为 $\{y(k), w(k) | k = 0, 1, 2, \cdots, L\}$,将其写成矩阵的形式,如下:

$$
\mathcal{M}_{\mathrm{sd}} = \begin{bmatrix}
y_1(0) & y_1(1) & \cdots & y_1(L) \\
y_2(0) & y_2(1) & \cdots & y_2(L) \\
\vdots & \vdots & & \vdots \\
y_{n_y}(0) & y_{n_y}(1) & \cdots & y_{n_y}(L) \\
w_1(0) & w_1(1) & \cdots & w_1(L) \\
w_2(0) & w_2(1) & \cdots & w_2(L) \\
\vdots & \vdots & & \vdots \\
w_{n_w}(0) & w_{n_w}(1) & \cdots & w_{n_w}(L)
\end{bmatrix} \tag{2.14}
$$

式中,矩阵中每一行为一个变量的数据序列。

1. "坏数据"的标识和插值

实际上,某些数据属于"坏数据",不能用于辨识,要将其剔除或做插值处理。首先,在矩阵 $\mathcal{M}_{\mathrm{sd}}$ 中,将"坏数据"改为 b(bad)。对较长时段的"坏数据"、采样开始和结束时段的坏数据,应该考虑剔除。对短时段的"坏数据",可以做插值处理。最简单的线性插值如下:

$$
x(l) = x(t_1 - 1) + \frac{l - t_1 + 1}{t_2 - t_1 + 2}[x(t_2 + 1) - x(t_1 - 1)],
$$

$$
l \in \{t_1, t_1 + 1, \cdots, t_2\} \tag{2.15}
$$

式中,$x \in \{y_1, y_2, \cdots, y_{n_y}, w_1, w_2, \cdots, w_{n_w}\}$;$t_1$ 和 t_2 分别为"坏数据"的起始与终止时刻。对于做了插值处理的数据,不再表示为 b。

经过以上的"坏数据"的改值和插值,式(2.14)变为如下的形式:

$$
\mathcal{M}'_{\mathrm{sd}} = \begin{bmatrix}
y'_1(0) & y'_1(1) & \cdots & y'_1(L) \\
y'_2(0) & y'_2(1) & \cdots & y'_2(L) \\
\vdots & \vdots & & \vdots \\
y'_{n_y}(0) & y'_{n_y}(1) & \cdots & y'_{n_y}(L) \\
w'_1(0) & w'_1(1) & \cdots & w'_1(L) \\
w'_2(0) & w'_2(1) & \cdots & w'_2(L) \\
\vdots & \vdots & & \vdots \\
w'_{n_w}(0) & w'_{n_w}(1) & \cdots & w'_{n_w}(L)
\end{bmatrix} \tag{2.16}
$$

式中,某些数据为 b。

2. 数据的平滑处理

由于数据中不可避免地存在着噪声，所以可做平滑处理。在式(2.16)中，非 b 数据是分为多段的。针对每段非 b 数据的一阶指数平滑算法为

$$\xi_j''(l) = \begin{cases} \xi_j'(l), & l \text{ 对应非 b 段第一个数} \\ \alpha_{\xi,j}\xi_j'(l) + (1-\alpha_{\xi,j})\xi_j''(l-1), & \text{其他 } l \end{cases}$$

$$j \in \{1, 2, \cdots, n_\xi\} \tag{2.17}$$

式中，$\xi \in \{y, u, f\}$；$\alpha_{\xi,j}$ 为平滑系数。在实际应用中，建议至少对 MV、DV 和 CV 采用不同的平滑系数；如果操纵变量准确地等于测试信号，那么不宜做平滑处理。可以直接设置 $\alpha \in (0, 1)$，或者由 $\alpha = 1 - \mathrm{e}^{-\frac{T_s}{T}}$ 计算 α，其中 T_s 与 T 分别为数据采样周期和滤波器时间常数。经过这样的平滑处理，式(2.16)变为如下的形式：

$$\mathcal{M}_{\mathrm{sd}}'' = \begin{bmatrix} y_1''(0) & y_1''(1) & \cdots & y_1''(L) \\ y_2''(0) & y_2''(1) & \cdots & y_2''(L) \\ \vdots & \vdots & & \vdots \\ y_{n_y}''(0) & y_{n_y}''(1) & \cdots & y_{n_y}''(L) \\ w_1''(0) & w_1''(1) & \cdots & w_1''(L) \\ w_2''(0) & w_2''(1) & \cdots & w_2''(L) \\ \vdots & \vdots & & \vdots \\ w_{n_w}''(0) & w_{n_w}''(1) & \cdots & w_{n_w}''(L) \end{bmatrix} \tag{2.18}$$

式中，某些数据可能为 b。

2.2.3 模型辨识方法

并不是任意一个独立变量的改变都影响任意一个依赖变量，故辨识方法中采用的是案件分组的形式。

如果一部分依赖变量 $y^{(j)}$ 与一部分独立变量 $w^{(j)}$ 之间存在完全的动态对应关系，那么可以将 $y^{(j)}$ 与 $w^{(j)}$ 之间动态模型的辨识作为一个案件组，称为案件组 j。

同一案件组 j 中可能同时包括积分型和稳定型依赖变量。

1. 针对稳定型依赖变量的案件数据准备

设 y_j^{s} 属于案件组 ℓ，则在辨识 y_j^{s} 与 $w^{(\ell)}$ 之间的动态关系模型时，首先构造矩阵 $\mathcal{M}_j$。$\mathcal{M}_j$ 每一行的形式为

$$\mathcal{L}_l = \begin{bmatrix} \Delta y_j''^{\mathrm{s}}(N+l) & \Delta w_i''(N+l-1)^{\mathrm{T}} & \Delta w_i''(N+l-2)^{\mathrm{T}} & \cdots & \Delta w_i''(l)^{\mathrm{T}} \mid i \in \pi_j \end{bmatrix}$$

式中，$l \in \{1, 2, \cdots, L-N\}$，下角标 i 在 $\mathcal{L}_l$ 中的出现和排列是按照逐渐递增的方式。若 $\mathcal{L}_l$ 的计算涉及"坏数据"，则 $\mathcal{L}_l$ 不置入 $\mathcal{M}_j$ 中，否则在 $\mathcal{M}_j$ 下面增加一行。随着

$l \in \{1, 2, \cdots, L - N\}$ 每增加 1，$\mathcal{M}_j$ 或者在下面增加 1 行或者不变。最后得到的 $\mathcal{M}_j$ 为

$$\mathcal{M}_j = \begin{bmatrix} Y_j & \Phi_j \end{bmatrix} \tag{2.19}$$

式中，Y_j 与 Φ_j 分别为 Δy_j^{s} 和 $\Delta w^{(\ell)}$ 数据形成的矩阵。

将式(2.12)中对应于第 j 个依赖变量的部分重写为

$$\Delta y_j^{\mathrm{s}}(k) = \sum_{i \in \pi_j} \begin{bmatrix} \Delta w_i(k-1) & \Delta w_i(k-2) & \cdots & \Delta w_i(k-N) \end{bmatrix} (h_{ji}^{\mathrm{s}})^{\mathrm{T}} \tag{2.20}$$

则当模型完全准确、数据全好、没有噪声时，应该满足

$$\Delta y_j^{\mathrm{s}}(N+1:L)$$
$$= \sum_{i \in \pi_j} \times \begin{bmatrix} \Delta w_i(N:L-1) & \Delta w_i(N-1:L-2) & \cdots & \Delta w_i(1:L-N) \end{bmatrix} (h_{ji}^{\mathrm{s}})^{\mathrm{T}} \tag{2.21}$$

本节进行了对"坏数据"的剔除、插值和数据平滑处理，采用式 (2.22) 进行模型参数回归。

$$\Delta y_j''^{\mathrm{s}}(\tau_0 + N + 2 : \tau_1 - 1; \tau_2 + N + 2 : \tau_3 - 1; \cdots; \tau_{2\mathrm{nsr}} + N + 2 : \tau_{2\mathrm{nsr}+1} - 1)$$
$$= \sum_{i \in \pi_j} \Big[\Delta w_i''(\tau_0 + N + 1 : \tau_1 - 2; \tau_2 + N + 1 : \tau_3 - 2; \cdots; \tau_{2\mathrm{nsr}} + N + 1 : \tau_{2\mathrm{nsr}+1} - 2)$$
$$\Delta w_i''(\tau_0 + N : \tau_1 - 3; \tau_2 + N : \tau_3 - 3; \cdots; \tau_{2\mathrm{nsr}} + N : \tau_{2\mathrm{nsr}+1} - 3) \quad \cdots$$
$$\Delta w_i''(\tau_0 + 2 : \tau_1 - N - 1; \tau_2 + 2 : \tau_3 - N - 1; \cdots; \tau_{2\mathrm{nsr}} + 2 : \tau_{2\mathrm{nsr}+1} - N - 1) \Big]$$
$$\times (h_{ji}^{\mathrm{s}})^{\mathrm{T}} \tag{2.22}$$

式中，τ_i（$i \in \{0, 1, \cdots, 2\mathrm{nsr} + 1\}$）为整数，nsr 为 number of sections removed 的缩写。注意此处 τ 不同于式(2.15)中的 t。

例 2.3　假设 $\tau_0 = -1$，$\tau_1 = L_1 + 2$，$\tau_2 = L_2$，$\tau_3 = L + 1$，则式(2.22)变形为

$$\Delta y_j''^{\mathrm{s}}(N+1:L_1+1; L_2 + N + 2 : L)$$
$$= \sum_{i \in \pi_j} \Big[\Delta w_i''(N:L_1; L_2 + N + 1 : L - 1) \quad \Delta w_i''(N-1:L_1-1; L_2 + N : L - 2)$$
$$\cdots \quad \Delta w_i''(1:L_1-N+1; L_2 + 2 : L - N) \Big] (h_{ji}^{\mathrm{s}})^{\mathrm{T}} \tag{2.23}$$

2. 针对积分型依赖变量的数据准备

设 y_j^{r} 属于案件组 ℓ，则在辨识 y_j^{r} 与 $w^{(\ell)}$ 之间的动态关系模型时，首先构造矩阵 $\mathcal{M}_j$。$\mathcal{M}_j$ 每一行的形式为

$$\mathcal{L}_l = \begin{bmatrix} \Delta^2 y_j''^{\mathrm{r}}(N+l) & \Delta w_i''(N+l-1)^{\mathrm{T}} & \Delta w_i''(N+l-2)^{\mathrm{T}} & \cdots & \Delta w_i''(l)^{\mathrm{T}} \,\big|\, i \in \pi_j \end{bmatrix}$$

式中，$l \in \{1, 2, \cdots, L - N\}$，下角标 i 在 $\mathcal{L}_l$ 中的出现和排列是按照逐渐递增的方式。若 $\mathcal{L}_l$ 的计算涉及"坏数据"，则 $\mathcal{L}_l$ 不置入 $\mathcal{M}_j$ 中，否则在 $\mathcal{M}_j$ 下面增加一行。随着 $l \in \{1, 2, \cdots, L - N\}$ 每增加 1，$\mathcal{M}_j$ 或者在下面增加 1 行或者不变。最后得到的 $\mathcal{M}_j$ 为

$$\mathcal{M}_j = \begin{bmatrix} Y_j & \Phi_j \end{bmatrix} \tag{2.24}$$

式中，Y_j 与 Φ_j 分别为 $\Delta^2 y_j^r$ 和 $\Delta w^{(\ell)}$ 数据形成的矩阵。

将式(2.13)中对应于第 j 个依赖变量的部分重写为

$$\Delta^2 y_j^r(k) = \sum_{i \in \pi_j} \begin{bmatrix} \Delta w_i(k-1) & \Delta w_i(k-2) & \cdots & \Delta w_i(k-N) \end{bmatrix} (\Delta h_{ji}^r)^T \tag{2.25}$$

则当模型完全准确、数据全好、没有噪声时，应该满足

$$\begin{aligned} &\Delta^2 y_j^r(N+1 : L) \\ &= \sum_{i \in \pi_j} \times \begin{bmatrix} \Delta w_i(N : L-1) & \Delta w_i(N-1 : L-2) & \cdots & \Delta w_i(1 : L-N) \end{bmatrix} (\Delta h_{ji}^r)^T \end{aligned} \tag{2.26}$$

本节进行了对"坏数据"的剔除、插值和数据平滑处理，采用式 (2.27) 进行模型参数回归。

$$\begin{aligned} &\Delta^2 y_j'''^r(\tau_0 + N + 3 : \tau_1 - 1; \tau_2 + N + 3 : \tau_3 - 1; \cdots; \tau_{2nsr} + N + 3 : \tau_{2nsr+1} - 1) \\ &= \sum_{i \in \pi_j} \Big[\; \Delta w_i''(\tau_0 + N + 2 : \tau_1 - 2; \tau_2 + N + 2 : \tau_3 - 2; \cdots; \tau_{2nsr} + N + 2 : \tau_{2nsr+1} - 2) \\ &\qquad\quad \Delta w_i''(\tau_0 + N + 1 : \tau_1 - 3; \tau_2 + N + 1 : \tau_3 - 3; \cdots; \tau_{2nsr} + N + 1 : \tau_{2nsr+1} - 3) \;\; \cdots \\ &\qquad\quad \Delta w_i''(\tau_0 + 3 : \tau_1 - N - 1; \tau_2 + 3 : \tau_3 - N - 1; \cdots; \tau_{2nsr} + 3 : \tau_{2nsr+1} - N - 1) \; \Big] \\ &\quad \times (\Delta h_{ji}^r)^T \end{aligned} \tag{2.27}$$

注意此处 τ 不同于式(2.15)中的 t。式(2.27)表示积分型 CV 的二阶差分可能造成数据长度多减小 1，但这不是绝对的（如"坏数据"是 w_i 的情况）。

3. 参数回归的最小二乘解

将式(2.22)或者式(2.27)简记为

$$Y_j = \Phi_j \theta_j \tag{2.28}$$

式中，θ_j 由待辨识参数组成，即 $\theta_j^T = [h_{ji}^s | i \in \pi_j]^T$ 或 $\theta_j^T = [\Delta h_{ji}^r | i \in \pi_j]^T$。在 θ_j 中，i 的出现和排列按照逐渐递增的方式，即 $\theta_j = \begin{bmatrix} h_{j,i_1}^s \\ h_{j,i_2}^s \\ \vdots \end{bmatrix}$ 或者 $\theta_j = \begin{bmatrix} \Delta h_{j,i_1}^r \\ \Delta h_{j,i_2}^r \\ \vdots \end{bmatrix}$，$i_1 < i_2 < \cdots$ 且 $i_1, i_2, \cdots \in \pi_j$。

实际上，由于数据中含有噪声、模型有截断误差和不可避免的系统非线性、时变特性等，式(2.28)是不能严格满足要求的。引入残差，将式(2.28)改写为

$$Y_j = \Phi_j \hat{\theta}_j + \varepsilon_j \tag{2.29}$$

式中，$\hat{\theta}_j$ 为 θ_j 的估计值；ε_j 为残差序列组成的向量。

一般来说，参数估计的准则是最小化

$$J = \varepsilon_j^{\mathrm{T}} \varepsilon_j + \mu \hat{\theta}_j^{\mathrm{T}} \Pi \hat{\theta}_j \tag{2.30}$$

式中，$\mu \geqslant 0$，为平滑因子；$\Pi \geqslant 0$，有多种选择方法。由文献 [1]~ [5] 可知

$$\Pi = \Gamma^{\mathrm{T}} \Lambda \Gamma, \quad \Gamma = \mathrm{diag}\{\Gamma_i | i \in \pi_j\}, \quad \Lambda = \mathrm{diag}\{\Lambda_i | i \in \pi_j\}$$

$$\Gamma_i = \begin{bmatrix} 1 & 0 & 0 & \cdots & 0 \\ -1 & 1 & 0 & \ddots & \vdots \\ 0 & -1 & 1 & \ddots & 0 \\ \vdots & \ddots & \ddots & \ddots & 0 \\ 0 & \cdots & 0 & -1 & 1 \end{bmatrix}, \quad \Lambda_i = \begin{bmatrix} 1 & 0 & \cdots & 0 \\ 0 & 2 & \ddots & \vdots \\ \vdots & \ddots & \ddots & 0 \\ 0 & \cdots & 0 & N \end{bmatrix}$$

最小化 J 相当于求如下关于 $\hat{\theta}_j$ 的线性方程组的最小二乘解：

$$\begin{bmatrix} \Phi_j \\ \mu^{1/2} \Pi^{1/2} \end{bmatrix} \hat{\theta}_j = \begin{bmatrix} Y_j \\ 0 \end{bmatrix} \tag{2.31}$$

该最小二乘解为

$$\hat{\theta}_j = \left(\Phi_j^{\mathrm{T}} \Phi_j + \mu \Pi \right)^{-1} \Phi_j^{\mathrm{T}} Y_j \tag{2.32}$$

若 $y_{j'}$ 和 y_j 在同一个案件组，则

$$\hat{\theta}_{j'} = \left(\Phi_j^{\mathrm{T}} \Phi_j + \mu \Pi \right)^{-1} \Phi_j^{\mathrm{T}} Y_{j'} \tag{2.33}$$

因为式(2.32)和式(2.33)采用了同一个 $\left(\Phi_j^{\mathrm{T}} \Phi_j + \mu \Pi \right)^{-1} \Phi_j^{\mathrm{T}}$，所以可以简化计算过程，这是采用辨识案件分组的优势。

注解 2.2　对应式(2.30)，标准的 QP（quadratic programming）目标函数为 $\hat{J} = \frac{1}{2} \hat{\theta}_j^{\mathrm{T}} \left(\Phi_j^{\mathrm{T}} \Phi_j + \mu \Pi \right) \hat{\theta}_j - Y_j^{\mathrm{T}} \Phi_j \hat{\theta}_j$。在如下两种情况下，某些 $\hat{\theta}_j$ 的元素是可以事先确定的：

(1) 当某些输入输出之间的时滞已知时，相应的 $\hat{\theta}_j$ 的某些元素为 0。

(2) 某些 MV 为 PID 的设定值，采用 PID 可以实现无静差控制，即有些 SISO 模型的稳态增益为 0（阶跃响应的第 N 个系数为 0），有些 SISO（single-input single-output，单入单出）模型的稳态增益为 1（阶跃响应的第 N 个系数为 1）。

因此，已知 $\Phi_j^0 \hat{\theta}_j = \hat{\theta}_j^0$，其中，$\Phi_j^0$ 为行满秩矩阵。这样辨识的优化问题为

$$\min_{\hat{\theta}_j} \hat{J}, \quad \text{s.t. } \Phi_j^0 \hat{\theta}_j = \hat{\theta}_j^0$$

根据等式约束 QP 问题的解法，可得

$$\hat{\theta}_j = \left[\Omega_j^{-1} - \Omega_j^{-1} \Phi_j^{0\mathrm{T}} (\Phi_j^0 \Omega_j^{-1} \Phi_j^{0\mathrm{T}})^{-1} \Phi_j^0 \Omega_j^{-1} \right] \Phi_j^{\mathrm{T}} Y_j + \Omega_j^{-1} \Phi_j^{0\mathrm{T}} (\Phi_j^0 \Omega_j^{-1} \Phi_j^{0\mathrm{T}})^{-1} \hat{\theta}_j^0$$

$$= \Omega_j^{-1} \Phi_j^{\mathrm{T}} Y_j + \Omega_j^{-1} \Phi_j^{0\mathrm{T}} (\Phi_j^0 \Omega_j^{-1} \Phi_j^{0\mathrm{T}})^{-1} \left(\hat{\theta}_j^0 - \Phi_j^0 \Omega_j^{-1} \Phi_j^{\mathrm{T}} Y_j \right)$$

式中，$\Omega_j = \Phi_j^{\mathrm{T}} \Phi_j + \mu \Pi$。

4. 用 SVD 分解得到参数估计的最小二乘解

一般来说，对 $\begin{bmatrix} \Phi_j \\ \mu^{1/2} \Pi^{1/2} \end{bmatrix}$ 进行 SVD（singular value decomposition，奇异值分解）分解，将得到

$$\begin{bmatrix} \Phi_j \\ \mu^{1/2} \Pi^{1/2} \end{bmatrix} = Q_j \begin{bmatrix} V_{j,1} \\ 0 \end{bmatrix} R_j$$

式中，$V_{j,1}$ 为对角非奇异方阵。

在式(2.31)两边都左乘 $Q_j^{-1} = Q_j^{\mathrm{T}}$，得到

$$\begin{bmatrix} V_{j,1} \\ 0 \end{bmatrix} R_j \hat{\theta}_j = \begin{bmatrix} Y_{j,1} \\ Y_{j,2} \end{bmatrix} \tag{2.34}$$

其中，$\begin{bmatrix} Y_{j,1} \\ Y_{j,2} \end{bmatrix} = Q_j^{\mathrm{T}} \begin{bmatrix} Y_j \\ 0 \end{bmatrix}$，不表示 Y_j 与 $Y_{j,1}$ 有同样的维数。由式(2.30)可以得到最小二乘解为

$$\hat{\theta}_j = R_j^{\mathrm{T}} V_{j,1}^{-1} Y_{j,1} \tag{2.35}$$

注解 2.3 如果取 $\mu = 0$，而且数据质量不好，则对 Φ_j 进行 SVD 分解，可能得到 $\Phi_j = Q_j \begin{bmatrix} V_{j,1} & 0_1 \\ 0 & 0 \end{bmatrix} R_j$，其中 $V_{j,1}$ 为对角非奇异方阵，0_1 为零矩阵，这时最小二乘解为

$$\hat{\theta}_j = R_j^{\mathrm{T}} \begin{bmatrix} V_{j,1}^{-1} & 0_1 \\ 0_1^{\mathrm{T}} & 0 \end{bmatrix} Y_{j,1} \tag{2.36}$$

5. 脉冲响应系数的滤波

对积分型依赖变量，$\hat{h}_{ji,l} = \sum_{l'=1}^{l} \Delta \hat{h}_{ji,l'}$。对所有依赖变量，在得到 $\hat{h}_{ji,l}$ 的值后，要对其做滤波处理。以一阶惯性滤波为例，得到在控制中采用的阶跃响应系数：

$$h_{ji,l} = \begin{cases} \hat{h}_{ji,l}, & l = 1 \\ \alpha \hat{h}_{ji,l} + (1-\alpha) h_{ji,l-1}, & l > 1 \end{cases}, \quad s_{ji,l} = \sum_{l'=1}^{l} h_{ji,l'} \tag{2.37}$$

2.2.4　数值仿真

1. 例题一

SISO 系统的 FIR（finite impulse response，有限冲击响应）模型：

$$y(k) = \sum_{l=1}^{N} h(l)u(k-l) + e(k) \tag{2.38}$$

式中，$e(k)$ 为建模误差。记 $\theta = \begin{bmatrix} h(1) \\ h(2) \\ \vdots \\ h(N) \end{bmatrix}$。假设测试实验阶段采集的独立变量、依赖变量序列为 $\{u(1), u(2), \cdots, u(L)\}$、$\{y(1), y(2), \cdots, y(L)\}$。将独立变量、依赖变量数据写成矩阵形式：

$$y = \begin{bmatrix} y(N+1) \\ y(N+2) \\ \vdots \\ y(L) \end{bmatrix}, \quad \Phi = \begin{bmatrix} u(N) & u(N-1) & \cdots & u(1) \\ u(N+1) & u(N) & \cdots & u(2) \\ \vdots & \vdots & & \vdots \\ u(L-1) & u(L-2) & \cdots & u(L-N) \end{bmatrix}$$

θ 的估值如下：

$$\hat{\theta} = (\Phi^{\mathrm{T}}\Phi)^{-1}\Phi^{\mathrm{T}}y \tag{2.39}$$

在 MATLAB 的 Simulink 模块下建立了试验系统，如图 2.3 所示，直接以随机数作为独立变量，并在依赖变量端施加了随机噪声。其中，两个随机数发生器的均值都为 0，方差都为 1，仿真平台的采样周期为 1。为了说明 FIR 模型辨识方法中数据长度与模型参数个数之间的简单关系，选取 {数据长度, 模型参数个数} 分别为 {1200, 480}、{1200, 600}、{1800, 600} 的三种情况进行测试，其中 FIR 图中同时包含了真实的脉冲响应参数。对这

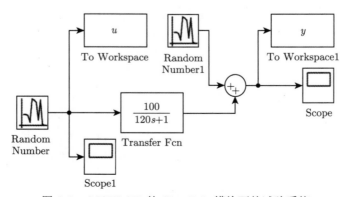

图 2.3　MATLAB 的 Simulink 模块下的试验系统

些辨识结果进行分析，可以得到以下的简单结论：首先，模型时域是 FIR 模型辨识的重要
参数，对其选择不当将出现较大的误差；其次，在待辨识参数较多的情况下，相应的独立
变量、依赖变量数据长度也要足够大，否则会出现较大的误差。

```matlab
%以下为本例源程序
N1=480; N2=600; %N1，N2都是建模时域（也就是脉冲响应系数的个数）
sim('FIR.mdl');Uin_1200=u.signals.values;Yout_1200=y.signals.values;
sim('FIR.mdl');Uin_1800=u.signals.values;Yout_1800=y.signals.values;
L1=size(Uin_1200,1);L2=size(Uin_1800,1);
%画输入数据
figure;subplot(1,2,1);
plot(Uin_1200);xlabel('$k$','Interpreter','latex','FontSize',12');
ylabel('$u$','Interpreter','latex','FontSize',12');
%画输出数据
subplot(1,2,2)
plot(Yout_1200);xlabel('$k$','Interpreter','latex','FontSize',12');
ylabel('$y$','Interpreter','latex','FontSize',12');
sys=tf([100],[120 1]);L=600;
[y_imp,t1]=impulse(sys,[1:1:L]);
% N1=480，数据长度为L1=1200的辨识结果
% 求脉冲响应系数
Y1=Yout_1200(N1+1:L1,:);FAI1=[];
for i=1:N1
    FAI1=[FAI1,Uin_1200(N1-i+1:L1-i,:)];
end
THETA1=FAI1\Y1;
%画脉冲响应曲线
figure;subplot(1,2,1);
plot(0:L-120,[0;y_imp(1:480,1)]);hold on;
plot(0:N1,[0 THETA1'])
hold off;
axis([0 600 -0.2 1.2])
xlabel('$k$','Interpreter','latex','FontSize',12');
ylabel('$y$','Interpreter','latex','FontSize',12');
A1=zeros(N1,1);
for i=1:N1
    A1(i,1)=sum(THETA1(1:i,1));
end
subplot(1,2,2);plot(0:N1,[0 A1']);axis([0 600 0 100]);
xlabel('$k$','Interpreter','latex','FontSize',12');
ylabel('$y$','Interpreter','latex','FontSize',12');
% N2=600，数据长度为L1=1200的辨识结果
% 求脉冲响应系数
Y2=Yout_1200(N2+1:L1,:);FAI2=[];
for i=1:N2
```

```
        FAI2=[FAI2,Uin_1200(N2-i+1:L1-i,:)];
end
THETA2=FAI2\Y2;
% 画脉冲响应曲线
figure;subplot(1,2,1);
plot(0:L, [0;y_imp]);hold on;
plot(0:N2,[0 THETA2']);hold off;
xlabel('$k$','Interpreter','latex','FontSize',12);
ylabel('$y$','Interpreter','latex','FontSize',12);
A2=zeros(N2,1);
for i=1:N2
    A2(i,1)=sum(THETA2(1:i,1));
end
subplot(1,2,2)
plot(0:N2,[0 A2']);axis([0 600 0 101]);
xlabel('$k$','Interpreter','latex','FontSize',12);
ylabel('$y$','Interpreter','latex','FontSize',12);
% N2=600, 数据长度为L2=1800的辨识结果
% 求脉冲响应系数
Y3=Yout_1800(N2+1:L2,:);
FAI3=[];
for i=1:N2
    FAI3=[FAI3,Uin_1800(N2-i+1:L2-i,:)];
end
THETA3=FAI3\Y3;
% 画脉冲响应曲线
figure;subplot(1,2,1);
plot(0:L,[0;y_imp]);hold on;
plot(0:N2,[0 THETA3']);hold off;
xlabel('$k$','Interpreter','latex','FontSize',12);
ylabel('$y$','Interpreter','latex','FontSize',12);
A3=zeros(N2,1);
for i=1:N2
    A3(i,1)=sum(THETA3(1:i,1));
end
subplot(1,2,2);plot(0:N2,[0 A3']);
xlabel('$k$','Interpreter','latex','FontSize',12);
ylabel('$y$','Interpreter','latex','FontSize',12);
```

2. 例题二

传递函数为连续时间的。考虑 MV 通道传递函数 $G^u(s) = \begin{bmatrix} G_a^u(s) & G_b^u(s) \\ 0 & G_c^u(s) \end{bmatrix}$ 和 DV 通道传递函数 $G^f(s) = [G_a^f(s), G_b^f(s)]^{\mathrm{T}}$，其中

$$
G_a^u(s) = \begin{bmatrix}
\dfrac{4.05}{50s+1} & \dfrac{5.39}{50s+1} & \dfrac{6.88}{50s+1} & \dfrac{5.82}{50s+1} \\[2mm]
\dfrac{1.77\mathrm{e}^{-27s}}{60s+1} & \dfrac{2.49}{30s+1} & \dfrac{2.88\mathrm{e}^{-18s}}{40s+1} & \dfrac{5.88}{50s+1} \\[2mm]
0 & 0 & 0 & 0 \\[2mm]
\dfrac{3.57}{s(20s+1)} & \dfrac{6.91}{s(40s+1)} & \dfrac{2.09}{s(55s+1)} & \dfrac{4.23}{s(22s+1)} \\[2mm]
0 & 0 & 0 & 0 \\[2mm]
\dfrac{5.88}{s(50s+1)} & \dfrac{5.72}{s(60s+1)} & \dfrac{2.54}{s(27s+1)} & \dfrac{2.38}{s(19s+1)}
\end{bmatrix}
$$

$$
G_b^u(s) = \begin{bmatrix}
\dfrac{5.88}{30s+1} & \dfrac{7.82}{60s+1} & \dfrac{5.88}{50s+1} & \dfrac{4.88}{20s+1} \\[2mm]
\dfrac{4.88}{40s+1} & \dfrac{4.83}{50s+1} & \dfrac{5.38}{40s+1} & \dfrac{6.29}{15s+1} \\[2mm]
\dfrac{7.91}{19s+1} & \dfrac{5.59}{44s+1} & \dfrac{3.58}{55s+1} & \dfrac{4.28}{35s+1} \\[2mm]
\dfrac{8.53}{s(50s+1)} & \dfrac{2.38\mathrm{e}^{-15s}}{s(19s+1)} & \dfrac{4.26}{s(22s+1)} & \dfrac{4.85}{s(30s+1)} \\[2mm]
\dfrac{4.23}{15s+1} & \dfrac{7.62}{60s+1} & \dfrac{5.88}{25s+1} & \dfrac{7.53}{60s+1} \\[2mm]
\dfrac{8.26}{s(60s+1)} & \dfrac{2.54}{s(27s+1)} & \dfrac{4.56}{s(20s+1)} & \dfrac{8.36}{s(22s+1)}
\end{bmatrix}
$$

$$
G_c^u(s) = \begin{bmatrix}
0 & 0 & 0 & \dfrac{7.18}{55s+1} \\[2mm]
0 & 0 & 0 & \dfrac{7.15}{40s+1} \\[2mm]
\dfrac{4.42}{15s+1} & \dfrac{4.23}{19s+1} & \dfrac{6.24}{34s+1} & \dfrac{4.26}{34s+1} \\[2mm]
0 & 0 & 0 & \dfrac{1}{s(55s+1)}
\end{bmatrix}
$$

$$
G_a^f(s) = \begin{bmatrix}
\dfrac{3.18}{32s+1} & \dfrac{7.35}{26s+1} & \dfrac{4.28}{34s+1} & \dfrac{8.53}{s(50s+1)} & \dfrac{4.65}{40s+1} & \dfrac{2.65}{s(30s+1)} \\[2mm]
\dfrac{5.28}{28s+1} & \dfrac{7.35}{19s+1} & \dfrac{1.35}{20s+1} & \dfrac{4.59}{s(26s+1)} & \dfrac{7.26}{50s+1} & \dfrac{7.53\mathrm{e}^{-22s}}{s(50s+1)}
\end{bmatrix}
$$

$$
G_b^f(s) = \begin{bmatrix}
\dfrac{6.54}{40s+1} & \dfrac{4.28}{26s+1} & \dfrac{9.26}{50s+1} & \dfrac{5.84}{s(26s+1)} \\[2mm]
\dfrac{5.36}{20s+1} & \dfrac{7.53\mathrm{e}^{-23s}}{50s+1} & \dfrac{9.26}{26s+1} & \dfrac{4.26}{s(60s+1)}
\end{bmatrix}
$$

第 {1,2,4,6} 个 CV 与第 1~8 个 MV 之间存在动态关系，第 {3,5,9} 个 CV 与第 5~8 个 MV 之间存在动态关系，第 {7,8,10} 个 CV 与第 8 个 MV 之间存在动态关系。由干扰模型可知，所有 10 个 CV 与 2 个 DV 之间都存在动态关系。一共分 3 组进行辨识。第 {4,6,10} 个 CV 为积分 CV。

　　MV 测试信号为低通 GBN 信号，采用并行测试。GBN 信号的转换概率为 1/10，幅值为 1。$T_{\min} = T_s = 4$，共产生 8 个（操纵变量个数）互不相关的 GBN 信号，数据个数 $L = 3000$。干扰取方差为 0.25 的高斯白噪声序列。通过 MATLAB 的 Simulink 模块搭建仿真系统，运行得到系统的真实 CV 数据。

　　取平滑系数 $\alpha_{y,j} = \alpha_{u,j} = \alpha_{f,j} = 1$ 和平滑因子 $\mu = 5$，并取 $N = 90$，用 2.2.3 节的辨识算法得到阶跃响应系数，其中 unpenal、penal 和 real 分别表示 $\mu = 0$、$\mu = 5$ 时的辨识结果和真实曲线。

```
%下面为本例源程序；使用程序时，先建立一个ten_in_ten_out.mdl文件
%变量编号：MV 1:8, DV 9:10, CV 11:20
clear all;clc;close all;N=90; %建模时域


%% 一、创建系统模型
L=3000; %数据个数
Tsw=10; %平均转换时间
Ts=4;    %采样时间
%产生10路测试输入GBN信号
for i=1:8
    Ugbn(:,i)=gbngen(L,Tsw);
    %产生长度为L=3000，平均转换时间Tsw=10的GBN输入信号。
    %一共产生3列（i=1:3）
end
d1=0.5*randn(L,1);d2=0.5*randn(L,1);
% d1=gbngen(L,Tsw);% d2=gbngen(L,Tsw);
% 送给crude_plant.mdl作为输入，Ts*L表示时间间隔（仿真开始和结束的时间）
for i=1:L
    for j=1:10
        if j<=8
            Uest((i-1)*Ts+1:i*Ts,j)=Ugbn(i,j)*ones(Ts,1);
            %所产生的Uest为Ts*Nu行，10列的矩阵
        end
        if j==9
            Uest((i-1)*Ts+1:i*Ts,j)=d1(i,1)*ones(Ts,1);
        end
        if j==10
            Uest((i-1)*Ts+1:i*Ts,j)=d2(i,1)*ones(Ts,1);
        end
    end
end
U1=[ [0:Ts*L-1]'    Uest(:,1) ]; %U1，U2，U3都是Ts*Nu行，2列的矩阵
```

```
U2=[ [0:Ts*L-1]'    Uest(:,2)]; U3=[ [0:Ts*L-1]'    Uest(:,3)];
U4=[ [0:Ts*L-1]'    Uest(:,4)]; U5=[ [0:Ts*L-1]'    Uest(:,5)];
U6=[ [0:Ts*L-1]'    Uest(:,6)]; U7=[ [0:Ts*L-1]'    Uest(:,7)];
U8=[ [0:Ts*L-1]'    Uest(:,8)]; U9=[ [0:Ts*L-1]'    Uest(:,9)];
U10=[ [0:Ts*L-1]'   Uest(:,10)];
% d1=[ [0:Ts*L-1]'   0.25*randn(Ts*L,1)];
% d2=[ [0:Ts*L-1]'   0.25*randn(Ts*L,1)];
sim('ten_in_ten_out',Ts*L-1) %Ts*L-1

%% 二、产生真实系统的阶跃响应模型（以便于与辨识得到的模型进行对比）
G(1,1)= tf(4.05,[50 1]);G(1,2)= tf(1.77,[60 1],'inputdelay',27);
G(1,4)= tf(3.57,[20 1 0]);G(1,6)= tf(5.88,[50 1 0]);
G(2,1)= tf(5.39,[50 1]);G(2,2)= tf(2.49,[30 1]);
G(2,4)= tf(6.91,[40 1 0]);G(2,6)= tf(5.72,[60 1 0]);
G(3,1)= tf(6.88,[50 1]);G(3,2)= tf(2.88,[40 1],'inputdelay',18);
G(3,4)= tf(2.09,[55 1 0]);G(3,6)= tf(2.54,[27 1 0]);
G(4,1)= tf(5.82,[50 1]);G(4,2)= tf(5.88,[50 1]);
G(4,4)= tf(4.23,[22 1 0]);G(4,6)= tf(2.38,[19 1 0]);
G(5,1)= tf(5.88,[30 1]);G(5,2)= tf(4.88,[40 1]);G(5,3)= tf(7.91,[19 1]);
G(5,4)= tf(8.53,[50 1 0]);G(5,5)= tf(4.23,[15 1]);
G(5,6)= tf(8.26,[60 1 0]);G(5,9)= tf(4.42,[15 1]);
G(6,1)= tf(7.82,[60 1]);G(6,2)= tf(4.83,[50 1]);G(6,3)= tf(5.59,[44 1]);
G(6,4)= tf(2.38,[19 1 0],'inputdelay',15);G(6,5)= tf(7.62,[60 1]);
G(6,6)= tf(2.54,[27 1 0]);G(6,9)= tf(4.23,[19 1]);
G(7,1)= tf(5.88,[50 1]);G(7,2)= tf(5.38,[40 1]);G(7,3)= tf(3.58,[55 1]);
G(7,4)= tf(4.26,[22 1 0]);G(7,5)= tf(5.88,[25 1]);
G(7,6)= tf(4.56,[20 1 0]);G(7,9)= tf(6.24,[34 1]);
G(8,1)= tf(4.88,[20 1]);G(8,2)= tf(6.29,[15 1]);G(8,3)= tf(4.28,[35 1]);
G(8,4)= tf(4.85,[30 1 0]);G(8,5)= tf(7.53,[60 1]);
G(8,6)= tf(8.36,[22 1 0]);G(8,7)= tf(7.18,[55 1]);
G(8,8)= tf(7.15,[40 1]);G(8,9)= tf(4.26,[34 1]);G(8,10)= tf(5.83,[55 1 0]);
G(9,1)= tf(3.18,[32 1]);G(9,2)= tf(7.35,[26 1]);G(9,3)= tf(4.28,[34 1]);
G(9,4)= tf(8.53,[50 1 0]);G(9,5)= tf(4.65,[40 1]);
G(9,6)= tf(2.65,[30 1 0]);G(9,7)= tf(6.54,[40 1]);G(9,8)= tf(4.28,[26 1]);
G(9,9)= tf(9.26,[50 1]);G(9,10)= tf(5.84,[26 1 0]);
G(10,1)= tf(5.28,[28 1]);G(10,2)= tf(7.35,[19 1]);G(10,3)= tf(1.35,[20 1]);
G(10,4)= tf(4.59,[26 1 0]);G(10,5)= tf(7.26,[50 1]);
G(10,6)= tf(7.53,[50 1 0],'inputdelay',22);G(10,7)= tf(5.36,[20 1]);
G(10,8)= tf(7.53,[50 1],'inputdelay',23);
G(10,9)= tf(9.26,[26 1]);G(10,10)= tf(4.26,[60 1 0]);
Gdnum=cell(10,10);Gdden=cell(10,10);Step_real=cell(10,10);
for i=1:10
    for j=1:10
        Gd(i,j)=c2d(G(i,j),Ts,'zoh');
        %将连续时间系统离散化，Ts为采样时间，
```

```
        %（输入为分段常数的情况下离散化系统）
        % Gd(i,j)表示每一个离散化后的传递函数
        t=1:Ts:Ts*N;  Step_real{i,j}=step(Gd(i,j),t);
    end
end

%% 三、综合得到所有的输入输出数据
Uin=[Ugbn,d1,d2]; data=[Uin,Yout];

%% 四、统一数据格式。将输入输出数据统一成行为数据个数，列为输入输出维数
if (size(data,1)<size(data,2))
    data=data';
end
[L,M]=size(data); %L表示数据长度，M表示变量个数

%% 五、显示输入输出数据
figure
for i=1:8
    subplot(8,1,i);  plot(data(:,i));
    if i==8
        xlabel('k');
    end
    ylabel(strcat('u',num2str(i)));
end
figure
for i=1:2
    subplot(2,1,i);   plot(data(:,i+8));
    if i==8
        xlabel('k');
    end
    ylabel(strcat('d',num2str(i)));
end
figure
for i=1:5
    subplot(5,1,i);   plot(data(:,i+10));
    if i==8
        xlabel('k');
    end
    ylabel(strcat('y',num2str(i)));
end
figure
for i=1:5
    subplot(5,1,i);   plot(data(:,i+15));
    if i==8
        xlabel('k');
```

```
    end
    ylabel(strcat('y',num2str(i+5)));
end
% NOFinES=5; %Number Of Figures in Each Set,每个图中的变量个数
% for i=1:M
%     if(rem(i,NOFinES)==1)
%         figure;
%         subplot(NOFinES,1,rem(i,NOFinES));
%         plot(data(:,i));
%         xlabel('k');
%         ylabel(strcat('v',num2str(i)));
%     else if(rem(i,NOFinES)==0)
%             subplot(NOFinES,1,rem(i,NOFinES)+NOFinES);
%             plot(data(:,i));
%             xlabel('k');
%             ylabel(strcat('v',num2str(i)));
%         else
%             subplot(NOFinES,1,rem(i,NOFinES));
%             plot(data(:,i));
%             xlabel('k');
%             ylabel(strcat('v',num2str(i)));
%         end
%     end
% end


%% 六、输入输出数据预处理
%%**对每个输入输出数据标记要插值的坏数据区间**
% for i=1:M
%     %使用者输入:针对第i个变量，要进行插值的坏数据区间的个数
%     nsr_inter(i)=input(strcat(strcat('input the number of data slices
%     in variable #', num2str(i)),' to be interpolated:'));
%     if (nsr_inter(i)>10)
%         error('too many interpolated slices!')
%     end
%     for j=1:2*nsr_inter(i)
%         if (rem(j,2))
%             %使用者输入：第i个变量要进行插值的
%             %第num2str(fix(j/2)+1)个坏数据区间的起始位置
%             T_inter(i,j)=input(strcat(strcat(strcat(strcat
%                 ('The start of interpolated slice #', num2str(fix(j/2)+1)),
%                 ' in variable #'),num2str(i)),':'));
%         else
%             %使用者输入：第i个变量要进行插值的
%             %第num2str(fix(j/2)+1)个坏数据区间的终止位置
%             T_inter(i,j)=input(strcat(strcat(strcat(strcat('The end
```

```
%                    of interpolated slice #', num2str(fix(j/2))),
%                    ' in variable #'),num2str(i)),':'));
%           end
%       end
%       %***************线性插值算法*****************
%       for j=1:2:2*nsr_inter(i)
%           for k=T_inter(i,j):T_inter(i,j+1)
%               if T_inter(i,1)==1
%                   error('The start of interpolated slice should not be 1');
%               end
%               if T_inter(i,2*nsr_inter(i))==L
%                   error(strcat('The end of interpolated slice should not
%                       be ',num2str(L)));
%               end
%               data(k,i)=data(T_inter(i,j)-1,i)+(k-T_inter(i,j)+1)/
%                   (T_inter(i,j+1)-T_inter(i,j)+2)*(data(T_inter(i,j+1)+1,
%                   i)-data(T_inter(i,j)-1,i));
%           end
%       end
%       %***************线性插值算法*****************
% end
%%**对每个输入输出数据标记要插值的坏数据区间**

%%**对每个输入输出数据标记要剔除的坏数据区间**
nsr_bad=zeros(1,M);
T_bad=cell(M,1);
% for i=1:M
%       %使用者输入:针对第i个变量,要进行剔除的坏数据的区间个数
%       nsr_bad(i)=input(strcat(strcat('input the number of data slices
%           in variabel #', num2str(i)),' to be removed:'));
%       for j=1:2*nsr_bad(i)
%           if (rem(j,2))
%               %使用者输入: 第i个变量要进行剔除的
%               %第num2str(fix(j/2)+1)个坏数据区间的起始位置
%               T_bad{i,1}(j)=input(strcat(strcat(strcat(strcat
%                   ('The start of bad slice #', num2str(fix(j/2)+1)),
%                   ' in variabel #'),num2str(i)),':'));
%           else
%               %使用者输入: 第i个变量要进行剔除的
%               %第num2str(fix(j/2)+1)个坏数据区间的终止位置
%               T_bad{i,1}(j)=input(strcat(strcat(strcat(strcat
%                   ('The end of bad slice #', num2str(fix(j/2))),'
%                   in variabel #'),num2str(i)),':'));
%           end
%       end
```

```
% end
%%**对每个输入输出数据标记要剔除的坏数据区间**

%% 七、将输入输出数据分组。创建一个case
disp('choose IndepV, DepV and parameters for this case.');
MV_num=input('choose MV for this case (among [1:8]):');
%本case中操纵变量在data中位于第几列
if MV_num==0
    Nmv=0;
else
    Nmv=max(size(MV_num)); %Nmv表示本case中操纵变量的个数
end
T_bad_MV_case=cell(Nmv,1);nsr_bad_MV_case=zeros(1,Nmv);
for i=1:Nmv
    nsr_bad_MV_case(i)=nsr_bad(MV_num(i));
    %nsr_bad_MV_case用来存放本case中每一个MV的坏数据区间的个数
    T_bad_MV_case{i,1}=T_bad{MV_num(i),1};
    %T_bad_MV_case用来存放本case中每一个MV的坏数据区间的起始位置和终止位置
end
DV_num=input('choose DV for this case (among [9:10]):');
%本case中干扰变量在data中位于第几列
if DV_num==0
    Ndv=0;
else
    Ndv=max(size(DV_num)); %Ndv表示本case中干扰变量的个数
end
T_bad_DV_case=cell(Ndv,1);nsr_bad_DV_case=zeros(1,Ndv);
for i=1:Ndv
    nsr_bad_DV_case(i)=nsr_bad(DV_num(i));
    %nsr_bad_DV_case用来存放本case中每一个DV的坏数据区间的个数
    T_bad_DV_case{i,1}=T_bad{DV_num(i),1};
    %T_bad_DV_case用来存放本case中每一个DV的坏数据区间的起始、终止位置
end
CV_stable_num=input('choose stable CV for this case (among [11:20]):');
%本case中稳定型被控变量在data中位于第几列
if CV_stable_num==0
    Ncv_stable=0;
else
    Ncv_stable=max(size(CV_stable_num));
    %Ncv表示本case中稳定型被控变量的个数
end
T_bad_stable_CV_case=cell(Ncv_stable,1);
nsr_bad_stable_CV_case=zeros(1,Ncv_stable);
for i=1:Ncv_stable
    nsr_bad_stable_CV_case(i)=nsr_bad(CV_stable_num(i));
```

```
    %nsr_bad_stable_CV_case用来存放本case中每一个稳定型CV
    %的坏数据区间的个数
    T_bad_stable_CV_case{i,1}=T_bad{CV_stable_num(i),1};
    %T_bad_stable_CV_case用来存放本case中每一个稳定型CV的
    %坏数据区间的起始位置和终止位置
end
CV_ramp_num=input('choose ramp CV for this case (among [11:20]):');
%本case中积分型被控变量在data中位于第几列
if CV_ramp_num==0
    Ncv_ramp=0;
else
    Ncv_ramp=max(size(CV_ramp_num)); %Ncv表示本case中积分型被控变量的个数
end
T_bad_ramp_CV_case=cell(Ncv_ramp,1);nsr_bad_ramp_CV_case=zeros(1,Ncv_ramp);
for i=1:Ncv_ramp
    nsr_bad_ramp_CV_case(i)=nsr_bad(CV_ramp_num(i));
    %nsr_bad_stable_CV_case用来存放本case中每一个积分型CV的
    %坏数据区间的个数
    T_bad_ramp_CV_case{i,1}=T_bad{CV_ramp_num(i),1};
    %T_bad_stable_CV_case用来存放本case中每一个积分型CV的
    %坏数据区间的起始位置和终止位置
end

%% 八、将本case中的所有变量的坏数据区间统一并合并
T_bad_stable_case=MergeBadSlice([T_bad_MV_case;T_bad_DV_case;
    T_bad_stable_CV_case;
    T_bad_ramp_CV_case]);T_bad_ramp_case=T_bad_stable_case;
if isempty(T_bad_stable_case)
    nsr_bad_stable_case=0;    nsr_bad_ramp_case=0;
else
    nsr_bad_stable_case=length(T_bad_stable_case)/2;
    nsr_bad_ramp_case=length(T_bad_ramp_case)/2;
end

%% 九、分别针对稳定型部分和积分型部分，确定最终的坏数据区间
%%** 对稳定型输出部分辨识，如果两个坏数据区间之间的好数据个数
%% 小于N+3个，则把这两个坏数据区间合并为一个**
if (nsr_bad_stable_case~=0)
    if (T_bad_stable_case(1)-1<N+2)
        T_bad_stable_case(1)=1;
    end
    isbad = 0;
    while(1)
        if length(T_bad_stable_case) < 4
            break;
```

```
            end
        for j = 2:2: length(T_bad_stable_case)-2
            if T_bad_stable_case(j+1) - T_bad_stable_case(j) < N+3
                isbad = 1;
                T1 = zeros(1,length(T_bad_stable_case)-2);
                T1(1,1:j-1) = T_bad_stable_case(1,1:j-1);
                T1(1,j:end) = T_bad_stable_case(1,j+2:end);
                T_bad_stable_case = T1;
                break;
            end
        end
        if isbad == 0
            break;
        else
            isbad = 0;
        end
    end
    T_bad_stable_case_final=T_bad_stable_case;
    %T_bad_stable_case_final表示对稳定型输出部分,
    %做完所有的数据处理后的坏数据区间的起始位置和终止位置
    nsr_bad_stable_case_final=length(T_bad_stable_case_final)/2;
    %表示对稳定型输出部分,做完所有的数据处理后的坏数据区间的个数
    if (L-T_bad_stable_case_final(2*nsr_bad_stable_case_final)<N+2)
        T_bad_stable_case_final(2*nsr_bad_stable_case_final)=L;
    end
else
    nsr_bad_stable_case_final=0;
end
%%**对稳定型输出部分辨识,如果两个坏数据区间之间的好数据个数
%%小于N+3个,则把这两个坏数据区间合并为一个**

%%**对积分型输出部分辨识,如果两个坏数据区间之间的好数据个数
%%小于N+4个,则把这两个坏数据区间合并为一个**
if (nsr_bad_ramp_case~=0)
    if (T_bad_ramp_case(1)-1<N+3)
        T_bad_ramp_case(1)=1;
    end
    isbad = 0;
    while(1)
        if length(T_bad_ramp_case) < 4
            break;
        end
        for j = 2:2: length(T_bad_ramp_case)-2
            if T_bad_ramp_case(j+1) - T_bad_ramp_case(j) < N+4
                isbad = 1;
```

```
                    T1 = zeros(1,length(T_bad_ramp_case)-2);
                    T1(1,1:j-1) = T_bad_ramp_case(1,1:j-1);
                    T1(1,j:end) = T_bad_ramp_case(1,j+2:end);
                    T_bad_ramp_case = T1;
                    %T_bad_ramp_case_final表示对积分型输出部分,
                    %做完所有的数据处理后的坏数据区间的起始位置和终止位置
                    break;
                end
            end
        if isbad == 0
            break;
        else
            isbad = 0;
        end
    end
    T_bad_ramp_case_final=T_bad_ramp_case;
    %T_bad_ramp_case_final表示对积分型输出部分,
    %做完所有的数据处理后的坏数据区间的起始位置和终止位置
    nsr_bad_ramp_case_final=length(T_bad_ramp_case_final)/2;
    %表示对积分型输出部分, 做完所有的数据处理后的坏数据区间的个数
    if (L-T_bad_ramp_case_final(2*nsr_bad_ramp_case_final)<N+3)
        T_bad_ramp_case_final(2*nsr_bad_ramp_case_final)=L;
    end
else
    nsr_bad_ramp_case_final=0;
end
%%**对积分型输出部分辨识, 如果两个坏数据区间之间的好数据个数
%%小于N+4个, 则把这两个坏数据区间合并为一个**

%% 十、分别对本case的操纵变量、干扰变量、被控变量进行平滑
MV=zeros(L,Nmv);
for i=1:Nmv
    MV(:,i)=data(:,MV_num(i));
end
DV=zeros(L,Ndv);
for i=1:Ndv
    DV(:,i)=data(:,DV_num(i));
end
CV_stable=zeros(L,Ncv_stable);
for i=1:Ncv_stable
    CV_stable(:,i)=data(:,CV_stable_num(i));
end
CV_ramp=zeros(L,Ncv_ramp);
for i=1:Ncv_ramp
    CV_ramp(:,i)=data(:,CV_ramp_num(i));
```

```
end
%%**分别对本case的操纵变量、干扰变量、被控变量进行平滑**
alpha_MV=input('choose smoothing factor of MV (between 0 and 1):');
%对操纵变量的平滑因子
if (alpha_MV>1&&alpha_MV<0)
    error('The smoothing factor must be a number between 0 and 1');
end
alpha_DV=input('choose smoothing factor of DV (between 0 and 1):');
%对干扰变量的平滑因子
if (alpha_DV>1&&alpha_DV<0)
    error('The smoothing factor must be a number between 0 and 1');
end
alpha_CV=input('choose smoothing factor of CV (between 0 and 1):');
%对被控变量的平滑因子
if (alpha_CV>1&&alpha_CV<0)
    error('The smoothing factor must be a number between 0 and 1');
end
%%**对稳定型输出辨识部分的变量做数据平滑（只对好数据做平滑）**
if (nsr_bad_stable_case_final==0)
    for i=2:L
        MV(i,:)=alpha_MV*MV(i,:)+(1-alpha_MV)*MV(i-1,:);
        DV(i,:)=alpha_DV*DV(i,:)+(1-alpha_DV)*DV(i-1,:);
        CV_stable(i,:)=alpha_CV*CV_stable(i,:)
            +(1-alpha_CV)*CV_stable(i-1,:);
    end
end
if (nsr_bad_stable_case_final>0)
    for i=2:L
        flag=0;
        %这一步实现只对好数据做平滑（如果i当前是坏数据区间的值，
        %则令flag=1，紧接着判断flag如果不是0，则不做平滑）
        for j=1:2:2*nsr_bad_stable_case_final-1
            if(i>T_bad_stable_case_final(j)&&
                i<=T_bad_stable_case_final(j+1)+1)
                flag=1;
                break;
            end
        end
        if(flag==0)
            MV(i,:)=alpha_MV*MV(i,:)+(1-alpha_MV)*MV(i-1,:);
            DV(i,:)=alpha_DV*DV(i,:)+(1-alpha_DV)*DV(i-1,:);
            CV_stable(i,:)=alpha_CV*CV_stable(i,:)
                +(1-alpha_CV)*CV_stable(i-1,:);
        end
    end
```

```
end
%%**对稳定型输出辨识部分的变量做数据平滑（只对好数据做平滑）**

%%**对积分型输出辨识部分的变量做数据平滑（只对好数据做平滑）**
if (nsr_bad_ramp_case_final==0)
    for i=2:L
        MV(i,:)=alpha_MV*MV(i,:)+(1-alpha_MV)*MV(i-1,:);
        DV(i,:)=alpha_DV*DV(i,:)+(1-alpha_DV)*DV(i-1,:);
        CV_ramp(i,:)=alpha_CV*CV_ramp(i,:)+(1-alpha_CV)*CV_ramp(i-1,:);
    end
end
if (nsr_bad_ramp_case_final>0)
    for i=2:L
        flag=0;
        for j=1:2:2*nsr_bad_ramp_case_final-1
            if(i>T_bad_ramp_case_final(j)
                &&i<=T_bad_ramp_case_final(j+1)+1)
                flag=1;
                %这一步实现只对好数据做平滑（如果i当前是坏数据区间的值，
                %则令flag=1，紧接着判断flag如果不是0，则不做平滑）
                break;
            end
        end
        if(flag==0)
            MV(i,:)=alpha_MV*MV(i,:)+(1-alpha_MV)*MV(i-1,:);
            DV(i,:)=alpha_DV*DV(i,:)+(1-alpha_DV)*DV(i-1,:);
            CV_ramp(i,:)=alpha_CV*CV_ramp(i,:)+(1-alpha_CV)*CV_ramp(i-1,:);
        end
    end
end
%%**对积分型输出辨识部分的变量做数据平滑（只对好数据做平滑）**
U=[MV,DV];
Y_stable=CV_stable;
Y_ramp=CV_ramp;
%%**分别对本case的操纵变量、干扰变量、被控变量进行平滑**
%%**分别对本case的操纵变量、干扰变量、被控变量进行平滑**

%% 十一、将平滑后的输入输出数据矩阵写成增量（delta）的形式（只对好数据部分）
deltaU=zeros(size(U));deltaY_stable=zeros(size(Y_stable));
deltaY_ramp=zeros(size(Y_ramp));
%%%%%%%%%%%%%%%%%%将稳定型输出部分的数据写为增量形式%%%%%%%%%%%%%%%%%
if (nsr_bad_stable_case_final==0)
%%如果没有坏数据，则将所有的数据表示为增量形式
for i=2:L
        deltaU_stable(i,:)=U(i,:)-U(i-1,:);
```

```
            deltaY_stable(i,:)=Y_stable(i,:)-Y_stable(i-1,:);
    end
end
if (nsr_bad_stable_case_final>0)
%%如果有坏数据，则只将好数据表示为增量形式
for i=2:L
        flag=0;
        for j=1:2:2*nsr_bad_stable_case_final-1
            if(i>=T_bad_stable_case_final(j)
                &&i<=T_bad_stable_case_final(j+1)+1)
                %说明此时i的值为坏数据
                flag=1;
                break;
            end
        end
        if(flag==0)
            deltaU_stable(i,:)=U(i,:)-U(i-1,:);
            deltaY_stable(i,:)=Y_stable(i,:)-Y_stable(i-1,:);
        end
    end
end
%%%%%%%%%%%%%%%%%将稳定型输出部分的数据写为增量形式%%%%%%%%%%%%%%%%

%%%%%%%%%%%%%%%%%将积分型输出部分的数据写为增量形式%%%%%%%%%%%%%%%%
if (nsr_bad_ramp_case_final==0)
%%如果没有坏数据，则将所有的数据表示为增量形式
for i=3:L
        deltaU_ramp(i,:)=U(i,:)-U(i-1,:);
        deltaY_ramp(i,:)=Y_ramp(i,:)-2*Y_ramp(i-1,:)+Y_ramp(i-2,:);
    end
end
if (nsr_bad_ramp_case_final>0)
%%如果有坏数据，则只将好数据表示为增量形式
for i=3:L
        flag=0;
        for j=1:2:2*nsr_bad_ramp_case_final-1
            if(i>=T_bad_ramp_case_final(j)
                &&i<=T_bad_ramp_case_final(j+1)+1)
                %说明此时i的值为坏数据
                flag=1;
                break;
            end
        end
        if(flag==0)
            deltaU_ramp(i,:)=U(i,:)-U(i-1,:);
```

```
            deltaY_ramp(i,:)=Y_ramp(i,:)-2*Y_ramp(i-1,:)+Y_ramp(i-2,:);
        end
    end
end
%%%%%%%%%%%%%%%%%将积分型输出部分的数据写为增量形式%%%%%%%%%%%%%%%

%% 十二、对稳定型输出部分，构造辨识所用的输入输出矩阵
%%***deltaU_stable_final,deltaY_stable_final用来存放最终的输入输出矩阵
%%**当输入输出没有坏数据时构造辨识所用的矩阵**
if (nsr_bad_stable_case_final==0)
    deltaY_stable_final=deltaY_stable(N+2:L,:);  deltaU_stable_final=[];
    for i=1:Nmv+Ndv
        deltaU1=[];
        for j=N+1:(-1):2
            deltaU1=[deltaU1,deltaU_stable(j:L-N-2+j,i)];
        end
        deltaU_stable_final=[deltaU_stable_final,deltaU1];
    end
end
%%**当输入输出没有坏数据时构造辨识所用的矩阵**

%%**当输入输出有一个区间的坏数据时构造辨识所用的矩阵**
if (nsr_bad_stable_case_final==1)
    if(T_bad_stable_case_final(1)==1&&
        T_bad_stable_case_final(2*nsr_bad_stable_case_final)==L)
        error('No good data');
    else if(T_bad_stable_case_final(1)~=1
        &&T_bad_stable_case_final(2*nsr_bad_stable_case_final)==L)
        deltaY_stable_final
            =deltaY_stable(N+2:T_bad_stable_case_final(1)-1,:);
        deltaU_stable_final=[];
        for i=1:Nmv+Ndv
            deltaU1=[];
            for j=N+1:(-1):2
                deltaU1=[deltaU1,deltaU_stable
                    (j:T_bad_stable_case_final(1)-N-3+j,i)];
            end
            deltaU_stable_final=[deltaU_stable_final,deltaU1];
        end
    else if(T_bad_stable_case_final(1)==1
        &&T_bad_stable_case_final(2*nsr_bad_stable_case_final)~=L)
        deltaY_stable_final
            =deltaY_stable(T_bad_stable_case_final
            (2*nsr_bad_stable_case_final)+N+2:L,:);
        deltaU_stable_final=[];
```

```
        for i=1:Nmv+Ndv
            deltaU1=[];
            for j=N+1:(-1):2
                deltaU1=[deltaU1,
                    deltaU_stable(T_bad_stable_case_final
                    (2*nsr_bad_stable_case_final)+j:L+j-N-2,i)];
            end
            deltaU_stable_final=[deltaU_stable_final,deltaU1];
        end
    else
        deltaY_stable_final1=deltaY_stable(N+2:
            T_bad_stable_case_final(1)-1,:);
        deltaY_stable_final3
            =deltaY_stable(T_bad_stable_case_final
            (2*nsr_bad_stable_case_final)+N+2:L,:);
        deltaY_stable_final=[deltaY_stable_final1;
            deltaY_stable_final3];
        deltaU_final1=[]; deltaU_final3=[];
        for i=1:Nmv+Ndv
            deltaU1=[];      deltaU3=[];
            for j=N+1:(-1):2
                deltaU1=[deltaU1,deltaU_stable(j:
                    T_bad_stable_case_final(1)-N-3+j,i)];
                deltaU3=[deltaU3,
                    deltaU_stable(T_bad_stable_case_final
                    (2*nsr_bad_stable_case_final)+j:L+j-N-2,i)];
            end
            deltaU_final1=[deltaU_final1,deltaU1];
            deltaU_final3=[deltaU_final3,deltaU3];
        end
        deltaU_stable_final=[deltaU_final1;deltaU_final3];
    end
    end
    end
end
%%**当输入输出有一个区间的坏数据时构造辨识所用的矩阵**

%%**当输入输出有两个以上区间的坏数据时构造辨识所用的矩阵**
if (nsr_bad_stable_case_final>=2)
    deltaY_stable_final2=[];%用来存放输出矩阵的第二项
    for i=2:2:2*nsr_bad_stable_case_final-2%求输出矩阵的第二项
        deltaY_stable_final2=[deltaY_stable_final2;
            deltaY_stable(T_bad_stable_case_final(i)+N+2:
            T_bad_stable_case_final(i+1)-1,:)];
    end
```

```
deltaU_stable_final2=[];%用来存放输入矩阵的第二项
for i=1:Nmv+Ndv
    deltaU2=[];
    for j=2:2:2*nsr_bad_stable_case_final-2
        deltaU22=[];
        for k=N+1:(-1):2
            deltaU22=[deltaU22,
                deltaU_stable(T_bad_stable_case_final(j)+k:
                T_bad_stable_case_final(j+1)+k-N-3,i)];
        end
        deltaU2=[deltaU2;deltaU22];
    end
    deltaU_stable_final2=[deltaU_stable_final2,deltaU2];
end
if ((T_bad_stable_case_final(1)~=1)
    &&(T_bad_stable_case_final(2*nsr_bad_stable_case_final)~=L))
    deltaY_stable_final1=deltaY_stable(N+2:
        T_bad_stable_case_final(1)-1,:);
    deltaY_stable_final3=deltaY_stable(T_bad_stable_case_final
        (2*nsr_bad_stable_case_final)+N+2:L,:);
    deltaY_stable_final=[deltaY_stable_final1;
        deltaY_stable_final2;deltaY_stable_final3];
    deltaU_stable_final1=[]; deltaU_stable_final3=[];
    for i=1:Nmv+Ndv
        deltaU1=[];   deltaU3=[];
        for j=N+1:(-1):2
            deltaU1=[deltaU1,deltaU_stable(j:
                T_bad_stable_case_final(1)-N-3+j,i) ];
            deltaU3=[deltaU3,deltaU_stable(T_bad_stable_case_final
                (2*nsr_bad_stable_case_final)+j:L+j-N-2,i)];
        end
        deltaU_stable_final1=[deltaU_stable_final1,deltaU1];
        deltaU_stable_final3=[deltaU_stable_final3,deltaU3];
    end
    deltaU_stable_final=[deltaU_stable_final1;deltaU_stable_final2;
        deltaU_stable_final3];
else if ((T_bad_stable_case_final(1)~=1)
    &&(T_bad_stable_case_final(2*nsr_bad_stable_case_final)==L))
    deltaY_stable_final1=deltaY_stable(N+2:
        T_bad_stable_case_final(1)-1,:);
    deltaY_stable_final=[deltaY_stable_final1;deltaY_stable_final2];
    deltaU_stable_final1=[];
    for i=1:Nmv+Ndv
        deltaU1=[];
        for j=N+1:(-1):2
```

```
                            deltaU1=[deltaU1,deltaU_stable(j:
                                T_bad_stable_case_final(1)-N-3+j,i)];
                    end
                    deltaU_stable_final1=[deltaU_stable_final1,deltaU1];
            end
            deltaU_stable_final=[deltaU_stable_final1;deltaU_stable_final2];
        else if ((T_bad_stable_case_final(1)==1)
            &&(T_bad_stable_case_final(2*nsr_bad_stable_case_final)~=L))
            deltaY_stable_final3=deltaY_stable(T_bad_stable_case_final(2*
                nsr_bad_stable_case_final)+N+2:L,:);
            deltaY_stable_final=[deltaY_stable_final2;deltaY_stable_final3];
            deltaU_stable_final3=[];
            for i=1:Nmv+Ndv
                deltaU3=[];
                for j=N+1:(-1):2
                    deltaU3=[deltaU3,
                        deltaU_stable(T_bad_stable_case_final
                        (2*nsr_bad_stable_case_final)+j:L+j-N-2,i)];
                end
                deltaU_stable_final3=[deltaU_stable_final3,deltaU3];
            end
            deltaU_stable_final=[deltaU_stable_final2;
                deltaU_stable_final3];
        else
            deltaY_stable_final=deltaY_stable_final2;
            deltaU_stable_final=deltaU_stable_final2;
        end
        end
        end
end
%%**当输入输出有两个以上区间的坏数据时构造辨识所用的矩阵**

%% 十三、对积分型输出部分, 构造辨识所用的输入输出矩阵
%%***deltaU_final,deltaY_final用来存放最终的输入输出矩阵
%%**当输入输出没有坏数据时构造辨识所用的矩阵**
if (nsr_bad_ramp_case_final==0)
    deltaY_ramp_final=deltaY_ramp(N+3:L,:);  deltaU_ramp_final=[];
    for i=1:Nmv+Ndv
        deltaU1=[];
        for j=N+1:(-1):2
            deltaU1=[deltaU1,deltaU_ramp(j+1:L-N-2+j,i)];
        end
        deltaU_ramp_final=[deltaU_ramp_final,deltaU1];
    end
end
```

%%**当输入输出没有坏数据时构造辨识所用的矩阵**

%%**当输入输出有一个区间的坏数据时构造辨识所用的矩阵**

```
if (nsr_bad_ramp_case_final==1)
    if(T_bad_ramp_case_final(1)==1&&
        T_bad_ramp_case_final(2*nsr_bad_ramp_case_final)==L)
        error('No good data');
    else if(T_bad_ramp_case_final(1)~=1
        &&T_bad_ramp_case_final(2*nsr_bad_ramp_case_final)==L)
        deltaY_ramp_final=deltaY_ramp(N+3:T_bad_ramp_case_final(1)-1,:);
        deltaU_ramp_final=[];
        for i=1:Nmv+Ndv
            deltaU1=[];
            for j=N+1:(-1):2
                deltaU1=[deltaU1,deltaU_ramp(j+1:
                    T_bad_ramp_case_final(1)-N-3+j,i)];
            end
            deltaU_ramp_final=[deltaU_ramp_final,deltaU1];
        end
    else if(T_bad_ramp_case_final(1)==1&&T_bad_ramp_case_final(2*
        nsr_bad_ramp_case_final)~=L)
        deltaY_ramp_final=deltaY_ramp(T_bad_ramp_case_final
            (2*nsr_bad_ramp_case_final)+N+3:L,:);
        deltaU_ramp_final=[];
        for i=1:Nmv+Ndv
            deltaU1=[];
            for j=N+1:(-1):2
                deltaU1=[deltaU1,deltaU_ramp(T_bad_ramp_case_final
                    (2*nsr_bad_ramp_case_final)+j+1:L+j-N-2,i)];
            end
            deltaU_ramp_final=[deltaU_ramp_final,deltaU1];
        end
    else
        deltaY_ramp_final1=deltaY_ramp(N+3:T_bad_ramp_case_final(1)-1,:);
        deltaY_ramp_final3=deltaY_ramp(T_bad_ramp_case_final
            (2*nsr_bad_ramp_case_final)+N+3:L,:);
        deltaY_ramp_final=[deltaY_ramp_final1;deltaY_ramp_final3];
        deltaU_final1=[]; deltaU_final3=[];
        for i=1:Nmv+Ndv
            deltaU1=[];    deltaU3=[];
            for j=N+1:(-1):2
                deltaU1=[deltaU1,deltaU_ramp(j+1:
                    T_bad_ramp_case_final(1)-N-3+j,i)];
                deltaU3=[deltaU3,deltaU_ramp(T_bad_ramp_case_final
                    (2*nsr_bad_ramp_case_final)+j+1:L+j-N-2,i)];
```

```
                    end
                    deltaU_final1=[deltaU_final1,deltaU1];  deltaU_final3=[
                        deltaU_final3,deltaU3];
                end
                deltaU_ramp_final=[deltaU_final1;deltaU_final3];
            end
        end
    end
end
%%**当输入输出有一个区间的坏数据时构造辨识所用的矩阵**

%%**当输入输出有两个以上区间的坏数据时构造辨识所用的矩阵**
if (nsr_bad_ramp_case_final>=2)
    deltaY_ramp_final2=[];%用来存放输出矩阵的第二项
    for i=2:2:2*nsr_bad_ramp_case_final-2%求输出矩阵的第二项
        deltaY_ramp_final2=[deltaY_ramp_final2;
            deltaY_ramp(T_bad_ramp_case_final(i)+N+3:
            T_bad_ramp_case_final(i+1)-1,:)];
    end
    deltaU_ramp_final2=[];%用来存放输入矩阵的第二项
    for i=1:Nmv+Ndv
        deltaU2=[];
        for j=2:2:2*nsr_bad_ramp_case_final-2
            deltaU22=[];
            for k=N+1:(-1):2
                deltaU22=[deltaU22,deltaU_ramp(T_bad_ramp_case_final(j)+k+1:
                    T_bad_ramp_case_final(j+1)+k-N-3,i)];
            end
            deltaU2=[deltaU2;deltaU22];
        end
        deltaU_ramp_final2=[deltaU_ramp_final2,deltaU2];
    end
    if ((T_bad_ramp_case_final(1)~=1)&&(T_bad_ramp_case_final(2*
        nsr_bad_ramp_case_final)~=L))
        deltaY_ramp_final1=deltaY_ramp(N+3:T_bad_ramp_case_final(1)-1,:);
        deltaY_ramp_final3=deltaY_ramp(T_bad_ramp_case_final
            (2*nsr_bad_ramp_case_final)+N+3:L,:);
        deltaY_ramp_final=[deltaY_ramp_final1;deltaY_ramp_final2;
            deltaY_ramp_final3];
        deltaU_ramp_final1=[];  deltaU_ramp_final3=[];
        for i=1:Nmv+Ndv
            deltaU1=[];          deltaU3=[];
            for j=N+1:(-1):2
                deltaU1=[deltaU1,deltaU_ramp
                    (j+1:T_bad_ramp_case_final(1)-N-3+j,i)];
```

```
            deltaU3=[deltaU3,deltaU_ramp(T_bad_ramp_case_final
                (2*nsr_bad_ramp_case_final)+j+1:L+j-N-2,i)];
        end
        deltaU_ramp_final1=[deltaU_ramp_final1,deltaU1];
        deltaU_ramp_final3=[deltaU_ramp_final3,deltaU3];
    end
    deltaU_ramp_final=[deltaU_ramp_final1;deltaU_ramp_final2;
        deltaU_ramp_final3];
else if ((T_bad_ramp_case_final(1)~=1)
    &&(T_bad_ramp_case_final(2*nsr_bad_ramp_case_final)==L))
    deltaY_ramp_final1=deltaY_ramp(N+3:T_bad_ramp_case_final(1)-1,:);
    deltaY_ramp_final=[deltaY_ramp_final1;deltaY_ramp_final2];
    deltaU_ramp_final1=[];
    for i=1:Nmv+Ndv
        deltaU1=[];
        for j=N+1:(-1):2
            deltaU1=[deltaU1,deltaU_ramp(j+1:
                T_bad_ramp_case_final(1)-N-3+j,i)];
        end
        deltaU_ramp_final1=[deltaU_ramp_final1,deltaU1];
    end
    deltaU_ramp_final=[deltaU_ramp_final1;deltaU_ramp_final2];
else if ((T_bad_ramp_case_final(1)==1)
    &&(T_bad_ramp_case_final(2*nsr_bad_ramp_case_final)~=L))
    deltaY_ramp_final3=deltaY_ramp(T_bad_ramp_case_final
        (2*nsr_bad_ramp_case_final)+N+3:L,:);
    deltaY_ramp_final=[deltaY_ramp_final2;deltaY_ramp_final3];
    deltaU_ramp_final3=[];
    for i=1:Nmv+Ndv
        deltaU3=[];
        for j=N+1:(-1):2
            deltaU3=[deltaU3,deltaU_ramp(T_bad_ramp_case_final
                (2*nsr_bad_ramp_case_final)+j+1:L+j-N-2,i)];
        end
        deltaU_ramp_final3=[deltaU_ramp_final3,deltaU3];
    end
    deltaU_ramp_final=[deltaU_ramp_final2;deltaU_ramp_final3];
else
    deltaY_ramp_final=deltaY_ramp_final2;
    deltaU_ramp_final=deltaU_ramp_final2;
end
end
end
end
%%**当输入输出有两个以上区间的坏数据时构造辨识所用的矩阵**
```

```
%% 十四、辨识脉冲响应系数矩阵
%%************** 惩罚项的表示 ********************
gama=zeros(N*(Nmv+Ndv),N*(Nmv+Ndv));
gama_=eye(N)-[zeros(1,N);eye(N-1),zeros(N-1,1)];
for i=1:(Nmv+Ndv)
    gama((i-1)*N+1:i*N,(i-1)*N+1:i*N)=gama_;
end
A_=zeros(N*(Nmv+Ndv),N*(Nmv+Ndv)); A_1=diag(1:N);
for i=1:(Nmv+Ndv)
    A_((i-1)*N+1:i*N,(i-1)*N+1:i*N)=A_1;
end
Pai=gama'*A_*gama; mu=input('choose penal factor:');%%用户输入惩罚因子
if (mu>1&&mu<0)
    error('The penal factor must be a number between 0 and 1');
end
%%************** 惩罚项的表示 ********************

%%*********************** 对稳定型输出部分辨识 ***************************
if Ncv_stable~=0
    %%***** 不加惩罚项直接辨识 ******
    H_stable_unpenal=pinv(deltaU_stable_final'*deltaU_stable_final)*
        deltaU_stable_final'*deltaY_stable_final;
    %%***** 不加惩罚项直接辨识 ******

    %%***** 加惩罚项辨识 ******
    H_stable_penal=pinv(deltaU_stable_final'*deltaU_stable_final+mu*Pai)*
        deltaU_stable_final'*deltaY_stable_final;
    %%***** 加惩罚项辨识 ******
end
%%*************************** 对稳定型输出部分辨识 ***************************

%%*************************** 对积分型输出部分辨识 ***************************
if Ncv_ramp~=0
    %%***** 不加惩罚项直接辨识 ******
    H_ramp_unpenal_increment=pinv(deltaU_ramp_final'*deltaU_ramp_final)*
        deltaU_ramp_final'*deltaY_ramp_final;%此时得到的是增量形式的脉冲响应
            系数矩阵
    %%***** 不加惩罚项直接辨识 ******

    %%***** 加惩罚项辨识 ******
    H_ramp_penal_increment=pinv(deltaU_ramp_final'*deltaU_ramp_final+mu*Pai)
        *
        deltaU_ramp_final'*deltaY_ramp_final;%此时得到的是增量形式的脉冲响应
            系数矩阵
```

```
end
%%*****加惩罚项辨识******
%***将增量形式的脉冲响应系数转化为真实值
if Ncv_ramp~=0
    H_ramp_unpenal=zeros((Nmv+Ndv)*N,Ncv_ramp);
    %未加惩罚项的真实脉冲响应系数
    H_ramp_penal=zeros((Nmv+Ndv)*N,Ncv_ramp);
    %加惩罚项的真实脉冲响应系数
    for i=1:Nmv+Ndv
        for j=1:Ncv_ramp
            for k=1:N
                H_ramp_unpenal((i-1)*N+k,j)
                    =sum(H_ramp_unpenal_increment((i-1)*N+1:(i-1)*N+k,j));
                H_ramp_penal((i-1)*N+k,j)
                    =sum(H_ramp_penal_increment((i-1)*N+1:(i-1)*N+k,j));
            end
        end
    end
end
%%*************************对积分型输出部分辨识*************************

%% 十五、对脉冲响应系数的滤波
alpha_h=input('choose smoothing factor of impulse response coefficient:');
%对脉冲响应系数的滤波因子
if Ncv_stable~=0
    H_stable_penal_smoothed=zeros((Nmv+Ndv)*N,Ncv_stable);
    for i=1:Nmv+Ndv
        for j=1:Ncv_stable
            for k=1:N
                if k==1
                    H_stable_penal_smoothed((i-1)*N+k,j)
                        =H_stable_penal((i-1)*N+k,j);
                else
                    H_stable_penal_smoothed((i-1)*N+k,j)
                        =alpha_h*H_stable_penal((i-1)*N+k,j)
                        +(1-alpha_h)*H_stable_penal((i-1)*N+k-1,j);
                end
            end
        end
    end
end
if Ncv_ramp~=0
    H_ramp_penal_smoothed=zeros((Nmv+Ndv)*N,Ncv_ramp);
    for i=1:Nmv+Ndv
        for j=1:Ncv_ramp
```

```
                    for k=1:N
                        if k==1
                            H_ramp_penal_smoothed((i-1)*N+k,j)
                                =H_ramp_penal((i-1)*N+k,j);
                        else
                            H_ramp_penal_smoothed((i-1)*N+k,j)
                                =alpha_h*H_ramp_penal((i-1)*N+k,j)
                                +(1-alpha_h)*H_ramp_penal((i-1)*N+k-1,j);
                        end
                    end
                end
            end
end


%% 十六、将脉冲响应系数转换为阶跃响应系数
A_stable_unpenal=zeros(N*(Nmv+Ndv),Ncv_stable);
A_stable_penal=zeros(N*(Nmv+Ndv),Ncv_stable);
A_ramp_unpenal=zeros(N*(Nmv+Ndv),Ncv_ramp);
A_ramp_penal=zeros(N*(Nmv+Ndv),Ncv_ramp);
for i=1:Nmv+Ndv
    for j=1:Ncv_stable
        for k=1:N
            A_stable_unpenal((i-1)*N+k,j)
                =sum(H_stable_unpenal((i-1)*N+1:(i-1)*N+k,j));
            A_stable_penal((i-1)*N+k,j)
                =sum(H_stable_penal((i-1)*N+1:(i-1)*N+k,j));
        end
    end
end
for i=1:Nmv+Ndv
    for j=1:Ncv_ramp
        for k=1:N
            A_ramp_unpenal((i-1)*N+k,j)
                =sum(H_ramp_unpenal((i-1)*N+1:(i-1)*N+k,j));
            A_ramp_penal((i-1)*N+k,j)
                =sum(H_ramp_penal((i-1)*N+1:(i-1)*N+k,j));
        end
    end
end


%% 十七、        画真实系统和辨识系统的阶跃响应模型
%************求本case中的真实阶跃响应系数**********
Step_real_case=cell(Nmv+Ndv,Ncv_stable+Ncv_ramp);
for i=1:Nmv+Ndv
    for j=1:Ncv_stable+Ncv_ramp
```

```
        if i<=Nmv&&j<=Ncv_stable
            Step_real_case{i,j}=Step_real{MV_num(i),CV_stable_num(j)-10};
        end
        if i<=Nmv&&j>Ncv_stable
            Step_real_case{i,j}
                =Step_real{MV_num(i),CV_ramp_num(j-Ncv_stable)-10};
        end
        if i>Nmv&&j<=Ncv_stable
            Step_real_case{i,j}
                =Step_real{DV_num(i-Nmv),CV_stable_num(j)-10};
        end
        if i>Nmv&&j>Ncv_stable
            Step_real_case{i,j}
                =Step_real{DV_num(i-Nmv),CV_ramp_num(j-Ncv_stable)-10};
        end
    end
end
%************求本case中的真实阶跃响应系数************
figure
for i=1:Nmv+Ndv
    for j=1:Ncv_stable+Ncv_ramp
        subplot(Nmv+Ndv,Ncv_stable+Ncv_ramp,(i-1)*(Ncv_stable+Ncv_ramp)+j)
        if j<=Ncv_stable
            plot(1:N,A_stable_unpenal((i-1)*N+1:i*N,j),'-r',1:N,
                A_stable_penal((i-1)*N+1:i*N,j),'-.b',0:N-1,
                Step_real_case{i,j},'--k');
        else
            plot(1:N,A_ramp_unpenal((i-1)*N+1:i*N,j-Ncv_stable),
                '-r',1:N,A_ramp_penal((i-1)*N+1:i*N,j-Ncv_stable),
                '-.b',0:N-1,Step_real_case{i,j},'--k');
        end
        grid on
        if (i==1&&j<=Ncv_stable)
            title(strcat('y',num2str(CV_stable_num(j)-10)));
        end
        if (i==1&&j>Ncv_stable)
            title(strcat('y',num2str(CV_ramp_num(j-Ncv_stable)-10)));
        end
        if (j==1&&i<=max(size(MV_num)))
            ylabel(strcat('u',num2str(i)));
        end
        if (j==1&&i>max(size(MV_num)))
            ylabel(strcat('f',num2str(i-max(size(MV_num)))));
        end
    end
```

```
end
legend('unpenal','penal','real',4)

%%**求本case中的真实阶跃响应系数（为了将曲线坐标改为公式的形式）（第二组）**
% figure
% for i=1:Nmv+Ndv
%       for j=1:Ncv_stable+Ncv_ramp
%             subplot(Nmv+Ndv,Ncv_stable+Ncv_ramp,(i-1)*(Ncv_stable+Ncv_ramp)+j)
%             if j<=Ncv_stable
%                   plot(1:N,A_stable_unpenal((i-1)*N+1:i*N,j),
%                         '-r',1:N,A_stable_penal((i-1)*N+1:i*N,j),
%                         '-.b',0:N-1,Step_real_case{i,j},'--k');
%             else
%                   plot(1:N,A_ramp_unpenal((i-1)*N+1:i*N,j-Ncv_stable),
%                         '-r',1:N,A_ramp_penal((i-1)*N+1:i*N,j-Ncv_stable),
%                         '-.b',0:N-1,Step_real_case{i,j},'--k');
%             end
%             grid on
%             if (i==1&&j==1)
%                   title('$y_3$','Interpreter','latex','FontSize',16);
%             end
%             if (i==1&&j==2)
%                   title('$y_5$','Interpreter','latex','FontSize',16);
%             end
%             if (i==1&&j==3)
%                   title('$y_9$','Interpreter','latex','FontSize',16);
%             end
%             if (j==1&&i==1)
%                   ylabel('$u_5$','Interpreter','latex','FontSize',16);
%             end
%             if (j==1&&i==2)
%                   ylabel('$u_6$','Interpreter','latex','FontSize',16);
%             end
%             if (j==1&&i==3)
%                   ylabel('$u_7$','Interpreter','latex','FontSize',16);
%             end
%             if (j==1&&i==4)
%                   ylabel('$u_8$','Interpreter','latex','FontSize',16);
%             end
%             if (j==1&&i==5)
%                   ylabel('$d_1$','Interpreter','latex','FontSize',16);
%             end
%             if (j==1&&i==6)
%                   ylabel('$d_2$','Interpreter','latex','FontSize',16);
%             end
```

```
%          if i==(Nmv+Ndv)
%              xlabel('$k$','Interpreter','latex','FontSize',16');
%          end
%      end
% end
% legend('unpenal','penal','real',4)
%**求本case中的真实阶跃响应系数（为了将曲线坐标改为公式的形式）（第3组）**
% figure
% for i=1:Nmv+Ndv
%     for j=1:Ncv_stable+Ncv_ramp
%          subplot(Nmv+Ndv,Ncv_stable+Ncv_ramp,(i-1)*(Ncv_stable+Ncv_ramp)+j)
%          if j<=Ncv_stable
%              plot(1:N,A_stable_unpenal((i-1)*N+1:i*N,j),
%                  '-r',1:N,A_stable_penal((i-1)*N+1:i*N,j),
%                  '-.b',0:N-1,Step_real_case{i,j},'--k');
%          else
%              plot(1:N,A_ramp_unpenal((i-1)*N+1:i*N,j-Ncv_stable),
%                  '-r',1:N,A_ramp_penal((i-1)*N+1:i*N,j-Ncv_stable),
%                  '-.b',0:N-1,Step_real_case{i,j},'--k');
%          end
%          grid on
%          if (i==1&&j==1)
%              title('$y_7$','Interpreter','latex','FontSize',16');
%          end
%          if (i==1&&j==2)
%              title('$y_8$','Interpreter','latex','FontSize',16');
%          end
%          if (i==1&&j==3)
%              title('${y_{10}}$','Interpreter','latex','FontSize',16');
%          end
%          if (j==1&&i==1)
%              ylabel('$u_8$','Interpreter','latex','FontSize',16');
%          end
%          if (j==1&&i==2)
%              ylabel('$d_1$','Interpreter','latex','FontSize',16');
%          end
%          if (j==1&&i==3)
%              ylabel('$d_2$','Interpreter','latex','FontSize',16');
%          end
%          if i==(Nmv+Ndv)
%              xlabel('$k$','Interpreter','latex','FontSize',16');
%          end
%      end
% end
% legend('unpenal','penal','real',4)
```

```
%本例源程序：子程序部分gbngen.m
%形成GBN信号的m文件，该函数产生GBN输入信号。
%N表示采样个数，Tsw表示平均转换时间，Seeds表示随机数种子
function  U=gbngen(N,Tsw,Seeds)
%nargin获取输入参数的个数
if nargin<2 %nargin表示输入参数的个数
    error('Not enough')
end
psw=1/Tsw;
if nargin>2
    rand('seed',Seeds);
end;
R=rand(N,1);
%%定初值
if R(1)>0.5
    P_M=1;
else
    P_M=-1;
end
%%产生GBN信号
U=zeros(N,1);
for k=1:N
    if(R(k)<psw)%%如果转换概率psw大于随机数R(k)，就转换，否则不转换
        P_M=-P_M;
    end;
    U(k)=P_M;
end


%本例源程序，子程序部分：MergeBadSlice.m
%%坏数据区间合并
%%nsr为1行，case_num列的数组，其中第i个元素存放第i个变量的坏数据区间个数
%%T为元胞数组case_num行，1列的元胞数组，
%%第i行的元胞存放第i个变量的坏数据的起始位置和终止位置
function T_final=MergeBadSlice(T)
[case_num,col]=size(T);%case_num表示本case中所有变量的个数
if col~=1
    error('The format of bad data slice is incorrect');
end
for i=1:case_num
    for j=2:length(T{i,1})
        if T{i,1}(j)<=T{i,1}(j-1)
            error('The format of bad data slice is incorrect');
        end
    end
end
```

```
T_inter=T{1,1};%用来保存比较完两个变量的坏数据区间后的合并坏数据区间
for i=1:case_num
    if isempty(T{i,1})
        nsr(i)=0;
    else
        nsr(i)=max(size(T{i,1}))/2;
    end
end
if sum(nsr(1:case_num))==0
    T_final=[];
else
    for q=1:case_num
        if isempty(T{q,1})
            continue;
        else
            break;
        end
    end
    T_inter=T{q,1};  nsr_inter=length(T_inter)/2;  T_inter1=0;
    i=q+1;
    while i<=case_num
        for j=1:2:2*nsr(i)
            flag=0;
            for k=1:2:2*nsr_inter
                if T{i,1}(j)<T_inter(1)
                    if T{i,1}(j+1)<T_inter(1)
                        T_inter1=[T{i,1}(j:j+1),T_inter];
                        break;
                    end
                    if T{i,1}(j+1)>=T_inter(k)&&T{i,1}(j+1)<=T_inter(k+1)
                        if k==2*nsr_inter-1
                            T_inter1=[T{i,1}(j),T_inter(k+1)];
                            break;
                        else
                            T_inter1=[T{i,1}(j),T_inter(k+1),
                                T_inter(k+2:end)];
                            break;
                        end
                    end
                    if k<2*nsr_inter-2
                        if T{i,1}(j+1)>T_inter(k+1)
                            &&T{i,1}(j+1)<T_inter(k+2)
                            T_inter1=[T{i,1}(j),T{i,1}(j+1),
                                T_inter(k+2:end)];
                            break;
```

```
                        end
                    end
                if T{i,1}(j+1)>T_inter(2*nsr_inter)
                    T_inter1=[T{i,1}(j),T{i,1}(j+1)];
                    break;
                end
            end
        if T{i,1}(j)>=T_inter(k)&&T{i,1}(j)<=T_inter(k+1)
            if k==1
                T_inter2=[];
            else
                T_inter2=T_inter(1:k-1);
            end
            for m=k:2:2*nsr_inter
                if T{i,1}(j+1)>=T_inter(m)
                    &&T{i,1}(j+1)<=T_inter(m+1)
                    T_inter1=[T_inter2,T_inter(k),T_inter(m+1),
                        T_inter(m+2:end)]; flag=1;
                    break;
                end
                if m<2*nsr_inter-2
                    if T{i,1}(j+1)>T_inter(m+1)
                        &&T{i,1}(j+1)<T_inter(m+2)
                        T_inter1=[T_inter2,T_inter(k),T{i,1}(j+1),
                            T_inter(m+2:end)];
                        flag=1;
                        break;
                    end
                end
            end
            if flag==1
                break;
            end
            if T{i,1}(j+1)>=T_inter(2*nsr_inter)
                T_inter1=[T_inter2,T_inter(k),T{i,1}(j+1)];
                break;
            end
        end
    if k<2*nsr_inter-2
        if T{i,1}(j)>T_inter(k+1)
            &&T{i,1}(j)<T_inter(k+2)
            T_inter2=T_inter(1:k+1);
            for m=k+2:2:2*nsr_inter
                if T{i,1}(j+1)>=T_inter(m)
                    &&T{i,1}(j+1)<=T_inter(m+1)
```

```
                                        T_inter1=[T_inter2,T{i,1}(j),T_inter(m+1),
                                            T_inter(m+2:end)];
                                        flag=1;
                                        break;
                                    end
                                    if T{i,1}(j+1)>T_inter(m-1)
                                        &&T{i,1}(j+1)<T_inter(m)
                                        T_inter1=[T_inter2,T{i,1}(j),T{i,1}(j+1),
                                            T_inter(m:end)];
                                        flag=1;
                                        break;
                                    end
                                end
                                if flag==1
                                    break;
                                end
                                if T{i,1}(j+1)>T_inter(2*nsr_inter)
                                    T_inter1=[T_inter2,T{i,1}(j),T{i,1}(j+1)];
                                    break;
                                end
                            end
                        end
                        if T{i,1}(j)>=T_inter(2*nsr_inter)
                            T_inter1=[T_inter,T{i,1}(j),T{i,1}(j+1)];
                        end
                    end
                    T_inter=T_inter1;
                    % nsr_inter=length(T_inter1)/2;
                    if T_inter==0
                        nsr_inter=0;
                    else
                        nsr_inter=length(T_inter1)/2;
                    end
                end
                if (isempty(T_inter))&&(~(isempty(T{i+1,1})))
                    T_inter1=T{i+1,1};          T_inter=T{i+1,1};
                end
                i=i+1;
            end
            T_final=T_inter;
end
```

使用以上源程序可按照如下命令进行窗口输入。

- 第一个案件组:

```
choose IndepV, DepV and parameters for this case.
choose MV for this case (among [1:8]):1:8
choose DV for this case (among [9:10]):9:10
choose stable CV for this case (among [11:20]):11:12
choose ramp CV for this case (among [11:20]):[14,16]
choose smoothing factor of MV (between 0 and 1):1
choose smoothing factor of DV (between 0 and 1):1
choose smoothing factor of CV (between 0 and 1):1
choose penal factor:5
choose smoothing factor of impulse response coefficient:1
```

第二个案件组（相同的部分省略）：

```
choose MV for this case (among [1:8]):5:8
choose DV for this case (among [9:10]):9:10
choose stable CV for this case (among [11:20]):[13,15,19]
choose ramp CV for this case (among [11:20]):
```

第三个案件组（相同的部分省略）：

```
choose MV for this case (among [1:8]):8
choose DV for this case (among [9:10]):9:10
choose stable CV for this case (among [11:20]):17:18
choose ramp CV for this case (among [11:20]):20
```

第 3 章   稳态目标计算

本章主要用到的符号：$y \in \mathbb{R}^{n_y}$（$u \in \mathbb{R}^{n_u}$，$f \in \mathbb{R}^{n_f}$）表示 CV（MV，DV）。y_{ss}（u_{ss}，f_{ss}）表示 CV（MV，DV）的稳态目标。y_t（u_t）为 CV（MV）的外部目标值。$\|x\|_Q^2 \triangleq x^{\mathrm{T}} Q x$。

3.1   稳态目标计算原理

稳态目标计算是计算 MV 和 CV 的稳态目标。引入一个符号（即 nabla），记

$$\nabla y(\infty) = G^u \nabla u(\infty) + G^f \nabla f(\infty) \tag{3.1}$$

式中，$\nabla y = y - y_{eq}$，$\nabla u = u - u_{eq}$，$\nabla f = f - f_{eq}$；∞ 代表稳态；G^u 是 u 到 y 的稳态增益矩阵；G^f 是 f 到 y 的稳态增益矩阵。G^u 和 G^f 不一定要通过传递函数获得，也可以通过一个非线性的动态方程的线性化来获得，还可以通过非线性的稳态方程（静态方程）的线性化来获得。也可能通过做实验来获得稳态增益矩阵。

注解 3.1   由 $y(s) = G(s)u(s)$ 推出 $y_{ss} = G u_{ss}$，前提是 $G(s)$ 是稳定的，即 $G(s)$ 的每个元都是稳定的；如果 $G(s)$ 里有不稳定的元或者含有积分，都不能用 $y_{ss} = G u_{ss}$ 这个公式。对于不稳定的情况，要先用一个控制器进行镇定。工业预测控制一般不去控制真正不稳定的对象。当然在进行学术研究时，如果一个控制器能够控制不稳定的对象，那么至少在说服力和影响力方面，它比控制稳定对象更具有优势。但在工业中，通常来讲，纯粹不稳定对象用预测控制存在很大的风险性。一般在用预测控制之前，PID 加手动操作已经能把对象控制住了，即广义对象已经稳定了，在这个基础上才用预测控制。

特别地，f 为可测 DV，y 为可测 CV。CV 和 DV 是由测量仪表测出来的。实际上还会出现有些干扰不能测量、有些系统输出不能测量的情况，即使采用 PID 也控制不了，如果预测控制要控制这个系统输出，就要增加额外的软测量。软测量基于其他的工艺参数、物理量来计算未测量的 y。也可以把测量功能放在 prediction 模块里面。不失一般性，设 y 可测、f 可测，u 更可测。

$\{y_{eq}, u_{eq}, f_{eq}\}$ 称为平衡点或稳态工作点 (equilibrium point)。当实际装置处于稳态时，可以工作在此平衡点上。

使用 nabla 这个符号有重要的意义。实际上，在大多数情况下，只有在接近平衡点或稳态工作点的范围时，式(3.1)才成立，而在更大范围时式(3.1)不一定成立。实际的工业系统一旦稳定运行，一般来讲确实是围绕着 $\{y_{eq}, u_{eq}, f_{eq}\}$（附近）进行波动。

例 3.1   温度 $y_{eq} = 120$℃、阀门开度 $u_{eq} = 50\%$、入口流量 $f_{eq} = 110 \mathrm{t/h}$，装置可在该点上运行；当然它不可能一直停在该点上，会有一定的波动，温度在 $110 \sim 130$℃、阀门开度在 $30\% \sim 70\%$、入口流量在 $90 \sim 130 \mathrm{t/h}$ 运行；之所以找稳态工作点是因为它是被控对象的一个期望点，或者说它是（被控对象的）可以平衡的一个点。

假设能建立以下稳态方程:

$$F(y_{\text{eq}}, u_{\text{eq}}, f_{\text{eq}}, \bullet) = 0 \tag{3.2}$$

式(3.2)可能是从式 (3.3) 演化来的:

$$F(y, u, f, \bullet) = 0 \tag{3.3}$$

把稳态工作点代入式(3.3), 得到式(3.2)。$\{y_{\text{eq}}, u_{\text{eq}}, f_{\text{eq}}\}$ 满足式(3.3), 所以称其为平衡点。式(3.3)适用的范围更宽, 如 y 的适用范围为 $20 \sim 200^\circ\text{C}$, u 的适用范围为 $10\% \sim 90\%$, f 的适用范围为 $20 \sim 200\text{t/h}$。式(3.1)的适用范围比式(3.3)窄。之所以不用适用范围宽的, 却用适用范围窄的, 是因为很难得到适用范围宽的方程, 并且它一定是一个复杂非线性的方程。正因为式(3.3)是非线性的, 所以才在平衡点附近得到一个线性的式(3.1)。

注解 3.2 线性模型只在平衡点一定范围内成立。注意: $\{y, u, f\}_{\text{eq}} \neq \{y, u, f\}_{\text{ss}}$。建模时未必需要知道 $\{y, u, f\}_{\text{eq}}$; 知道其存在就行, 不要求必须找到其值。对预测控制来讲, $\{y, u, f\}_{\text{eq}}$ 是一次性的, 而 $\{y, u, f\}_{\text{ss}}$ 是每个控制周期都重新计算的。

式(3.1)是稳态目标计算的出发点。既然每个周期都要计算 $\{y, u, f\}_{\text{ss}}$, 那么最好给式(3.1)一个时间标。加上时间标后, 可以写成

$$\nabla y_{\text{ss}}(k) = G^u \nabla u_{\text{ss}}(k) + G^f \nabla f(k) \tag{3.4}$$

f 之所以不带 ss 是因为它是 DV, 控制器不需要优化。那么, 稳态目标计算也不需要计算 f_{ss}, 即不需要计算 f 的稳态值。通常, 如果 f 的稳态值存在, 那么它就等于 $f(k)$, 即 $f_{\text{ss}}(k) = f(k)$。k 时刻的 f 是用测量仪表测量的, 而且只能测量 k 时刻的, 未来的 f 是测量不到的。既然未来的 f 测量不到, 就假设它不变, 即 $f_{\text{ss}}(k) = f(k)$。

SSTC 根据一个 $y_{\text{ss}}^{\text{ol}}$ 与 $u_{\text{ss}}^{\text{ol}}$ 来计算 y_{ss} 和 u_{ss}。将式(3.4)作用在 open-loop 上, 可以得到

$$\nabla y_{\text{ss}}^{\text{ol}}(k) = G^u \nabla u_{\text{ss}}(k-1) + G^f \nabla f(k-1) \tag{3.5}$$

针对一般 open-loop 的情况, u 就变成 $k-1$ 时的值了; 特殊情况还要再计算一下。前面说过, 通常 $f_{\text{ss}}(k) = f(k)$, 但将式(3.5)写成 $\nabla f(k-1)$ (而不是 $\nabla f(k)$)。在后面做算法时, 通常写成 $\nabla f(k)$ (而不是 $\nabla f(k-1)$); 这里写成 $\nabla f(k-1)$ 是为了和 $\nabla u(k-1)$ 保持一致。

用式(3.4)减式(3.5), 可以得到

$$\delta y_{\text{ss}}(k) = G^u \delta u_{\text{ss}}(k) + G^f \delta f_{\text{ss}}(k) \tag{3.6}$$

式中, $\delta y_{\text{ss}}(k) = y_{\text{ss}}(k) - y_{\text{ss}}^{\text{ol}}(k)$; $\delta u_{\text{ss}}(k) = u_{\text{ss}}(k) - u(k-1)$; $\delta f_{\text{ss}}(k) = f(k) - f(k-1)$。

式(3.6)是一种常见形式。还有另一种常见的形式, 就是不用式(3.4)和式(3.5)相减, 而是对式(3.4)取差分, 将任意信号 ζ 的差分定义为 $\Delta \zeta(k) = \zeta(k) - \zeta(k-1)$, 可以得到

$$\Delta y_{\text{ss}}(k) = G^u \Delta u_{\text{ss}}(k) + G^f \Delta f_{\text{ss}}(k) \tag{3.7}$$

式(3.6)和式(3.7)的区别：δ 是 delta，Δ 是 Delta。δ 是信号跟开环信号相减的结果，Δ 是信号两步（控制周期）相减的结果；δ 不一定是两步差，只是与开环相减；我们都把 δ 定义为与开环值相减，将 Δ 定义为两步差。

由于

$$\Delta(\nabla y_{ss}(k)) = \Delta(y_{ss}(k) - y_{eq}) = y_{ss}(k) - y_{eq} - (y_{ss}(k-1) - y_{eq})$$

通过两步差，抵消了 y_{eq}；也就是说，Δ 把 ∇ 抵消了。δ 也能把 ∇ 抵消。若不用 δ 或 Δ，抵消不了 y_{eq}，计算时就需要代入 y_{eq}，会出现一些问题。

稳态目标计算分为以下几个问题。

第一个问题是经济优化，即用一个经济（economic）指标作为计算 u_{ss} 的准则。这里的稳态目标计算都是优化。将经济性能指标最优作为计算 u_{ss} 的标准，就是经济优化。

进行理论研究可以看到以下三种文献：

(1) 经济 MPC (economic MPC)。

(2) 动态 RTO (dynamic RTO)。

(3) integrating MPC&RTO。

如果追溯研究文献的起源，那么工业预测控制中的经济优化最初是在稳态目标计算中进行的，后来被移至动态跟踪控制中进行处理。把这种经济优化功能转移到动态跟踪控制里称为经济 MPC。

第二个问题是目标跟踪，即在一定指标下追求 $u_{ss}^{sm} = u_t^{sm}$，$y_{ss}^{sm} = y_t^{sm}$ 的问题。有些 u_{ss} 和 y_{ss} 有 $\{u_t^{sm}, y_t^{sm}\}$，将其称为外部目标。$\{u_t^{sm}, y_t^{sm}\}$ 不是由预测控制给出的，而是由外部优化器给出的。目标跟踪就是要跟踪 $\{u_t^{sm}, y_t^{sm}\}$；让有外部目标的 u 的稳态目标尽量地接近它的外部目标，让 y 的稳态目标尽量地接近它的外部目标，这称为目标跟踪。因为目标跟踪是稳态目标计算模块要完成上级指标的一个问题，它是有上下级关系的。

第三个问题是可行性判定与软约束调整。分布式控制系统 (distributed control system, DCS) 实际上就是软件和安装在现场设备的集成。在 DCS 界面上，有用于操作过程的一些参数，如每一个 y 都有一些限，见图 3.1 。上限、下限称作操作限，即操作工最好把这个 y 操作在上下限之内，若超出，则操作限一般亮黄灯；在操作限之外，还有上上限、下下限，称作工程限（当然不同的工厂叫法不一样），若超出，则工程限可能亮红灯，甚至有一些比较重要的变量就要报警了。

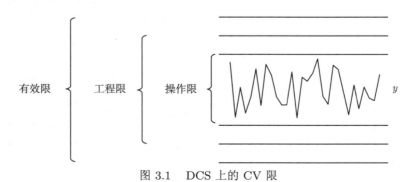

图 3.1　DCS 上的 CV 限

在一般情况下 y 不能超过操作限；如果不得已超过操作限，那么就不能超过工程限。更重要的变量还有上上上限、下下下限，也称为有效限。对预测控制来讲，因为用的是 $\{\nabla y, \nabla f, \nabla u\}$ 的模型，如果超过有效限，那么这个模型就失效、不适合了。在此就不处理有效限了。

可行性判定关注的是操作限。在优化 y_{ss} 时，最好的情况是都位于操作限内。在式(3.7)中，假设 $G^f \Delta f_{ss}(k)$ 一直保持不变，如果在 11：59 时 y_{ss} 能位于操作限内，那么 12：00 时 y_{ss} 也能位于操作限内，则 12：01 时 y_{ss} 也能位于操作限内。反之，如果 11：59 时 y_{ss} 位于操作限内，但 12：00 时 y_{ss} 不位于操作限内，是因为 $G^f \Delta f_{ss}(k)$ 发生了变化。本节认定所有的变化、波动等都是由干扰变化造成的。也就是说，$G^f \Delta f_{ss}(k)$ 幅值过大，满足式(3.7)的 y_{ss} 可能就不在操作限内。可行性判定问题就是判定 y_{ss} 是否在操作限内的问题。

下面的问题是软约束调整。如果让所有的 y_{ss} 都位于操作限内，那么在有些工况下是保证不了的。在这些工况下，就要寻找 y_{ss}，只需要其在工程限内即可。操作限是软约束：下限 $\leqslant y \leqslant$ 上限。如果 y_{ss} 不能维持在操作限内，那么软约束就需要进行调整。软约束调整的极限是下下限 $\leqslant y \leqslant$ 上上限。工程限是硬约束。软约束在满足不了的情况下，可以进行调整；调整的极限，即划定的框框是硬约束。软约束调整就是在满足硬约束的前提下，放松软约束。

讨论理论问题，要分为可行性判定和软约束调整。首先讨论软约束是否可行；如果不可行，那么如何调整软约束。实际上，如果用优化算法来实现，那么可行性判定和软约束调整可以合并成一个问题。在优化过程中，直接计算调整量。如果调整量为零，那么软约束可行，不进行调整；如果调整量不为零，那么说明软约束不可行，需要进行调整后才能满足工程约束。

在可行性判定与软约束调整中，又分为两种方法：一种是加权方法，另一种是优先级方法。在加权方法中，如果涉及 y_1 的下限和 y_2 的上限，各调整多少呢？是把 y_1 的下限向下多调点，还是把 y_2 的上限向上多调点，还是都调点？那就要看加权，即对 y_1 的调整量 ε_1 和 y_2 的调整量 ε_2 进行加权。例如，在 ε_1 前面乘以 α，在 ε_2 前面乘以 β，再最小化 $\alpha\varepsilon_1 + \beta\varepsilon_2$。显然，最小化的结果（即 ε_1 和 ε_2 的最优值）取决于加权 $\{\alpha, \beta\}$ 的大小。

实际上在很多管理问题中，都是按照优先级的方法处理问题的，很少按照加权的方法处理问题。同理，在工业生产中，有的变量超过约束是可以的，有的最好不要超过约束。

例 3.2 y_3 是产率，y_4 是加热介质的流量。如果按重要性程度来排序，那么产率下限的重要性就要高于加热介质的流量上限；因为生产目标是尽量多地生产产品，所以 y_3 最好不超过下限，y_3 下限的优先级比 y_4 上限高，所以先放松 y_4 上限，最好放松到不需要放松 y_3 下限为止；y_4 上限放到再放就对 y_3 下限的保持没有继续贡献的程度，然后再放松 y_3 下限。

给所有的软约束进行优先级编码，如从 1 开始，共编码 10 个优先级。在序列 $\{1, 2, 3, \cdots\}$ 中，数字越大表示重要性越低，数字越小表示重要性越高。实际的优先级方法分为升序方法和降序方法。

升序方法就是优先考虑高优先级的软约束，让高优先级的软约束放松到最低程度后，再考虑低优先级的软约束。在考虑重要性高的软约束时，优化问题约束里没有重要性低的软约束, 即重要性低的软约束不起作用, 所以重要性高的软约束肯定会最小限度地放松; 把重要性高的软约束放松完了, 将其固定为硬约束, 再放松重要性低的软约束。以前面的例子为例, 升序方法先把 y_3 下限放松一个最小量, 其中不考虑 y_4 上限; 再把 y_4 上限放松一个最小量, 其中将 y_3 已经放松过的下限作为硬约束。

降序方法就是把不重要的软约束先放松, 对它放松时, 将优先级更高的软约束按照硬约束来考虑, 即不放松优先级更高的软约束, 观察不重要的软约束的放松程度。如果满足较高优先级的约束, 那么就不再进行后续的优先级了, 否则就使不重要的约束放松到最大, 然后再考虑更高的优先级。在降序方法中, 在优先级更高、优先级别数字更小的软约束固定为硬约束的情况下, 放松优先级更低、优先级别数字更大的约束。

还可以对第一个问题 (经济优化) 的目标函数进行划分, 可以分为最小代价和最小动作。最小代价是用一个经济指标作为计算 u_{ss} 的准则。相当于前面只讨论了这个最小代价: 代价函数越小, 表示经济性指标越棒。按照最小代价来优化某些 u_{ss}; 剩下一些 u_{ss}, 可能不适合用最小代价来优化, 而适合用最小动作来优化, 即把剩下的 u_{ss} 动作值最小化就行了。u_{ss} 就按最小代价和最小动作来分类。将这些稳态目标计算的问题集经过合理的组合 (有先后顺序) 后, 将其编成一个统一的软件, 每个控制周期运行一回, 就能完成稳态目标计算。要编写工程软件, 可以找不同的人来分别编写经济优化、目标跟踪、可行性判定; 一个软件可以由不同的人来编写, 编完软件之后, 再编写一个统筹的软件。由 SSTC 问题集组成统一的 SSTC 如图 3.2 所示。首先进行部分目标跟踪和可行性判定 (包括软约束调整), 然后再进行经济优化, 加上剩下的目标跟踪和可行性判定 (包括软约束调整)。部分目标跟踪和可行性判定框实际上有多个优先级: 优先级 1, 优先级 2, $\cdots$, 优先级 r_0。前面没有介绍目标跟踪还有优先级, 但是目标跟踪也可以编成优先级。在每个优先级内, 用加权法; 因为一个优先级可能有多个软约束, 它们又处于同一个优先级, 只好采用加权方法。对多优先级可以采用升序方法或者降序方法。至于经济优化中 u 的分类选择问题, 可以通过软件操作界面来选择哪个 u 是最小代价变量, 哪个 u 是最小动作变量。

开始			
部分目标跟踪+部分可行性判定与软约束调整	(升序方法)		
	优先级1	加权法	优先级r_0
	优先级2	加权法	$\cdots$
	$\cdots$	$\cdots$	优先级2
	优先级r_0	加权法	优先级1
	(降序方法)		
经济优化+剩余目标跟踪+剩余可行性判定与软约束调整			
结束			

图 3.2　由 SSTC 问题集组成统一的 SSTC

注解 3.3　在经济优化中, 既然要计算一个让经济性指标最好的稳态目标, 那么在进行经济优化之前, 最好已经把约束调整好; 可行性判定就是调约束的。如果可行性判定没完成, 那么直接进行经济优化就得不到经济指标。早期的 MPC, 实际上就进行经济优化,不考虑可行性判定；如果不可行，那么就把控制器切下来，但这样往下切效果不好，所以后来就进行可行性判定。

所以，这些问题集是融合成一个整体来进行的。这里的经济优化有剩余的目标跟踪 + 可行性判定。假设在"部分目标跟踪和部分可行性判定与软约束调整"框中，所有目标跟踪和可行性判定都已完成，因此没有剩余的任务。可能有一个优先级的目标跟踪和软约束与经济优化同样重要，那就把它们放到一起。当然，在学术中，可以把含经济优化的图框定为第 $r_0 + 1$ 个优先级，这样所有优先级都是可以进行统一描述的。

另外，如果采用线性模型，那么线性规划、二次规划就足够了。在使用时，肯定还有一些现实的问题。也就是说，既然有这么多的稳态目标计算问题及复杂性，把它融为一个整体后，在实际中的调整肯定会比较费时费力。

接下来，我们将进一步对各个稳态目标计算问题进行量化。

3.2 经济优化

首先介绍最小代价问题。双层的逻辑见图 3.3，feasibility 的输入是 $\{y_t^{sm}, u_t^{sm}\}$，feasibility 含有 r_0 个优先级；接着是 economic，economic 完成后得到 $\{u_{ss}, y_{ss}\}$；其次是动态跟踪，跟踪 $\{u_{ss}, y_{ss}\}$。注意这时的 $\{u_{ss}, y_{ss}\}$ 是稳态上可行的 $\{u_{ss}, y_{ss}\}$，只要控制器设计得足够好，动态跟踪能跟踪得上。跟踪以后，输出的就是 u 的动态值。以前，从控制理论的角度出发，研究动态跟踪的文献最多。现在，如果把 economic 也放在动态跟踪内，就是 economic MPC。feasibility 可以放在动态跟踪内，如发明一种恒可行 economic MPC。

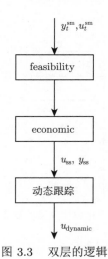

图 3.3 双层的逻辑

经济优化涉及一个性能指标：

$$J = \alpha^{T} \Delta u_{ss} + \beta^{T} \Delta y_{ss}(k) \tag{3.8}$$

式中，$\{\alpha, \beta\}$ 是经济价值系数向量。以给 α_1 赋值为例，它对应 $\Delta u_{1,ss}$。要确定 α_1，首先回归到 u_1 本身的物理意义。u_1 对应着一个物理系统的 u_1'。在建立模型时，可能已经对变量进行了变换，如对一个实际物理量可能做了无量纲化处理，即 $u_1 = u_1'/u_{1\,\text{max}}'$；这时，应该先考虑给 u_1' 设置系数 α_1'；然后，$\alpha_1 = \alpha_1' u_{1\,\text{max}}'$。假设 u_1 是余热流量，越大越好。进一步，假设余热介质是 60℃ 的热水。对这样的热水，可以计算一下 1t 的经济量，再乘以一个适当的量，就可以得到系数 α_1。可以将所有 $\{\alpha, \beta\}$ 都换算成以 RMB 为单位的量；也可以不用 RMB 为单位，如除以一个 RMB 量，得到无量纲系数。如果有些非常大的系数，那么可以将所有的 $\{\alpha, \beta\}$ 再除以一个公共的数，让 $\{\alpha, \beta\}$ 变为在一定范围变化的量。

例 3.3　催化裂化分馏塔经济价值系数见图 3.4。分馏塔上面有液化气（产出），靠下面有汽油（产出），汽油下面有柴油（产出）；产率不可测量，但可以采用某些参数进行计算（软测量）。假设液化气的价格为 800 元/t，汽油的价格为 7000 元/t，柴油的价格为 6000 元/t。这样系数就出来了，再适当地乘以一个与建模相关的系数，就是 β，然后把它代入 J 里。

经济优化问题的 J 是线性指标。将优化问题写成

$$\min J = h\Delta u_{\text{ss}}(k), \text{ s.t. } \begin{cases} u_{\min} \leqslant u_{\text{ss}}(k-1) + \Delta u_{\text{ss}}(k) \leqslant u_{\max} \\ y_{\min} \leqslant y_{\text{ss}}(k-1) + \Delta y_{\text{ss}}(k) \leqslant y_{\max} \end{cases} \tag{3.9}$$

式中，$h = \alpha^{\text{T}} + \beta^{\text{T}} G^u$。这是线性规划：线性的性能指标，线性的约束。计算速度非常快：小规模问题的计算速度非常快，大规模问题采用适当的算法后，其计算速度也非常快。在上面变换 J 时，虽然有些常量与 $G^f \Delta f_{\text{ss}}(k)$ 有关，但是此处不再赘述，因为线性规划不受这些常量的影响。

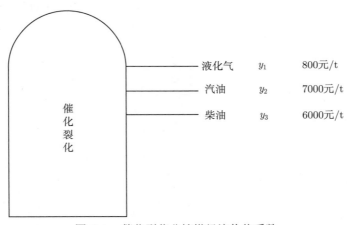

图 3.4　催化裂化分馏塔经济价值系数

当然，采用二次规划也可以，即

$$\min J = [h\Delta u_{\text{ss}}(k) - J_{\min}]^2$$
$$\text{s.t. } \begin{cases} u_{\min} \leqslant u_{\text{ss}}(k-1) + \Delta u_{\text{ss}}(k) \leqslant u_{\max} \\ y_{\min} \leqslant y_{\text{ss}}(k-1) + \Delta y_{\text{ss}}(k) \leqslant y_{\max} \end{cases} \tag{3.10}$$

二次型指标如果没有 $J_{\min}$，那么最简单的情况就是 $\Delta u_{\text{ss}}(k) = 0$ 为最优解。$J_{\min}$ 是线性规划时 J（即 $h\Delta u_{\text{ss}}(k)$）的最小值。当然这里不需要准确的 $J_{\min}$，估计一个保守的 $J_{\min}$

即可。如取 $J_{\min} = -500$，无论如何，$h\Delta u_{ss}(k)$ 也不可能比 -500 低。二次规划会最大限度地接近 -500。

假设 Δu_{ss} 为节余的热水流量，想让系统有更多的节余，那么取 $\Delta u_{1ss} = u_{\max} - u_{ss}(k-1)$ 是最理想的情况。如果希望 Δy_{2ss} 越小越好，那么 $\Delta y_{2ss} = y_{ss}(k-1) - y_{\min}$ 是最理想的情况。由这些理想的情况，可以把 $J_{\min}$ 计算出来：

$$J_{\min} \Leftarrow \begin{cases} \Delta u_{1ss} = u_{\max} - u_{ss}(k-1) \\ \Delta y_{2ss} = y_{ss}(k-1) - y_{\min} \end{cases} \tag{3.11}$$

下面介绍最小动作问题。在最小代价问题中所有的 Δu_{ss} 都有代价系数；这就相当于对所有的 $\Delta u_{i,ss}$，去优化它都有切实的经济性。但在有些情况下，有些 $\Delta u_{i,ss}$ 的优化意义不大，经济性很弱，没什么经济价值，或者说它的代价系数跟别的代价系数相比不太显著；在这种情况下，把它加进最小代价指标不好，可能影响其他 $\Delta u_{i,ss}$ 的优化，即出现数值问题。针对这种代价系数不显著的 $\Delta u_{i,ss}$，我们选择将其绝对值最小化。因为这样对数值计算影响最小。

再重写一下 J，即

$$J = J_1 + J_2, \quad J_1 = \sum_{i\in mc} h_i \Delta u_{i,ss}(k), \quad J_2 = \sum_{i\in mm} h_i |\Delta u_{i,ss}(k)| \tag{3.12}$$

式中，mc 为最小代价（minimum cost）；mm 为最小动作（minimum move）；最小代价系数是 h_i，最小动作系数还是 h_i，但乘的是绝对值。最小动作里的 h_i 是正数，最小化它总是偏向于让这个绝对值越小越好。但是，从优化角度出发，在 J_1（经济性相关）的基础上，再加上 J_2（非经济性相关）是影响了经济性的。两项加在一起（$J_1 + J_2$）优化影响了 J_1 的优化。可以有一些处理方法，即先优化 J_1；优化完后将其进行固定，再优化 J_2。

因为有绝对值，所以优化 J_2 不是线性规划。这很容易处理，即引入约束，让

$$-R_i(k) \leqslant \Delta u_{i,ss}(k) \leqslant R_i(k) \tag{3.13}$$

式中，$R_i(k)$ 为一个正值。这样，就可以把 $|\Delta u_{i,ss}(k)|$ 替换成 $R_i(k)$，即

$$J = \sum_{i\in mc} h_i \Delta u_{i,ss}(k) + \sum_{i\in mm} h_i R_i(k) \tag{3.14}$$

例 3.4 重油分馏塔有三个产品抽出口与三个循环回流，如图 3.5 所示。

在平衡点附近，重油分馏塔的连续时间传递函数矩阵模型为

$$G^u(s) = \begin{bmatrix} \dfrac{4.05e^{-27s}}{50s+1} & \dfrac{1.77e^{-28s}}{60s+1} & \dfrac{5.88e^{-27s}}{50s+1} \\[3mm] \dfrac{5.39e^{-18s}}{50s+1} & \dfrac{5.72e^{-14s}}{60s+1} & \dfrac{6.90e^{-15s}}{40s+1} \\[3mm] \dfrac{4.38e^{-20s}}{33s+1} & \dfrac{4.42e^{-22s}}{44s+1} & \dfrac{7.20}{19s+1} \end{bmatrix}, \quad G^f(s) = \begin{bmatrix} \dfrac{1.20e^{-27s}}{45s+1} & \dfrac{1.44e^{-27s}}{40s+1} \\[3mm] \dfrac{1.52e^{-15s}}{25s+1} & \dfrac{1.83e^{-15s}}{20s+1} \\[3mm] \dfrac{1.14}{27s+1} & \dfrac{1.26}{32s+1} \end{bmatrix}$$

容易得到系统的稳态模型为（与采样周期无关）

$$\Delta y_{ss}(k) = \begin{bmatrix} 4.05 & 1.77 & 5.88 \\ 5.39 & 5.72 & 6.90 \\ 4.38 & 4.42 & 7.20 \end{bmatrix} \Delta u_{ss}(k) + \begin{bmatrix} 1.20 & 1.44 \\ 1.52 & 1.83 \\ 1.14 & 1.26 \end{bmatrix} \Delta f_{ss}(k)$$

假设 $k = 1$ 时过程处于稳态，其中 MV 稳态值为 $(0,0,0)$，CV 稳态值为 $(0,0,0)$。经 MATLAB 仿真得到过程的稳态目标变化轨迹，由于存在增量约束的限制，最优稳态目标的到达是一个渐近的过程。MV 包括顶部抽出流量 u_1，侧线抽出流量 u_2，底部回流量 u_3；CV 包括顶部产品浓度 y_1，侧线产品浓度 y_2，底部回流温度 y_3；DV 包括中段回流量 f_1，顶部回流量 f_2。系统各个变量已进行归一化处理，MV 约束为 $[-0.5, 0.5]$，CV 约束为 $[-0.5, 0.5]$，为了便于观察 MV、CV 稳态目标的变化轨迹，取 MV 的单步稳态增量绝对值上限为 0.2。下面分几种情况来介绍 SSTC 的特点。

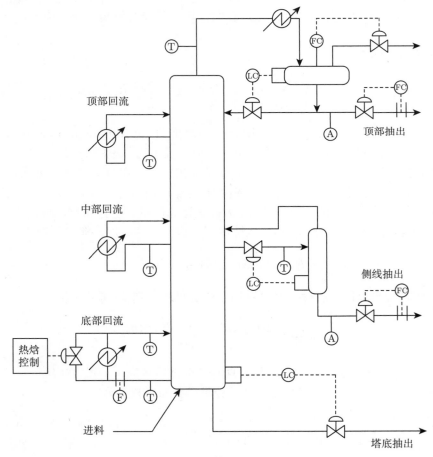

图 3.5 重油分馏塔

(1) $f_1 = 0$, $f_2 = 0$, MV 都是代价变量，$h = [-2, -1, 1]$。MV 稳态目标值为 $\{0.5, 0.2108, -0.4929\}$，CV 稳态目标值为 $\{-0.5, 0.5, -0.4269\}$；部分 CV、MV 稳态目标值到达约束条

件的边界。观察 SSTC 前后的目标函数值即可得出结论, 优化前的目标函数值为 0, 优化后的目标函数变化值为 -1.7037, 即通过 SSTC 增加了 1.7037 份效益。

(2) 细节同 (1), 但是 $f_1 = 0.2$, $f_2 = 0.1$。MV 稳态目标值为 $\{0.5, 0.1343, -0.5\}$, CV 稳态目标值为 $\{-0.2933, 0.5, -0.4625\}$, 目标函数值变化了 -1.6343; 扰动使稳态目标发生变化, 目标函数值稍逊于无扰动的情况, 即扰动的影响使系统损失了一部分收益或增加了一些成本。

(3) $f_1 = 0$, $f_2 = 0$, $\{u_1, u_2\}$ 为代价变量, u_3 为最小动作变量, $h = [-2, -1, 2]$。MV 稳态目标值为 $\{0.5, -0.1113, -0.2259\}$, CV 稳态目标值为 $\{0.5.0.5, 0.0719\}$。由于最小动作代价系数并不大, 所以在经济效益的驱动下仍然使最小动作变量发生了变化。

(4) 细节同 (3), 但是 $h = [-2, -1, 10]$。MV 稳态目标值为 $\{0.1449, -0.0492, 0\}$, 而 CV 稳态目标值为 $\{0.5, 0.5, 0.4175\}$, 这时改变最小动作变量的代价变得很大, 因而实现了最小动作变量的不改变。

```
%本例源程序
clear all
mycase=4;  %1或2或3或4
if mycase==1
    Disturbance_exist=0;  %0不存在干扰; 1存在干扰
    Ucriterion=[0 0 0];   %MV的类型: 0最小代价; 1最小动作
    UCost=[-2 -1 1];      %无最小动作MV
elseif mycase==2
    Disturbance_exist=1; Ucriterion=[0 0 0];  UCost=[-2 -1 1];
elseif mycase==3
    Disturbance_exist=0; Ucriterion=[0 0 1];  UCost=[-2 -1 2];
else
    Disturbance_exist=0; Ucriterion=[0 0 1];  UCost=[-2 -1 10];
end


%参数设置
SSteady=[4.05, 1.77, 5.88; 5.39, 5.72, 6.90; 4.38, 4.42, 7.20];
%u到y的稳态矩阵
Gdd=[1.20 1.44; 1.52   1.83; 1.14      1.26]; %f到y的稳态矩阵
[p, m]=size(SSteady); %p CV维数, m MV维数
[pd, md]=size(Gdd);    %pd CV维数, md DV维数
EconomicType =1; %经济优化的类型: 1线性规划; 2二次规划
UengineerU=[0.5,0.5, 0.5];       %MV上限
UengineerL=[-0.5, -0.5, -0.5]; %MV下限
YoperaterU=[0.5,0.5,0.5];       %CV上限
YoperaterL=[-0.5,-0.5,-0.5];    %CV下限
Delta_Ulow=[-0.2 -0.2 -0.2];   %MV增量的下限
Delta_Uup=[0.2 0.2 0.2];       %MV增量的上限
Us(:,1)=zeros(m,1);             %MV稳态目标
Ys(:,1)=zeros(p,1);            %CV稳态目标
```

```
Delta_Us(:,1)=zeros(m,1);          %MV稳态变化量
Du=[0;0];                          %DV的初始值
Delta_Du(:,1)=zeros(md,1);         %DV变化量
Steps=6;
%%优化开始
for i=2:Steps
    if Disturbance_exist==1
        Du(:,i)=[0.2;0.1]; %每个时刻的干扰项
    else
        Du(:,i)=[0;0];
    end
    Delta_Du(:,i)=Du(:,i)-Du(:,i-1);           %每个时刻的干扰变化量
    Delta_Uust(:,1)=UengineerU'-Us(:,i-1); %MV变化量的上限
    Delta_Ulst(:,1)=UengineerL'-Us(:,i-1); %MV变化量的下限
    Yuhs=YoperaterU'-Ys(:,i-1)-Gdd*Delta_Du(:,i);
    Ylhs=YoperaterL'-Ys(:,i-1)-Gdd*Delta_Du(:,i);
    IU=eye(m);
    Mieq=[IU;-IU;SSteady;-SSteady];
    mieq=[Delta_Uust;-Delta_Ulst;Yuhs;-Ylhs];
    Meq=[];   meq=[]; %初始化等式约束矩阵，此时尚未固定出任何的稳态目标
    mmnum=0;        %记录最小动作MV的个数
    mcnum=0;        %记录最小代价MV的个数
    for ind=1:m
        if Ucriterion(ind)==1
            mmnum=mmnum+1;
            Mindex(mmnum,1)=ind;
        else
            mcnum=mcnum+1;
        end
    end
    Lb=-inf*ones(m,1); Lb(1:end,1)=Delta_Ulow; %约束下限
    Ub=inf*ones(m,1);  Ub(1:end,1)=Delta_Uup;  %约束上限
    switch EconomicType
        case 2  %采用二次规划的优化问题
            Jmax=4; %最大经济效益
            H=zeros(m+mmnum,m+mmnum); f1=zeros(m+mmnum,1);
            for k1=1:m
                for j1=1:m
                    if Ucriterion(k1)==0&&Ucriterion(j1)==0
                        H(k1+mmnum,j1+mmnum)=2*UCost(k1)*UCost(j1);
                    end
                end
            end
            if mmnum>0 %若包含最小移动变量
                Lb=[zeros(mmnum,1);Lb]; Ub=[inf*ones(mmnum,1);Ub];
```

```
                uind=0; AddPartL=zeros(2*mmnum,size(Mieq,2)+mmnum);
                for ind=1:m
                    if Ucriterion(ind)==1
                        uind=uind+1; H(uind,uind)=2*UCost(ind)*UCost(ind);
                        AddPartL(2*uind-1,uind)=-1;
                        AddPartL(2*uind-1,ind+mmnum)=1;
                        AddPartL(2*uind,uind)=-1;
                        AddPartL(2*uind,ind+mmnum)=-1;
                        f1(uind,1)=0;
                    else
                        f1(ind+mmnum,1)=-2*UCost(ind)*Jmax;
                    end
                end
                AddPartR=zeros(2*mmnum,1);
            else
                AddPartL=[]; AddPartR=[];
                f1(mmnum+1:mmnum+m)=-2*UCost'*Jmax;
            end
            options1 =optimset('Algorithm','active-set');
            Mieq=[AddPartL;zeros(size(Mieq,1),mmnum),Mieq];
            mieq=[AddPartR;mieq];
            Meq=[zeros(size(Meq,1),mmnum),Meq];
            [Delta_Result1(:,1),fval,exitflag]
                =quadprog(H,f1,Mieq,mieq,Meq,meq,Lb,Ub,[],options1);
    case 1 %采用线性规划
        f1=zeros(m+mmnum,1);
        if mmnum>0 %若包含最小动作变量
            Lb=[zeros(mmnum,1);Lb]; Ub=[inf*ones(mmnum,1);Ub];
            uind=0;  AddPartL=zeros(2*mmnum,size(Mieq,2)+mmnum);
            for ind=1:m
                if Ucriterion(ind)==1
                    uind=uind+1; AddPartL(2*uind-1,uind)=-1;
                    AddPartL(2*uind-1,ind+mmnum)=1;
                    AddPartL(2*uind,uind)=-1;
                    AddPartL(2*uind,ind+mmnum)=-1;
                    f1(uind,1)=UCost(1,ind);
                else
                    f1(mmnum+ind,1)=UCost(ind);
                end
            end
            AddPartR=zeros(2*mmnum,1);
        else %若不含最小动作变量
            AddPartL=[]; AddPartR=[]; f1(mmnum+1:end,1)=UCost';
        end
        Mieq=[AddPartL;zeros(size(Mieq,1),mmnum),Mieq];
```

```
            mieq=[AddPartR;mieq];
            Meq=[zeros(size(Meq,1),mmnum),Meq];
            options1=optimset( 'Diagnostics','off','Display','final',
                'LargeScale','off','MaxIter',[],
                'Simplex','on', 'TolFun',[]);
            [Delta_Result1,fval,exitflag,]
                    =linprog(f1,Mieq,mieq,Meq,meq,Lb,Ub,[],options1);
        end
        if(exitflag==-2)
            Delta_Result(:,1)=zeros(m,1);
        else
            Delta_Result(:,1)=Delta_Result1(mmnum+1:mmnum+m,1);
        end
        Delta_Us(:,i)=Delta_Result(1:m,1);
        Us(:,i)=Us(:,i-1)+Delta_Us(:,i); Ys(:,i)=SSteady*Us(:,i)+Gdd*Du(:,i);
end
figure;subplot(1,2,1);plot(1:Steps,Ys(1,:),'->b');gtext('y_{1,ss}');hold all
plot(1:Steps,Ys(2,:),'-ok');gtext('y_{2,ss}');hold all
plot(1:Steps,Ys(3,:),'-sr');gtext('y_{3,ss}');hold all
set(findall(gcf,'type','line'),'linewidth',1.5);axis([1, Steps,-0.6, 0.6]);
grid on;
subplot(1,2,2);plot(1:Steps,Us(1,:),'->b');gtext('u_{1,ss}');hold all
plot(1:Steps,Us(2,:),'-ok');gtext('u_{2,ss}');hold all
plot(1:Steps,Us(3,:),'-sr');gtext('u_{3,ss}');hold all
set(findall(gcf,'type','line'),'linewidth',1.5);axis([1, Steps,-0.6, 0.6]);
grid on;
```

3.3   目 标 跟 踪

要跟踪 y_t^{sm} 和 u_t^{sm}，假如采用二次型性能指标，将其写为

$$J = \|y_{\mathrm{ss}}^{\mathrm{sm}}(k) - y_t^{\mathrm{sm}}\|_Q^2 + \|u_{\mathrm{ss}}^{\mathrm{sm}}(k) - u_t^{\mathrm{sm}}\|_R^2 \tag{3.15}$$

不写 sm 也可以。如果赋予物理意义，那么应该写上 sm。目标跟踪问题为二次规划：

$$\min J, \mathrm{s.t.} \begin{cases} u_{t\,\min} \leqslant u_{\mathrm{ss}}(k) \leqslant u_{t\,\max} \\ y_{t\,\min} \leqslant y_{\mathrm{ss}}(k) \leqslant y_{t\,\max} \\ \Delta y_{\mathrm{ss}}(k) = G^u \Delta u_{\mathrm{ss}}(k) + G^f \Delta f_{\mathrm{ss}}(k) \end{cases} \tag{3.16}$$

决策变量为 $\{u_{\mathrm{ss}}^{\mathrm{sm}}(k), y_{\mathrm{ss}}^{\mathrm{sm}}(k)\}$。在刚才的经济优化中是 $u_{\min}$ 和 $u_{\max}$，现在用的是 $u_{t\,\min}$ 和 $u_{t\,\max}$。至少形式上，

$$\begin{cases} u_{t\,\min} \leqslant u_{\mathrm{ss}}(k) \leqslant u_{t\,\max} \\ y_{t\,\min} \leqslant y_{\mathrm{ss}}(k) \leqslant y_{t\,\max} \end{cases} \tag{3.17}$$

这个约束不一定跟经济优化的约束是一样的。稳态约束 $\Delta y_{\mathrm{ss}}(k) = G^u \Delta u_{\mathrm{ss}}(k) + G^f \Delta f_{\mathrm{ss}}(k)$ 是必须加的。在目标跟踪中，当优化 $u_{\mathrm{ss}}^{\mathrm{sm}}(k)$ 时，不光要满足 sm 相关的约束，还要满足其他的、不属于 sm 的那些约束；即没有外部目标的一些变量也要满足约束，因为它们（不管是不是 sm）都通过 $\Delta y_{\mathrm{ss}}(k) = G^u \Delta u_{\mathrm{ss}}(k) + G^f \Delta f_{\mathrm{ss}}(k)$ 关联起来了。

目标跟踪问题也可以采用一个线性规划，详见第 7 章。

3.4 可行性判定与软约束调整

现在考虑只有一个优先级，所以对所有软约束都加权。应该满足的约束如下：

$$\begin{cases} \Delta y_{\mathrm{ss}}(k) = G^u \Delta u_{\mathrm{ss}}(k) + G^f \Delta f_{\mathrm{ss}}(k) \\ u_{\mathrm{LL}} \leqslant u_{\mathrm{ss}}(k-1) + \Delta u_{\mathrm{ss}}(k) \leqslant u_{\mathrm{HL}} \\ y_{\mathrm{LL}} \leqslant y_{\mathrm{ss}}(k-1) + \Delta y_{\mathrm{ss}}(k) \leqslant y_{\mathrm{HL}} \end{cases} \tag{3.18}$$

首先，式(3.7)是永远需要满足的约束。除了式 (3.7)，还需要满足操作约束，如 $u_{\mathrm{LL}} \leqslant u_{\mathrm{ss}}(k-1) + \Delta u_{\mathrm{ss}}(k) \leqslant u_{\mathrm{HL}}$，其中，LL 是 low limit，HL 是 high limit。之所以不用 $\{u_{\min}, u_{\max}\}$ 是为了进行区别，避免混淆。$\{u_{\mathrm{LL}}, u_{\mathrm{HL}}\}$ 其实就可以理解为 $\{u_{\min}, u_{\max}\}$，但是真写成 $\{u_{\min}, u_{\max}\}$ 是容易误解的，所以就用不同的符号。尽管 $y_{\mathrm{LL}} \leqslant y_{\mathrm{ss}}(k-1) + \Delta y_{\mathrm{ss}}(k) \leqslant y_{\mathrm{HL}}$ 和 $u_{\mathrm{LL}} \leqslant u_{\mathrm{ss}}(k-1) + \Delta u_{\mathrm{ss}}(k) \leqslant u_{\mathrm{HL}}$ 都可能是软的，因为 LL 和 HL 都是软的，但是现在只考虑 y 有软约束的问题，不考虑 u 有软约束的问题。从 DCS 操作站读取时，u 本来就没有软约束，u 只有在有外部目标时才有软约束。本书规定：u 只有硬约束，y 才有软约束。

如果是判断可行性，那么可以设定一个指标 J——只要跟 $\{\Delta u_{\mathrm{ss}}, \Delta y_{\mathrm{ss}}\}$ 相关即可，然后

$$\min J, \mathrm{s.t.}\ (3.18) \tag{3.19}$$

如果式(3.19)有解就可行，如果式(3.19)无解就不可行，这就是可行性判定。将可行性判定与软约束调整进行合并，式(3.18)变换为

$$\begin{cases} \Delta y_{\mathrm{ss}}(k) = G^u \Delta u_{\mathrm{ss}}(k) + G^f \Delta f_{\mathrm{ss}}(k) \\ u_{\mathrm{LL}} \leqslant u_{\mathrm{ss}}(k-1) + \Delta u_{\mathrm{ss}}(k) \leqslant u_{\mathrm{HL}} \\ y_{\mathrm{LL}} - \varepsilon_1 \leqslant y_{\mathrm{ss}}(k-1) + \Delta y_{\mathrm{ss}}(k) \leqslant y_{\mathrm{HL}} + \varepsilon_2 \end{cases} \tag{3.20}$$

第一个式子是式(3.7)，不做改变；第二个式子是硬约束，不做改变；改变第三个式子。第三个式子左边减去一个 ε_1 使下限可能更小，右边加一个 ε_2 使上限可能更大，这就放松了。放松要有极限，不能无限地放松；极限就是

$$y_{\mathrm{LLL}} \leqslant y_{\mathrm{ss}}(k-1) + \Delta y_{\mathrm{ss}}(k) \leqslant y_{\mathrm{HHL}} \tag{3.21}$$

式中，LLL 是 low low limit；HHL 是 high high limit，都是工程限。所以，

$$\begin{cases} \Delta y_{\mathrm{ss}}(k) = G^u \Delta u_{\mathrm{ss}}(k) + G^f \Delta f_{\mathrm{ss}}(k) \\ u_{\mathrm{LL}} \leqslant u_{\mathrm{ss}}(k-1) + \Delta u_{\mathrm{ss}}(k) \leqslant u_{\mathrm{HL}} \\ y_{\mathrm{LL}} - \varepsilon_1 \leqslant y_{\mathrm{ss}}(k-1) + \Delta y_{\mathrm{ss}}(k) \leqslant y_{\mathrm{HL}} + \varepsilon_2 \\ y_{\mathrm{LLL}} \leqslant y_{\mathrm{ss}}(k-1) + \Delta y_{\mathrm{ss}}(k) \leqslant y_{\mathrm{HHL}} \end{cases} \tag{3.22}$$

就是可行性判定"+ 软约束调整"的约束。一般不再求可行性问题，直接求"+ 软约束调整"以后的问题。

当然，经过"+ 软约束调整"后的性能指标相对于"可行性判定"的性能指标需要进行改变。可以采用线性规划或者二次规划，优先考虑线性规划。这里希望 $\{\varepsilon_1, \varepsilon_2\}$ 最小，所以

$$J = w_1\varepsilon_1 + w_2\varepsilon_2 \tag{3.23}$$

式中，w_1 和 w_2 都是向量，而且向量的元素都是正的：$w_1 > 0$，$w_2 > 0$；向量大于零是指逐元素大于零。至于说 w_1 和 w_2 是多少，那是加权方法需要解决的问题。加权方法就是对 $\{\varepsilon_1, \varepsilon_2\}$ 进行适量的加权。因为 w_1 是向量，记 $w_1 = [w_{11}\ w_{12}\ \cdots\ w_{1n_y}]$，$n_y$ 就是 y 的个数，记 $w_2 = [w_{21}\ w_{22}\ \cdots\ w_{2n_y}]$。"+ 软约束调整"以后的问题：

$$\min J, \text{ s.t. 式}(3.22) \tag{3.24}$$

注意，数学上，对优化和决策变量 $\{\varepsilon_1, \varepsilon_2\}$ 而言，$y_{\text{LL}} - \varepsilon_1 \leqslant y_{\text{ss}}(k-1) + \Delta y_{\text{ss}}(k) \leqslant y_{\text{HL}} + \varepsilon_2$ 也是硬约束，式(3.22)都是必须满足的约束。软约束是对 MPC 的物理问题而言的，不是对数学而言的。

求解式(3.24)，可能得到 $\{\varepsilon_1, \varepsilon_2\}$。若优化问题(3.24)可行，并且 $\varepsilon_1 = 0$，$\varepsilon_2 = 0$，则软约束没有放松；若优化问题(3.24)可行，但是 $\{\varepsilon_1, \varepsilon_2\}$ 有部分元素不等于 0，则相当于 y 的下限变为 $y'_{\text{LL}} = y_{\text{LL}} - \varepsilon_1$，$y$ 的上限变为 $y'_{\text{HL}} = y_{\text{HL}} + \varepsilon_2$。优化问题(3.24)解决后，就得到以下效果：

$$\begin{cases} \Delta y_{\text{ss}}(k) = G^u \Delta u_{\text{ss}}(k) + G^f \Delta f_{\text{ss}}(k) \\ u_{\text{LL}} \leqslant u_{\text{ss}}(k-1) + \Delta u_{\text{ss}}(k) \leqslant u_{\text{HL}} \\ y'_{\text{LL}} \leqslant y_{\text{ss}}(k-1) + \Delta y_{\text{ss}}(k) \leqslant y'_{\text{HL}} \end{cases} \tag{3.25}$$

第一个方程保持不变；当然可以选择约去第一个方程（通过代入到其他不等式），但由于进行优化，是否约去不一定产生显著影响。在约化的过程中仍然需进行计算，因此约去它并不等于计算量的降低。若约去发挥作用，则可以考虑约去，反之则保留。第二个不等式保持不变。第三个不等式发生变化，对于后续运算，这个变化的结果被用作代替，成为硬约束。

每个 y 都有约束，最好能够满足软约束，如果无法满足，那么进行适度放松。一旦放松，该约束就变为硬约束，将在后续的优化问题中产生影响，这正是加权方法的一种效果。在实际应用中，通常并非一次性解决所有的 y；一次性解决所有的 y 在大多数情况下更多是学术上的做法。在实际操作中，加权方法一次只做一个优先级。

3.4.1 升序方法

可行性判定与软约束调整的升序方法如图 3.6 所示。

考虑第 1 个优先级。必须考虑三个约束：

$$\begin{cases} \Delta y_{\text{ss}}(k) = G^u \Delta u_{\text{ss}}(k) + G^f \Delta f_{\text{ss}}(k) \\ u_{\text{LL}} \leqslant u_{\text{ss}}(k) \leqslant u_{\text{HL}} \\ y_{\text{LLL}} \leqslant y_{\text{ss}}(k) \leqslant y_{\text{HHL}} \end{cases} \tag{3.26}$$

这三个约束是绝对不能破坏的约束。这三个约束必须满足第 1 个优先级。

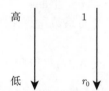

图 3.6 可行性判定与软约束调整的升序方法

每个优先级也可以做其他的事（除了 y 的软约束），但这里就考虑每个优先级只放松 CV 软约束这样一种行为。

例 3.5 一共有 18 个 y，即 $n_y = 18$，那么就有 $18 \times 2 = 36$ 个松弛变量 ε，因为每一个 y 都有上下限。把 36 个松弛变量 ε 排成 r_0 个优先级，$r_0 = 12$，每一个优先级有 3 个软约束；当然也可以有一个优先级是 1 个软约束，有一个优先级是 2 个软约束等，重要性在同一档次的就排在同一个优先级内。

哪个软约束排的优先级高、哪个软约束排的优先级低是有标准的。例如，涉及安全的软约束处于高优先级；为了空气的清洁，为了人类的持续发展，把跟环保相关的那些软约束放在较高的优先级；然后才是经济性。

所以，针对第 1 个优先级，只能具体情况具体分析。不妨每个优先级的所有约束都这样概括：

$$\begin{cases} \Theta^r \varepsilon^r = \theta^r \\ \Omega^r \varepsilon^r \leqslant w^r \end{cases}, r = 1, \cdots, r_0 \tag{3.27}$$

式中，r 是序数。将式(3.27)具体化为

$$\begin{cases} \Delta y_{\mathrm{ss}}(k) = G^u \Delta u_{\mathrm{ss}}(k) + G^f \Delta f_{\mathrm{ss}}(k) \\ u_{\mathrm{LL}} \leqslant u_{\mathrm{ss}}(k) \leqslant u_{\mathrm{HL}} \\ y_{\mathrm{LLL}} \leqslant y_{\mathrm{ss}}(k) \leqslant y_{\mathrm{HHL}} \\ y_{\mathrm{LL}}^{(1)} - \varepsilon_1^{(1)} \leqslant y_{\mathrm{ss}}^{(1)}(k) \leqslant y_{\mathrm{HL}}^{(1)} + \varepsilon_2^{(1)} \end{cases} \tag{3.28}$$

当然，每个优先级还可能有不同于式(3.28)的软、硬约束，否则式(3.27)中就不该有带 r 的等式约束了。等式型软约束在第 4 章会进行介绍。

第一个优先级的优化：

$$\min J = w_{\mathrm{L}}^1 \varepsilon^1, \mathrm{s.t.} \ (3.27), \ r = 1 \tag{3.29}$$

L 表示 linear programming，即线性规划。对于式(3.28)，ε^1 就是由 $\varepsilon_1^{(1)}$ 和 $\varepsilon_2^{(1)}$ 合并成的。如果是二次规划，那么可以写为

$$\min J = (\varepsilon^1)^{\mathrm{T}} (w_{\mathrm{Q}}^1)^2 \varepsilon^1, \ \mathrm{s.t.} \ (3.27), \ r = 1 \tag{3.30}$$

Q 就是 quadratic programming，即二次规划。J 是一个二次型。w_{Q}^1 不加平方也可以，当然加平方更好。实际上也可以直接写为 $w_{\mathrm{Q}}^1 = \mathrm{diag}\{w_{\mathrm{L}}^1\}$，即 w_{Q}^1 的对角线元素就是 w_{L}^1 相

应的元素。当采用 $w_{\mathrm{L}}^1 \times \varepsilon^1$ 这个指标时，其是线性指标；ε^1 是向量，如一共有 6 个元素，其中每个元素的重要程度可以直接反映到 w_{L}^1 里面。这是线性指标，重要性容易反映。如果是二次规划，那么最好将反映重要程度的系数进行平方处理。由于 ε 也相当于被平方，因此重要程度也被平方。

在 $r = 1$ 完成后，把最优值代入式(3.27)，得到

$$\begin{cases} \Theta^1 \varepsilon^1 = \theta^1 \\ \Omega^1 \varepsilon^1 \leqslant w^1 \end{cases} \tag{3.31}$$

其已经变成硬约束了。

式(3.31)在 $r = 2$ 时是满足成立条件的。当 $r = 2$ 时，约束就得取式(3.31)和 $y_{\mathrm{LL}}^{(2)} - \varepsilon_1^{(2)} \leqslant y_{\mathrm{ss}}^{(2)}(k) \leqslant y_{\mathrm{HL}}^{(2)} + \varepsilon_2^{(2)}$，即

$$\begin{cases} \Theta^1 \varepsilon^1 = \theta^1 \\ \Omega^1 \varepsilon^1 \leqslant w^1 \end{cases}, y_{\mathrm{LL}}^{(2)} - \varepsilon_1^{(2)} \leqslant y_{\mathrm{ss}}^{(2)}(k) \leqslant y_{\mathrm{HL}}^{(2)} + \varepsilon_2^{(2)} \tag{3.32}$$

式(3.32)等价于式(3.27)中 $r = 2$ 的情况。对于 $r = 2$ 的情况，有

$$\min J = (\varepsilon^2)^{\mathrm{T}} (w_{\mathrm{Q}}^2)^2 \varepsilon^2, \text{ s.t. } (3.27), r = 2 \tag{3.33}$$

当 $r = 2$ 完成后，把最优值代入式(3.27)，得到

$$\begin{cases} \Theta^2 \varepsilon^2 = \theta^2 \\ \Omega^2 \varepsilon^2 \leqslant w^2 \end{cases} \tag{3.34}$$

约束取式(3.34)和 $y_{\mathrm{LL}}^{(3)} - \varepsilon_1^{(3)} \leqslant y_{\mathrm{ss}}^{(3)}(k) \leqslant y_{\mathrm{HL}}^{(3)} + \varepsilon_2^{(3)}$，就得到 $r = 3$ 情况下的约束，等价于式(3.27) 中 $r = 3$ 的情况。对于 $r = 3$ 的情况，有

$$\min J = (\varepsilon^3)^{\mathrm{T}} (w_{\mathrm{Q}}^3)^2 \varepsilon^3, \text{ s.t. } (3.27), r = 3 \tag{3.35}$$

继续增加 r，一直优化到 $r = r_0$。当 $r = r_0$ 完成后，把最优值代入式(3.27)，得到

$$\begin{cases} \Theta^{r_0} \varepsilon^{r_0} = \theta^{r_0} \\ \Omega^{r_0} \varepsilon^{r_0} \leqslant w^{r_0} \end{cases} \tag{3.36}$$

式(3.36)里面已经包含了所有 $r = 1, \cdots, r_0$ 的优化结果。

总之，存在必须满足的硬约束，即方程所表示的硬约束、MV 的操作约束及 CV 的工程约束。在确保硬约束得到满足的前提下，按照优先级序号每次增加 1 的顺序，不断地放松软约束；每当放松完一个优先级的软约束后，相应的约束就变成硬约束。然后再放松下一个优先级的软约束，直至最终所有约束都变为硬约束。一旦约束变为硬约束，随后进行经济优化。式(3.7)、MV 的硬约束、CV 的工程约束构成了原始的硬约束空间；在原始的硬约束空间里其他的 MV/CV 的期望值、CV 的软约束是一些类似泡沫的软约束。在所有的优先级进行完毕以后，这些类似泡沫的软约束都已经定死了，不能再继续软化了。通过各级放松，到最后 $r = r_0$ 完成时，式(3.36)表达的集合是非空的，即这些约束是相容的。

升序方法是将软约束按照优先级级别数由小到大的次序，逐级软化变硬的过程。

3.4.2 降序方法

可行性判定与软约束调整的降序方法如图 3.7 所示。先放松不重要的软约束。例如，在放松级别数为 r_0 的软约束时，将所有级别数为 $r_0 - 1, r_0 - 2, \cdots, 1$ 的软约束都作为硬约束；因为级别数 r_0 最不重要，别的 r 都很重要，所以先将别的 r 作为硬约束。但是，r_0 软其他硬的优化有可能不可行；若不可行，就把 r_0 优先级的软约束放在工程约束上，然后再做 $r_0 - 1$。降序方法是将软约束按照优先级级别数从大到小的次序，由硬到逐级软化的过程。

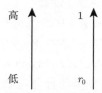

图 3.7　可行性判定与软约束调整的降序方法

例 3.6　仍以重油分馏塔为研究对象，约定各 MV 约束界为 $[-0.5, 0.5]$，各 CV 操作约束界为 $[-0.5, 0.5]$，各 CV 工程约束界为 $[-0.6, 0.6]$，MV 当前稳态目标为 $[0, 0, 0]$，CV 当前稳态目标为 $[0, 0, 0]$，DV 为 $[-1.7, -1.5]$。以 CV 操作约束为硬约束进行 SSTC，可知优化不可行，其原因在于过程受到了较大的幅度扰动的影响。在仿真中，将分别采用加权方法和优先级方法来进行软约束的调整。

1）加权方法

为了说明权重对调整结果的影响，分别选取了七组参数（假设各 CV 上、下界的加权系数相同）来指示各 CV 约束的重要性。首先，采用 LP 方法，其计算结果如表 3.1所示。其次，使用 QP 方法，其计算结果如表 3.2所示。

表 3.1　权系数选取与软约束调整对照表 (LP)

权系数	放松的边界	松弛变量 ε_1 或 ε_2 的值
1,1,1	上界	[0.0000, 0.0000, 0.0172]
1,2,3	下界	[0.0344, 0.0000, 0.0000]
1,3,2	上界	[0.0000, 0.0000, 0.0172]
3,1,2	下界	[0.0000, 0.0278, 0.0000]
2,1,3	下界	[0.0000, 0.0278, 0.0000]
3,2,1	上界	[0.0000, 0.0000, 0.0172]
2,3,1	上界	[0.0000, 0.0000, 0.0172]

表 3.2　权系数选取与软约束调整对照表 (QP)

权系数	松弛变量 ε_1, ε_2 的值
1,1,1	[0.0000, 0.0000, 0.0105], [0.0053, 0.0065, 0.0000]
1,2,3	[0.0000, 0.0000, 0.0074], [0.0111, 0.0069, 0.0000]
1,3,2	[0.0000, 0.0000, 0.0098], [0.0098, 0.0040, 0.0000]
3,1,2	[0.0000, 0.0000, 0.0089], [0.0030, 0.0110, 0.0000]
2,1,3	[0.0000, 0.0000, 0.0068], [0.0051, 0.0126, 0.0000]
3,2,1	[0.0000, 0.0000, 0.0135], [0.0022, 0.0042, 0.0000]
2,3,1	[0.0000, 0.0000, 0.0137], [0.0034, 0.0028, 0.0000]

　　可见，虽然基于 LP 的加权方法能够计算出使 SSTC 可行的 CV 约束界调整量，但软约束调整的结果不能完全反映出操作者设置权重的倾向性要求，这是因为软约束调整的结果是由权系数所构成的下降方向与多约束界相交的顶点共同决定的。基于 QP 的加权方法同样也无法反映出权重的要求，但与 LP 有所不同：对 CV 约束条件的两个边界都进行了放松。

　　2)　优先级方法

　　本节将 CV1、CV2、CV3 的约束上下界的优先级级别数分别设为 1、2、3。对于每一个 CV 约束的上下界，其权重的设置是相同的。

　　首先，根据升序策略进行计算。采用 LP 方法的计算过程及结果如下：第一步，对优先级级别数 1 进行可行性判定，约束可行；第二步，对优先级级别数 2 进行可行性判定，约束可行；第三步，对优先级级别数 3 进行可行性判定，约束不可行，并调整 CV3 的上界，调整程度为 $\varepsilon_{1,3} = 0.0172$。采用 QP 方法的计算过程同 LP 方法一致，而且计算结果也一致（但这只是个特例，不具有通用性）。

　　其次，采用降序方法进行计算。采用 LP 方法的计算过程如下：第一步，对优先级级别数 3 进行可行性判定（注意在升序策略中，对优先级级别数 1、2 均不需要进行软约束调整，因此这里需要求解的问题完全等价于升序方法，所以结论相同），约束不可行，并得到 $\varepsilon_{1,3} = 0.0172$。QP 方法同理。

　　可见，基于优先级的软约束调整方法能够完全反映 CV 软约束调整时操作者的优先级意愿。

```
%本例源程序，主程序部分：main.m
% 分为可行性阶段和经济优化阶段
% 变量定义说明： Meq，meq  等式约束（左右两侧的矩阵）；
% Mieq，mieq  不等式约束（左右两侧的矩阵）
clc; clear all;close all
%仿真可调参数
Steps=15;    %Simulation steps or number of control step
ProgType=2; %给出指定的规划类型：1 代指线性规划；2 代指二次规划
if   ProgType == 2
    options= optimset('Algorithm','active-set');
end
% 给出系统模型、约束、优先级设定、采用的优化工具等信息
% 系统模型及约束
G=[4.05, 1.77, 5.88; 5.39, 5.72, 6.90; 4.38, 4.42, 7.20];
%给定稳态传递函数矩阵
Gd=[1.20 1.44; 1.52  1.83; 1.14   1.26];
Uust=[0.5, 0.5, 0.5]; Ulst=[-0.5, -0.5, -0.5];  %输入约束
Yust=[0.5, 0.5, 0.5]; Ylst=[-0.5, -0.5, -0.5];  %输出操作约束（软约束）
YEust=[0.6 0.6 0.6];  YElst=[-0.6, -0.6, -0.6]; %输出工程约束（软约束）
[n, m]=size(G); %n 输出维数，m 输入维数
Ys1=zeros(n,1);
%给出优先级设定矩阵
```

```
Rank_Matrix=[1,2,1,1,0,1,0,2;1,2,1,1,0,2,0,2;
    2,2,1,2,0,1,0,3;2,2,1,2,0,2,0,3; 3,2,1,3,0,1,0,1;3,2,1,3,0,2,0,1];
% 给出经济优化阶段Delta_Us的权重
W_Delta_Us=[1, 2, 2];    %此处的Delta_Us(3)为外部设定目标，其权重不需要
% 给出控制环节参数
% load A.txt;   load B.txt;   load C.txt; load D.txt;
% [state_dim,in_dim]=size(B);    out_dim=size(C,1);
% Ts=1;
% N=6;      M=4;  % Predictive/control horizon
% Q=20*eye(size(C,1));
% R=eye(size(B,2)); % Weighting matrix of output/input
% Cu=[-0.5; 0.5];     Cy=[-0.5;0.5];  % the constraints of decision variable
% Cost=zeros(1,Steps);% Performance cost
% X=zeros(state_dim,Steps+1);
% U=zeros(in_dim,Steps);
% Y_real=zeros(out_dim,Steps);
Rank_N=3;  %设置优先级的个数
%% 主程序开始
Us(:,1)=zeros(m,1);Ys(:,1)=zeros(n,1);Delta_Us(:,1)=zeros(m,1);Du=[0;0];
%优先级的个数
for j=1:Rank_N   %该循环用于获得各个优先级含有的目标个数
    Obj_n=0;
    for k=1:size(Rank_Matrix,1)
        if Rank_Matrix(k,1)==j
            Obj_n=Obj_n+1;  %代表该优先级中的待处理的目标个数
            Obj(j,Obj_n)=k;  %存储第j个优先级中的待处理目标所在
                            %的矩阵的维数，进而确定各个参数
        end
    end
    Obj_NS(j)=Obj_n;
end
for i=2:Steps
    Delta_Uust=Uust'-Us(:,i-1);     Delta_Ulst=Ulst'-Us(:,i-1);
    Du(:,i)=[-1.7;-1.5];      Delta_Du=Du(:,i)-Du(:,i-1);
    Meq=[];     meq=[]; %初始化等式约束矩阵，此时尚未固定出任何的稳态目标
    Mieq=[eye(m); -eye(m)];   mieq=[Delta_Uust;-Delta_Ulst];
    %初始化不等式约束矩阵，即表示出硬约束
    for j=1:Rank_N %2:2%1:1%3:3%2:2:4%
        clear V_dic; clear Mmieq, clear mmieq; clear Mmeq; clear mmeq;
        %在C++预处理程序中，以第6行的值来判断属于哪个类型
        switch Rank_Matrix(Obj(j,1),2)
            %类型1 根据跟踪期望目标软化约束
            case 1
                Sub1_tracking_ET;
                for k=1:Obj_NS(j)
```

```
                    switch   Rank_Matrix(Obj(j,k),3)
                    %求取中间矩阵（分被控变量1和操纵变量2）
                          case 1 %针对被控变量
%Ys(Rank_Matrix(Obj(j,k),4),i)=Ys(Rank_Matrix(Obj(j,k),4),i-1)
%     +G(Rank_Matrix(Obj(j,k),4),:)*V_dic(Obj_NS(j)+1:end)-V_dic(k)
Meq=[Meq;  G(Rank_Matrix(Obj(j,k),4),:)];
meq=[meq;  Rank_Matrix(Obj(j,k),7)
    -Ys(Rank_Matrix(Obj(j,k),4),i-1)+V_dic(k)];
                          case 2 %针对操纵变量
%Us(Rank_Matrix(Obj(j,k),4),i)=Us(Rank_Matrix(Obj(j,k),4),i-1)
%     +V_dic(Obj_NS(j)+Rank_Matrix(Obj(j,k),4))-V_dic(k)   %要注意。。。。
S_mid=zeros(1,m);
S_mid(1,Rank_Matrix(Obj(j,k),4))=1;
Meq=[Meq; S_mid];
meq=[meq; Rank_Matrix(Obj(j,k),7)
    -Us(Rank_Matrix(Obj(j,k),4),i-1)+V_dic(k)];
%增加Delta_Us的约束
                        clear S_mid;
                  end
            end
            %类型2
            %=============================================================
            %包括单独放松目标值的上界、下界及同时放松上下界
            %也包括单独放松CV的上界、下界及同时放松上下界
            %=============================================================
      case 2
      Sub2_soften_bound;
      Num=1; %将约束重新分配，作为下一次计算的硬约束
      for k=1:Obj_NS(j)
            switch Rank_Matrix(Obj(j,k),5)
                case 1
                    switch Rank_Matrix(Obj(j,k),3)
                        case 1    %针对输出变量
                            switch Rank_Matrix(Obj(j,k),6)
                                case 1 %放松输出变量的上限
SL_mid(Num,:)=G(Rank_Matrix(Obj(j,k),4),:);
SR_mid(Num,:)=Rank_Matrix(Obj(j,k),7)+0.5*Rank_Matrix(Obj(j,k),8)
    -Ys(Rank_Matrix(Obj(j,k),4),i-1)+V_dic(Num);
                                    Num=Num+1;
                                case 2 %放松输出变量的下限
SL_mid(Num,:)=-G(Rank_Matrix(Obj(j,k),4),:);
SR_mid(Num,:)=-Rank_Matrix(Obj(j,k),7)+0.5*Rank_Matrix(Obj(j,k),8)
    +Ys(Rank_Matrix(Obj(j,k),4),i-1)+V_dic(Num);
                                    Num=Num+1;
                            end
```

```
                           case 2      %针对输入变量
                              switch Rank_Matrix(Obj(j,k),6)
                                 case 1 %放松输入变量的上限
Iu_unit=zeros(1,m); %构造该情形下的输入变量适维矩阵
Iu_unit(1,Rank_Matrix(Obj(j,k),4))=1;
SL_mid(Num,:)=Iu_unit;
SR_mid(Num,:)=Rank_Matrix(Obj(j,k),7)+0.5*Rank_Matrix(Obj(j,k),8)
    -Us(Rank_Matrix(Obj(j,k),4),i-1)+V_dic(Num);
                                     Num=Num+1;
                                 case 2 %放松输入变量的下限
Iu_unit=zeros(1,m); %构造该情形下的输入变量适维矩阵
Iu_unit(1,Rank_Matrix(Obj(j,k),4))=-1;
SL_mid(Num,:)=Iu_unit;
SR_mid(Num,:)=-Rank_Matrix(Obj(j,k),7)+0.5*Rank_Matrix(Obj(j,k),8)
    +Us(Rank_Matrix(Obj(j,k),4),i-1)+V_dic(Num);
                                     Num=Num+1;
                              end
                           end
                        case 0
                           switch Rank_Matrix(Obj(j,k),6)
                              case 1 %放松上界
SL_mid(Num,:)=G(Rank_Matrix(Obj(j,k),4),:);
SR_mid(Num,:)=Yust(Rank_Matrix(Obj(j,k),4))
    -Ys(Rank_Matrix(Obj(j,k),4),i-1)
    -Gd(Rank_Matrix(Obj(j,k),4),:)*Delta_Du+V_dic(Num);
                                     Num=Num+1;
                              case 2 %放松下界
SL_mid(Num,:)=-G(Rank_Matrix(Obj(j,k),4),:);
SR_mid(Num,:)=-Ylst(Rank_Matrix(Obj(j,k),4))
    +Ys(Rank_Matrix(Obj(j,k),4),i-1)
    +Gd(Rank_Matrix(Obj(j,k),4),:)*Delta_Du+V_dic(Num);
                                     Num=Num+1;
                              end
                        end
                     end
                     Mieq=[Mieq; SL_mid];   mieq=[mieq; SR_mid];
                     clear SR_mid;   clear SL_mid;
            end
      end
end


%本例源程序, 子程序部分: Sub1_tracking_ET.m
%此处首先根据规划类型分类, 不同的规划类型对应了不同的决策变量个数和约束形式
switch ProgType
case 1 %采用线性规划
```

```
Ub=inf*ones(2*Obj_NS(j)+m,1); Ub(2*Obj_NS(j)+1:end,1)=Delta_Uust;
Lb=-inf*ones(2*Obj_NS(j)+m,1);
Lb(1:2*Obj_NS(j),1)=zeros(2*Obj_NS(j),1);
Lb(2*Obj_NS(j)+1:end,1)=Delta_Ulst;   Num=1;
for k=1:Obj_NS(j)
    switch  Rank_Matrix(Obj(j,k),3) %求取中间矩阵（分被控变量1和操纵
        变量2）
        case 1 %针对被控变量
            I_unit=zeros(1,2*Obj_NS(j));
            %构造该情形下的松弛变量适维矩阵
            I_unit(1,Num:Num+1)=[-1, 1]; Num=Num+2;
            Iu_unit=G(Rank_Matrix(Obj(j,k),4),:);
            %构造该情形下的输入变量适维矩阵
            New_L(k,:)=[I_unit,  Iu_unit];
            New_R(k,:)=Rank_Matrix(Obj(j,k),7)
                -Ys(Rank_Matrix(Obj(j,k),4),i-1);
            clear I_uint; clear Iu_unit;
        case 2 %针对操纵变量
            I_unit=zeros(1,2*Obj_NS(j));
            %构造该情形下的松弛变量适维矩阵
            I_unit(1,Num:Num+1)=[-1, 1];  Num=Num+2;
            Iu_unit=zeros(1,m); %构造该情形下的输入变量适维矩阵
            Iu_unit(1,Rank_Matrix(Obj(j,k),4))=1;
            New_L(k,:)=[I_unit,  Iu_unit];
            New_R(k,:)=Rank_Matrix(Obj(j,k),7)
                -Us(Rank_Matrix(Obj(j,k),4),i-1);
            clear I_uint; clear Iu_unit;
    end
end
%=========================================
if size(Meq,1)==0
    Mmeq=New_L;
else
    Mmeq=[zeros(size(Meq,1),2*Obj_NS(j)),         Meq; New_L];
end
mmeq=[meq;New_R];
Mmieq=[zeros(size(Mieq,1),2*Obj_NS(j)),Mieq];
mmieq=mieq;
clear New_R;   clear New_L;

f=zeros(1,2*Obj_NS(j)+m);
Num=1;
for k=1:Obj_NS(j)
    f(1,Num)=Rank_Matrix(Obj(j,k),8)^(-1);
    f(1,Num+1)=Rank_Matrix(Obj(j,k),8)^(-1);
```

```
            Num=Num+2;
    end
    %options=optimset( 'Diagnostics','off',  'Display','final',
    %'LargeScale','off',   'MaxIter',[],  'Simplex','on',
    %'TolFun',[]);
    %[ V1_dic,fval,exitflag,output,lambda]
    %=linprog(f,Mmieq,mmieq,Mmeq,mmeq,Lb,Ub,[],options);
    V1_dic=linprog(f,Mmieq,mmieq,Mmeq,mmeq,Lb,Ub);
    clear Lb; clear Ub;    Num=1;
    for k=1:Obj_NS(j)
        V_dic(k,1)=V1_dic(Num,1)-V1_dic(Num+1,1);  Num=Num+2;
    end
    V_dic(Obj_NS(j)+1:Obj_NS(j)+m,1)=V1_dic(2*Obj_NS(j)+1:end,1);
case 2 %采用二次规划
    Ub=inf*ones(Obj_NS(j)+m,1);  Ub(Obj_NS(j)+1:end,1)=Delta_Uust;
    Lb=-inf*ones(Obj_NS(j)+m,1); Lb(Obj_NS(j)+1:end,1)=Delta_Ulst;
    for k=1:Obj_NS(j)
        switch  Rank_Matrix(Obj(j,k),3)
        %求取中间矩阵（分被控变量1和操纵变量2）
            case 1
                %针对被控变量
                New_L(k,:)=G(Rank_Matrix(Obj(j,k),4),:);
                New_R(k,:)=Rank_Matrix(Obj(j,k),7)
                    -Ys(Rank_Matrix(Obj(j,k),4),i-1);
            case 2 %针对操纵变量
                New_L(k,:)=zeros(1,m);
                New_L(k,Rank_Matrix(Obj(j,k),4))=1;
                New_R(k,:)=Rank_Matrix(Obj(j,k),7)
                    -Us(Rank_Matrix(Obj(j,k),4),i-1); %注意检查此处
        end
    end
    if size(Meq,1)==0
        Mmeq=[-eye(Obj_NS(j)),  New_L];
    else
        Mmeq=[zeros(size(Meq,1),Obj_NS(j)), Meq;
            -eye(Obj_NS(j)), New_L];
    end
    mmeq=[meq;  New_R];
    Mmieq=[zeros(size(Mieq,1),Obj_NS(j)), Mieq]; mmieq=mieq;
    clear New_R;   clear New_L;
    H=zeros(Obj_NS(j)+m,Obj_NS(j)+m);
    for k=1:Obj_NS(j)
        H(k,k)=2*Rank_Matrix(Obj(j,k),8)^(-2);
    end
    f=zeros(1,Obj_NS(j)+m);
```

```
        V_dic=quadprog(H,f,Mmieq,mmieq,Mmeq,mmeq,Lb,Ub,[],options);
        %求解以获得松弛变量
end


%本例源程序，子程序部分：Sub2_soften_bound.m
Num=1;Lb=-inf*ones(Obj_NS(j)+m,1);
Lb(1:Obj_NS(j),1)=zeros(Obj_NS(j),1); %确定松弛变量的下限
Lb(Obj_NS(j)+1:end,1)=Delta_Ulst;
Ub=inf*ones(Obj_NS(j)+m,1); %确定松弛变量的部分上限
Ub(Obj_NS(j)+1:end,1)=Delta_Uust;
Ub(1:Obj_NS(j),1)=0.1*ones(Obj_NS(j),1); %确定松弛变量的下限
for k=1:Obj_NS(j)
    switch Rank_Matrix(Obj(j,k),5)
        case 1 %针对有外部目标的变量
            switch Rank_Matrix(Obj(j,k),3)
                case 1 %针对输出变量
                    switch Rank_Matrix(Obj(j,k),6)
                        case 1
                            %针对输出变量的上限
I_unit=zeros(1,Obj_NS(j)); %构造该情形下的松弛变量适维矩阵
Iu_unit=zeros(1,m);        %构造该情形下的输出变量适维矩阵
I_unit(1,k)=-1; Iu_unit=G(Rank_Matrix(Obj(j,k),4),:);
New_L(Num,:)=[I_unit,Iu_unit];
New_R(Num,:)=Rank_Matrix(Obj(j,k),7)+0.5*Rank_Matrix(Obj(j,k),8)
    -Ys(Rank_Matrix(Obj(j,k),4),i-1);
                            Num=Num+1;
                            %针对输出变量的下限
                        case 2
I_unit=zeros(1,Obj_NS(j)); %构造该情形下的松弛变量适维矩阵
Iu_unit=zeros(1,m);        %构造该情形下的输出变量适维矩阵
I_unit(1,k)=-1;  Iu_unit=-G(Rank_Matrix(Obj(j,k),4),:);
New_L(Num,:)=[I_unit,Iu_unit];
New_R(Num,:)=-Rank_Matrix(Obj(j,k),7)+0.5*Rank_Matrix(Obj(j,k),8)
    +Ys(Rank_Matrix(Obj(j,k),4),i-1);
                            Num=Num+1;
                    end
                    clear I_unit; clear Iu_unit;
                case 2 %针对输入变量
                    switch Rank_Matrix(Obj(j,k),6)
                        case 1 %放松输入变量的上限
I_unit=zeros(1,Obj_NS(j)); %构造该情形下的松弛变量适维矩阵
Iu_unit=zeros(1,m); %构造该情形下的输入变量适维矩阵
I_unit(1,k)=-1; Iu_unit(1,Rank_Matrix(Obj(j,k),4))=1;
New_L(Num,:)=[I_unit,Iu_unit];
New_R(Num,:)=Rank_Matrix(Obj(j,k),7)+0.5*Rank_Matrix(Obj(j,k),8)
```

```
                    -Us(Rank_Matrix(Obj(j,k),4),i-1);
                            Num=Num+1;
                        %放松输入变量的下限
                    case 2
    I_unit=zeros(1,Obj_NS(j)); %构造该情形下的松弛变量适维矩阵
    Iu_unit=zeros(1,m);        %构造该情形下的输入变量适维矩阵
    I_unit(1,k)=-1;  Iu_unit(1,Rank_Matrix(Obj(j,k),4))=-1;
    New_L(Num,:)=[I_unit,Iu_unit];
    New_R(Num,:)=-Rank_Matrix(Obj(j,k),7)+0.5*Rank_Matrix(Obj(j,k),8)+Us(
        Rank_Matrix(Obj(j,k),4),i-1);
                            Num=Num+1;
                end
                clear I_unit; clear Iu_unit;
            end
        case 0 %针对放松CV的软约束情况
            I_unit=zeros(1,Obj_NS(j)); %定义适维矩阵，用于构造过渡不等式矩阵
            I_unit(1,k)=-1;
            %Ub(k,1)=Rank_Matrix(Obj(j,k),7); %确定松弛变量的上限
            switch Rank_Matrix(Obj(j,k),6)
                case 1 %放松上界
    New_L(Num,:)=[I_unit, G(Rank_Matrix(Obj(j,k),4),:)];
    New_R(Num,:)=[Yust(Rank_Matrix(Obj(j,k),4))
        -Ys(Rank_Matrix(Obj(j,k),4),i-1)
        -Gd(Rank_Matrix(Obj(j,k),4),:)*Delta_Du];
                    Num=Num+1;
                case 2 %放松下界
    New_L(Num,:)=[I_unit,  -G(Rank_Matrix(Obj(j,k),4),:)];
    New_R(Num,:)=[-Ylst(Rank_Matrix(Obj(j,k),4))
        +Ys(Rank_Matrix(Obj(j,k),4),i-1)
        +Gd(Rank_Matrix(Obj(j,k),4),:)*Delta_Du];
                    Num=Num+1;
            end
    end
end
Mmieq=[zeros(size(Mieq,1),Obj_NS(j)), Mieq; New_L];
mmieq=[mieq;  New_R];
%Mmieq=[New_L; zeros(size(Mieq,1), Obj_NS(j), Mieq];
%mmieq=[New_R;mieq];
if size(Meq,1)==0
    Mmeq=[];  mmeq=[];
else
    Mmeq=[zeros(size(Meq,1),Obj_NS(j)),    Meq];  mmeq=meq;
end
clear New_R; clear New_L; clear SM_mid;
switch ProgType
```

```
    case 1 %采用线性规划
        f=zeros(1,Obj_NS(j)+m);
        for k=1:Obj_NS(j)
            f(1,k)=Rank_Matrix(Obj(j,k),8);
        end
        options=optimset( 'Diagnostics','off', 'Display','final',
            'LargeScale','off', 'MaxIter',[], 'Simplex','on',
            'TolFun',[]);
        [V_dic,fval,exitflag,output,lambda]
            =linprog(f,Mmieq,mmieq,Mmeq,mmeq,Lb,Ub,[],options);
        %V_dic=linprog(f,Mmieq,mmieq,Mmeq,mmeq,Lb,Ub);
    case 2 %采用二次规划
        H=zeros(Obj_NS(j)+m,Obj_NS(j)+m);
        for k=1:Obj_NS(j)
            H(k,k)=2*Rank_Matrix(Obj(j,k),8);
        end
        f=zeros(1,Obj_NS(j)+m);
        V_dic=quadprog(H,f,Mmieq,mmieq,Mmeq,mmeq,Lb,Ub,[],options);
        %求解以获得松弛变量
end
```

使用以上源程序的时候，注意

（1）main 程序只要看到是否可行即可，整体运行时是不可行的；

（2）在 main 程序的 Sub1_tracking_ET 和 Sub2_soften_bound 处设置断点，然后在单步运行、断点之间放行，V_dic 表示放松量。

第 4 章　稳定过程的双层动态矩阵控制

新符号表：

M：控制时域；

N：模型时域，阶跃响应系数长度；

P：预测时域；

f：属于 $\mathbb{R}^{n_f}$，可测干扰变量（disturbance variable，DV）；

f_{eq}：f 的平衡点；

∇f：$f - f_{\mathrm{eq}}$；

u：属于 $\mathbb{R}^{n_u}$，操纵变量（manipulated variable，MV）；

u_{eq}：u 的平衡点；

∇u：$u - u_{\mathrm{eq}}$；

$\Delta u(k)$：$u(k) - u(k-1)$，u 在 k 时刻的增量；

$\underline{u}$：u 的下界；

$\bar{u}$：u 的上界；

$\Delta \bar{u}$：u 的最大允许绝对速率；

$u_t^{(\mathrm{sm})}(k)$：u 的外部目标（external targets，ET），其中 sm 表示 some；

$u_{i,t}(k)$：u_i 的 ET；

$u_{i,\mathrm{ss,range}}$：$u_{i,t}$ 附近 $u_{i,\mathrm{ss}}$ 的期望允许变化范围；

$\delta u_{\mathrm{ss}}(k)$：$u_{\mathrm{ss}}(k) - u(k-1)$，或等价于 $\sum\limits_{i=0}^{M-1} \Delta u(k+i|k)$，$u$ 在 k 时刻的稳态目标增量；

$\delta \bar{u}_{\mathrm{ss}}$：$u$ 的最大允许绝对稳态速率；

y：属于 $\mathbb{R}^{n_y}$，被控变量（controlled variable，CV）；

y_{eq}：y 的平衡点；

∇y：$y - y_{\mathrm{eq}}$；

$\underline{y}_0$：y 的操作下限；

$\bar{y}_0$：y 的操作上限；

$\underline{y}_{0,\mathrm{h}}$：$y$ 的工程下限；

$\bar{y}_{0,\mathrm{h}}$：y 的工程上限；

$y_{\mathrm{ss}}^{\mathrm{ol}}(k)$：$y$ 在 k 时刻的开环稳态预测；

$y_{\mathrm{ss}}(k)$：y 在 k 时刻的稳态目标；

$y^{\mathrm{ol}}(k+n|k)$：$n=1,2,\cdots,N$，y 在 k 时刻的开环动态预测；

$y^{\mathrm{fr}}(k+p|k)$：y 在 k 时刻的自由动态预测；

$y_t^{(\mathrm{sm})}(k)$：y 的 ET，其中 sm 表示 some；

$y_{j,t}(k)$：y_j 的 ET；

$y_{j,\mathrm{ss,range}}$：$y_{j,t}$ 附近 $y_{j,\mathrm{ss}}$ 的期望允许变化范围；

$\delta y_{\mathrm{ss}}(k)$：$y_{\mathrm{ss}}(k)-y_{\mathrm{ss}}^{\mathrm{ol}}(k)$，$y$ 在 k 时刻的稳态目标增量；

$\delta \bar{y}_{\mathrm{ss}}$：$y$ 的最大允许绝对稳态速率；

$\xi(k+i|k)$：$\xi(k+i)$ 在 k 时刻的预测；

$\|\xi\|_Q^2$：$\xi^{\mathrm{T}}Q\xi$；

S_i^f：f 的阶跃响应系数矩阵，$S_{N+i}^f=S_N^f$，$i\geqslant 0$；

S_i^u：u 的阶跃响应系数矩阵，$S_{N+i}^u=S_N^u$，$i\geqslant 0$；

S_N^f：从 f 到 y 的稳态增益矩阵；

S_N^u：从 u 到 y 的稳态增益矩阵；

$\mathcal{I}_t$：有 ET 的 u 下标集合；

$\mathcal{O}_t$：有 ET 的 y 下标集合；

$|\mathcal{S}|$：$\mathcal{S}$ 集合的基数（集合里元素的个数），

其中，∇ 经常省略。

在 MPC 中，尤其在工业 MPC 中，最有代表性的方法就是基于阶跃响应模型的动态矩阵控制（dynamic matrix control, DMC）。更控制理论化的首先是状态空间模型，其次是传递函数模型。阶跃响应模型与脉冲响应模型是可互换的，用了一个相当于用了另一个。粗略地讲，不仅阶跃响应模型与脉冲响应模型是可互换的，而且与传递函数模型、状态空间模型也可以进行互换；但这种互换需要满足一定的条件，有的互换不是完全等价的。对于开环稳定（open-loop stable）、线性（linear）、时不变（time-invariant）系统，包括含有一阶积分（integral with first order）环节的系统，脉冲响应模型和传递函数模型可以进行互换。在线性时不变情况下可以用传递函数模型，但状态空间模型大大扩展了适用范围；在线性时不变条件下状态空间模型可以和传递函数进行互换。

既然要讨论 DMC，当采用阶跃响应模型时，就必须有开环稳定 + 一阶积分、线性、时不变（open-loop stable + integral order 1, linear, time-invariant）这些要求。这样固然有局限性，因为工业过程多数都是非线性且时变的。如果追求更高的要求，如非线性、开环不稳定（open-loop unstable）的情况，那么采用 MPC 是可行的；但是在工业 MPC 算法中不容易处理好开环不稳定性，有很大的风险性。如果是非线性时变（nonlinear, time-varying）的系统，那么采用了阶跃响应模型的近似精度，对很多装置是比较合适的。对于多数连续化工过程，需要严格控制在某些参数附近，如果参数波动大，那么产品就不合格了，不属于有效区域了，所以在合理的波动范围内系统是非常接近线性、时不变的；如果在这个范围内一定要用非线性时变系统，那么不一定能建立更准确的模型，因为在小范围波动的情况下，数据中的噪声占比也是很大的。不会因为考虑的范围小，数据中的噪声含量就小；考虑多少范围是人为的选择，而噪声是固定存在的。当在小变化范围内取数据时，数据本来波动就小，噪声没有变，所以在这种情况下构建的非线性时变模型是不准确的。严格地讲，这些需要用一些信号的频率、谱密度理论来进行分析。

不考虑一阶积分，先考虑稳定情况。稳定输出（上角标加个 s）的脉冲响应模型（finite impulse response，FIR）：

$$y^{\mathrm{s}}(k) = \sum_{i=1}^{N'} (H_i^{u,\mathrm{s}} u(k-i) + H_i^{f,\mathrm{s}} f(k-i)) \tag{4.1}$$

y 有 n_y 个元素，u 有 n_u 个元素，f 有 n_f 个元素。在单输入单输出情况下，

$$y^{\mathrm{s}}(k) = \sum_{i=1}^{N'} h_i^{u,\mathrm{s}} u(k-i) \tag{4.2}$$

从离散的时间考虑，输入 u 在 0 时刻的脉冲就是在 $k < 0$ 时输入为零，在 $k = 0$ 时刻启动一个幅值为 1 的跳变输入信号，持续一个采样周期，在 $k = 1$ 时刻输入又跳变到 0，如图 4.1 所示。

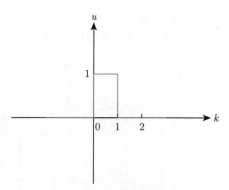

图 4.1　FIR 对应的单输入

对应以上脉冲输入，假设 $k < 0$ 时输出为零，在 $k > 0$ 的某个时刻输出开始变化（非零），变化一段时间后逐渐又恢复成零（从数学角度是当 k 趋于无穷时，变零，但这里假设到 $k = N'$ 后近似为零），这就是输出的响应，如图 4.2 和图 4.3 所示。

总之，假如系统的输入输出不再变化，在输入端施加一个幅值为 1、持续一个采样周期的脉冲信号，那么输出在一段时间内的变化为

$$y^{\mathrm{s}}(k) = \sum_{i=1}^{N'} h_i^{u,\mathrm{s}} u(k-i)$$

单变量 h_i 就这样取值。图 4.2 或图 4.3 中的模型是数学上的卷积在离散化后的结果。认可这种模型即可，即一个稳定且线性时不变的系统可以表示为式(4.1)，这个模型称为有限脉冲响应模型。

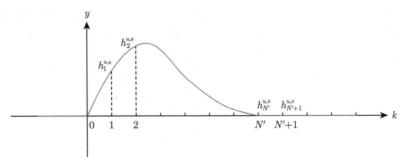

图 4.2　单 CV 的 FIR 曲线 1

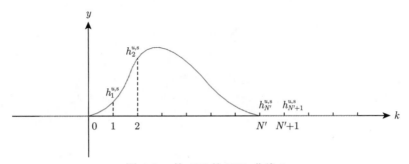

图 4.3　单 CV 的 FIR 曲线 2

多入多出系统的 FIR 见表 4.1。

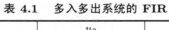

表 4.1　多入多出系统的 FIR

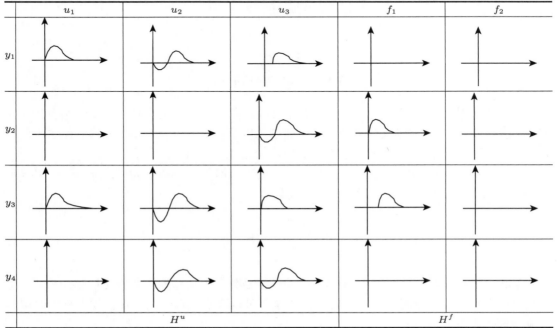

将表 4.1中每个曲线在 $i > 0$ 时的取值组成矩阵 $H_i^{\mathrm{s}} = [H_i^{u,\mathrm{s}}, H_i^{f,\mathrm{s}}]$。但是，在实际工业过程中得到这些脉冲响应并不容易。

脉冲响应模型主要是关于 y 和 $\{u, f\}$ 幅值之间的关系，而阶跃响应主要是关于 y 和 $\{u, f\}$ 增量之间的关系。为了得到有限阶跃响应模型，令

$$
\begin{aligned}
y^{\mathrm{s}}(k) = \sum_{i=1}^{N'} \{ & H_i^{u,\mathrm{s}}[u(k-N') + \Delta u(k-N'+1) + \cdots + \Delta u(k-i-1) + \Delta u(k-i)] \\
& + H_i^{f,\mathrm{s}}[f(k-N') + \Delta f(k-N'+1) + \cdots + \Delta f(k-i-1) + \Delta f(k-i)] \}
\end{aligned} \tag{4.3}
$$

将式(4.3)再整理一下，合并 $\Delta u(k-i)$ 的同类项，得

$$
\begin{aligned}
y^{\mathrm{s}}(k) = & \sum_{i=1}^{N'} \left(\sum_{j=1}^{i} H_j^{u,\mathrm{s}} \right) \Delta u(k-i) + \sum_{i=1}^{N'-1} \left(\sum_{j=1}^{i} H_j^{f,\mathrm{s}} \right) \Delta f(k-i) \\
& + \left(\sum_{j=1}^{N'} H_j^{u,\mathrm{s}} \right) u(k-N') + \left(\sum_{j=1}^{N'} H_j^{f,\mathrm{s}} \right) f(k-N')
\end{aligned} \tag{4.4}
$$

把

$$
\sum_{j=1}^{i} H_j^{u,\mathrm{s}}, \ \sum_{j=1}^{i} H_j^{f,\mathrm{s}}, \ \sum_{j=1}^{N'} H_j^{u,\mathrm{s}}, \ \sum_{j=1}^{N'} H_j^{f,\mathrm{s}}
$$

定义为阶跃响应系数矩阵，继续整理为

$$
\begin{aligned}
y^{\mathrm{s}}(k) = & \sum_{i=1}^{N'-1} S_i^{u,\mathrm{s}} \Delta u(k-i) + S_{N'}^{u,\mathrm{s}} \Delta u(k-N') \\
& + \sum_{i=1}^{N'-1} S_i^{f,\mathrm{s}} \Delta f(k-i) + S_{N'}^{f,\mathrm{s}} \Delta f(k-N')
\end{aligned} \tag{4.5}
$$

式 (4.5) 是有限阶跃响应（finite step response，FSR）模型。

单输入单输出系统的阶跃响应如下所示。输入在 $k < 0$ 时为 0，在 $k = 0$ 时有一个幅值为 1 的阶跃变化，此后幅值 1 一直保持下去，见图 4.4；对应 y 的响应是，开始时（$k < 0$）输出为零，$k > 0$ 以后输出开始变化，变化一段时间后输出逐渐趋于恒值，见图 4.5。

从连续时间角度讲阶跃响应模型是脉冲响应模型的积分，从离散时间角度讲是累积求和，如 $s_4^u = h_1^u + h_2^u + h_3^u + h_4^u$。脉冲响应和阶跃响应的第一次变化是一样的，故 $k = 1$ 时为 $H_1 = S_1$，$k = 2$ 时为 $H_2 = S_2 - S_1$，$k = 3$ 时为 $H_3 = S_3 - S_2$，$k = 4$ 时为 $H_4 = S_4 - S_3$，FSR 和 FIR 如图 4.5 所示。

注解 4.1　假如对一个脉冲响应模型进行 DMC 仿真，那么被控对象当可以按照式(4.3)的推导过程进行处理。但是，模拟实际被控对象时应该用实际被控对象的模型和数据来处理，而不应该用脉冲响应模型来代替实际被控对象。由于 N' 为有限值，与实际情

况有一点偏差，但这不是主要原因。主要原因是脉冲响应模型是一种近似的模型，代替不了实际的系统。

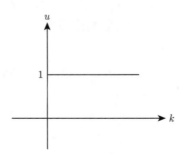

图 4.4   输入的单位阶跃变化

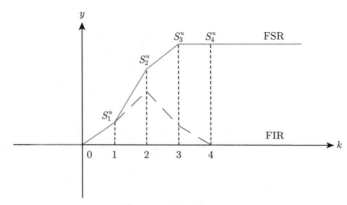

图 4.5   FSR 和 FIR

式(4.5)是线性代数中基本的矩阵与向量相乘。下面采用阶跃响应模型进行预测：已知一段时间内的 u 和 y，计算 $y^{\mathrm{s}}(k+p|k)$（该符号表示在 k 时刻预测未来 $k+p$ 时刻 y 的值）。要计算 $y^{\mathrm{s}}(k+p|k)$，后面直接加上 $|k$，这个 k 就是预测的时间起点；把式(4.5)中所有的其他 k 改成 $k+p$。如 $\Delta u(k-i)$ 改成 $\Delta u(k-i+p|k)$。

$$y^{\mathrm{s}}(k+p|k) = \sum_{i=1}^{N'-1} S_i^{u,\mathrm{s}} \Delta u(k-i+p|k) + S_{N'}^{u,\mathrm{s}} \Delta u(k-N'+p|k)$$

$$+ \sum_{i=1}^{N'-1} S_i^{f,\mathrm{s}} \Delta f(k-i+p|k) + S_{N'}^{f,\mathrm{s}} \Delta f(k-N'+p|k) \qquad (4.6)$$

因为预测控制是先预测后控制，所以还没有控制前不知道 $u(k)$ 是多少，但一定知道 $u(k-1), u(k-2), \cdots, u(k-N')$ 的值，而 $f(k), f(k-1), \cdots, f(k-N')$ 可以在控制前测量得到；然后，通过差分知道 $\Delta u(k-1), \Delta u(k-2), \cdots, \Delta u(k-N'+1)$，同理，知道 $\Delta f(k), \Delta f(k-1), \cdots, \Delta f(k-N'+1)$。要得到 $\Delta u(k-i+p|k)$ 的值，还得考虑后面的 $|k$。

$$\Delta u(k-i+p|k) = \begin{cases} \Delta u(k-i+p), & p \leqslant i-1 \\ \Delta u(k-i+p|k), & p > i-1 \end{cases} \tag{4.7}$$

因为已知 $u(k-1)$，如果 $k-i+p \leqslant k-1$ 即 $p \leqslant i-1$，那么 $\Delta u(k-i+p|k)$ 应该等于 $\Delta u(k-i+p)$；因为 $\Delta u(k-i+p)$ 就是过去已知的值，$|k$ 可以省略；没必要预测 $\Delta u(k-i+p)$，因为它已经发生了。当 $p > i-1$ 时，$\Delta u(k-i+p|k)$ 就取预测值，$|k$ 不能省；$\Delta u(k-i+p|k)$ 是等待预测控制去优化的值。

$$\Delta f(k-i+p|k) = \begin{cases} \Delta f(k-i+p), & p \leqslant i \\ 0, & p > i \end{cases} \tag{4.8}$$

因为 $f(k)$ 已知，所以当 $k-i+p \leqslant k$，即 $p \leqslant i$ 时，$\Delta f(k-i+p|k) = \Delta f(k-i+p)$。当 $p > i$ 时，因为干扰是不可以优化的，在未来干扰未知的情况下，最好假设其变化为 0，故 $\Delta f(k-i+p|k) = 0$；当然，如果知道干扰未来如何变化，还可以令 $\Delta f(k-i+p|k) \neq 0$。如对多智能体控制问题，子系统 A 就可以知道子系统 B 未来的输入，将这些未来的输入作为子系统 A 未来的干扰；子系统 B 可以把未来的输入（假想值）告诉子系统 A。将式(4.7)和式(4.8)代入式(4.6)，预测方程就更加简化了，把待优化的 $\Delta u(k-i+p|k)$ 分离出来了。

$$\Delta u(k-i+p|k) = \Delta u(k-i+p), \quad p \leqslant i-1$$

$$\Delta f(k-i+p|k) = \begin{cases} \Delta f(k-i+p), & p \leqslant i \\ 0, & p > i \end{cases}$$

这些代入都是已知项，只有 $\Delta u(k-i+p|k)$，$p > i-1$ 代入是未知项。将已知项代入得到常数向量，将未知项代入作为未知数并用控制器去求解；预测控制有三个模块——预测、稳态目标计算和动态控制，而这个未知数 $\Delta u(k-i+p|k)$，$p > i-1$ 是用动态控制模块求解的。

4.1　开 环 预 测

在估计领域，不管是做 Kalman 滤波还是做信息融合，$y(k)$ 的作用至关重要。由于式(4.6)没有用到 $y(k)$，不要对 $y^s(k+p|k)$ 标记 ol，对它标记 fr，表示自由预测（free prediction）。自由就是不受未来输入变化的影响；因为过去的输入已经发生了，不能说不受过去输入的影响。在高等数学中提到微分方程时，微分方程的左边是关于输出 y 的，右边是关于输入 u 的；如果右边直接等于 0，那么得到一个 y 的响应，就是自由响应（free response）；然后在假设自由响应等于 0 的情况下，得到一个受迫响应；最后，自由响应 + 受迫响应 = 总响应。

所以，式(4.6)是在 $\Delta u(k-i+p|k) = 0$（$p > i-1$）的情况下计算的结果，称为自由响应。将式(4.7)和式(4.8)代入式(4.6)，得到

$$y^{s,fr}(k+p|k) = \sum_{i=p+1}^{N'-1} S_i^{u,s} \Delta u(k-i+p) + S_{N'}^{u,s} u(k-N'+p)$$

$$+ \sum_{i=p}^{N'-1} S_i^{f,s} \Delta f(k-i+p) + S_{N'}^{f,s} f(k-N'+p), \quad p \leqslant N'-2 \tag{4.9}$$

$$y^s(k+p|k) = S_{N'}^{u,s} u(k-1) + S_{N'-1}^{f,s} \Delta f(k) + S_{N'}^{f,s} f(k-1), \quad p = N'-1 \tag{4.10}$$

$$y^s(k+p|k) = S_{N'}^{u,s} u(k-1) + S_{N'}^{f,s} f(k), \quad p \geqslant N' \tag{4.11}$$

式(4.9)～ 式(4.11)不是一阶差分的形式。为了构造状态空间模型，需要一组一阶差分方程，为此，由式(4.9)～ 式(4.11)可知

$$y^{s,fr}(k+p|k) - y^{s,fr}(k+p|k-1) = S_{p+1}^{u,s} \Delta u(k-1) + S_p^{f,s} f(k), \quad p \geqslant 0 \tag{4.12}$$

利用式(4.12)，可以用 Kalman 滤波来推导开环预测。将 k 时刻的 p 步自由预测和 $k-1$ 时刻的 p 步自由预测相减，差值正好是 u 的第 $p+1$ 个阶跃响应矩阵乘以 u 的上一时刻测量值的增量，加上 f 的第 p 个阶跃响应系数矩阵乘以 f 本时刻测量值的增量。根据式(4.12)，$p=0$ 的情况：

$$y^{s,fr}(k|k) = y^{s,fr}(k|k-1) + S_1^{u,s} \Delta u(k-1) \tag{4.13}$$

下面是 $p \geqslant 1$ 的情况：

$$y^{s,fr}(k+1|k) = y^{s,fr}(k+1|k-1) + S_2^{u,s} \Delta u(k-1) + S_1^{f,s} \Delta f(k)$$

$$\vdots$$

$$y^{s,fr}(k+N-1|k) = y^{s,fr}(k+N-1|k-1) + S_N^{u,s} \Delta u(k-1) + S_{N-1}^{f,s} \Delta f(k)$$

一直到 $p=N$ 的情况：

$$y^{s,fr}(k+N|k) = y^{s,fr}(k+N|k-1) + S_N^{u,s} \Delta u(k-1) + S_N^{f,s} \Delta f(k)$$

利用了 $S_{N+1}^{u,s} = S_N^{u,s}$。再写一项：

$$y^{s,fr}(k+N+1|k) = y^{s,fr}(k+N+1|k-1) + S_N^{u,s} \Delta u(k-1) + S_N^{f,s} \Delta f(k) \tag{4.14}$$

利用了 $S_{N+2}^{u,s} = S_N^{u,s}$ 和 $S_{N+1}^{f,s} = S_N^{f,s}$。如果 $y^{s,fr}(k+N+1|k-1) = y^{s,fr}(k+N|k-1)$，那么 $y^{s,fr}(k+N+1|k) = y^{s,fr}(k+N|k)$；从 $k=0$ 开始。汇总得到预测方程式：

$$\begin{cases} y^{s,fr}(k|k) = y^{s,fr}(k|k-1) + S_1^{u,s} \Delta u(k-1) \\ \qquad \vdots \\ y^{s,fr}(k+N-1|k) = y^{s,fr}(k+N-1|k-1) + S_N^{u,s} \Delta u(k-1) + S_{N-1}^{f,s} \Delta f(k) \\ y^{s,fr}(k+N|k) = y^{s,fr}(k+N|k-1) + S_N^{u,s} \Delta u(k-1) + S_N^{f,s} \Delta f(k) \end{cases} \tag{4.15}$$

定义式(4.15)等式左面为 $\tilde{Y}_{N+1}^{\mathrm{s,fr}}(k)$，可得

$$\tilde{Y}_{N+1}^{\mathrm{s,fr}}(k-1) = \begin{bmatrix} y^{\mathrm{s,fr}}(k-1|k-1) \\ y^{\mathrm{s,fr}}(k|k-1) \\ \vdots \\ y^{\mathrm{s,fr}}(k+N-1|k-1) \end{bmatrix}$$

式(4.15)就是构造出的一阶差分方程。

下面构造一个状态方程：

$$\begin{cases} x(k+1) = \varPhi x(k) + B\breve{u}(k) \\ y(k) = Hx(k) \end{cases} \tag{4.16}$$

这里用一个 $\breve{u}$，而不是用 u；因为在上面同时涉及 $\Delta u(k-1)$ 和 $\Delta f(k)$，如果写成 u，那么就可能被误解成上式的 $\Delta u(k-1)$；$\breve{u}$ 含两项，即 $\Delta u(k-1)$ 和 $\Delta f(k)$，干扰也是输入。u 严格上称为操纵变量，干扰是不可操纵变量。

对比状态空间模型，$\tilde{Y}_{N+1}^{\mathrm{s,fr}}(k)$ 是 $x(k)$，$\tilde{Y}_{N+1}^{\mathrm{s,fr}}(k-1)$ 是 $x(k-1)$。$x(k+1)$ 对应

$$\tilde{Y}_{N+1}^{\mathrm{s,fr}}(k+1) = \begin{bmatrix} y^{\mathrm{s,fr}}(k+1|k+1) \\ y^{\mathrm{s,fr}}(k+2|k+1) \\ \vdots \\ y^{\mathrm{s,fr}}(k+N+1|k+1) \end{bmatrix}$$

就是让 $\tilde{Y}_{N+1}^{\mathrm{s,fr}}(k)$ 里面所有的 k 都变成 $k+1$。类推地，把式(4.15)中所有的 k 变成 $k+1$，如 $\Delta u(k-1)$ 变成 $\Delta u(k)$、$\Delta f(k)$ 变成 $\Delta f(k+1)$ 等，得到形如式(4.16)的状态方程：

$$\tilde{Y}_{N+1}^{\mathrm{s,fr}}(k+1) = M^{\mathrm{s}}\left\{\tilde{Y}_{N+1}^{\mathrm{s,fr}}(k) + \begin{bmatrix} 0 \\ S_1^{u,\mathrm{s}} \\ \vdots \\ S_N^{u,\mathrm{s}} \end{bmatrix}\Delta u(k)\right\} + \begin{bmatrix} 0 \\ S_1^{f,\mathrm{s}} \\ \vdots \\ S_N^{f,\mathrm{s}} \end{bmatrix}\Delta f(k+1) \tag{4.17}$$

转移矩阵用适当的 M^{s} 来表示：$M^{\mathrm{s}} = \begin{bmatrix} 0 & I \\ 0 & \begin{bmatrix} 0 & \cdots & 0 & I \end{bmatrix} \end{bmatrix}$，右上角 I 是 Nn_y 阶单位阵，最后一个 I 是 n_y 阶单位阵。

我们采用稳态 Kalman 滤波，不用最优 Kalman 滤波。最优 Kalman 滤波增益矩阵是时变的，而稳态 Kalman 滤波的增益矩阵相当于是最优 Kalman 滤波增益矩阵时间趋于无穷时的稳态值，取固定值。

时不变系统 Kalman 滤波所要求的状态方程的形式：

$$\begin{cases} x(k+1) = \varPhi x(k) + B\breve{u}(k) + \varGamma\eta(k) \\ y(k) = Hx(k) + \xi(k) \end{cases} \tag{4.18}$$

本书是这么写的，大多数其他书中没有 $B\breve{u}(k)$；但预测控制肯定得有 $B\breve{u}(k)$。倘若 $B\breve{u}(k)$ 都没了，那么预测完了就无法进行控制。当然有的书也没有 $\varGamma$，相当于 $\varGamma$ 取单位阵，本书带 $\varGamma$。

假设 4.1　$\eta(k)$ 的均值为零，$\xi(k)$ 的均值为零，$\eta(k)$ 和 $\xi(k)$ 不相关，即

$$E[\eta(k)] = 0, \quad E[\xi(k)] = 0$$

$$E[\eta(k)\xi^{\mathrm{T}}(j)] = 0, \quad \forall k,j$$

另外

$$E[\eta(k)\eta^{\mathrm{T}}(j)] = Q\kappa_{kj}, \quad E[\xi(k)\xi^{\mathrm{T}}(j)] = R\kappa_{kj}$$

式中，$\kappa_{kj} = \begin{cases} 1, & k = j \\ 0, & k \neq j \end{cases}$。

式(4.17)可以写为

$$x(k+1) = M^{\mathrm{s}}x(k) + \left[M^{\mathrm{s}} \begin{bmatrix} 0 \\ S_1^{u,\mathrm{s}} \\ \vdots \\ S_N^{u,\mathrm{s}} \end{bmatrix}, \begin{bmatrix} 0 \\ S_1^{f,\mathrm{s}} \\ \vdots \\ S_N^{f,\mathrm{s}} \end{bmatrix} \right] \begin{bmatrix} \Delta u(k) \\ \Delta f(k+1) \end{bmatrix} \tag{4.19}$$

对照式(4.18)，$\left[M^{\mathrm{s}} \begin{bmatrix} 0 \\ S_1^{u,\mathrm{s}} \\ \vdots \\ S_N^{u,\mathrm{s}} \end{bmatrix}, \begin{bmatrix} 0 \\ S_1^{f,\mathrm{s}} \\ \vdots \\ S_N^{f,\mathrm{s}} \end{bmatrix} \right] = B, M^{\mathrm{s}} = \varPhi, \begin{bmatrix} \Delta u(k) \\ \Delta f(k+1) \end{bmatrix} = \breve{u}(k)$。式(4.19)

中没有 $\eta(k)$ 和 $\xi(k)$，可以随便取 Q 和 R 为正定矩阵。

系统式(4.18)的稳态 Kalman 滤波器是

$$\hat{x}(k|k) = (I - KH)\varPhi\hat{x}(k-1|k-1) + (I - KH)B\breve{u}(k-1) + Ky(k) \tag{4.20}$$

当然采用这个滤波器是有条件的，即要求能观，即

$$\mathrm{rank} \begin{bmatrix} H \\ H\varPhi \\ \vdots \\ H\varPhi^{n_x-1} \end{bmatrix} = n_x \tag{4.21}$$

这里能观性可以弱化为可检测性。可检测性就是指不能观的那些模态是稳定的。对不能观的那些状态，可检测性保证其估计误差逐渐收敛到 0。如果采用最优 Kalman 滤波，就无须满足式(4.21)的条件。

式(4.17)的输出方程为

$$y(k) \Leftrightarrow y^{\mathrm{s,fr}}(k|k) = \begin{bmatrix} I & 0 & \cdots & 0 \end{bmatrix} x(k) \tag{4.22}$$

$y^{\mathrm{s,fr}}(k|k)$ 是 $\tilde{Y}_{N+1}^{\mathrm{s,fr}}(k)$ 的首部,$H = \begin{bmatrix} I & 0 & \cdots & 0 \end{bmatrix}$,$\Phi = M^{\mathrm{s}}$,可以验证式(4.21)中的秩正好等于 n_x,其中,$n_x = (N+1)n_y$。因此,我们可以采用稳态 Kalman 滤波了,其中 Q 和 R 任意取正定矩阵。对照式(4.20),可得

$$\hat{\tilde{Y}}_{N+1}^{\mathrm{s,fr}}(k|k) = (I - KH)M^{\mathrm{s}}\hat{\tilde{Y}}_{N+1}^{\mathrm{s,fr}}(k-1|k-1) + (I - KH)B \begin{bmatrix} \Delta u(k-1) \\ \Delta f(k) \end{bmatrix} + Ky^{\mathrm{s,fr}}(k|k)$$

将 $\hat{\tilde{Y}}_{N+1}^{\mathrm{s,fr}}(k|k)$ 展开,即

$$\hat{\tilde{Y}}_{N+1}^{\mathrm{s,fr}}(k|k) = \begin{bmatrix} \hat{y}^{\mathrm{s,fr}}(k|k|k) \\ \hat{y}^{\mathrm{s,fr}}(k+1|k|k) \\ \vdots \\ \hat{y}^{\mathrm{s,fr}}(k+N|k|k) \end{bmatrix}$$

$|k$ 后面再加一个 $|k$,如 $y^{\mathrm{s,fr}}(k|k)$ 的预测应该为 $\hat{y}^{\mathrm{s,fr}}(k|k|k)$,$y^{\mathrm{s,fr}}(k+1|k)$ 的预测应该为 $\hat{y}^{\mathrm{s,fr}}(k+1|k|k)$。为了方便理解,可以加一对括号

$$\hat{\tilde{Y}}_{N+1}^{\mathrm{s,fr}}(k|k) = \begin{bmatrix} \hat{y}^{\mathrm{s,fr}}((k|k)|k) \\ \hat{y}^{\mathrm{s,fr}}((k+1|k)|k) \\ \vdots \\ \hat{y}^{\mathrm{s,fr}}((k+N|k)|k) \end{bmatrix}$$

由式(4.19)和式(4.22)构造稳态 Kalman 滤波函数,不仅对 $\tilde{Y}_{N+1}^{\mathrm{s,fr}}(k)$ 加帽子(hat),还加入了 $|k$ 才变成 $\hat{\tilde{Y}}_{N+1}^{\mathrm{s,fr}}(k|k)$,这就使式子变得复杂。这么复杂不符合预测控制的习惯,将其重新定义为

$$\tilde{Y}_{N+1}^{\mathrm{s,ol}}(k+1|k) = \begin{bmatrix} y^{\mathrm{s,ol}}(k|k) \\ y^{\mathrm{s,ol}}(k+1|k) \\ \vdots \\ y^{\mathrm{s,ol}}(k+N|k) \end{bmatrix}$$

这就是我们要的开环预测。开环预测是由 $\hat{\tilde{Y}}_{N+1}^{\mathrm{s,fr}}(k|k)$ 演化而来的,将 hat 和上角标 fr 简化成了 ol,$|k|k$ 简化成一个 $|k$;因为 $|k|k$ 这个组合只利用了 k 时刻,将 $|k|k$ 简化成 $|k$ 是不会引起混淆的。所以,开环预测为

$$\tilde{Y}_{N+1}^{\mathrm{s,ol}}(k|k) = (I - KH)M^{\mathrm{s}}\tilde{Y}_{N+1}^{\mathrm{s,ol}}(k-1|k-1)$$

$$+ (I - KH)B \begin{bmatrix} \Delta u(k-1) \\ \Delta f(k) \end{bmatrix} + K y^{\mathrm{s,ol}}(k|k) \tag{4.23}$$

式中，K 是增益矩阵，可以由 Riccati 方程得到。

实际上，开环预测中要计算的主要是

$$Y_N^{\mathrm{s,ol}}(k|k) = \begin{bmatrix} y^{\mathrm{s,ol}}(k+1|k) \\ y^{\mathrm{s,ol}}(k+2|k) \\ \vdots \\ y^{\mathrm{s,ol}}(k+N|k) \end{bmatrix}$$

$y^{\mathrm{s,ol}}(k|k)$ 是不需要的。

以上给出的开环预测公式需要计算 Kalman 滤波增益，但是实际的 DMC 仿真用到的开环预测没有这么复杂。从理论上，计算 K 不难。但实际应用中，算一下 K 可能也挺难的。$\tilde{Y}_{N+1}^{\mathrm{s,ol}}(k)$ 是 $n_x = (N+1)n_y$ 维的。例如，$N = 60$（可能取 90、120 等），$n_y = 18$，$n_x = 61 \times 18$，Riccati 增益 K 有 $n_x \times n_y = 61 \times 18 \times 18$ 个元素，在实际中不能这样用。在实际应用中尽量地把可调参数变成低维的（少数几个），$61 \times 18 \times 18$ 维的元素很难处理。Kalman 滤波方法可以用于解释开环预测，但实际运用时，常常会面临许多令人头痛的问题。

实际中要采用一个简单的形式。首先给定一个起点，控制器一投运必须有开环预测。假如 12 : 00 要投运控制器，这时没有 $Y_N^{\mathrm{s,ol}}(-1|-1)$，不能根据式(4.23)计算 $Y_N^{\mathrm{s,ol}}(0|0)$，需要直接给定初值。下面我们将去掉上角标 s，因为第 4 章不考虑积分，默认为有 s。因为起点的下一时刻要用起点的预测值，所以必须先构造一个起点的预测值，默认为

$$Y_N^{\mathrm{ol}}(0|0) = \begin{bmatrix} y(0) \\ y(0) \\ \vdots \\ y(0) \end{bmatrix}$$

然后，需要如下关系：

$$y^{\mathrm{ol}}(k|k) = y^{\mathrm{ol}}(k|k-1) + S_1^u \Delta u(k-1)$$

这个关系是由式子(4.13)推导得来的，只不过这里 free 变成了 open-loop。定义一个预测误差：

$$\epsilon(k) = y(k) - y^{\mathrm{ol}}(k|k)$$

预测误差在 Kalman 滤波理论里称为新息。式(4.23)也可以写成带新息的形式：

$$\tilde{Y}_{N+1}^{\mathrm{s,ol}}(k|k) = M^{\mathrm{s}} \left\{ \tilde{Y}_{N+1}^{\mathrm{s,ol}}(k-1|k-1) + \begin{bmatrix} 0 \\ S_1^{u,\mathrm{s}} \\ \vdots \\ S_N^{u,\mathrm{s}} \end{bmatrix} \Delta u(k-1) \right\} + \begin{bmatrix} 0 \\ S_1^{f,\mathrm{s}} \\ \vdots \\ S_N^{f,\mathrm{s}} \end{bmatrix} \Delta f(k)$$

$$+ \tilde{K}\varepsilon^{\mathrm{s}}(k) \tag{4.24}$$

$$\varepsilon^{\mathrm{s}}(k) = y^{\mathrm{s}}(k) - y^{\mathrm{s,ol}}(k|k-1) - S_1^{u,\mathrm{s}}\Delta u(k-1) \tag{4.25}$$

式中，$\varepsilon^{\mathrm{s}}(k)$ 是新息。当然式(4.24)和式(4.25)与式(4.23)是等价的。

在 Kalman 滤波里严格地将 $\varepsilon^{\mathrm{s}}(k)$ 替换成预测控制里的 $\epsilon(k)$。这里只是进行了简化，并没有偏离理论，这是符合 Kalman 滤波的。根据式(4.24)和式(4.25)，并采用预测误差 $\epsilon(k)$，直接写出简化的开环预测：

$$Y_N^{\mathrm{ol}}(k|k) = MY_N^{\mathrm{ol}}(k-1|k-1) + M\begin{bmatrix} S_1^u \\ S_2^u \\ \vdots \\ S_N^u \end{bmatrix}\Delta u(k-1) + \begin{bmatrix} S_1^f \\ S_2^f \\ \vdots \\ S_N^f \end{bmatrix}\Delta f(k) + \begin{bmatrix} \epsilon(k) \\ \epsilon(k) \\ \vdots \\ \epsilon(k) \end{bmatrix}$$

这里，Kalman 滤波的"尾巴"$\tilde{K}\varepsilon^{\mathrm{s}}(k)$ 由 $\begin{bmatrix} \epsilon(k) \\ \epsilon(k) \\ \vdots \\ \epsilon(k) \end{bmatrix}$ 简单代替了。然后，把 s 都直接去掉了。式(4.24)和式(4.25)与式(4.23)相比，将 $p = 0$ 的情况也去掉了。复杂的 $\tilde{K}\varepsilon^{\mathrm{s}}(k)$ 在理论上是很好的，但是真实情况下不太容易进行调整，Q 和 R 的选取有很多主观性，还可能出现数值问题。虽然 $\begin{bmatrix} \epsilon(k) \\ \epsilon(k) \\ \vdots \\ \epsilon(k) \end{bmatrix}$ 看起来比 $\tilde{K}\varepsilon^{\mathrm{s}}(k)$ 主观，但其实还是比较客观的。因为用 k 时刻的预测误差来代替未来所有时刻的预测误差，相当于假设误差是恒定不变的；就像假设干扰 $\Delta f(k|k) = \Delta f(k+1|k) = \Delta f(k+2|k) = \cdots = 0$ 那样，是合理的，反正不知道未来的干扰如何变化。同理，反正也不知道未来的预测误差如何变化，那用 $\epsilon(k)$ 代替就行了。

文献 [6]～ [17] 用状态空间模型来解释动态矩阵控制。文献 [18]～ [21] 介绍动态矩阵控制的局限性，指出反馈校正用 $\begin{bmatrix} \epsilon(k) \\ \epsilon(k) \\ \vdots \\ \epsilon(k) \end{bmatrix}$（未来 N 步恒值校正）具有局限性；又用 Kalman 滤波的方法重新解释了 DMC，还可以使它的新 DMC 方法用于含积分输出的系统，结果和我们有稍许的差别，但本质没什么区别。我们使 Kalman 滤波得到的结果和双层 DMC 保持一致。用 Kalman 滤波得到的结果是 $K_1\varepsilon(k)$；如果按照本章的双层 DMC，相当于

$K_1\varepsilon(k)$ 就变成 $K_1\varepsilon(k) = \begin{bmatrix} \epsilon(k) \\ \epsilon(k) \\ \vdots \\ \epsilon(k) \end{bmatrix}$ （一共 N 个 $\epsilon(k)$）。实际上 $\varepsilon(k)$ 和 $\epsilon(k)$ 在定义上是一

样的，差别就在于，双层 DMC 中相当于取 $K_1 = \begin{bmatrix} I \\ I \\ \vdots \\ I \end{bmatrix}$。

文献 [22] 指出，虽然很多文献认为 DMC 能消除静差的原因是采用优化 Δu 的方式，相当于引入了一个积分作用，但是消除静差的根本原因是采用了反馈校正；DMC 的反馈校正等价于引入了积分。

考虑基于 Kalman 滤波的开环预测：

$$Y_N^{s,ol}(k|k) = M^s \left\{ Y_N^{s,ol}(k-1|k-1) + \begin{bmatrix} S_1^{u,s} \\ S_2^{u,s} \\ \vdots \\ S_N^{u,s} \end{bmatrix} \Delta u(k-1) \right\} + \begin{bmatrix} S_1^{f,s} \\ S_2^{f,s} \\ \vdots \\ S_N^{f,s} \end{bmatrix} \Delta f(k)$$

$$+ K_1\varepsilon^s(k) \tag{4.26}$$

实际上，工业软件中取 $K_1 = \begin{bmatrix} I \\ I \\ \vdots \\ I \end{bmatrix}$，直接形成积分环节，而采用严格的 Kalman 滤波

没有形成这种积分环节。在式(4.26)中，$Y_N^{s,ol}(k|k)$ 称为动态开环预测（dynamic open-loop prediction）。当遇到非线性系统、随机系统时，就可以采用高级一点的滤波算法来得到开环预测。开环预测分为稳态开环预测和动态开环预测。稳态开环预测可以写成 $y_{ss}^{ol}(k)$，表示 k 时刻的预测：

$$y_{ss}^{ol}(k) = y^{ol}(k+N+i|k), \quad \forall i \geqslant 0 \tag{4.27}$$

动态开环预测在未来 N 步以后不再变化，就得到了稳态开环预测。如果不是取 $K_1 = \begin{bmatrix} I \\ I \\ \vdots \\ I \end{bmatrix}$，那么还得不到这个稳态开环预测。

由前面可知，一个双层 DMC 要具有 3 个模块：①开环预测；②稳态目标计算；③动态控制。现在，开环预测已经完成了。将稳态的开环预测用于稳态目标计算，将动态开环预测用于动态控制。

开环预测完成了以后，下一个环节是稳态目标计算了。

4.2 稳态目标计算

稳态目标计算：

$$\left.\begin{array}{c} y_{\text{ss}}^{\text{ol}}(k) \\ u(k-1) \\ y_t^{\text{sm}} \\ u_t^{\text{sm}} \\ \text{constraints} \end{array}\right\} \Rightarrow \left\{\begin{array}{c} u_{\text{ss}}(k) \\ y_{\text{ss}}(k) \\ \text{simplified constraint} \end{array}\right.$$

constraints 是各种约束，其中包括一些软约束，如每个输出都有软约束和硬约束。经过 SSTC 后，软约束得到了放松，某些硬约束也被抵消了；软约束被放松到一定程度，与之对应的硬约束（由于与软约束一样大或者比软约束更松）变得无关紧要，即在 SSTC 后约束减少了。例如，关于 $\{y_t^{\text{sm}}, u_t^{\text{sm}}\}$ 的约束在这个过程中就被移除了。总之，动态控制的约束相较于稳态目标计算来说要少一些。

第 3 章讲的是原理性的稳态目标计算。在本章的动态矩阵控制中，当然会有一些细微的变化。本章主要介绍一些变化的细节。

第一步，介绍 SSTC 要考虑哪些约束。

输入的约束：

$$\underline{u} \leqslant u_{\text{ss}}(k) \leqslant \bar{u}, \quad k \geqslant 0 \tag{4.28}$$

这是硬约束，不能违反。

对实际的计算而言，要让新 $u_{\text{ss}}(k)$ 相对于开环稳态预测值的变化尽量小一些，故引入

$$|\delta u_{\text{ss}}(k)| \leqslant M\Delta\bar{u}, \quad k \geqslant 0 \tag{4.29}$$

这是硬约束，不能违反，其中

$$\delta u_{\text{ss}}(k) = u_{\text{ss}}(k) - u_{\text{ss}}^{\text{ol}}(k)$$

δ 表示闭环值和开环值之间的差。对于具体的 DMC 而言，变成

$$\delta u_{\text{ss}}(k) = u_{\text{ss}}(k) - u(k-1)$$

在开环预测时没有计算 $u_{\text{ss}}^{\text{ol}}(k)$，因为它就是 $u(k-1)$。M 是控制时域（control horizon）。稳态目标计算结束后，接下来是动态控制环节。在每个控制周期，动态控制环节要优化 M 个控制增量：$\{\Delta u(k|k), \Delta u(k+1|k), \cdots, \Delta u(k+M-1|k)\}$。等价于

$$\delta u_{\text{ss}}(k) = \sum_{j=0}^{M} \Delta u(k+j|k)$$

因为在稳态目标计算中预言了一个 $\delta u_{ss}(k)$，这个预言就应该由动态控制来实现；动态控制优化 M 个 Δu 来实现 $\delta u_{ss}(k)$，那就表示这 M 个 Δu 加起来必须是 $\delta u_{ss}(k)$。在动态控制中要限制 $|\Delta \bar{u}(k+j|k)| \leqslant \Delta \bar{u}$，即有这样一个稳态速率约束；既然每个 $|\Delta \bar{u}(k+j|k)|$ 不能大于 $\Delta \bar{u}$，在稳态目标计算部分就得要求 $|\delta u_{ss}(k)|$ 不能大于 $M\Delta \bar{u}$。

另外，假如 $M\Delta \bar{u}$ 的值很大，那么式(4.29)这个限制会失去作用。所以还要再限制一下，让

$$|\delta u_{ss}(k)| \leqslant \delta \bar{u}_{ss}, \quad k \geqslant 0 \tag{4.30}$$

这是硬约束，不能违反，其中，$\delta \bar{u}_{ss}$ 是一个可调参数。要在每个控制周期都做一次稳态目标计算，在短时间内不能让稳态目标变化太多。

输出的约束：

$$\underline{y}_{0,h} \leqslant y_{ss}(k) \leqslant \bar{y}_{0,h}, \quad k \geqslant 0 \tag{4.31}$$

式 (4.3.1) 表示工程约束，是硬约束，下角标 h 表示 hard。相应地就有一个软约束：

$$\underline{y}_0 \leqslant y_{ss}(k) \leqslant \bar{y}_0, \quad k \geqslant 0 \tag{4.32}$$

像式(4.28)、式(4.31)、式(4.32)这样的约束，预测控制软件直接从 DCS 里面读取，读取的是实际操作现场的约束界。式(4.29)和式(4.30)能让控制器的运行更加稳定，以限制控制器的振荡和灵敏度。

还有一个硬约束或软约束：

$$|\Delta y_{ss}(k)| \leqslant \Delta \bar{y}_{ss}, \quad k \geqslant 0 \tag{4.33}$$

硬或软取决于用户的选择。此处选为硬约束。式(4.33)表示让 y_{ss} 不要变化得太多；因为 $y_{ss}(k)$ 是动态控制设定值，如果相邻两个周期之间差太多，那么被控对象被驱动得太快，可能不利于稳定操作。式(4.29)中是 δ，而式(4.33)中是 δ。当然，式(4.33)中也可以换成 δ：

$$|\delta y_{ss}(k)| \leqslant \delta \bar{y}_{ss} \tag{4.34}$$

编写软件时，建议把式(4.33)和式(4.34)都编上，软件具体实现时它们之间是 OR 关系，不是 AND 关系。如果模型建得不够准，那么 $\Delta y_{ss}(k)$ 和 $\delta y_{ss}(k)$ 之间的差别比较大。

u_{ss} 和 y_{ss} 之间是有关系的，即

$$y_{ss}(k) = S_N^u \delta u_{ss}(k) + y_{ss}^{ol}(k) \tag{4.35}$$

式中，S_N^u 是增益矩阵。因为我们认为阶跃响应在 N 步以后不变了，如图 4.6 所示，所以增益就是 S_N^u，其实 S_N^u 就是 G^u。

第二步，将约束统一为关于 $\delta u_{ss}(k)$ 的形式。

根据式(4.35)，把所有的约束转化为关于 $\delta u_{ss}(k)$ 的约束。

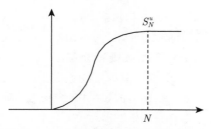

图 4.6 S_N^u 是阶跃响应的最后一个值

式(4.28)~ 式(4.30)可以统一为关于 $\delta u_{ss}(k)$ 的形式。那么式(4.28)~ 式(4.30)可以统一为

$$\delta u_{ss}(k) \leqslant \bar{u}'(k) \tag{4.36}$$

$$\delta u_{ss}(k) \geqslant \underline{u}'(k) \tag{4.37}$$

即

$$\underline{u}'(k) \leqslant \delta u_{ss}(k) \leqslant \bar{u}'(k) \tag{4.38}$$

例 4.1 基于

$$\underline{u}'(k) = \max\{\underline{u} - u(k-1), -M\Delta\bar{u}\}, \bar{u}'(k) = \min\{\bar{u} - u(k-1), M\Delta\bar{u}\}$$

证明当 $\underline{u} - u(k-1) \leqslant M\Delta\bar{u}$ 且 $\bar{u} - u(k-1) \geqslant -M\Delta\bar{u}$ 时, $\underline{u} - u(k-1) \leqslant \underline{u}'(k) \leqslant \bar{u}'(k) \leqslant \bar{u} - u(k-1)$。

证明 根据 $\underline{u}'(k)$ 和 $\bar{u}'(k)$ 的定义可知: $\underline{u} - u(k-1) \leqslant \underline{u}'(k)$, $\bar{u}'(k) \leqslant \bar{u} - u(k-1)$。下面证明当 $\underline{u} - u(k-1) \leqslant M\Delta\bar{u}$ 且 $\bar{u} - u(k-1) \geqslant -M\Delta\bar{u}$ 时, $\underline{u}'(k) \leqslant \bar{u}'(k)$, 下面分四种情况进行介绍。

(1) 若 $\underline{u}'(k) = \underline{u} - u(k-1) \geqslant -M\Delta\bar{u}$ 且 $\bar{u}'(k) = \bar{u} - u(k-1) \leqslant M\Delta\bar{u}$, 则 $\bar{u}'(k) - \underline{u}'(k) = \bar{u} - \underline{u} \geqslant 0$。

(2) 若 $\underline{u}'(k) = -M\Delta\bar{u} \geqslant \underline{u} - u(k-1)$ 且 $\bar{u}'(k) = \bar{u} - u(k-1) \leqslant M\Delta\bar{u}$, 则 $\bar{u}'(k) - \underline{u}'(k) = \bar{u} - u(k-1) - (-M\Delta\bar{u}) \geqslant 0$。

(3) 若 $\underline{u}'(k) = \underline{u} - u(k-1) \geqslant -M\Delta\bar{u}$ 且 $\bar{u}'(k) = M\Delta\bar{u} \leqslant \bar{u} - u(k-1)$, 则 $\bar{u}'(k) - \underline{u}'(k) = M\Delta\bar{u} - (\underline{u} - u(k-1)) \geqslant 0$。

(4) 若 $\underline{u}'(k) = -M\Delta\bar{u} \geqslant \underline{u} - u(k-1)$ 且 $\bar{u}'(k) = M\Delta\bar{u} \leqslant \bar{u} - u(k-1)$, 则 $\bar{u}'(k) - \underline{u}'(k) = 2M\Delta\bar{u} \geqslant 0$。

综上, 得到 $\underline{u} - u(k-1) \leqslant \underline{u}'(k) \leqslant \bar{u}'(k) \leqslant \bar{u} - u(k-1)$。

注意条件 "$\underline{u} - u(k-1) \leqslant M\Delta\bar{u}$ 且 $\bar{u} - u(k-1) \geqslant -M\Delta\bar{u}$" 是必须的。一个反例是当 $\underline{u} - u(k-1) = -6$, $\bar{u} - u(k-1) = -2$, $-M\Delta\bar{u} = -1$, $M\Delta\bar{u} = 1$ 时, $\underline{u}'(k) = -1$, $\bar{u}'(k) = -2$。

例 4.2 基于

$$\delta\bar{u}'_{ss} = \min\{M\Delta\bar{u}, \delta\bar{u}_{ss}\}, \underline{u}''(k) = \min\{\max\{\underline{u} - u(k-1), -\delta\bar{u}'_{ss}\}, \bar{u} - u(k-1)\}$$

$$\bar{u}''(k) = \max\{\min\{\bar{u} - u(k-1), \delta\bar{u}'_{ss}\}, \underline{u} - u(k-1)\}$$

证明 $\underline{u} - u(k-1) \leqslant \underline{u}''(k) \leqslant \bar{u}''(k) \leqslant \bar{u} - u(k-1)$。

证明 根据 $\underline{u}''(k)$ 和 $\bar{u}''(k)$ 的定义可知：$\underline{u} - u(k-1) \leqslant \underline{u}''(k)$，$\bar{u}''(k) \leqslant \bar{u} - u(k-1)$。为了证明 $\underline{u}''(k) \leqslant \bar{u}''(k)$，下面分四种情况进行介绍。

(1) 若 $\underline{u} - u(k-1) \geqslant -\delta\bar{u}'_{ss}$ 且 $\bar{u} - u(k-1) \leqslant \delta\bar{u}'_{ss}$，则 $\bar{u}''(k) - \underline{u}''(k) = \bar{u} - \underline{u} \geqslant 0$。

(2) 若 $\underline{u} - u(k-1) \leqslant -\delta\bar{u}'_{ss}$ 且 $\bar{u} - u(k-1) \leqslant \delta\bar{u}'_{ss}$，则 $\bar{u}''(k) - \underline{u}''(k) = \bar{u} - u(k-1) - \min\{-\delta\bar{u}'_{ss}, \bar{u} - u(k-1)\} \geqslant 0$。

(3) 若 $\underline{u} - u(k-1) \geqslant -\delta\bar{u}'_{ss}$ 且 $\bar{u} - u(k-1) \geqslant \delta\bar{u}'_{ss}$，则 $\bar{u}''(k) - \underline{u}''(k) = \max\{\delta\bar{u}'_{ss}, \underline{u} - u(k-1)\} - (\underline{u} - u(k-1)) \geqslant 0$。

(4) 若 $\underline{u} - u(k-1) \leqslant -\delta\bar{u}'_{ss}$ 且 $\bar{u} - u(k-1) \geqslant \delta\bar{u}'_{ss}$，则 $\bar{u}''(k) - \underline{u}''(k) = \max\{\delta\bar{u}'_{ss}, \underline{u} - u(k-1)\} - \min\{-\delta\bar{u}'_{ss}, \bar{u} - u(k-1)\} \geqslant \delta\bar{u}'_{ss} - (-\delta\bar{u}'_{ss}) \geqslant 0$。

综上，得到 $\underline{u} - u(k-1) \leqslant \underline{u}''(k) \leqslant \bar{u}''(k) \leqslant \bar{u} - u(k-1)$。

将式(4.31)写成关于 $\delta u_{ss}(k)$ 的约束，即

$$\underline{y}_{h}(k) \leqslant S_N^u \delta u_{ss}(k) \leqslant \bar{y}_{h}(k) \tag{4.39}$$

将式(4.32)转换为

$$S_N^u \delta u_{ss}(k) \leqslant \bar{y}(k) \tag{4.40}$$

$$S_N^u \delta u_{ss}(k) \geqslant \underline{y}(k) \tag{4.41}$$

即

$$\underline{y}(k) \leqslant S_N^u \delta u_{ss}(k) \leqslant \bar{y}(k) \tag{4.42}$$

把式(4.35)代入式(4.32)，就得到式 (4.42)。

如果将 {式(4.34), 式(4.33)} 做硬约束，那么就和 $\underline{y}_{0,h} \leqslant y_{ss}(k) \leqslant \bar{y}_{0,h}$ 进行合并；如果将 {式(4.34), 式(4.33)} 做软约束，那么就和 $\underline{y}_0 \leqslant y_{ss}(k) \leqslant \bar{y}_0$ 进行合并。

还要将 $\{y_t^{sm}, u_t^{sm}\}$ 写成 $\{u_{i,t}, y_{j,t}\}$。当实时优化给出某些 $\{u_{i,t}, y_{j,t}\}$ 时，通过预测控制不一定能实现，即上级给出的任务不一定能够完成。所以，除了给出任务，还要给定一个"在不能完成情况下，最好完成到什么程度"的约束：

$$|u_{i,t}(k) - u_{i,ss}(k)| \leqslant \frac{1}{2}u_{i,ss,\text{range}}$$

这表明，如果不能实现，那么就希望满足

$$-\frac{1}{2}u_{i,ss,\text{range}} \leqslant u_{i,t}(k) - u_{i,ss}(k) \leqslant \frac{1}{2}u_{i,ss,\text{range}} \tag{4.43}$$

也就是说，如果不能实现，那么最好 $u_{i,ss}$ 在 $u_{i,t}$ 附近的一定范围内找值。这并非多此一举，有个范围至少表明一个主观愿望。用一个范围来体现一下重要性。$y_{j,t}$ 也有这样一个愿望：

$$-\frac{1}{2}y_{j,ss,\text{range}} \leqslant y_{j,t}(k) - y_{j,ss}(k) \leqslant \frac{1}{2}y_{j,ss,\text{range}} \tag{4.44}$$

把式(4.43)转化一下，也化成关于 $\delta u_{i,\mathrm{ss}}(k)$ 的约束，为

$$\delta u_{i,\mathrm{ss}}(k) \leqslant \bar{u}_{i,\mathrm{ss}}(k), \quad i \in \mathcal{I}_t \tag{4.45}$$

$$\delta u_{i,\mathrm{ss}}(k) \geqslant \underline{u}_{i,\mathrm{ss}}(k), \quad i \in \mathcal{I}_t \tag{4.46}$$

这也是软约束，将有期望值的 u_i 的下标集记为 $\mathcal{I}_t$。这些软约束也是有优先级的，放在高的优先级就优先满足，放在低的优先级就次要满足。同理，式(4.44)变为

$$S_{N,j}^u \delta u_{\mathrm{ss}}(k) \leqslant \bar{y}_{j,\mathrm{ss}}(k), \quad j \in \mathcal{J}_t \tag{4.47}$$

$$S_{N,j}^u \delta u_{\mathrm{ss}}(k) \geqslant \bar{y}_{j,\mathrm{ss}}(k), \quad j \in \mathcal{J}_t \tag{4.48}$$

这个也是软约束。式(4.45)～ 式(4.46)与式(4.47)～ 式(4.48)只体现了期望上下界，还没有体现期望值本身。体现 u 期望值的要求是

$$\delta u_{i,\mathrm{ss}}(k) = u_{i,t}(k) - u_i(k-1), \quad i \in \mathcal{I}_t \tag{4.49}$$

这个软约束直接由 $u(k-1) + \delta u_{i,\mathrm{ss}}(k) = u_{i,t}(k)$ 得来。同理，体现 y 期望值的要求是

$$S_{N,j}^u \delta u_{\mathrm{ss}}(k) = y_{j,t}(k) - y_{j,\mathrm{ss}}^{\mathrm{ol}}(k), \quad j \in \mathcal{J}_t \tag{4.50}$$

这个也是软约束。

至此，有这么多软约束，包括等式型和不等式型：

$$\begin{cases} \underline{y}(k) \leqslant S_N^u \delta u_{\mathrm{ss}}(k) \leqslant \bar{y}(k) \\ \underline{u}_{i,\mathrm{ss}}(k) \leqslant \delta u_{i,\mathrm{ss}}(k) \leqslant \bar{u}_{i,\mathrm{ss}}(k), \quad i \in \mathcal{I}_t \\ \underline{y}_{j,\mathrm{ss}}(k) \leqslant S_{N,j}^u \delta u_{\mathrm{ss}}(k) \leqslant \bar{y}_{j,\mathrm{ss}}(k), \quad j \in \mathcal{J}_t \\ \delta u_{i,\mathrm{ss}}(k) = u_{i,t}(k) - u(k-1), \quad i \in \mathcal{I}_t \\ S_{N,j}^u \delta u_{\mathrm{ss}}(k) = y_{j,t}(k) - y_{j,\mathrm{ss}}^{\mathrm{ol}}(k), \quad j \in \mathcal{J}_t \end{cases} \tag{4.51}$$

这里，关于同一个 $u_{i,\mathrm{ss}}$ 有不同的约束，关于同一个 $y_{j,\mathrm{ss}}$ 也有不同的约束。关于同一 $u_{i,\mathrm{ss}}$ 或 $y_{j,\mathrm{ss}}$ 的约束可以进行合并，使约束更加简化。不仅在开始 SSTC 前可以进行合并，而且在 SSTC 正在进行的过程中也可以进行合并；每个优先级算一个结果，这个结果就可以抵消、合并某些约束。如某个优先级处理了某个 y 的一个软约束，把它的软约束放松为硬约束，而这个硬约束已经超出还没有处理的、关于同一个 y 的另一个软约束了，那另一个软约束没有放松的余地，不用继续处理了。所以，在 SSTC 正在进行的过程中，可以动态地刷新约束。但一定要有一些规则，离线（SSTC 开始前，划分完优先级后）或在线（SSTC 进行中）地去化简这些约束。例如，把

$$\underline{y}(k) \leqslant S_N^u \delta u_{\mathrm{ss}}(k)$$

和

$$\underline{y}_{j,\mathrm{ss}}(k) \leqslant S_{N,j}^u \delta u_{\mathrm{ss}}(k), \quad j \in \mathcal{J}_t$$

中的某些公共部分放在同一个优先级，那马上就可以进行对比，只保留它们中下界较大的就可以了。

线性不等式相当于
$$\begin{cases} A_1 x \leqslant b_1 \\ A_2 x \leqslant b_2 \end{cases}$$
，对一般情况如何把它化简彻底，还是一个难题。到现在，这个难题都还没有（从数学上完备）解决。

如果是单纯形法线性规划，那么计算机的第一步会把所有不等式约束化为等式约束。增加辅助变量，就可以把不等式变为等式。例如

$$\delta u_{\mathrm{ss}}(k) \leqslant \bar{u}'(k)$$

变成

$$\delta u_{\mathrm{ss}}(k) + \mathcal{X} = \bar{u}'(k)$$

$\mathcal{X}$ 是正的辅助变量。在求解时 $\mathcal{X}$ 就变成决策变量。通过加入这种辅助变量，还可以正好把 $\delta u_{\mathrm{ss}}(k)$ 消掉。如果所有不等式约束都加入辅助变量，与等式约束一起构成线性方程组，那么一般能够消掉一部分未知量，如消掉 $\delta u_{\mathrm{ss}}(k)$。

第三步，软约束的优先级排名。

软约束有五类：CV 的软约束、MV 期望上下界软约束、CV 期望上下界软约束、MV 理想值软约束和 CV 理想值软约束。式(4.42)有 $2n_y$ 个软约束；式(4.45)和式(4.46)有 $2|\mathcal{I}_t|$ 个软约束；式(4.47)和式(4.48)有 $2|\mathcal{J}_t|$ 个软约束；式(4.49)有 $|\mathcal{I}_t|$ 个软约束；式(4.50)有 $|\mathcal{J}_t|$ 个软约束。因此，软约束一共有 $2n_y + 3|\mathcal{I}_t| + 3|\mathcal{J}_t|$ 个软约束。

把这些软约束按照标准分成 r_0 组，每组对应一个优先级。对经济性越有利的就分在越高的优先级。当然，一般来说，安全因素、环境因素要放在更高的优先级。反应器压力、反应器温度这些绝对不能超（或最好不超）限的变量，那肯定要放在最高的优先级。尽量地减少有毒气体的排放是最高优先级。每个优先级都有软约束，可能是等式型，也可能是不等式型。没有软约束就形不成一个优先级。

按照优先级进行排序，就是把所有软约束归并到 r_0 个不同的优先级。每个优先级都可能有

(1) 目标跟踪问题，或称理想值（external target）软约束；在理想情况下 $u_{i,\mathrm{ss}} = u_{i,t}$，$y_{j,\mathrm{ss}} = y_{j,t}$。

(2) 理想值的期望上下界。如果不能够严格地让 $\{u_{i,\mathrm{ss}}, y_{j,\mathrm{ss}}\}$ 等于理想值，那么要求 $\{u_{i,\mathrm{ss}}, y_{j,\mathrm{ss}}\}$ 位于理想值的期望上下界内。

(3) CV 的软（操作）约束。

第四步，SSTC 的可行性阶段。

可行性阶段包括目标跟踪和软约束调整。软约束调整有两种方法：一种是加权方法，另一种是优先级方法。加权方法应用于每个优先级内部，优先级方法应用于不同优先级之间。如果某个优先级中有等式型软约束，说明存在目标跟踪问题。在统一处理了以后，就会发现，等式型和非等式型是统一的。在可行性阶段，首先要考虑原始硬约束。式(4.28)有 $2n_u$

个硬约束，式(4.39)有 $2n_y$ 个硬约束，加起来一共有 $2n_u + 2n_y$ 个硬约束，写成

$$
\begin{bmatrix}
I \\
-I \\
S_N^u \\
-S_N^u
\end{bmatrix} \delta u_{\mathrm{ss}}(k) \leqslant
\begin{bmatrix}
\bar{u}'(k) \\
-\underline{u}'(k) \\
\bar{y}_{\mathrm{h}}(k) \\
-\underline{y}_{\mathrm{h}}(k)
\end{bmatrix}
\tag{4.52}
$$

通过第 r 个优先级的优化问题的求解，得到从第 1 个 $\sim$ 第 r 个优先级的软约束处理结果为

$$
C^{(r)} \delta u_{\mathrm{ss}}(k) \leqslant c^{(r)}(k)
\tag{4.53}
$$

$$
C_{\mathrm{eq}}^{(r)} \delta u_{\mathrm{ss}}(k) = c_{\mathrm{eq}}^{(r)}(k)
\tag{4.54}
$$

注意这里一律采用升序的方法，因此，当已经求到第 r 个优先级时，从第 1 个到第 $r-1$ 个优先级已经求解完毕。

对第 $r+1$ 个优先级，要满足的硬约束就是式(4.52)$\sim$ 式(4.54)。式(4.53)和式(4.54)具有概括性。要是不这样概括，则当 $r=1$ 时列一堆约束，就是把所有软、硬约束都列出来；处理完 $r=1$ 的软约束，再进入 $r=2$ 的软约束，继续列一堆约束，以此类推；随着 r 的增加，列出的约束越来越复杂。式(4.53)和式(4.54)这样的表达够简单。当然还有更加简单的，即像第 3 章那样，将式(4.52)也合并到式(4.53)和式(4.54)里面 [即令式(4.53)和式(4.54)也包含式(4.52)]。我们没有采用这种更简单的方式，是为了得到一个结论：式(4.53)和式(4.54)可以把式(4.52)里面的某些约束消掉。为此，要看式(4.53)和式(4.54)是由什么组成的，即要对照五类软约束。

对照式(4.40)，有

$$
S_{N,j}^u \delta u_{\mathrm{ss}}(k) \leqslant \bar{y}_j'(k), \quad j \in \mathscr{J}_u^{(r)}
\tag{4.55}
$$

这里与式(4.40)相比加了下角标 j（当然 j 属于 $\{1, 2, \cdots, n_y\}$）和上角标 prime（撇），下角标 u 表示上限。也就是说经过第 1 个 $\sim$ 第 r 个优先级 (共 r 个优先级) 的求解，一些 CV 上限软约束被处理了。因为 r 不一定是最低优先级，因此到 r 为止只有一部分 $\bar{y}_j(k)$ 放松成 $\bar{y}_j'(k)$。同理，对照式(4.41)，可能有一部分 $\underline{y}_j(k)$ 放松成 $\underline{y}_j'(k)$：

$$
-S_{N,j}^u \delta u_{\mathrm{ss}}(k) \leqslant -\underline{y}_j'(k), \quad j \in \mathscr{J}_l^{(r)}
\tag{4.56}
$$

l 就表示下限。

同一个 y 的上界和下界可以不在同一个优先级，有时上界更重要，有时下界更重要。以反应器为例，反应温度如果过高肯定会有危险；过低的反应温度导致反应可能没法进行，但它没有那么危险。以压力为例，当压力高于大气压时，过高的压力可能导致爆炸，而压力过低则通常没有问题；当压力低于大气压时，过低的压力就会有危险，但过高的压力可能并不会引起危险。

对照式(4.45)，有

$$\delta u_{i,\mathrm{ss}}(k) \leqslant \bar{u}'_{i,\mathrm{ss}}(k), \quad i \in \mathbb{I}_u^{(r)} \tag{4.57}$$

这是理想值的期望上界到 r 为止放松的结果。同理，对于式(4.46)，理想值的期望下界到 r 为止放松的结果为

$$-\delta u_{i,\mathrm{ss}}(k) \leqslant -\underline{u}'_{i,\mathrm{ss}}(k), \quad i \in \mathbb{I}_l^{(r)} \tag{4.58}$$

原本是不带撇的，放松以后就带撇了。同理，对照式(4.47)和式(4.48)，y 的期望值上、下界也可能被放松，结果为

$$S_{N,j}^u \delta u_{\mathrm{ss}}(k) \leqslant \bar{y}'_{j,\mathrm{ss}}(k), \quad j \in \mathbb{J}_u^{(r)} \tag{4.59}$$

$$-S_{N,j}^u \delta u_{\mathrm{ss}}(k) \leqslant -\underline{y}'_{j,\mathrm{ss}}(k), \quad j \in \mathbb{J}_l^{(r)} \tag{4.60}$$

因此，式(4.53)就代表六个式子 [式(4.55)～ 式(4.60)]。式(4.55)～ 式(4.60)都可能是放松过的，且被式(4.53)表达出来了。

对照式(4.49)，有

$$\delta u_{i,\mathrm{ss}}(k) = u_{i,\mathrm{ss}}(k) - u_i(k-1), \quad i \in \mathbb{I}_e^{(r)} \tag{4.61}$$

表示这个 $\delta u_{i,\mathrm{ss}}(k)$ 已经确定了，不需要再求解。$u_{i,\mathrm{ss}}(k) - u_i(k-1)$ 是 $\delta u_{i,\mathrm{ss}}(k)$ 的原定义，所以 $\{\delta u_{i,\mathrm{ss}}(k), u_{i,\mathrm{ss}}(k)\}$ 被确定后就需要满足这个原定义。同理，对照式(4.50)，y 也有一个：

$$S_{N,j}^u \delta u_{\mathrm{ss}}(k) = y_{j,\mathrm{ss}}(k) - y_{j,\mathrm{ss}}^{\mathrm{ol}}(k), \quad j \in \mathbb{J}_e^{(r)} \tag{4.62}$$

式(4.54)代表式(4.61)和式(4.62)。

回头看，$\mathscr{J}_u^{(r)}$ 是 $\{1,2,3,\cdots,n_y\}$ 的一个子集，$\mathscr{J}_l^{(r)}$ 也是 $\{1,2,3,\cdots,n_y\}$ 的一个子集，$\{\mathbb{I}_u^{(r)},\mathbb{I}_l^{(r)},\mathbb{I}_e^{(r)}\}$ 都是 $\mathcal{I}_t$ 的子集，$\{\mathbb{J}_u^{(r)},\mathbb{J}_l^{(r)},\mathbb{J}_e^{(r)}\}$ 都是 $\mathcal{J}_t$ 的子集。$\mathcal{I}_t, \mathcal{J}_t$ 表示有理想值的那些 $\{i,j\}$ 的集合。

通过将式(4.53)和式(4.54)解构成式(4.55)～ 式(4.62)，我们发现可以抵消式(4.52)的某些部分，如图 4.7 所示。例如，式(4.57)一共有 $|\mathbb{I}_u^{(r)}|$ 个 $\delta u_{i,\mathrm{ss}}(k)$ 的软上界被硬化了，那式(4.52)中 $\delta u_{\mathrm{ss}}(k)$ 的硬上界 $\bar{u}'(k)$ 中属于 $\mathbb{I}_u^{(r)}$ 的那些就冗余了；因为在得到式(4.57) 的过程中（放松时）已经考虑到 $\bar{u}'(k)$ 中属于 $\mathbb{I}_u^{(r)}$ 的部分了，而约束界放松后肯定比对应的原始硬约束更紧，故更松的就没用了。

同理，式(4.58)也可以消掉部分 $-\underline{u}'(k)$，正好把与 $\mathbb{I}_l^{(r)}$ 对应的项消掉了；式(4.59)也可以消掉部分 $\bar{y}_{\mathrm{h}}(k)$，把 $\mathbb{J}_u^{(r)}$ 对应的项消掉了；式(4.60)也可以消掉部分 $-\underline{y}_{\mathrm{h}}(k)$，把 $\mathbb{J}_l^{(r)}$ 对应的项消掉了；式(4.55)也可以消掉部分 $\bar{y}_{\mathrm{h}}(k)$，把 $\mathscr{J}_u^{(r)}$ 对应的项消掉了；式(4.56)也可以消掉部分 $-\underline{y}_{\mathrm{h}}(k)$，把 $\mathscr{J}_l^{(r)}$ 对应的项消掉了；式(4.61)也可以消掉部分 $\begin{bmatrix} \bar{u}'(k) \\ -\underline{u}'(k) \end{bmatrix}$，把 $\mathbb{I}_e^{(r)}$ 对应的项消掉了；式(4.62)也可以消掉部分 $\begin{bmatrix} \bar{y}_{\mathrm{h}}(k) \\ -\underline{y}_{\mathrm{h}}(k) \end{bmatrix}$，把 $\mathbb{J}_e^{(r)}$ 对应的项消掉了；式(4.61)里

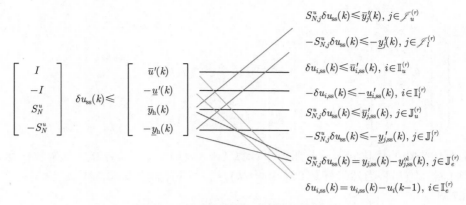

$$S_{N,j}^u \delta u_{\mathrm{ss}}(k) \leqslant \bar{y}_j'(k),\ j\in \mathscr{I}_u^{(r)}$$
$$-S_{N,j}^u \delta u_{\mathrm{ss}}(k) \leqslant -\underline{y}_j'(k),\ j\in \mathscr{I}_l^{(r)}$$
$$\delta u_{i,\mathrm{ss}}(k) \leqslant \bar{u}_{i,\mathrm{ss}}'(k),\ i\in \mathbb{I}_u^{(r)}$$
$$-\delta u_{i,\mathrm{ss}}(k) \leqslant -\underline{u}_{i,\mathrm{ss}}'(k),\ i\in \mathbb{I}_l^{(r)}$$
$$S_{N,j}^u \delta u_{\mathrm{ss}}(k) \leqslant \bar{y}_{j,\mathrm{ss}}'(k),\ j\in \mathbb{J}_u^{(r)}$$
$$-S_{N,j}^u \delta u_{\mathrm{ss}}(k) \leqslant -\underline{y}_{j,\mathrm{ss}}'(k),\ j\in \mathbb{J}_l^{(r)}$$
$$S_{N,j}^u \delta u_{\mathrm{ss}}(k) = y_{j,\mathrm{ss}}(k)-y_{j,\mathrm{ss}}^{\mathrm{ol}}(k),\ j\in \mathbb{J}_e^{(r)}$$
$$\delta u_{i,\mathrm{ss}}(k) = u_{i,\mathrm{ss}}(k)-u_i(k-1),\ i\in \mathbb{I}_e^{(r)}$$

图 4.7 软约束放松后对硬约束的抵消

的一行可能消掉 $\begin{bmatrix} \bar{u}'(k) \\ -\underline{u}'(k) \end{bmatrix}$ 中对应的两行；式(4.62)里的一行可能消掉 $\begin{bmatrix} \bar{y}_{\mathrm{h}}(k) \\ -\underline{y}_{\mathrm{h}}(k) \end{bmatrix}$ 中对应的两行。消掉的行数为

$$2|\mathbb{I}_e^{(r)}| + |\mathbb{I}_u^{(r)}\setminus\mathbb{I}_e^{(r)}| + |\mathbb{I}_l^{(r)}\setminus\mathbb{I}_e^{(r)}| + 2|\mathbb{J}_e^{(r)}| + |\mathscr{I}_u^{(r)}\bigcup\mathbb{J}_u^{(r)}\setminus\mathbb{J}_e^{(r)}| + |\mathscr{I}_l^{(r)}\bigcup\mathbb{J}_l^{(r)}\setminus\mathbb{J}_e^{(r)}|$$

当然，这里的消掉不光是在第 r 个优先级完成的，而是在每一级上都消掉，到第 r 个就等价于已经消掉了这么多。在第 r 个优先级以后，式(4.52)经消掉操作以后的表达式为

$$\delta u_{i,\mathrm{ss}}(k) \leqslant \bar{u}_i'(k), \quad i\notin \mathbb{I}_e^{(r)}\bigcup\mathbb{I}_u^{(r)} \tag{4.63}$$

$$-\delta u_{i,\mathrm{ss}}(k) \leqslant -\underline{u}_i'(k), \quad i\notin \mathbb{I}_e^{(r)}\bigcup\mathbb{I}_l^{(r)} \tag{4.64}$$

$$S_{N,j}^u \delta u_{\mathrm{ss}}(k) \leqslant \bar{y}_{j,0,\mathrm{h}}(k), \quad j\notin \mathbb{J}_e^{(r)}\bigcup\mathscr{I}_u^{(r)}\bigcup\mathbb{J}_u^{(r)} \tag{4.65}$$

$$-S_{N,j}^u \delta u_{\mathrm{ss}}(k) \leqslant -\underline{y}_{j,0,\mathrm{h}}(k), \quad j\notin \mathbb{J}_e^{(r)}\bigcup\mathscr{I}_l^{(r)}\bigcup\mathbb{J}_l^{(r)} \tag{4.66}$$

式(4.52)中有四个式子，消掉操作完成以后仍有四个式子。

经消掉操作以后的式(4.52)，再加上式(4.53)和式(4.54)，就是第 $r+1$ 个优先级考虑的硬约束。这仅仅只是第 $r+1$ 个优先级的硬约束，还需要再加上软约束。将第 $r+1$ 个优先级单独放松的不等式约束组记为

$$\tilde{C}^{(r+1)}\delta u_{\mathrm{ss}}(k) \leqslant \tilde{c}^{(r+1)}(k) + \varepsilon^{(r+1)}(k)$$

这里用了符号 tilde，表示新增。这里出现了 $\varepsilon^{(r+1)}$，是第 $r+1$ 个优先级要计算的。第 $r+1$ 个优先级单独放松的等式约束组为

$$\tilde{C}_{\mathrm{eq}}^{(r+1)}\delta u_{\mathrm{ss}}(k) = \tilde{c}_{\mathrm{eq}}^{(r+1)}(k) + \varepsilon_{\mathrm{eq}}^{(r+1)}(k)$$

$\varepsilon_{\mathrm{eq}}^{(r+1)}(k)$ 是第 $r+1$ 个优先级要计算的。把这两个新增的约束和式(4.53)与式(4.54)放在一

起，有

$$\begin{cases} \begin{bmatrix} C^{(r)} \\ \tilde{C}^{(r+1)} \end{bmatrix} \delta u_{\mathrm{ss}}(k) \leqslant \begin{bmatrix} c^{(r)}(k) \\ \tilde{c}^{(r+1)}(k) + \varepsilon^{(r+1)}(k) \end{bmatrix}, \quad \varepsilon^{(r+1)}(k) \geqslant 0 \\ \begin{bmatrix} C_{\mathrm{eq}}^{(r)} \\ \tilde{C}_{\mathrm{eq}}^{(r+1)} \end{bmatrix} \delta u_{\mathrm{ss}}(k) = \begin{bmatrix} c_{\mathrm{eq}}^{(r)}(k) \\ \tilde{c}_{\mathrm{eq}}^{(r+1)}(k) + \varepsilon_{\mathrm{eq}}^{(r+1)}(k) \end{bmatrix} \end{cases} \tag{4.67}$$

第 $r+1$ 个优先级的优化问题就是服务于计算 $\{\varepsilon^{(r+1)}(k), \varepsilon_{\mathrm{eq}}^{(r+1)}(k)\}$ 的，能够算出尽量小的 $\{\varepsilon^{(r+1)}(k), \varepsilon_{\mathrm{eq}}^{(r+1)}(k)\}$，当然最好是 0。$\{\varepsilon^{(r+1)}(k), \varepsilon_{\mathrm{eq}}^{(r+1)}(k)\}$ 满足式(4.52)[式(4.63)~ 式(4.66)] 和式(4.67)。

当然，如果 $\{\varepsilon^{(r+1)}(k), \varepsilon_{\mathrm{eq}}^{(r+1)}(k)\}$ 中所含标量数不为 1，那么需要采用加权方法；例如，有 5 个标量，都要最小化，肯定需要采用加权方法。

下面介绍加权方法。若采用线性规划，则规定所有决策变量都是正的。$\varepsilon^{(r+1)}(k)$ 已经是正的。但是，$\varepsilon_{\mathrm{eq}}^{(r+1)}(k)$ 是关于等式约束的，不一定是正的，处理办法就是再定义另外两个变量，使

$$\varepsilon_{\mathrm{eq}}^{(r+1)}(k) = \varepsilon_{\mathrm{eq}+}^{(r+1)}(k) - \varepsilon_{\mathrm{eq}-}^{(r+1)}(k), \quad \varepsilon_{\mathrm{eq}+}^{(r+1)}(k) \geqslant 0, \; \varepsilon_{\mathrm{eq}-}^{(r+1)}(k) \geqslant 0 \tag{4.68}$$

这就是数学分析的一个基本定理，即任何一个数可以分解为两个非负数的差。现在，决策变量变成 $\{\varepsilon^{(r+1)}(k), \varepsilon_{\mathrm{eq}+}^{(r+1)}(k), \varepsilon_{\mathrm{eq}-}^{(r+1)}(k)\}$。

把线性规划的性能指标定义为

$$J = \sum_{\tau=1}^{d_{\mathrm{eq}}^{(r+1)}} \left(\bar{\varepsilon}_{\mathrm{eq},\tau}^{(r+1)}\right)^{-1} \left[\varepsilon_{\mathrm{eq}+,\tau}^{(r+1)}(k) + \varepsilon_{\mathrm{eq}-,\tau}^{(r+1)}(k)\right] + \sum_{\ell=1}^{d^{(r+1)}} \left(\bar{\varepsilon}_{\ell}^{(r+1)}\right)^{-1} \varepsilon_{\ell}^{(r+1)}(k)$$

$\sum_{\tau=1}^{d_{\mathrm{eq}}^{(r+1)}} \left(\bar{\varepsilon}_{\mathrm{eq},\tau}^{(r+1)}\right)^{-1} \left[\varepsilon_{\mathrm{eq}+,\tau}^{(r+1)}(k) + \varepsilon_{\mathrm{eq}-,\tau}^{(r+1)}(k)\right]$ 是 $\{\varepsilon_{\mathrm{eq}+}^{(r+1)}(k), \varepsilon_{\mathrm{eq}-}^{(r+1)}(k)\}$ 对应的性能指标，在性能指标中是加和，尽管在 $\varepsilon_{\mathrm{eq}}^{(r+1)}(k) = \varepsilon_{\mathrm{eq}+}^{(r+1)}(k) - \varepsilon_{\mathrm{eq}-}^{(r+1)}(k)$ 中是减差。因为 $\{\varepsilon_{\mathrm{eq}+}^{(r+1)}(k), \varepsilon_{\mathrm{eq}-}^{(r+1)}(k)\}$ 都变成正数了，就要把它们的和最小化，最小化的结果是尽量达到零。

要最小化 $\varepsilon_{\mathrm{eq}+}^{(r+1)}(k)$ 和 $\varepsilon_{\mathrm{eq}-}^{(r+1)}(k)$，它们是由一个决策变量分出来的，没有必要不在一个优先级上。之所以乘以 $(\bar{\varepsilon}_{\mathrm{eq},\tau}^{(r+1)})^{-1}$ 是因为 $\bar{\varepsilon}_{\mathrm{eq},\tau}^{(r+1)}$ 是 $\varepsilon_{\mathrm{eq}+,\tau}^{(r+1)}(k) + \varepsilon_{\mathrm{eq}-,\tau}^{(r+1)}(k)$ 的最大可能值。$\varepsilon_{\mathrm{eq}}^{(r+1)}(k)$ 的源头为 $u_{i,t}, y_{j,t}$，给定 $\{u_{i,t}, y_{j,t}\}$，达不到 $u_{i,t}$ 的差值（程度）是 $|u_{i,t} - u_{i,\mathrm{ss}}|$，达不到 $y_{j,t}$ 的差值（程度）是 $|y_{j,t} - y_{j,\mathrm{ss}}|$。所以根据 $u_{i,\mathrm{ss}}, y_{j,\mathrm{ss}}$ 的界限，就能够算出 $\{|u_{i,t} - u_{i,\mathrm{ss}}|, |y_{j,t} - y_{j,\mathrm{ss}}|\}$ 的上界，这对应于 $|\varepsilon_{\mathrm{eq}}^{(r+1)}(k)|$ 的上界。实际上，优化的结果是 $\varepsilon_{\mathrm{eq}+}^{(r+1)}(k)$ 和 $\varepsilon_{\mathrm{eq}-}^{(r+1)}(k)$（按标量算）中必有一个为零，所以 $|\varepsilon_{\mathrm{eq}}^{(r+1)}(k)|$ 的上界就是 $\varepsilon_{\mathrm{eq}+}^{(r+1)}(k) + \varepsilon_{\mathrm{eq}-}^{(r+1)}(k)$ 的上界，该上界就是 $\bar{\varepsilon}_{\mathrm{eq},\tau}^{(r+1)}$。实际上，这样实打实地计算 $\bar{\varepsilon}_{\mathrm{eq},\tau}^{(r+1)}$，有点过复杂。建议：若对应 $u_{i,t}$，就取 $\bar{\varepsilon}_{\mathrm{eq},\tau}^{(r+1)} = \frac{1}{2} u_{i,\mathrm{ss,range}}$，若对应 $y_{j,t}$，就取 $\bar{\varepsilon}_{\mathrm{eq},\tau}^{(r+1)} = \frac{1}{2} y_{i,\mathrm{ss,range}}$。

同理，取 $\bar{\varepsilon}_{l}^{(r+1)}$，也看 $\varepsilon_{l}^{(r+1)}(k)$ 的来源。如它来自 y 的软（操作）约束，那针对上界就是 $\bar{\varepsilon}_{l}^{(r+1)} = \bar{y}_{j,0h} - \bar{y}_{j,0}$，针对下界就是 $\bar{\varepsilon}_{l}^{(r+1)} = \underline{y}_{j,0} - \underline{y}_{j,0h}$。如果软约束是关于期望的

上下界，那么就采用 $\bar{\varepsilon}_l^{(r+1)} = \frac{1}{2}u_{i,\text{ss,range}}$ 或 $\bar{\varepsilon}_l^{(r+1)} = \frac{1}{2}y_{i,\text{ss,range}}$；当然也可以采用更精算的算法。

直观的作法即人工选择加权，对于重要的因素加大权重，对于不重要的因素减小权重，这样做并不合适。一是人工选的话，参数太多了，非常难；二是人工选也不公平。其实，就是将决策变量 ε 的最大值的倒数作为 ε 的加权系数最公平；假如放松结果是 $\{\varepsilon_i, \varepsilon_j\}$ 都取到最大，而 $\{\bar{\varepsilon}_i, \bar{\varepsilon}_j\}$ 取了 $\{\varepsilon_i, \varepsilon_j\}$ 的最大值，那么 $(\bar{\varepsilon}_i)^{-1}\varepsilon_i = (\bar{\varepsilon}_j)^{-1}\varepsilon_j = 1$，这样显得 $\varepsilon_i, \varepsilon_j$ 同样重要，因此是公平的。如果放松最大都等于 1，放松最小都等于 0，放松居中都是 0 和 1 之间的一个插值，这样是最公平的。

例 4.3　一个压力的软约束上界是 0.05，硬约束上界是 0.08，软约束最大松弛量是 0.03；还有一个温度软约束上界是 150，硬约束上界是 160，软约束最大松弛量是 10。这两个量不在一个数量级上，最公平的加权就是压力松弛量用 0.03^{-1}，温度松弛量用 10^{-1}；变化范围大的，加权就小；变化范围小的，加权就大。因为变化范围小，所以加权大点，让它可以在一个小的范围内变化；因为变化范围大，所以加权小点，让它可以在一个大的范围内变化；这很公平。

第 r 个优先级有多少个软约束，$d_{\text{eq}}^{(r+1)} + d^{(r+1)}$ 的值就应该是多少个：

$$d_{\text{eq}}^{(r+1)} + d^{(r+1)} = \text{第 } r+1 \text{个优先级中的软约束个数}$$

当然 J 也可以不写成标量和的形式，即写成向量乘积的形式。

这些都解释清楚了，那第 $r+1$ 个优先级的优化问题就是

$$\min_{\varepsilon_{\text{eq}+}^{(r+1)}(k),\varepsilon_{\text{eq}-}^{(r+1)}(k),\varepsilon^{(r+1)}(k),\delta u_{\text{ss}}(k)} \times$$

$$\left[\sum_{\tau=1}^{d_{\text{eq}}^{(r+1)}} \left(\bar{\varepsilon}_{\text{eq},\tau}^{(r+1)}\right)^{-1}\left(\varepsilon_{\text{eq}+,\tau}^{(r+1)}(k) + \varepsilon_{\text{eq}-,\tau}^{(r+1)}(k)\right) + \sum_{\ell=1}^{d^{(r+1)}} \left(\bar{\varepsilon}_\ell^{(r+1)}\right)^{-1}\varepsilon_\ell^{(r+1)}(k)\right]$$

$$\text{s.t. 式}(4.63) \sim \text{式}(4.68) \tag{4.69}$$

这是线性规划。

如果是二次规划，那么 $\varepsilon_{\text{eq}}^{r+1}(k)$ 就没必要分为两部分了。加权个数和线性规划一样多。既然加权在线性规划中取了 $\bar{\varepsilon}$ 的 -1 次方，那在二次规划中就应该取 $\bar{\varepsilon}$ 的 -2 次方（即平方以后取倒数）。那第 $r+1$ 个优先级的优化问题就是

$$\min_{\varepsilon_{\text{eq}}^{(r+1)}(k),\varepsilon^{(r+1)}(k),\delta u_{\text{ss}}(k)} \left[\sum_{\tau=1}^{d_{\text{eq}}^{(r+1)}} \left(\bar{\varepsilon}_{\text{eq},\tau}^{(r+1)}\right)^{-2}\varepsilon_{\text{eq},\tau}^{(r+1)}(k)^2 + \sum_{\ell=1}^{d^{(r+1)}} \left(\bar{\varepsilon}_\ell^{(r+1)}\right)^{-2}\varepsilon_\ell^{(r+1)}(k)^2\right]$$

$$\text{s.t. 式}(4.63) \sim \text{式}(4.67) \tag{4.70}$$

优化完成可以得到 ε。优化完成以后可以写成一个统一的形式：

$$\begin{cases} C^{(r+1)}\delta u_{\text{ss}}(k) \leqslant c^{(r+1)}(k) \\ C_{\text{eq}}^{(r+1)}\delta u_{\text{ss}}(k) = c_{\text{eq}}^{(r+1)}(k) \end{cases}$$

这与针对 r 的式(4.53)和式(4.54)在形式上是统一的，当然由于上角标 r 变成 $r+1$ 了，所以每个 C 和 c 代表的维数、具体数值就变了。一旦写成这种统一形式，那第 $r+2$ 个优先级的处理就完全类似，在数学逻辑上相同。对于第 $r+2$ 个优先级，有

$$J = \sum_{\tau=1}^{d_{\mathrm{eq}}^{r+2}} (\bar{\varepsilon}_{\mathrm{eq},\tau}^{(r+2)})^{-2} \bar{\varepsilon}_{\mathrm{eq}+,\tau}^{(r+2)}(k)^2 + \sum_{l=1}^{d^{r+2}} (\bar{\varepsilon}_l^{(r+2)})^{-2} (\varepsilon_l^{(r+2)}(k))^2$$

优化求解完成后，历史软约束松弛结果为

$$\begin{cases} C^{(r+2)} \delta u_{\mathrm{ss}}(k) \leqslant c^{(r+2)}(k) \\ C_{\mathrm{eq}}^{(r+2)} \delta u_{\mathrm{ss}}(k) = c_{\mathrm{eq}}^{(r+2)}(k) \end{cases}$$

利用这个松弛结果，化简原始硬约束，再加上第 $r+3$ 个优先级的软约束，形成第 $r+3$ 个优先级的全部约束。然后再求第 $r+3$ 个优先级的优化问题。如此迭代，直到求完所有的优先级。

以上迭代讲起来比较复杂，但我们找到了简单的表达方式，主要原因就是采用了式(4.53)和式(4.54)这种统一的形式。如果没有这种统一表达的方式，写起来要冗长得多。

总结：对 CV 的软（操作）约束，把 $\{y(k), \bar{y}(k)\}$ 变成 $\{y'(k), \bar{y}'(k)\}$（没有撇的变成有撇的）。对于理想值这种情况，根据 $u_t^{(\mathrm{sm})}$ 确定了 $u_{\mathrm{ss}}^{(\mathrm{sm})}$，其后的计算不会再影响到 $u_{\mathrm{ss}}^{(\mathrm{sm})}$ 的值了；根据 $y_{\mathrm{ss}}^{(\mathrm{sm})}$ 确定了 $y_{\mathrm{ss}}^{(\mathrm{sm})}$，其后的计算不会再影响 $y_{\mathrm{ss}}^{(\mathrm{sm})}$ 的值了。将理想值期望上下界放松成 $\{\underline{u}'_{i,\mathrm{ss}}(k), \bar{u}'_{i,\mathrm{ss}}(k)\}$ 和 $\{\underline{y}'_{j,\mathrm{ss}}(k), \bar{y}'_{j,\mathrm{ss}}(k)\}$（没有撇的变成有撇的）。

r_0 个优先级都完成以后，所有软约束都被硬化了，那么针对剩下的约束有如下的结论。

引理 4.1　　所有优先级完成后，所有约束可以合并为

$$\delta u_{i,\mathrm{ss}}(k) \leqslant \bar{u}'_i(k), \quad i \notin \mathcal{I}_t \tag{4.71}$$

$$-\delta u_{i,\mathrm{ss}}(k) \leqslant -\underline{u}'_i(k), \quad i \notin \mathcal{I}_t \tag{4.72}$$

$$S_{N,j}^u \delta u_{\mathrm{ss}}(k) \leqslant \bar{y}'_j(k), \quad j \notin \mathcal{J}_t \tag{4.73}$$

$$-S_{N,j}^u \delta u_{\mathrm{ss}}(k) \leqslant -\underline{y}'_j(k), \quad j \notin \mathcal{J}_t \tag{4.74}$$

$$\delta u_{i,\mathrm{ss}}(k) = u_{i,\mathrm{ss}}(k) - u_i(k-1), \quad i \in \mathcal{I}_t \tag{4.75}$$

$$S_{N,j}^u \delta u_{\mathrm{ss}}(k) = y_{j,\mathrm{ss}}(k) - y_{j,\mathrm{ss}}^{\mathrm{ol}}(k), \quad j \in \mathcal{J}_t \tag{4.76}$$

所有对应于 $i \in \mathcal{I}_t$ 的 $u_{i,\mathrm{ss}}(k)$ 都被确定下来了，所以对应的 $\delta u_{i,\mathrm{ss}}(k)$ 也已确定，见式(4.75)；相应地，式(4.71)和式(4.72)排除了那些 $i \in \mathcal{I}_t$。因为等式成立，对应的不等式就是冗余的。同理，所有对应于 $j \in \mathcal{J}_t$ 的 $y_{j,\mathrm{ss}}(k)$ 都被确定下来了，所以对应的 $S_{N,j}^u \delta u_{\mathrm{ss}}(k)$ 也已确定，见式 (4.76)；相应地，式(4.73)和式 (4.74)排除了那些 $j \in \mathcal{J}_t$。

在可行性阶段完成以后就没有软约束了，只有硬约束了，另外，理想值期望上下界即便被软化也都消掉了。

式(4.71)~ 式(4.76)还可以再化简。但是，继续化简就不再是符号上能直接看出来的了，而是算法的问题了。采用什么算法化简，要讨论这个问题就比较难了。当然，对数学优化

来讲，未必是化简以后再优化更简单。化简过程也是一种计算，不管是对人还是对计算机。如果不化简直接优化，编程和计算量也可以接受，那么就没有必要化简。

第五步，SSTC 的经济优化阶段。

经济优化阶段包括两种情况。

(1) 含最低优先级软约束。

(2) 不含最低优先级软约束。

考虑不含最低优先级约束的情况。含最低优先级约束情况的性能指标是将不含最低优先级约束情况的第 r_0 个优先级的性能指标和不含最低优先级约束情况的经济优化阶段的性能指标加在一起；针对含最低优先级约束的情况，可以采用不含最低优先级约束情况的第 r_0 个优先级的约束，并适当地处理最小动作问题。

不含最低优先级约束的情况必须满足的约束是式(4.71)~ 式(4.76)。经济优化阶段有两类问题：最小代价问题、最小动作问题。若采用线性优化，则优化问题如下：

$$\min_{\delta u_{i,\mathrm{ss}}(k),U_i(k)} J = \sum_{i\notin\mathcal{I}_{\mathrm{mm}}\bigcup\mathcal{I}_t} h_i\delta u_{i,\mathrm{ss}}(k) + \sum_{i\in\mathcal{I}_{\mathrm{mm}}} h_i U_i(k)$$

$$\mathrm{s.t.}\ \text{式}(4.71)\sim\ \text{式}(4.77), i\in\mathcal{I}_{\mathrm{mm}}$$

比第 3 章符号复杂些。其中，式(4.77)为

$$-U_i(k)\leqslant \delta u_{i,\mathrm{ss}}(k)\leqslant U_i(k) \tag{4.77}$$

U 是在第 3 章讲的 R。决策变量（decision variables）是 $\delta u_{i,\mathrm{ss}}(k)$ 和 $U_i(k)$。优化的主要目的是求 $\delta u_{i,\mathrm{ss}}(k)$；对 $i\in\mathcal{I}_{\mathrm{mm}}$，$\delta u_{i,\mathrm{ss}}(k)$ 不是 $U_i(k)$ 就是 $-U_i(k)$。$J=$ 最小代价部分 + 最小动作部分。两个部分组成一个 J。$\sum_{i\notin\mathcal{I}_{\mathrm{mm}}\bigcup\mathcal{I}_t} h_i\delta u_{i,\mathrm{ss}}(k)$ 是最小代价部分，要扣除属于最小动作的那些 i 的指标集（index set），还要扣除 $\mathcal{I}_t$。$\mathcal{I}_{\mathrm{mm}}\in\{1,2,3,\cdots,n_u\}$ 这个集合是最小动作指标集。如果某个 u_i 属于最小动作变量，那么 i 就属于 $\mathcal{I}_{\mathrm{mm}}$。对 $i\in\mathcal{I}_t$，$\delta u_{i,\mathrm{ss}}(k)$ 已经在可行性阶段求出。$\sum_{i\in\mathcal{I}_{\mathrm{mm}}} h_i U_i(k)$ 是最小动作部分。

注解 4.2 优化问题有几个要素：一个是性能指标，二是决策变量，三是约束。有的文献把性能指标、决策变量和约束放在一起称为优化模型。优化问题完整的表达包括：是 max 运算还是 min 运算；J 等于什么；决策变量是什么；约束有哪些。这个表达可以交付计算机进行求解，这称为一个有效的优化问题。

如果是二次规划，那么优化问题为

$$\min_{\delta u_{i,\mathrm{ss}}(k),U_i(k)} J = \left(\sum_{i\notin\mathcal{I}_{\mathrm{mm}}\bigcup\mathcal{I}_t} h_i\delta u_{i,\mathrm{ss}}(k) - J_{\min}\right)^2 + \sum_{i\in\mathcal{I}_{\mathrm{mm}}} h_i^2 U_i(k)^2$$

$$\mathrm{s.t.}\ \text{式}(4.71)\sim\ \text{式}(4.77), i\in\mathcal{I}_{\mathrm{mm}}$$

根据第 3 章，$J_{\min}$ 是 $\sum_{i\notin\mathcal{I}_{\mathrm{mm}}\bigcup\mathcal{I}_t} h_i\delta u_{i,\mathrm{ss}}(k)$ 的下界，但不一定是下确界；下确界要通过优化来进行计算的。下界是不会比它下确界更大的一个界。一个二次型性能指标除了有二次项

还有线性项。把所有的决策变量记为 Var，则 J 可以表示成

$$J = \text{Var}^{\text{T}} \times \text{Hessian} \times \text{Var} + H \times \text{Var} + \text{const}$$

在优化中可以不考虑常数 const。要保证 Hessian 矩阵为正定。若 Hessian 矩阵不正定，则会有一些数值问题。

如果没有最小动作变量，那么线性规划、二次规划的优化结果应该是一致的。因为 LP 和 QP 都采用了 $\sum\limits_{i\notin\mathcal{I}_{\text{mm}}\bigcup\mathcal{I}_t} h_i \delta u_{i,\text{ss}}(k)$ 去构造指标，只不过 QP 多用了一个 $J_{\min}$。但是有了最小动作变量，线性规划、二次规划的优化结果未必一致。当然了，过程控制有多优先级的属性，本身有一定的人为性，所以也不用去追求哪一个更好。工程问题本身就有多目标的性质，有鱼和熊掌不可兼得的特点。

因为 u_{ss} 和 y_{ss} 之间有已知的稳态关系，所以知道了 u_{ss}，就可以直接把 y_{ss} 计算出来。因此，就有了 y 的设定值。对动态控制模块来讲，既然有了设定值，那么就可以进行跟踪了。

4.3 动 态 控 制

首先在开环预测的基础上做闭环预测。在开环预测中，我们将 k 时刻的 p 步自由预测与 $k-1$ 时刻的 p 步自由预测相减，得到了一个推导开环预测的关键公式。通过类似的方式，可以得到一个对动态控制有用的式子，那就是 k 时刻的 p 步全预测 $y^{\text{all}}(k+p|k)$ 与 k 时刻的 p 步自由预测 $y^{\text{fr}}(k+p|k)$ 相减。全预测考虑了未来 MV 变化的影响，根据式(4.6)可知其具体形式为

$$y^{\text{all}}(k+p|k) = \sum_{i=1}^{p} S_i^{u,\text{s}} \Delta u(k-i+p|k) + \sum_{i=p+1}^{N'-1} S_i^{u,\text{s}} \Delta u(k-i+p)$$
$$+ S_{N'}^{u,\text{s}} u(k-N'+p) + \sum_{i=p}^{N'-1} S_i^{f,\text{s}} \Delta f(k-i+p)$$
$$+ S_{N'}^{f,\text{s}} f(k-N'+p), \quad p \leqslant N'-2 \tag{4.78}$$

$$y^{\text{all}}(k+p|k) = \sum_{i=1}^{p} S_i^{u,\text{s}} \Delta u(k-i+p|k) + S_{N'}^{u,\text{s}} u(k-1)$$
$$+ S_{N'-1}^{f,\text{s}} \Delta f(k) + S_{N'}^{f,\text{s}} f(k-1), \quad p = N'-1 \tag{4.79}$$

$$y^{\text{all}}(k+p|k) = \sum_{i=1}^{p} S_i^{u,\text{s}} \Delta u(k-i+p|k) + S_{N'}^{u,\text{s}} u(k-1) + S_{N'}^{f,\text{s}} f(k), \quad p \geqslant N' \tag{4.80}$$

自由预测未考虑未来 MV 变化的影响，见式(4.9)∼ 式(4.11)；全预测与自由预测两个相减，那就是未来 MV 变化的影响，即

$$y^{\text{all}}(k+p|k) - y^{\text{fr}}(k+p|k) = \sum_{i=1}^{p} S_i^u \Delta u(k+p-i|k)$$

能减的原因在于模型是线性的，满足叠加原理；像线性微分方程那样，微分方程的解是两项（自由响应、受迫响应）之和。上式用的是自由预测（fr），而不是开环预测（ol）。前面基于自由预测，引入反馈校正和基于 Kalman 滤波原理，可以得到开环预测；基于同样的推导，可以得到

$$y(k+p|k) - y^{\mathrm{ol}}(k+p|k) = \sum_{i=1}^{p} S_i^u \Delta u(k-i+p|k), \quad p = 1, 2, \cdots, P \tag{4.81}$$

式中，P 为预测时域。这里 $y(k+p|k)$ 与 $y^{\mathrm{all}}(k+p|k)$ 相比，前者采用了反馈校正；满足

$$y(k+p|k) - y^{\mathrm{all}}(k+p|k) = y^{\mathrm{ol}}(k+p|k) - y^{\mathrm{fr}}(k+p|k)$$

为了把式(4.81)写成一般的向量形式，定义

$$Y_P(k|k) = \begin{bmatrix} y(k+1|k) \\ y(k+2|k) \\ \vdots \\ y(k+P|k) \end{bmatrix}$$

这个符号可以直接加上角标 ol，即开环预测部分的

$$Y_P^{\mathrm{ol}}(k|k) = \begin{bmatrix} y^{\mathrm{ol}}(k+1|k) \\ y^{\mathrm{ol}}(k+2|k) \\ \vdots \\ y^{\mathrm{ol}}(k+P|k) \end{bmatrix}$$

再定义一个重要的符号

$$\Delta \tilde{u}(k|k) = \begin{bmatrix} \Delta u(k|k) \\ \Delta u(k+1|k) \\ \vdots \\ \Delta u(k+M-1|k) \end{bmatrix}$$

前面已经说过，M 是控制时域，P 是预测时域。以前很多文献都要求 $M \leqslant P \leqslant N$，但实际上 $M \leqslant P \leqslant N+M$ 就行了，也就是 P 甚至可以大于 N，大到 $N+M$ 那种程度。因为输入不再变化了以后，输出再预测 N 步以后就达到稳态，就不动了。N 是模型长度，到 N 以后，阶跃响应就不变了。当从 k 时刻起还有 M 次输入的变化，输出在未来 N 步以后还在变化，直到 $N+M$ 步以后它才不变了。也就是 P 大于 $N+M$ 后，意义就不大了，因为输出不变了；但 P 大于 N，还有意义，因为输出还可以变。

式(4.81)的一般向量形式：

$$y_P(k|k) = y_P^{\mathrm{ol}}(k|k) + \mathscr{S} \Delta \tilde{u}(k|k) \tag{4.82}$$

式中，动态矩阵

$$
\mathscr{S} = \begin{bmatrix}
S_1^u & 0 & \cdots & 0 \\
S_2^u & S_1^u & \ddots & \vdots \\
\vdots & \ddots & \ddots & 0 \\
S_M^u & \cdots & S_2^u & S_1^u \\
\vdots & & \vdots & \vdots \\
S_P^u & \cdots & S_{P-M+2}^u & S_{P-M+1}^u
\end{bmatrix}
$$

右上三角为全零。从行数上看，有 P 个块行，每一个块矩阵是 n_y 行的，所以动态矩阵的总行数是 Pn_y；从列数上看，有 M 个块列，每一个块矩阵是 n_u 列的，所以动态矩阵的总列数是 Mn_u。这种矩阵很容易纠错，由 S_1^u 组成的对角线上方为全零；每列向下延伸，都是 S^u 的下角标递增；看全非零矩阵的每列是不是 $P-M+1$ 行，以及看全非零矩阵的每行是不是 M 列，只要按照 S^u 的下角标相减都可以进行检验。因为 $\mathscr{S}$ 称为动态矩阵，所以控制器才称为动态矩阵控制。

动态控制优化问题的性能指标：

$$
J(k) = \sum_{i=1}^{P} \|y(k+i|k) - y_{\mathrm{ss}}(k)\|_{Q(k)}^2 + \sum_{j=0}^{M-1} \|\Delta u(k+j|k)\|_\Lambda^2
$$

式中，$y(k+i|k)$ 是式(4.82)的一部分；$y_{\mathrm{ss}}(k)$ 在稳态目标计算中已经给出；$Q(k)$ 是时变的。在一般文献中遇到的加权 Q 都是非时变的，但在过程控制商业软件中采用的多数是时变的。因为前面已经用过 R 了，所以这里用 Λ 做加权。那么，$Q(k)$ 这样取：

$$
Q(k) = \mathrm{diag}\{q_1(k)^2, q_2(k)^2, \cdots, q_{n_y}(k)^2\}
$$

对角线上的每一个元都是 q^2，q 为可调参数。我们知道每一个 y 都有操作限；现在，在操作限之内再设置一个安全区。操作上限为 $\bar{y}_{j,0}$，下限为 $\underline{y}_{j,0}$；安全区上界为 $\bar{z}_j$，下界为 $\underline{z}_j$。把 y 作为横轴，把 q 作为纵轴，关于 CV 的加权函数如图 4.8 所示。坐标系的原点不必是零。当低于下限 $\underline{y}_{j,0}$ 时，加权大一点；在安全区加权小一点，甚至为零（为零，就是不加权，不加权时 y 称为区域被控变量）；在 $\underline{y}_{j,0}$ 和 $\underline{z}_j$ 之间用直线连接起来；当大于上限 $\bar{y}_{j,0}$ 时，加权大一点，但上限的加权未必和下限的加权一样大；在 $\bar{y}_{j,0}$ 和 $\bar{z}_j$ 之间也用直线连接起来。因为在控制中每一个 y 都很重要，所以 y 最好不要超上下界；如果超过上下界那么加权加大一点，它就更容易靠近 y_{ss}；如果不超过上下界且与上下界有一段距离，加权小点，就可以照顾其他的 y，使其他的 y 更容易靠近 y_{ss}；在上下界和安全区之间，加权采用直线过渡，不会产生突跳。

如果用状态空间模型进行解释，本来取固定的 Q 和 R，还有希望来证明稳定性；如果取这个时变的加权，那么要证明稳定性就更难了，属于变结构控制。但是在工程中，这样加权，就容易调整稳定性了。当然，不一定非得取时变的加权，也可以取时不变的加权；时不变是特例，时变才是一般情况。$Q(k)$ 的各个对角元素之所以取 q 的平方，是因为 J 是二次型性能指标；不平方的话只适合于线性性能指标。当然，Λ 也做相应的处理：

$$\Lambda = \mathrm{diag}\{\lambda_1^2, \lambda_2^2, \cdots, \lambda_{n_u}^2\}$$

不过是时不变的，其中 $\lambda_1^2, \lambda_2^2, \cdots, \lambda_{n_u}^2$ 用于权衡不同的 MV 变化量。

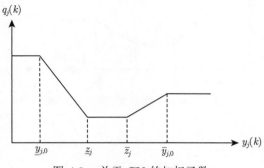

图 4.8　关于 CV 的加权函数

我们在具体设计 $Q(k)$ 的取值曲线时，图中横轴没有用 $y_j(k)$，而是用 $\breve{y}_j(k)$，见图 4.9。因为在 $J(k)$ 里一共有 p 个不同的 $y(k+i|k)$，所以横轴按 $y(k+1|k)$ 处理不合适，按 $y(k+2|k)$ 处理也不合适。实际上，在优化完成前，$y(k+i|k)$ 还没有确定；虽然 $y^{\mathrm{ol}}(k+i|k)$ 已知，但 $y^{\mathrm{ol}}(k+i|k)$ 不等价于 $y(k+i|k)$。除了 P 个预测值，也得兼顾一下测量值 $y(k)$。所以我们把横轴换为 $\breve{y}_j(k)$。例如

针对所有 i 的平均，$\breve{y}_j(k) = y_j(k)$ 和 $y_j^{\mathrm{ol}}(k+i|k)$

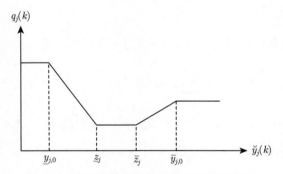

图 4.9　实际上用 $\breve{y}_j(k)$ 确定 CV 加权函数

当然还可以有其他的规则，这里介绍三点。第一点，如果这个平均值比稳态目标计算给出的设定值 $y_{j,\mathrm{ss}}(k)$ 大而且比操作上限还大（图 4.10），或者这个平均值比稳态目标计算给出的设定值小而且比操作下限还小（图 4.11），那么 $\breve{y}_j(k)$ 就要取为平均值。因为这时平均值比较偏，$\breve{y}_j(k)$ 按平均值取得到的 q 加权比较大，加权大 y 更容易靠近 y_{ss}。第二点，如果 $y_{j,\mathrm{ss}}(k)$ 比平均值大且比上限还大，或者 $y_{j,\mathrm{ss}}(k)$ 比平均值小且比下限小，那么 $\breve{y}_j(k)$ 就要取 $\bar{z}_j$ 或 $\underline{z}_j$，以使加权值小一点。这是一种设定值太大或太小的情况，所以这个 y_j 往 $y_{j,\mathrm{ss}}$ 靠近的重要性降低，故加权 q_j 小，要更多地照顾其他 y 的跟踪性能。第三点，以上两点以外的情况，$\breve{y}_j(k)$ 就可以取 $y_{j,\mathrm{ss}}$ 和平均值的均值，相当于前面两点再平均一下。

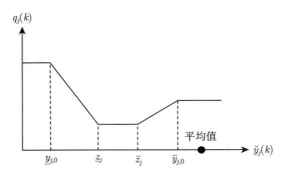

图 4.10　平均值大时的加权函数

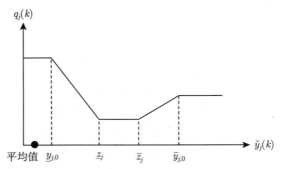

图 4.11　平均值小时的加权函数

动态控制的优化问题：

$$\min_{\Delta \tilde{u}(k|k)} J(k)$$

$$\text{s.t. } |\Delta u(k+j|k)| \leqslant \Delta \bar{u}, \quad 0 \leqslant j \leqslant M-1 \tag{4.83}$$

$$\underline{u} \leqslant u(k-1) + \sum_{l=0}^{j} \Delta u(k+l|k) \leqslant \bar{u}, \quad 0 \leqslant j \leqslant M-1 \tag{4.84}$$

$$\underline{y}_0'(k) \leqslant y^{\text{ol}}(k+i|k) + \mathscr{S}_i \Delta \tilde{u}(k|k) \leqslant \bar{y}_0'(k), \quad 1 \leqslant i \leqslant P \tag{4.85}$$

$$L \Delta \tilde{u}(k|k) = \delta u_{\text{ss}}(k) \tag{4.86}$$

式(4.83)是每个输入增量都要满足的速率约束，在稳态目标计算时已经提到了。式(4.84)是每个输入量绝对值的约束 (或者称为幅值约束)，这个和稳态目标计算考虑的那个输入硬约束是一样的。MV 幅值用 MV 增量表示，即

$$u(k+j|k) = u(k-1) + \sum_{i=0}^{j} \Delta u(k+i|k)$$

$u(k-1)$ 是已知的，$\Delta u(k+i|k)$ 是待求的。在式(4.85)中，y 的 P 个预测值满足幅值约束。$\{\underline{y}_0'(k), \bar{y}_0'(k)\}$ 既不是操作约束也不是工程约束，而是

$$\bar{y}_0'(k) = \max\{\bar{y}_0, y_{\text{ss}}(k)\}, \underline{y}_0'(k) = \min\{\underline{y}_0, y_{\text{ss}}(k)\}$$

首先, 原则上 y 都要满足操作约束, $\{\bar{y}_0, \underline{y}_0\}$ 就是操作约束界, 但当 $y_{\rm ss}(k)$ 比 $\bar{y}_0$ 还大时, 如果一定要满足 y 不大于 $\bar{y}_0$, 那么 y 就不可能到达 $y_{\rm ss}(k)$, 所以将 y 的约束上限取为 $\{y_{\rm ss}(k), \bar{y}_0\}$ 中较大的那一个; 同理, 当 $y_{\rm ss}(k)$ 比 $\underline{y}_0$ 还小时, 如果一定要满足 y 不小于 $\underline{y}_0$, 那么 y 就不可能到达 $y_{\rm ss}(k)$, 所以就只好将 y 的约束下限取为 $\{y_{\rm ss}(k), \underline{y}_0\}$ 中较小的那一个。如果 y 不可能到达 $y_{\rm ss}(k)$, 那么稳态目标计算的意义就失去了。双层最重要的特点就是让 y 达到 $y_{\rm ss}(k)$, 即实现无静差跟踪。式 (4.85) 会给理论分析带来难度。在式(4.86)中, 其中 $L = [I, I, \cdots, I]$, 也是经过精心考虑后加入的, 这个约束就是让

$$\Delta u(k+1|k), \cdots, \Delta u(k+i|k), \cdots, \Delta u(k+M-1|k)$$

的和等于在稳态目标计算中得到的 $\delta u_{\rm ss}(k)$。之所以要加入这个约束, 是因为如果不加入该约束, 所有的 y 达到了 $y_{\rm ss}$, 并不能说明所有的 u 也达到了 $u_{\rm ss}$。如果所有的 u 达到了 $u_{\rm ss}$, 那么 y 肯定达到了 $y_{\rm ss}$, 这是因为

$$y_{\rm ss}(k) = G^u u_{\rm ss}(k) + {\rm const}$$

由给定 $u_{\rm ss}(k)$ 来计算 $y_{\rm ss}(k)$, 这是正向计算, 结果具有唯一性。但是, 给定 $y_{\rm ss}(k)$ 找 $u_{\rm ss}(k)$, 是反向计算问题, 结果不一定具有唯一性; 可能有很多 $u_{\rm ss}(k)$ 对应于给定的同一个 $y_{\rm ss}(k)$。为了防止出现解决 $y_{\rm ss}(k)$ 但没解决 $u_{\rm ss}(k)$ 的问题, 通过加入约束式(4.86)来解决 $u_{\rm ss}(k)$ 的问题, 多加这样一个约束, 是增加了计算量和保守性的。为了补偿加入式(4.86)带来的保守性, 可以把 M 增加 1。一个等式约束会降低一个自由度, 假如没加式(4.86)时取 $M = 10$, 那加了式(4.86)之后改取 $M = 11$ 了, 有可能式(4.86)就不会带来保守性了。我们经过慎重考虑, 认为应该加式(4.86)。如果不加式(4.86), 那么建议把前面的 J 替换成

$$J_{\rm trml} = J + \|L\Delta\tilde{u}(k|k) - \delta u_{\rm ss}(k)\|^2_{Q_{\rm trml}}$$

trml 就是终端 (terminal)。预测控制学术理论中有一个终端加权、终端代价函数。$Q_{\rm trml}$ 取大些, 也不如式(4.86)大, 式(4.86)相当于取 $Q_{\rm trml}$ 为无穷大。取 $J_{\rm trml}$ 的话, 性能指标稍微复杂点, 但是约束少了式(4.86), 计算量可能会小一点。

在上面给出的动态控制优化问题中, 约束都是硬约束; 四个硬约束加在一起, 优化不可行时, 性能指标改为

$$J' = J + \|\underline{\varepsilon}_{\rm dc}\|^2_{\underline{\Omega}} + \|\bar{\varepsilon}_{\rm dc}(k)\|^2_{\bar{\Omega}}$$

优化问题改为

$$\min_{\underline{\varepsilon}_{\rm dc}(k), \bar{\varepsilon}_{\rm dc}(k), \Delta\tilde{u}(k|k)} J'(k)$$

$$\text{s.t.} \quad |\Delta u(k+j|k)| \leqslant \Delta\bar{u}, \quad 0 \leqslant j \leqslant M-1 \tag{4.87}$$

$$\underline{u} \leqslant u(k-1) + \sum_{l=0}^{j} \Delta u(k+l|k) \leqslant \bar{u}, \quad 0 \leqslant j \leqslant M-1 \tag{4.88}$$

$$L\Delta\tilde{u}(k|k) = \delta u_{\rm ss}(k) \tag{4.89}$$

$$\underline{y}'_0(k) - \underline{\varepsilon}_{\mathrm{dc}}(k) \leqslant y^{\mathrm{ol}}(k+i|k) + \mathscr{S}_i \Delta \tilde{u}(k|k) \leqslant \bar{y}'_0(k) + \bar{\varepsilon}_{\mathrm{dc}}(k), \ 1 \leqslant i \leqslant P \tag{4.90}$$

$$\underline{\varepsilon}_{\mathrm{dc}}(k) \leqslant \underline{y}'_0(k) - \underline{y}_{0,\mathrm{h}}, \ 1 \leqslant i \leqslant P \tag{4.91}$$

$$\bar{\varepsilon}_{\mathrm{dc}}(k) \leqslant \bar{y}_{0,\mathrm{h}} - \bar{y}'_0(k), \ 1 \leqslant i \leqslant P \tag{4.92}$$

即 y 的预测值的幅值约束变成软约束 [式(4.90)]，式(4.91)和式(4.92)保证松弛量的取值使 y 的预测值不超过工程约束。当然，如果不愿意加式(4.89)，那么可以进一步修改为

$$J' = J + \|\underline{\varepsilon}_{\mathrm{dc}}\|^2_{\underline{\Omega}} + \|\bar{\varepsilon}_{\mathrm{dc}}(k)\|^2_{\bar{\Omega}} + \|L\Delta \tilde{u}_{\mathrm{ss}}(k|k) - \delta u_{\mathrm{ss}}(k)\|^2_{Q_{\mathrm{trml}}}$$

不同于 $\{Q(k), \Lambda\}$ 都是可调参数，加权 $\{\underline{\Omega}, \bar{\Omega}\}$ 基本不用人工选择，如

$$\underline{\Omega} = \mathrm{diag}\{\underline{\omega}_1^2, \underline{\omega}_2^2, \cdots, \underline{\omega}_{n_y}^2\}$$

$\underline{\omega}_j$ 应该正比于 $(\underline{y}_{j,0} - \underline{y}_{j,\mathrm{h}})^{-1}$，即操作下限减工程下限再倒数。实际上，我们取

$$\underline{\omega}_j = (\underline{y}_{j,0} - \underline{y}_{j,\mathrm{h}})^{-1} \times \rho$$

ρ 是可调参数，以使 $\underline{\Omega}$ 和 $\{Q(k), \Lambda\}$ 的数量级匹配起来。$\underline{\omega}_j^{-1} \underline{\varepsilon}_{j,\mathrm{dc}}$ 的值为 $0 \sim 1$。当然，类似地，

$$\bar{\Omega} = \mathrm{diag}\{\bar{\omega}_1^2, \bar{\omega}_2^2, \cdots, \bar{\omega}_{n_y}^2\}, \quad \bar{\omega}_j = (\bar{y}_{j,\mathrm{h}} - \bar{y}_{j,0})^{-1} \times \rho$$

既可以只采用 J，也可以只采用 J'；也可以先采用 J，不可行以后再采用 J'。这取决于用户和软件开发者的选择。

在很多文献中，DMC 采用了另一套符号 (数学上基本等价)。例如，席裕庚教授的《预测控制》（20 世纪 90 年代初出版）中，动态矩阵一般用 A 表示；$\tilde{y}_{i,N1}(k)$ 表示预测步数为 N、控制步数为 1 情况下的第 i 个输出的 N 个预测。

不同符号体系的主要区别在于 y 和 u 预测值序列的排列顺序。把前面的 $Y_P(k|k)$ 展开一下，可以看得更清楚些，即

$$Y_P(k|k) = \begin{bmatrix} y(k+1|k) \\ y(k+2|k) \\ \vdots \\ y(k+P|k) \end{bmatrix} = \begin{bmatrix} y_1(k+1|k) \\ y_2(k+1|k) \\ \vdots \\ y_{n_y}(k+1|k) \\ y_1(k+2|k) \\ y_2(k+2|k) \\ \vdots \\ y_{n_y}(k+2|k) \\ \vdots \\ y_1(k+P|k) \\ y_2(k+P|k) \\ \vdots \\ y_{n_y}(k+P|k) \end{bmatrix} \tag{4.93}$$

在席裕庚教授的《预测控制》等经典著作里，它是这样排列的：

$$
\tilde{y}_{PM}(k) = \begin{bmatrix} \tilde{y}_{1,PM}(k) \\ \tilde{y}_{2,PM}(k) \\ \vdots \\ \tilde{y}_{n_y,PM}(k) \end{bmatrix} = \begin{bmatrix} y_1(k+1|k) \\ y_1(k+2|k) \\ \vdots \\ y_1(k+P|k) \\ y_2(k+1|k) \\ y_2(k+2|k) \\ \vdots \\ y_2(k+P|k) \\ \vdots \\ y_{n_y}(k+1|k) \\ y_{n_y}(k+2|k) \\ \vdots \\ y_{n_y}(k+P|k) \end{bmatrix} \tag{4.94}
$$

信号都是一样的，只是排列顺序不同：我们是按照预测步数逐渐增加的顺序写出来的，式(4.94)是按照 y 的下角标逐渐增加的顺序写出来的。

在式(4.93)的向量和式(4.94)的向量之间，存在一个线性（等价）变换，即

$$
\tilde{y}_{PM}(k) = \begin{bmatrix} 1 & & & & & & & \\ & & 1 & & & & & \\ & & & \ddots & & & & \\ & & & & 1 & & & \\ 0 & 1 & & & & & & \\ & & 0 & 1 & & & & \\ & & & & \ddots & & & \\ & & & & & 0 & 1 & \\ 0 & 0 & 1 & & & & & \\ & & 0 & 0 & 1 & & & \\ & & & & \ddots & & & \\ & & & & & 0 & 0 & 1 \\ \vdots & & & & & & & \\ 0 & \cdots & 0 & 1 & & & & \\ & & 0 & \cdots & 0 & 1 & & \\ & & & & \ddots & & & \vdots \\ & & & & & 0 & \cdots & 0 & 1 \end{bmatrix} Y_P(k|k)
$$

可以把变换矩阵分成 P 个块列、n_y 个块行。既然两个信号之间存在一个线性变换，前面推导的 Kalman 滤波、稳态目标计算、动态控制等所有的结论就都适合于这个经典符号体系。

例 4.4　$n_y = 5, P = 4$，前面的变换矩阵如下：

$$
\begin{bmatrix}
1 & 0 & 0 & 0 & 0 & & & & & & & & & & & & & & & \\
 & & & & & 1 & 0 & 0 & 0 & 0 & & & & & & & & & & \\
 & & & & & & & & & & 1 & 0 & 0 & 0 & 0 & & & & & \\
 & & & & & & & & & & & & & & & 1 & 0 & 0 & 0 & 0 \\
0 & 1 & 0 & 0 & 0 & & & & & & & & & & & & & & & \\
 & & & & & 0 & 1 & 0 & 0 & 0 & & & & & & & & & & \\
 & & & & & & & & & & 0 & 1 & 0 & 0 & 0 & & & & & \\
 & & & & & & & & & & & & & & & 0 & 1 & 0 & 0 & 0 \\
0 & 0 & 1 & 0 & 0 & & & & & & & & & & & & & & & \\
 & & & & & 0 & 0 & 1 & 0 & 0 & & & & & & & & & & \\
 & & & & & & & & & & 0 & 0 & 1 & 0 & 0 & & & & & \\
 & & & & & & & & & & & & & & & 0 & 0 & 1 & 0 & 0 \\
0 & 0 & 0 & 1 & 0 & & & & & & & & & & & & & & & \\
 & & & & & 0 & 0 & 0 & 1 & 0 & & & & & & & & & & \\
 & & & & & & & & & & 0 & 0 & 0 & 1 & 0 & & & & & \\
 & & & & & & & & & & & & & & & 0 & 0 & 0 & 1 & 0 \\
0 & 0 & 0 & 0 & 1 & & & & & & & & & & & & & & & \\
 & & & & & 0 & 0 & 0 & 0 & 1 & & & & & & & & & & \\
 & & & & & & & & & & 0 & 0 & 0 & 0 & 1 & & & & & \\
 & & & & & & & & & & & & & & & 0 & 0 & 0 & 0 & 1 \\
\end{bmatrix}
$$

在变换矩阵中，1 的个数恰好是 $n_y \times P$ 个；变换矩阵没有线性相关的行，是一个非奇异线性变换。

4.4　仿真算例

采用第 3 章提供的重油分馏塔模型，在平衡点附近，其连续时间传递函数矩阵如下：

$$
G^u(s) = \begin{bmatrix}
\dfrac{4.05\mathrm{e}^{-27s}}{50s+1} & \dfrac{1.77\mathrm{e}^{-28s}}{60s+1} & \dfrac{5.88\mathrm{e}^{-27s}}{50s+1} \\[2mm]
\dfrac{5.39\mathrm{e}^{-18s}}{50s+1} & \dfrac{5.72\mathrm{e}^{-14s}}{60s+1} & \dfrac{6.90\mathrm{e}^{-15s}}{40s+1} \\[2mm]
\dfrac{4.38\mathrm{e}^{-20s}}{33s+1} & \dfrac{4.42\mathrm{e}^{-22s}}{44s+1} & \dfrac{7.20}{19s+1}
\end{bmatrix}, \quad
G^f(s) = \begin{bmatrix}
\dfrac{1.20\mathrm{e}^{-27s}}{45s+1} & \dfrac{1.44\mathrm{e}^{-27s}}{40s+1} \\[2mm]
\dfrac{1.52\mathrm{e}^{-15s}}{25s+1} & \dfrac{1.83\mathrm{e}^{-15s}}{20s+1} \\[2mm]
\dfrac{1.14}{27s+1} & \dfrac{1.26}{32s+1}
\end{bmatrix}
$$

采样周期为 4。

取模型时域 $N = 100$，采用 MATLAB 指令 `tfd2step`，用以上传递函数矩阵得到针对操纵变量 u（干扰 f）的阶跃响应系数矩阵 S_i^u（S_i^f）。取

$$
\underline{u} = u_{\mathrm{eq}} + [-0.5, -0.5, -0.5]^{\mathrm{T}}, \quad \bar{u} = u_{\mathrm{eq}} + [0.5, 0.5, 0.5]^{\mathrm{T}}, \quad \Delta \bar{u}_i = \delta \bar{u}_{i,\mathrm{ss}} = 0.1
$$

$$
\underline{y}_{0,\mathrm{h}} = y_{\mathrm{eq}} + [-0.7, -0.7, -0.7]^{\mathrm{T}}, \quad \bar{y}_{0,\mathrm{h}} = y_{\mathrm{eq}} + [0.7, 0.7, 0.7]^{\mathrm{T}}
$$

$$
\underline{y}_0 = y_{\mathrm{eq}} + [-0.5, -0.5, -0.5]^{\mathrm{T}}, \quad \bar{y}_0 = y_{\mathrm{eq}} + [0.5, 0.5, 0.5]^{\mathrm{T}}
$$

$$\Delta \bar{y}_{1,\mathrm{ss}} = 0.2, \ \Delta \bar{y}_{2,\mathrm{ss}} = 0.2, \ \Delta \bar{y}_{3,\mathrm{ss}} = 0.3$$

$$f(k) = \begin{cases} f_{\mathrm{eq}}, & 0 \leqslant k \leqslant 73 \\ f_{\mathrm{eq}} + [0.20; 0.10], & 74 \leqslant k \leqslant 78 \\ f_{\mathrm{eq}}, & 79 \leqslant k \leqslant 121 \\ f_{\mathrm{eq}} + [1; -1], & k \geqslant 122 \end{cases}$$

$y_{1,\mathrm{ss}}$、$y_{2,\mathrm{ss}}$、$u_{3,\mathrm{ss}}$ 具有外部目标并且其 $\mathrm{ET_{range}}$ 均为 0.5。采用一阶惯性滤波，平滑系数 $\alpha_j = 0.5$。多优先级 SSTC 参数选取见表 4.2，在每个优先级中只有等式型软约束，或者只有不等式型软约束，含最低优先级软约束。在经济优化中，u_2 为最小动作变量，取 $h = [-2, 1, 2]$，$J_{\min} = -0.2$。$Y_N^{\mathrm{ol}}(0|0) = [y_{\mathrm{eq}}; \cdots; y_{\mathrm{eq}}]$。取 $y_{\mathrm{eq}} = 0$、$u_{\mathrm{eq}} = 0$ 和 $f_{\mathrm{eq}} = 0$。

表 4.2　多优先级 SSTC 参数选取

优先级	软约束类型	变量	理想值或上、下界	等关注偏差（LP 中加权倒数）
1	不等式	$y_{2,\mathrm{ss}}$	CV 下界	0.20
1	不等式	$y_{3,\mathrm{ss}}$	CV 上界	0.20
1	不等式	$u_{3,\mathrm{ss}}$	ET 上界	0.25
2	等式	$y_{2,\mathrm{ss}}$	$y_{2,\mathrm{eq}} - 0.6$	0.25
3	不等式	$u_{3,\mathrm{ss}}$	ET 下界	0.25
3	不等式	$y_{1,\mathrm{ss}}$	ET 下界	0.25
3	不等式	$y_{2,\mathrm{ss}}$	ET 上界	0.25
4	不等式	$y_{1,\mathrm{ss}}$	ET 上界	0.25
4	不等式	$y_{2,\mathrm{ss}}$	CV 上界	0.20
4	不等式	$y_{3,\mathrm{ss}}$	CV 下界	0.20
5	等式	$u_{3,\mathrm{ss}}$	$u_{3,\mathrm{eq}} + 0.5$	0.25
5	等式	$y_{1,\mathrm{ss}}$	$y_{1,\mathrm{eq}} + 0.7$	0.25
6	不等式	$y_{1,\mathrm{ss}}$	CV 下界	0.20
6	不等式	$y_{1,\mathrm{ss}}$	CV 上界	0.20
6	不等式	$y_{2,\mathrm{ss}}$	ET 下界	0.25

选择

$$P = 15, \ M = 8, \ \Lambda = \mathrm{diag}\{3, 5, 3\}$$

$$\bar{z} = y_{\mathrm{eq}} + [0.4; 0.4; 0.4], \ \underline{z} = y_{\mathrm{eq}} + [-0.4; -0.4; -0.4]$$

$$\underline{q}_1 = 2.0, \ \check{q}_1 = 0.5, \ \bar{q}_1 = 2.0, \underline{q}_2 = 2.0, \ \check{q}_2 = 1.0, \ \bar{q}_2 = 2.0$$

$$\underline{q}_3 = 2.5, \ \check{q}_3 = 1.0, \ \bar{q}_3 = 4.0, \rho = 0.2$$

式中，$\{\underline{q}_1, \check{q}, \bar{q}\}$ 分别为下限加权、区域加权、上限加权，并取 $u(-1) = u_{\mathrm{eq}}$，$y(0) = y_{\mathrm{eq}}$。取 $\Delta u(k) = \Delta u(k|k)$。真实系统输出用 MATLAB Simulink 和以上传递函数矩阵产生，并乘以 0.9 来代表模型与实际系统失配。仿真结果表明，SSTC 层给出的 CV 和 MV 的稳态值可以被动态控制层完全跟踪上。

本例源程序与第 5 章共用。

第 5 章　含积分过程的双层动态矩阵控制

如果没有特别说明，符号与第 4 章一致。新符号表如下所示。

n_y^r：积分 CV 数量；

$\mathbf{N}_y^r$：$\mathbf{N}_{1y}^r \bigcup \mathbf{N}_{2y}^r \bigcup \mathbf{N}_{3y}^r \bigcup \mathbf{N}_{4y}^r \bigcup \mathbf{N}_{5y}^r$，积分 CV 集合；

$\mathbf{N}_{1y}^r$：第 I 类积分 CV 集合，其中 $y_{\text{Slope,ss}}(k)$ 需要归零；

$\mathbf{N}_{2y}^r$：第 II 类积分 CV 集合，其中 $y_{\text{Slope,ss}}(k)$ 需要归零；

$\mathbf{N}_{3y}^r$：第 III 类积分 CV 集合，其中 $y_{\text{Slope,ss}}(k)$ 需要限制且最好归零；

$\mathbf{N}_{4y}^r$：第 IV 类积分 CV 集合，其中 $y_{\text{Slope,ss}}(k)$ 需要限制；

$\mathbf{N}_{5y}^r$：第 V 类积分 CV 集合，其中 $y_{\text{Slope,ss}}(k)$ 最好归零；

$y_{\text{Slope,ss}}(k)$：y 在 k 时刻的稳态速率；

$y_{\text{Slope,ss}}^{\text{ol}}(k)$：$y$ 在 k 时刻的开环稳态速率。

符号 ∇ 经常省略。

5.1　积　分　过　程

对稳定输出，在稳态的情况下，如果输入有一个阶跃变化，那么输出动态变化后渐近达到新的稳态。

如果某对输入和输出之间有一阶积分环节，在稳态的情况下，如果输入有一个阶跃变化 (图 5.1)，那么输出不会渐近达到新的稳态，而是其斜率渐近达到新的稳态。输出的斜率达到稳态，是指输出达到按一定速率变化的状态。在图 5.2 中，y^s 表示稳定输出，y^r 表示积分型输出。字母 r 即 ramp(斜坡)；在过程控制中经常把一阶积分称为斜坡 (ramp)，一阶积分变量称为斜坡变量 (ramp variable)，就是其阶跃响应渐近达到斜率不变。

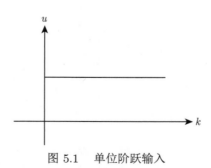

图 5.1　单位阶跃输入

例 5.1　考虑传递函数模型 $\dfrac{K\mathrm{e}^{-\tau s}}{Ts+1}$，其中 $K, \tau, T > 0$。这是一个含有时滞的稳定过程，是一个含有时滞的一阶惯性环节。加一个积分环节，即 $\left(\dfrac{K_1}{s} + \dfrac{K}{Ts+1} \right) \mathrm{e}^{-\tau s}$。$\dfrac{K_1}{s}$ 的

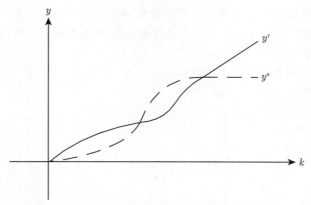

图 5.2　稳定 CV 和积分 CV 的单位阶跃响应

阶跃响应是斜率为 K_1 的直线。先画出 $\dfrac{Ke^{-\tau s}}{Ts+1}$ 的单位阶跃响应，输出在 τ 以后才开始变化，在一定时间后接近稳态。再画出 $\dfrac{K_1}{s}e^{-\tau s}$ 的单位阶跃响应，输出在 τ 以后才开始变化，以恒定的斜率 K_1 变化。$\left(\dfrac{K_1}{s}+\dfrac{K}{Ts+1}\right)e^{-\tau s}$ 的单位阶跃响应是前两者的叠加。令

$$G_1(s)=\frac{Ke^{-\tau s}}{Ts+1},\quad T=20,\quad K=1,\quad \tau=20$$

$$G_2(s)=\frac{K_1e^{-\tau s}}{s},\quad K_1=0.02,\quad \tau=20$$

$$G_3(s)=G_1(s)+G_2(s)=\left(\frac{K_1}{s}+\frac{K}{Ts+1}\right)e^{-\tau s}$$

由积分环节的 FSR 和一阶惯性环节的 FSR 叠加成新的 FSR（图 5.3）。

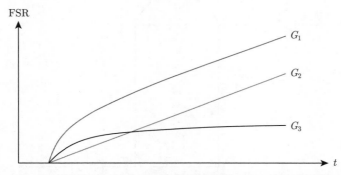

图 5.3　由积分环节的 FSR 和一阶惯性环节的 FSR 叠加成新的 FSR

在实际过程中有许多积分环节。

　　例 5.2　恒截面积液位系统，有一个进水阀门和一个出水阀门，当不考虑出水阀门阻力时，液位就是一个积分变量。当阀门入口流量和出口流量不一样时（它们之间存在一个

恒差值)，液位就按照时间积分变化。如果恒差值为正 (入口流量比出口流量大)，那么液位就直线上升。如果出水阀门有阻力，那么液位越高出水流速越大，液位越低出水流速越小，液位就不再是积分变量了。

图 5.4 为恒截面积液罐的液位系统。

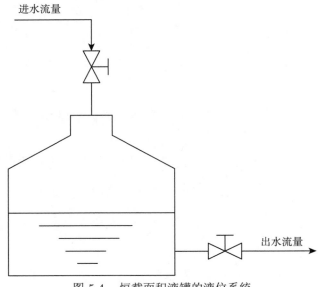

图 5.4　恒截面积液罐的液位系统

例 5.3　考虑图 5.5 中的压力罐系统。如果进气比出气快，即单位时间内进气比出气多，压力罐系统的压力就越来越大。在温度和体积不变的情况下，根据理想气体方程可知，压力罐系统内压力呈直线式增加。

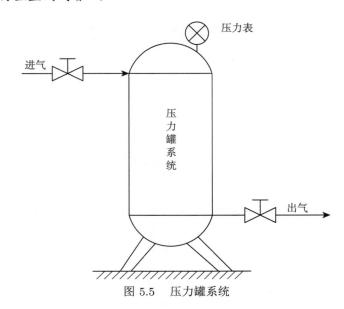

图 5.5　压力罐系统

还有很多其他类似的系统。

例 5.4　有一套装置，已确定其阶跃响应模型中，$N = 60$，采样时间 $T_s = 1\,\mathrm{min}$，则期望稳态响应时间 $NT_s = 1\mathrm{h}$。但是，其中的两个设备通过一系列中间设备连接在一起（图 5.6）。前设备输入 u_j 和后设备输出 y_i 之间的阶跃响应不是积分型的，但是稳态响应时间很长（图 5.7、图 5.8）。假设 y_i 相对 u_j 的阶跃响应接近典型的二阶惯性环节，在 1.5h 后还没有达到稳态（如仅达到稳态的 30% 左右），要到 5h 后才达到稳态；因为其他输入输出之间的稳态响应时间不大于 1h，而 y_i 相对 u_j 的阶跃响应在 1h 前后的表现和积分型输出是一样的，那就要把这个阶跃响应看成积分形式。因为本例中，如果一定要把 y_i 相对 u_j 的阶跃响应看成稳定的话，那么整套装置建模的稳态响应时间就要取为 5h，相当于牺牲了其他较快的阶跃响应（精度或者模型简便性）来照顾一个较慢的阶跃响应。

图 5.6　输入到输出响应较慢的系统

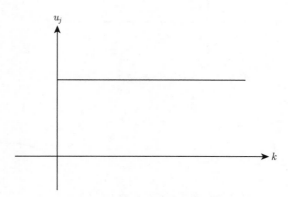

图 5.7　输入 u_j 单位阶跃变化

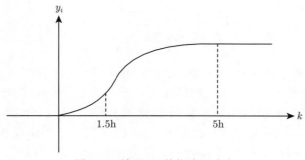

图 5.8　输出 y_i 单位阶跃响应

单位阶跃响应在 t_1 达到稳态 (图 5.9 和图 5.10);但有一个阶跃响应很慢 (图 5.11),经过长时间 t_2 才达到稳态。由于图 5.11 中的阶跃响应比较显著,如果不考虑,那么整套模型精度会有损失。

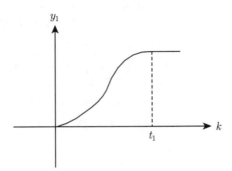

图 5.9　　单位阶跃响应在 t_1 达到稳态 1

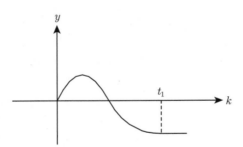

图 5.10　　单位阶跃响应在 t_1 达到稳态 2

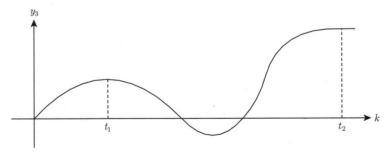

图 5.11　　单位阶跃响应在 $t_2 > t_1$ 才达到稳态

在一个系统的阶跃响应中,假如稳定 CV 的响应达到稳态 (图 5.12) 时,积分 CV 的斜率也达到稳态 (图 5.13)。在这种情况下,不一定立即按照积分 CV 模型进行处理,可以先用 PID (我们都说预测控制建立在 PID 的基础上) 把积分 CV 再控制一下,使得被 PID 再控制的 CV 呈现稳定 CV 的形态。用 PID 把一个原来是积分的 CV 变成不是积分的 CV,然后再用预测控制进行控制,这完全是合理的。这也未必浪费了资源,因为现在的 PID 一般不是用硬件实现的,而是利用 DCS 软件实现的,可以充分地利用软件资源进行 PID 组态。但是，一定有些积分 CV 不适合用 PID 先变成非积分 CV，如那种稳态响应时间过长的环节。在稳态响应时间合适的情况下，也有许多情况下的积分 CV 不适合用 PID 变成非积分 CV。在用与不用 PID 再控制的两种情况下，系统模型是不同的。可能会出现这种情况：不用 PID 再控制情况下的模型恰好更合适，而用 PID 再控制反而不合适了。

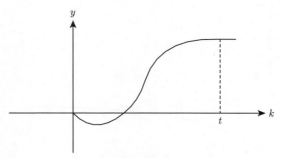

图 5.12　稳定 CV 的 FSR 达到稳态

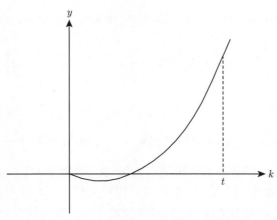

图 5.13　积分 CV 的 FSR 斜率达到稳态

　　稳定 CV 的脉冲响应到了 N 步以后基本为 0。但是，积分 CV 的脉冲响应仅是到一定时间后值渐近不变，但值不一定渐近为 0。

　　例 5.5　令 $G_1(s) = \dfrac{1}{100s^2 + 20s + 1}$ 得到 y_1 的 FIR，令 $G_2(s) = \dfrac{1}{s(100s^2 + 20s + 1)}$ 得到 y_2 的 FIR，令 $\mathrm{d}y_2$ 为 $G_2(s)$ 的 FIR 的微分，见图 5.14 。

　　如果脉冲响应不渐近为零，那么就不能使用脉冲响应模型。但是，虽然一阶积分 CV 的脉冲响应不趋于零，它的变化率却趋于零。如果考虑 y 的脉冲响应的差分，那么 $k=1$ 的差分值为 $h(1)$，$k=2$ 的差分值为 $h(2) - h(1)$，$k=3$ 的差分值为 $h(3) - h(2)$，以此类推，得到一阶积分 CV 的脉冲响应差分。可以通过在原 FIR 模型的基础上加 Δ 就可以得到差分 FIR 模型：

$$\Delta y^{\mathrm{r}}(k) = \sum_{i=1}^{N'} \left[\Delta H_{N,i}^{u,\mathrm{r}} u(k-i) + \Delta H_{N,i}^{f,\mathrm{r}} f(k-i) \right] \tag{5.1}$$

当然，不仅脉冲响应被差分，而且 y 也被差分了。

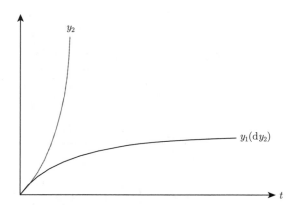

图 5.14　积分 CV 的 FIR 的微分是一个稳定 CV 的 FIR

如果考虑二阶积分 CV，那么可以采用脉冲响应的二阶差分，即

$$\Delta^2 y = \sum_{i=1}^{N} \left[\Delta^2 H_i^u u(k-i) + \Delta^2 H_i^f f(k-i) \right]$$

式中，$\Delta^2 = \Delta \times \Delta$，

$$\Delta^2 y(k) = \Delta[\Delta y(k)] = \Delta[y(k) - y(k-1)] = y(k) - 2y(k-1) + y(k-2)$$

所以也可以做二阶差分。但是目前还未见有人做过二阶积分 CV，读者感兴趣的话可以尝试。甚至可以尝试做不稳定的 CV，只要其可以用积分环节和稳定环节的和来逼近即可。对积分 CV，当然可以给 y 加上角标 r。如果是稳定 CV，那么就没必要对 FIR 差分了；当然对稳定 CV，进行 FIR 的差分也没关系，只是没什么意义。

在有差分的情况下，也可以化为阶跃响应模型，即

$$\Delta y^{\mathrm{r}}(k) = \sum_{i=1}^{N'-1} \Delta S_i^{u,\mathrm{r}} \Delta u(k-i) + \Delta S_{N'}^{u,\mathrm{r}} u(k-N')$$

$$+ \sum_{i=1}^{N'-1} \Delta S_i^{f,\mathrm{r}} \Delta f(k-i) + \Delta S_{N'}^{f,\mathrm{r}} f(k-N') \tag{5.2}$$

与稳定 CV 的 FSR 模型相比，差分模型中 CV 和阶跃响应系数都有一个 Δ，即阶跃响应系数也是差分的结果。其实很容易想到，对积分差分，相当于积分再求导一下，当然就变成没有积分了。差分类似求导，虽然从精确的数学概念来讲不是这样的。

5.2 开 环 预 测

利用式(5.2)做预报,可以得到

$$\Delta y^{r,fr}(k+p|k) - \Delta y^{r,fr}(k+p|k-1) = \Delta S_{p+1}^{u,r} \Delta u(k-1) + \Delta S_p^{f,r} \Delta f(k) \tag{5.3}$$

跟稳定 CV 相比,s 改成 r,y 和 S 前面再加个 Δ。观察式(5.3)发现 Δ 可以去掉,虽然在式(5.2)和式(5.1)中的 Δ 不可以去掉。式(5.2)和式(5.1)中的 Δ 不可以去掉,是因为不满足 $i \geqslant N$ 时 $H_i^{u,r} \to 0$。式(5.3)可以去掉 Δ,是因为这个式子并不依赖于 $i \geqslant N$ 时 $H_i^{u,r} \to 0$。去掉 Δ,即

$$y^{r,fr}(k+p|k) - y^{r,fr}(k+p|k-1) = S_{p+1}^{u,r} \Delta u(k-1) + S_p^{f,r} \Delta f(k) \tag{5.4}$$

这一点可以接受:在式(5.2)中为有限脉冲响应模型,所以不能去掉 Δ;但是式(5.4)本来就是两个 y 的差值,所以可以把 Δ 去掉。

有了式(5.4),也可以得出积分型 CV 的 Kalman 滤波。对于稳定型 CV,$x(k) \in \mathbb{R}^{(1+N)n_y}$;对积分型 CV,则 x 增加 n_y 维 (即增加 y 的维数),$x(k) \in \mathbb{R}^{(2+N)n_y}$。

例 5.6 稳定型输出 (图 5.15) 的稳态响应时间为 3,对应的积分输出在 3 步以后斜率不再变化。对于稳定型输出 $y(4) = y(3)$,但是对于积分型输出不能说 4 步处的斜率等于 3 步处的斜率。对于积分型 CV,$\Delta y(4) \neq \Delta y(3)$,但 $\Delta y(5) = \Delta y(4)$;因为有算子 Δ,斜率达到稳态要晚 1 拍。

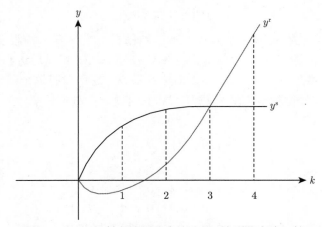

图 5.15 FSR 斜率达到稳态比 FSR 达到稳态晚一拍

要列写一个状态方程,其状态必须是系统的一个完整的内部特征的描述。这种完整性,对稳定输出,要求

$$y^s(k+N+1|k) = y^s(k+N|k)$$

对积分型输出,要求

$$\Delta y^r(k+N+2|k) = \Delta y^r(k+N+1|k)$$

所以积分型 CV 使状态增加 n_y 维。

在理论上，积分 CV 的状态维数比稳定 CV 的状态维数多 n_y，这是为了进行严格的理论对比。若状态数不够，则不能完整表达一个系统。

与稳定 CV 的 Kalman 滤波一样，积分 CV 的 Kalman 滤波也存在由于滤波增益 K_1 维数高不太方便计算的问题，所以在实际工程中一般不用基于 Riccati 方程的 K_1。

我们要给出含积分 CV 的双层 DMC。含积分 CV 是指不一定所有的 CV 都是积分 CV，只要 CV 为积分 CV 即可。对一个实际系统，在输出较多的情况下，大多数输出都不是积分输出，可能只有一两个是积分输出。稳定 CV 的开环预测方程为

$$Y_N^{s,ol}(k|k) = \mathcal{M}\{Y_N^{s,ol}(k-1|k-1)$$
$$+ \begin{bmatrix} S_1^{u,s} \\ S_2^{u,s} \\ \vdots \\ S_N^{u,s} \end{bmatrix} \Delta u(k-1)\} + \begin{bmatrix} S_1^{f,s} \\ S_2^{f,s} \\ \vdots \\ S_N^{f,s} \end{bmatrix} \Delta f(k) + \begin{bmatrix} \epsilon(k) \\ \epsilon(k) \\ \vdots \\ \epsilon(k) \end{bmatrix} \tag{5.5}$$

因为第 4 章只考虑稳定 CV，所以上角标没有加 s；现在既然考虑稳定 CV 和积分 CV，故特别加上角标 s，表示这个式子是针对稳定输出的。如一个系统有 5 个 CV，其中，4 个 CV 是稳定的，一个 CV 是积分的。当然可以分别做，即将稳定 CV 写一个式子，积分 CV 写一个式子，然后把两个式子合并。假设

$$S_{N+i}^{u,s} = S_{N-1}^{u,s}, S_{N+i}^{f,s} = S_{N-1}^{f,s}, \quad i \geqslant 0 \tag{5.6}$$

该假设表示阶跃响应系数从 $N-1$ 步以后就达到稳态，注意第 4 章假设 N 步以后就达到了稳态。假设第 4 章取 $N=31$，就能做到 CV 在 $N=31$ 步以后达到稳态，那么本章把 N 改为 32，CV 仍然在 $N-1=31$ 步以后达到稳态。之所以有这个假设 [式(5.6)] 是因为马上还要考虑积分，使得稳定 CV 和积分 CV 具有统一的处理。

在式(5.5)中，取

$$\mathcal{M} = \begin{bmatrix} 0 & I & 0 & \cdots & 0 \\ \vdots & \ddots & \ddots & \ddots & \vdots \\ 0 & \cdots & 0 & I & 0 \\ 0 & \cdots & 0 & 0 & I \\ 0 & \cdots & 0 & -I & 2I \end{bmatrix}$$

跟第 4 章有区别。第 4 章是

$$M^s = \begin{bmatrix} 0 & I \\ 0 & \begin{bmatrix} 0 & \cdots & 0 & I \end{bmatrix} \end{bmatrix}$$

对开环预测，$\mathcal{M}$ 和 M^s 是等价的。把式(5.5)最后一个式子写出来，即

$$y^{s,ol}(k+N|k) = -y^{s,ol}(k+N-2|k-1) + 2y^{s,ol}(k+N-1|k-1)$$

$$+ S_N^{u,\mathrm{s}} \Delta u(k-1) + S_N^{f,\mathrm{s}} \Delta f(k) + \epsilon(k) \tag{5.7}$$

看看是不是等价。因为假设式(5.6)，系统响应在 $N-1$ 步以后达到稳态，所以

$$y^{\mathrm{s,ol}}(k+N-1|k-1) = y^{\mathrm{s,ol}}(k+N-2|k-1) \tag{5.8}$$

注意第 4 章是 $y^{\mathrm{s,ol}}(k+N|k-1) = y^{\mathrm{s,ol}}(k+N-1|k-1)$。把式(5.8)代入式(5.7)，得到

$$y^{\mathrm{s,ol}}(k+N|k) = y^{\mathrm{s,ol}}(k+N-1|k-1) + S_N^{u,\mathrm{s}} \Delta u(k-1) + S_N^{f,\mathrm{s}} \Delta f(k) + \epsilon(k)$$

与第 4 章是一样的。由式(5.5)推理出 $y(k+N|k) = y(k+N-1|k)$，而这种关系在 k 改为 $k-1$ 时也是成立的。

稳定 CV 部分与第 4 章的唯一区别是阶跃响应由假设 N 以后不变，变成假设 $N-1$ 以后不变。N 比第 4 章的值大 1，M 就可以变成 $\mathcal{M}$，对于积分这种对象，直接将式(5.5)的 s 改为 r:

$$Y_N^{\mathrm{r,ol}}(k|k) = \mathcal{M}\{Y_N^{\mathrm{r,ol}}(k-1|k-1)$$

$$+ \begin{bmatrix} S_1^{u,\mathrm{r}} \\ S_2^{u,\mathrm{r}} \\ \vdots \\ S_N^{u,\mathrm{r}} \end{bmatrix} \Delta u(k-1)\} + \begin{bmatrix} S_1^{f,\mathrm{r}} \\ S_2^{f,\mathrm{r}} \\ \vdots \\ S_N^{f,\mathrm{r}} \end{bmatrix} \Delta f(k) + \begin{bmatrix} \epsilon(k) \\ \epsilon(k) \\ \vdots \\ \epsilon(k) \end{bmatrix} \tag{5.9}$$

注意这里的 y 前面没有加 Δ。检验式(5.9)是否正确的一个必要条件，就是 y^{s} 在 $N-1$ 步预测后不变，Δy^{r} 在 N 步预测后不变，即 y^{r} 在 N 步预测后斜率不变。根据式(5.9)，

$$y^{\mathrm{r,ol}}(k+N|k) = -y^{\mathrm{r,ol}}(k+N-2|k-1) + 2y^{\mathrm{r,ol}}(k+N-1|k-1)$$

$$+ S_N^{u,\mathrm{r}} \Delta u(k-1) + S_N^{f,\mathrm{r}} \Delta f(k) + \epsilon(k) \tag{5.10}$$

$\Delta y^{\mathrm{r,ol}}(k+p|k)$ 的定义为

$$\Delta y^{\mathrm{r,ol}}(k+N|k) = y^{\mathrm{r,ol}}(k+N|k) - y^{\mathrm{r,ol}}(k+N-1|k)$$

$$\Delta y^{\mathrm{r,ol}}(k+N+1|k) = y^{\mathrm{r,ol}}(k+N+1|k) - y^{\mathrm{r,ol}}(k+N|k)$$

把式(5.9)和式(5.10)代入 $\Delta y^{\mathrm{r,ol}}(k+N|k)$ 和 $\Delta y^{\mathrm{r,ol}}(k+N+1|k)$，可知 $\Delta y^{\mathrm{r,ol}}(k+N|k) = \Delta y^{\mathrm{r,ol}}(k+N+1|k)$。

如图 5.16 所示，计算第 N 步斜率，就是第 N 步的值减去第 $N-1$ 步的值；N 步以后斜率不变，就是指第 N 步的斜率等于第 $N+i$ (任意 $i>0$) 步的斜率。

斜率的计算公式为

$$y_{\mathrm{Slope,ss}}^{\mathrm{r,ol}}(k) \quad = y^{\mathrm{r,ol}}(k+i|k) - y^{\mathrm{r,ol}}(k+i-1|k), \quad i \geqslant N \tag{5.11}$$

式(5.11)是在先给出式(5.9)的情况下，再用 $y^{\mathrm{r,ol}}(k+N+i|k) - y^{\mathrm{r,ol}}(k+N+i-1|k)(i \geqslant 0)$。式(5.11)并没有利用其他的信息，如 $\{\Delta u(k-1), \Delta f(k)\}$，来计算斜率。

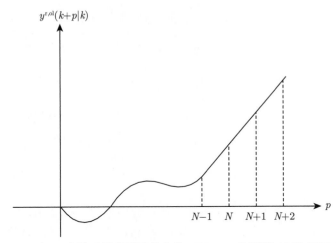

图 5.16　对 N 步以后斜率到达稳态的 FSR，一定要用 N 段 FSR 表达

式(5.9)中，对于 N 步以内所有预测值的反馈校正，如果不是取相同的值即 $\begin{bmatrix} \epsilon(k) \\ \epsilon(k) \\ \vdots \\ \epsilon(k) \end{bmatrix}$，

而是采用一种不适当的方式取值的话，就不一定能满足 N 步以后斜率不变。取固定的值 $\epsilon(k)$，该值的大小对稳态速率预测值没有影响。但是，读者应该能够对积分 CV 和稳定 CV 采用同样的固定 $\epsilon(k)$ 的做法提出质疑。对积分 CV 采用固定的 $\epsilon(k)$，就表示积分对预测误差没有额外的影响。但是，实际上积分可能会对预测误差有影响。既然能对输入、干扰的作用进行积分，当然也可能对 (由建模误差、不可测干扰等造成) 预测误差进行积分。如果预测误差被积分，那么预测方程中就应该考虑一下。对积分系统，需要有这样一个考虑。

下面把开环预测方程改为基于每一步的反馈校正：

$$Y_N^{\mathrm{r,ol}}(k|k) = \mathcal{M}\left\{ Y_N^{\mathrm{r,ol}}(k-1|k-1) + \begin{bmatrix} S_1^{u,\mathrm{r}} \\ S_2^{u,\mathrm{r}} \\ \vdots \\ S_N^{u,\mathrm{r}} \end{bmatrix} \Delta u(k-1) \right\}$$

$$+ \begin{bmatrix} S_1^{f,\mathrm{r}} \\ S_2^{f,\mathrm{r}} \\ \vdots \\ S_N^{f,\mathrm{r}} \end{bmatrix} \Delta f(k) + \begin{bmatrix} \mathrm{e}^{\mathrm{r}}(k+1|k) \\ \mathrm{e}^{\mathrm{r}}(k+2|k) \\ \vdots \\ \mathrm{e}^{\mathrm{r}}(k+N|k) \end{bmatrix} \tag{5.12}$$

这样就要求：$\mathrm{e}^{\mathrm{r}}(k+i|k)$ 在 N 步后预测斜率不变。与之相比，稳定 CV(第 4 章) 要求 $\mathrm{e}^{\mathrm{s}}(k+i|k)$ 在 $N-1$ 步以后预测值不变。要让 $\mathrm{e}^{\mathrm{r}}(k+i|k)$ 在 N 步后预测斜率不变，有一个方法就是让

$$\mathrm{e}_j^{\mathrm{r}}(k+i|k) = \epsilon_j(k) + i\sigma_j\epsilon_j(k) = (1+i\sigma_j)\epsilon_j(k)$$

把每一个 j 对应值都单独算。这里画个 $e_j^r(k+i|k)$ 的曲线，如图 5.17 所示，在采样点 $i = 1, 2, 3, \cdots$ 上值对上即可；采样点中间这个线怎么取没有要求，画直线还是画折线都没有关系。

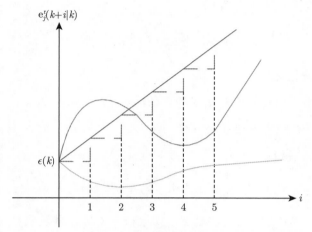

图 5.17   积分 CV 开环预测反馈校正曲线的不同取法

实际上 $\{e^r, e^s\}$ 有很多种取法，只要满足 N 步以后值或斜率不变即可。例如，对于积分 CV，图 5.17 中的两个曲线就可以。对稳定 CV 的反馈校正也是一样的，也可以不恒定地取 $\epsilon(k)$，取图 5.18 中的两个曲线。因为很难对 $e_j(k+i|k)$ 了解得更准确，所以现在反馈校正的习惯做法就是：将稳定 CV 取为固定值，在固定值的基础上对积分 CV 再加上一条斜线。所以，对于积分 CV，反馈校正就是一条斜线，那么 $e_j^r(k+i|k)$ 到 $i = N$ 以后斜率不会变，所以它不影响构造式(5.12)的合理性。对于 σ_j，文献中有标准的叫法，称为旋转因子，一般取 $0 \leqslant \sigma_j \leqslant 1$。

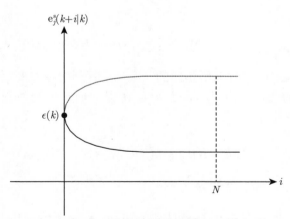

图 5.18   稳定 CV 开环预测反馈校正曲线的不同取法

总之，不管是稳定 CV 还是积分 CV，我们都采用统一的 $\mathcal{M}$。这表示对含有积分 CV 的系统，能得到一个统一的开环预测，其中稳定 CV 取 $\sigma_j = 0$，积分 CV 取 $\sigma_j \geqslant 0$。对积分 CV 和稳定 CV，开环预测公式是一样的，其中积分旋转因子只有对积分 CV 才有作用；对稳定 CV，不取 $\sigma_j = 0$ 可能会出问题。

对于积分 CV，已知未来 N 步的开环预测值和 N 步开始的不变斜率，那么 N 步以后的开环预测也可以容易地进行计算了。

5.3　稳态目标计算

5.3.1　第一步，问题描述

与稳定 CV 相比，积分 CV 有更多的复杂性。

1. 第一点：有一个稳态速率预测方程

对稳定 CV，已经得到

$$y^{\mathrm{s}}_{\mathrm{ss}}(k) = S^{u,\mathrm{s}}_N \delta u_{\mathrm{ss}}(k) + y^{\mathrm{s,ol}}_{\mathrm{ss}}(k) \tag{5.13}$$

这是第 4 章得到的，这次加一个 s。显然，如果积分 CV 不能达到稳态，那么也就不可能有这个式子。

让斜率在稳态时达到 0，即

$$y^{\mathrm{r,ol}}_{\mathrm{Slope,ss}}(k) + H^{u,\mathrm{r}}_N \delta u_{\mathrm{ss}}(k) = 0 \tag{5.14}$$

式中，$H^{u,\mathrm{r}}_N = S^{u,\mathrm{r}}_{N+i} - S^{u,\mathrm{r}}_{N-1+i} (i \geqslant 0)$ 或 $R^{u,\mathrm{r}} = S^{u,\mathrm{r}}_{N+i} - S^{u,\mathrm{r}}_{N-1+i} (i \geqslant 0)$，$R^{u,\mathrm{r}}$ 是指阶跃响应系数矩阵在 N 步以后 (即从 N 步开始) 的变化率，即 N 步以后的脉冲响应系数。式(5.14)表示计算一个 $\delta u_{\mathrm{ss}}(k)$，乘上 $R^{u,\mathrm{r}}$ 以后正好能抵消 $y^{\mathrm{r,ol}}_{\mathrm{Slope,ss}}(k)$。这里开环斜率 $y^{\mathrm{r,ol}}_{\mathrm{Slope,ss}}(k)$ 已经没法再改变了，而 $R^{u,\mathrm{r}}\delta u_{\mathrm{ss}}(k)$ 是闭环控制的影响。假设控制时域为 M，那么在动态控制中，M 步 MV 变化正好实现 $\delta u_{\mathrm{ss}}(k)$。因此，式(5.14)等价于 $y^{\mathrm{r}}_{\mathrm{Slope,ss}}(k+M|k) = 0$，其中

$$y^{\mathrm{r}}_{\mathrm{Slope,ss}}(k+M|k) = y^{\mathrm{r,ol}}_{\mathrm{Slope,ss}}(k) + H^{u,\mathrm{r}}_N \delta u_{\mathrm{ss}}(k) \tag{5.15}$$

$y^{\mathrm{r}}_{\mathrm{Slope,ss}}(k+M|k)$ 表示在 k 时刻所预测的 $k+M$ 时刻的稳态变化速率。注意这个值并不表示 $k+M$ 时刻的变化率预测，而是 $k+M$ 那个时刻的稳态变化率预测。准确地说，$y^{\mathrm{r}}_{\mathrm{Slope,ss}}(k+M|k) = 0$ 是指

$$y(k+M+N|k) - y(k+M+N-1|k) = 0$$

如果再加上 i 也可以了，那么就变为

$$y(k+M+N+i|k) - y(k+M+N-1+i|k) = 0, \quad i \geqslant 0$$

上式表示从 $k+M+N-1$ 这个时刻开始的输出的预测值的斜率为 0。总之

$$y^{\mathrm{r,ol}}_{\mathrm{Slope,ss}}(k) + R^{u,\mathrm{r}}\delta u_{\mathrm{ss}}(k) = 0$$

$$\Leftrightarrow y_{\mathrm{Slope,ss}}^{\mathrm{r}}(k + M|k) = 0$$

$$\Leftrightarrow y(k + M + N + i|k) - y(k + M + N - 1 + i|k) = 0, \quad i \geqslant 0$$

式(5.14)称为速率平衡方程。式(5.15)是

$$y_{\mathrm{Slope,ss}}^{\mathrm{r}}(k + i + 1|k) = y_{\mathrm{Slope,ss}}^{\mathrm{r}}(k + i|k) + R^{u,\mathrm{r}}\Delta u(k + i|k) \tag{5.16}$$

的特例。如果考虑 $k + i$ 和 $k + i + 1$ 这两步的稳态速率预测之间的关系，那么 $R^{u,\mathrm{r}}$ 就不应该乘以 $\delta u_{\mathrm{ss}}(k)$，而是应该乘以 $\Delta u(k + i|k)$。式(5.15)和式(5.16)称为稳态速率方程。

式(5.14)速率平衡方程是有可能在积分 CV 的 SSTC 中考虑的约束之一。

2. 第二点：有一个稳态预测方程

要关注一下控制时域为 M 时的稳态值 $y_{\mathrm{ss}}^{\mathrm{r}}(k)$。如果速率平衡方程不能满足，那么闭环预测也不可能达到稳态，因为闭环稳态速率不为 0。如果速率平衡方程满足，那么就表示闭环预测能达到一个稳态值，即能做出闭环稳态预测。在闭环稳态速率为 0 的情况下，闭环稳态预测是 $y_{\mathrm{ss}}^{\mathrm{r}}(k) = y^{\mathrm{r}}(k + M + N - 1|k)$ 这个值，即

$$\begin{aligned}
&y_{\mathrm{ss}}^{\mathrm{r}}(k) \\
&= y^{\mathrm{r}}(k + M + N - 1|k) \\
&= y^{\mathrm{r,ol}}(k + M + N - 1|k) + \sum_{i=0}^{M-1} S_{M+N-1-i}^{u,\mathrm{r}}\Delta u(k + i|k)
\end{aligned}$$

后面这个等式是根据阶跃响应模型得到的，即闭环预测等于开环预测加未来 MV 变化的影响。我们在第 4 章稳定 CV 时写过开环预测与闭环预测之间的关系。类似的关系对积分输出也都是成立的。$y^{\mathrm{r,ol}}(k + M + N - 1|k)$ 相当于开环响应 (即自由响应加上反馈校正)，$\sum_{i=0}^{M-1} S_{M+N-1-i}^{u,\mathrm{r}}\Delta u(k + i|k)$ 相当于受迫响应。对开环响应 $y^{\mathrm{r,ol}}(k + M + N - 1|k)$，就要用到前面的稳态速率模型 [式(5.16)] 了；因为开环响应在 N 步以后斜率恒为 $y_{\mathrm{Slope,ss}}^{\mathrm{r,ol}}(k)$，故

$$y^{\mathrm{r,ol}}(k + M + N - 1|k) = y^{\mathrm{r,ol}}(k + N - 1|k) + M y_{\mathrm{Slope,ss}}^{\mathrm{r,ol}}(k)$$

但实际上也可以写成

$$y^{\mathrm{r,ol}}(k + M + N - 1|k) = y^{\mathrm{r,ol}}(k + N|k) + (M - 1) y_{\mathrm{Slope,ss}}^{\mathrm{r,ol}}(k)$$

在受迫响应中，$S_{M+N-1-i}^{u,\mathrm{r}}$ 表示阶跃响应的第 $M + N - 1 - i$ 个系数；将受迫响应写为

$$\sum_{i=0}^{M-1} S_{M+N-1-i}^{u,\mathrm{r}}\Delta u(k + i|k) = \sum_{i=0}^{M-1} [S_N^{u,\mathrm{r}} + (M - 1 - i)R^{u,\mathrm{r}}]\Delta u(k + i|k)$$

第 4 章开环响应按照 N 步以后不变，所以本章受迫响应按照 N 步以后阶跃响应系数的斜率不变。整理得

$$y_{ss}^{r}(k) = y^{r,ol}(k+N|k) + (M-1)y_{Slope,ss}^{r,ol}(k)$$
$$+ \sum_{i=0}^{M-1}[S_N^{u,r} + (M-1-i)H_N^{u,r}]\Delta u(k+i|k)$$

上式利用了已知的开环预测结果。再整理一下

$$y_{ss}^{r}(k) = y_{ss}^{r,ol}(k+N|k) + (M-1)y_{Slope,ss}^{r,ol}(k) + S_N^{u,r}\delta u_{ss}(k) + H_N^{u,r}\delta u_b(k) \tag{5.17}$$

式中，$y_{ss}^{r,ol}(k+N|k) + (M-1)y_{Slope,ss}^{r,ol}(k)$ 是开环预测模块已知的；受迫响应 $S_N^{u,r}\delta u_{ss}(k) +$ $R^{u,r}\delta u_b(k)$ 是 SSTC 要计算的，其中合并关于 $S_N^{u,r}$ 的同类项，提取出 $\sum_{i=0}^{M-1}\Delta u(k+i|k)$ 凑成 $\delta u_{ss}(k)$。$\delta u_b(k)$ 是一个新的符号：

$$\delta u_b(k) = \sum_{i=0}^{M-2}(M-1-i)\Delta u(k+i|k) \tag{5.18}$$

之所以一定要得到式(5.17)，是因为 $\delta u_{ss}(k)$ 是 SSTC 的决策变量，应把 $y_{ss}^{r}(k)$ 写成关于决策变量的表达式。这个 $\delta u_b(k)$ 是无法避免的，首先因为积分 CV。对于稳定 CV，其 $R^{u,r}=0$，所以就没有 $R^{u,r}\delta u_b(k)$ 这一项了。或者说对稳定 CV 就没有 $\delta u_b(k)$ 这一项，积分输出才会产生 $\delta u_b(k)$。积分 CV 的一个特殊性在于闭环稳态预测值和 MV 动态变化过程有关。如果稳态预测仅与稳态信息有关，那么问题就比较简单，但积分 CV 具有稳态跟动态相关的特点。在稳态目标计算里不能做动态控制的事，所以不能将 $\Delta u(k+i|k)$ 作为决策变量。如果在稳态目标计算里把所有的

$$\Delta u(k+i|k), \ \ 0 \leqslant i \leqslant M-1$$

作为决策变量，那么稳态目标计算就做了动态控制的事了，这样就不合适了。或者说，如果稳态目标计算把动态控制的任务完成了，那么就不再需要动态控制；这样，稳态目标计算和动态控制在功能上没有实现分离，并不是这里该讨论的问题。

　　文献 [18] 首先给出 $\delta u_b(k)$。尽管对积分问题的处理在 20 世纪 80 年代就有，但涉及该问题的文献并不多，讨论得较少，但是文献 [18] 把积分 CV 当作一回事。文献 [18] 没有说明 $\delta u_b(k)$ 再进一步怎么处理，仅说在优化 $\delta u_b(k)$ 时也要满足 $\delta u_b(k)$ 相应的约束，并没有给出具体满足的约束。在 SSTC 中如何处理 $\delta u_b(k)$，可以说是一个难题。

　　我们试着解决这个难题，令

$$H_N^{u,r}\delta u_b(k) = \frac{M-1}{2}\Xi H_N^{u,r}\delta u_{ss}(k) \tag{5.19}$$

式中，Ξ 为可调参数组成的对角矩阵。有了式(5.19)，就可以将 $H_N^{u,r}\delta u_b(k)$ 用 $\delta u_{ss}(k)$ 来表

示了，那么速率平衡时的稳态预测为

$$y_{ss}^r(k) = y^{r,ol}(k+N|k) + (M-1)y_{Slope,ss}^{r,ol}(k) + \left(S_N^{u,r} + \frac{M-1}{2}\Xi H_N^{u,r}\right)\delta u_{ss}(k) \tag{5.20}$$

$$= y^{r,ol}(k+N|k) + T^{u,r}\delta u_{ss}(k)$$

式中，$T^{u,r} = S_N^{u,r} - \frac{M-1}{2}(2I - \Xi)H_N^{u,r}$。

总之，通过加入式(5.19)这样一个限制，得到了积分输出的稳态预测 $y_{ss}^r(k)$。得到 $y_{ss}^r(k)$ 才可以给它加上幅值约束。基于此，积分 CV 分为两种：一种能够得到 $y_{ss}^r(k)$ 并处理幅值约束，另一种则不能得到 $y_{ss}^r(k)$ 且无法处理幅值约束。

3. 第三点：闭环稳态速率约束

速率不平衡时就没有稳态模型，故引入一个速率约束：

$$\underline{y}_{Slope,ss}^r \leqslant y_{Slope,ss}^{r,ol}(k) + R^{u,r}\delta u_{ss}(k) \leqslant \bar{y}_{Slope,ss}^r \tag{5.21}$$

限制 $y_{Slope,ss}^{r,ol}(k) + R^{u,r}\delta u_{ss}(k)$ 在一定范围内变化。这个范围要根据某一个信号来定义，这个信号是

$$\breve{y}_{j,ss}^r(k) = \kappa_j y_{j,sp}^r + (1-\kappa_j)y_j^r(k) \tag{5.22}$$

对比动态控制设定值：

$$\hat{y}_{j,ss}^r(k) = \begin{cases} \kappa_j y_{j,sp}^r + (1-\kappa_j)\underline{y}_{j,\star}, & y_j^r(k) \leqslant \underline{y}_{j,\star} \\ \kappa_j y_{j,sp}^r + (1-\kappa_j)y_j^r(k), & \underline{y}_{j,\star} \leqslant y_j^r(k) \leqslant \bar{y}_{j,\star} \\ \kappa_j y_{j,sp}^r + (1-\kappa_j)\bar{y}_{j,\star}, & y_j^r(k) \geqslant \bar{y}_{j,\star} \end{cases}$$

$$y_{j,ss}^r(k+i|k) = \hat{y}_{j,ss}^r(k) + iy_{j,Slope,ss}^r(k+M|k), \quad j \in \bigcup_{l=2,3,4,5}\mathbb{N}_{ly}^r \tag{5.23}$$

$y_j^r(k)$ 表示第 j 个 y 在 k 时刻的测量值；对有些积分 CV，因为 SSTC 不会给出其设定值，要人工额外给出一个 $y_{j,sp}^r$，称为外部设定值 (external setpoint)。这个 external setpoint 不等同于 external target (理想值)。

对积分输出的处理，有一种主观的性质。例如，对于液位系统，其稳态值停留在位置 A 好还是停留在位置 B 好呢？其实都可以，只要液体不跑冒和清空，那稳态值大一点还是小一点没有什么区别。但是，会有一个倾向，如圆柱形液罐，液位稳态目标在 50% 可能最安全，如图 5.19 所示。

如图 5.20 所示，根据一个参数 L 来定斜率约束：

(1) 若 $\breve{y}_{j,ss}^r(k)$ 在安全区，则允许 CV 的稳态预测值按照一定斜率变化，但在 L 步内不会跑出安全区 (进入平衡区)。所以斜率就画出来了，稳态速率上限为 $\frac{h_1}{L}$，稳态速率下限为 $-\frac{h_2}{L}$。

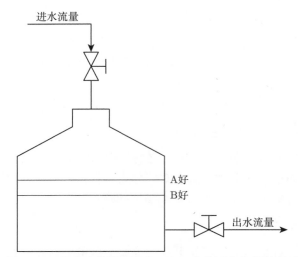

图 5.19　积分液位的设定值，在一定范围内取值都可以

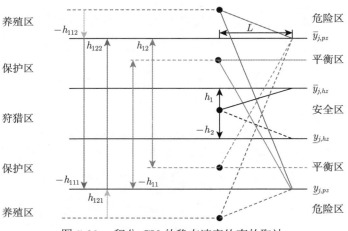

图 5.20　积分 CV 的稳态速率约束的取法

(2) 若 $\breve{y}^{r}_{j,\mathrm{ss}}(k)$ 在上平衡区内，则速率上限为零，速率下限为 $-\dfrac{h_{11}}{L}$。同理，若 $\breve{y}^{r}_{j,\mathrm{ss}}(k)$ 在下平衡区内，则速率下限为零，速率上限为 $\dfrac{h_{12}}{L}$。

(3) 若 $\breve{y}^{r}_{j,\mathrm{ss}}(k)$ 在上危险区内，则速率上限为 $-\dfrac{h_{112}}{L}$，速率下限为 $-\dfrac{h_{111}}{L}$。同理，若 $\breve{y}^{r}_{j,\mathrm{ss}}(k)$ 在下危险区内，速率下限为 $\dfrac{h_{121}}{L}$，速率上限为 $\dfrac{h_{122}}{L}$。

L 并没有一个具体的名字。设置 L 及在不同的区域内如何处理,这种思路来源于 Aspen Tech 软件的说明书。但是 Aspen Tech 软件说明书没有明确写出应该怎么做，我们根据它的一些文字性描述来构造出以上的解决方案。

例如，通过什么条件来判断落在哪个区域内，这是一个复杂的问题。或者由测量值来判断，或者设置一个 External Setpoint 来判断，或者根据开环预测值来判断。所以我们就这样构造一下。我们选择了几个好听的名字,安全区也称为狩猎区,平衡区也称为保护区,危险区也称为养殖区。这种命名方式类似于一种仿生学的观点。注意这三类区的划分和 CV 的操作限、工程限、有效限不是一回事。

总结:若积分型 CV 已经进入危险区 (养殖区),则在至多 L 个控制周期内将其拉回到平衡区 (保护区) 和安全区 (狩猎区);若积分型 CV 已经位于平衡区 (保护区),则阻止其向紧邻的危险区 (养殖区) 靠近;若积分型 CV 位于安全区 (狩猎区),则允许其变化但在 L 个控制周期内达不到平衡区 (保护区)。

对于积分 CV,无非是速率平衡和速率不平衡两种情况。速率平衡就可以得到稳态预测模型。所以对速率平衡的情况,既可以考虑稳态模型 (考虑稳态模型就表示要考虑幅值约束),也可以不考虑稳态模型。对于速率不平衡的情况,就不可能考虑稳态模型,只能考虑稳态速率约束。所以,我们把积分型 CV 分为五种类型。

5.3.2 第二步,积分 CV 的分类

表 5.1 为积分 CV 分类表。

表 5.1　积分 CV 分类表

I. 平衡经济型积分 (1) 速率平衡方程 (硬约束) (2) 稳态软硬约束 (3) 自拟 + 已有文献	平衡就是满足稳态速率平衡方程, 即满足式(5.14)。该类积分还要满足 稳态值式(5.20)的幅值软、硬约束。 之所以称为经济型,是因为稳态值 $y_{ss}^r(k)$ 可以参与经济优化。稳态幅值 软硬约束对经济优化结果有影响。 已有文献给出 $\delta u_b(k)$,尽管没有详细的 约束处理
II. 失衡禁止型积分 (1) 速率平衡方程 (硬约束) (2) 文献已有 (3) Aspen Tech 中有	失衡禁止就是满足速率平衡方程。 对于该类积分,不考虑稳态幅值软硬约束, 因为其稳态值跟经济目标函数没有关联。 Aspen Tech 的软件说明书只给出一些 文字性的说明,并没有具体的细节
III. 期望平衡型 (1) 速率平衡软约束 (2) Aspen Tech 软件说明书中有	满足速率平衡软约束,不同于前两种积 分。Aspen Tech 软件说明书中没有提供具 体实现细节
IV. 失衡允许型积分 Aspen Tech 软件说明书中有	不要速率平衡,也不需要速率平衡软约束。 Aspen Tech 软件说明书中没有提供具 体实现细节
V. 伪积分 (1) Aspen Tech 软件说明书中有 (2) 席裕庚教授著《预测控制》中有	伪积分并不是真正的积分,其阶跃响应 达到稳态的时间过长,远远超出控制器 所选的 N。与 Aspen Tech 软件说明书和 专著《预测控制》相比,我们的处理方 法并不一样
II–V 这四类积分,我们主要根据 Aspen Tech 软件说明书进行介绍;为了处理稳态幅值的软硬约束,我们引入了 I 类积分。Aspen Tech 的软件说明书中有相关的信息,因此其工程可信度较高。关于 I 类积分的效果如何,还需要进行更多实际工程的验证	
I. 平衡经济型积分 CV (✓1) 速率平衡方程 (硬约束) (✓2) 稳态软硬约束 (×3) 稳态速率不等式约束	满足速率平衡方程并符合稳态软硬约束。 由于满足了速率平衡的条件,则不再考虑稳态速率 不等式约束 [式(5.21)]

Ⅱ. 失衡禁止型积分 CV (✓1) 速率平衡方程 (硬约束) (×2) 稳态软硬约束 (!×3) 稳态速率不等式约束	满足速率平衡方程, 不考虑稳态软硬约束, 也不考虑稳态速率不等式约束。注意区分稳态约束和稳态速率约束
Ⅲ. 期望平衡型 CV (1) 速率平衡软约束 (×2) 稳态软硬约束 (✓3) 稳态速率不等式约束 (?4) 不平衡时间过长, 停止运行	速率平衡作为软约束, 故速率不一定平衡, 因此就没有稳态软硬约束。注意前面 Ⅰ、Ⅱ 类积分都没有稳态速率不等式约束。对 Ⅲ 类积分还要加一条: 速率不平衡时间过长, 停止运行。既然期望速率是平衡的, 如果很长一段时间都不平衡, 那么就停止运行
Ⅳ. 失衡允许型积分 CV (×1) 速率平衡 (×2) 稳态软硬约束 (✓3) 稳态速率不等式约束	不考虑速率平衡连软约束, 因此就不可能考虑稳态约束, 当然就要考虑稳态速率不等式约束了
Ⅴ. 伪积分 (1) 速率平衡软约束 (×2) 稳态软硬约束 (×3) 稳态速率不等式约束 (?4) 不平衡时间过长, 停止运行	需要考虑加速率平衡软约束。因为速率不一定平衡, 所以不可能考虑稳态软硬约束。不考虑稳态速率不等式约束。同 Ⅲ 类积分一样, 如果不平衡时间过长, 那么系统将停止运行

Ⅳ、Ⅴ 类积分的约束是最宽松的。Ⅴ 类积分不考虑稳态速率约束; 因为 Ⅳ 类积分根本不期望速率平衡, 所以也不用考虑连续不平衡时间。Ⅰ、Ⅱ 类积分都是强制速率平衡, 其他类不强制速率平衡; Ⅰ–Ⅳ 类积分都要求速率满足某种硬性约束, 而 Ⅴ 类积分没有这种硬性约束。注意 Ⅰ、Ⅱ 类积分强制要求稳态速率为零, 相当于稳态速率约束的上下限都为零。只有 Ⅰ 类积分考虑稳态软硬约束。五类积分考虑的约束不一样, 有的考虑硬约束, 有的考虑软约束, 考虑硬约束时具体数量、类型又不一样。

对于 Ⅰ、Ⅱ 类积分, 相当于只有平衡区, 因为稳态速率已经平衡了; 对于 Ⅲ、Ⅳ 类积分, 有三个区 (安全区、平衡区、危险区); 对于 Ⅴ 类积分, 只有安全区。

与稳定 CV 相比, Ⅰ 类积分 CV 还多了一个约束, 即多了一个速率平衡约束; Ⅱ 类积分 CV 多了一个速率平衡约束, 但少了稳态软硬约束; Ⅲ 类积分多了一个速率平衡软约束和速率不等式硬约束, 但少了稳态软硬约束; Ⅳ 类积分多了一个速率不等式硬约束, 但少了稳态软硬约束; Ⅴ 类积分多了一个速率平衡软约束, 但少了稳态软硬约束。速率平衡软约束类似于 ET 等式约束。在实际操作过程中, 只需要按照积分环节的物理属性来选择合适的类型即可。

5.3.3　第三步, SSTC 的约束

对于稳定 CV, 所有第 4 章的约束都适合于本章。对积分 CV 的约束进行特殊考虑。
CV 硬 (工程) 约束:

$$S_{N,j}^{u,\mathrm{s}} \delta u_{\mathrm{ss}}(k) \leqslant \bar{y}_{j,\mathrm{h}}^{\mathrm{s}}(k), \quad j \in \mathbb{N}_y^{\mathrm{s}} \tag{5.24}$$

$$S_{N,j}^{u,\mathrm{s}} \delta u_{\mathrm{ss}}(k) \geqslant \underline{y}_{j,\mathrm{h}}^{\mathrm{s}}(k), \quad j \in \mathbb{N}_y^{\mathrm{s}} \tag{5.25}$$

$$T_j^{u,\mathrm{r}} \delta u_{\mathrm{ss}}(k) \leqslant \bar{y}_{j,\mathrm{h}}^{\mathrm{r}}(k), \quad j \in \mathbb{N}_{1y}^{\mathrm{r}} \tag{5.26}$$

$$T_j^{u,\mathrm{r}}\delta u_{\mathrm{ss}}(k) \geqslant \underline{y}_{j,\mathrm{h}}^{\mathrm{r}}(k), \quad j \in \mathbb{N}_{1y}^{\mathrm{r}} \tag{5.27}$$

式 (5.24) 和式 (5.25) 与第 4 章中公式相同，$\mathbb{N}_y^{\mathrm{s}}$ 是稳定的 y 的下标集。对 I 类积分 CV 进行类似的处理，但 S_u^{s} 变成 T_u^{r}，$\mathbb{N}_{1y}^{\mathrm{r}}$ 是 I 类积分 CV 的下标集。只有 I 类积分和稳定 CV 有 CV 硬 (工程) 约束。

继续考虑硬约束。I、II 类积分都有速率平衡方程，III、IV 类积分还有速率不等式硬约束，把这些速率类硬约束放在一起：

$$H_{N,j}^{u,\mathrm{r}}\delta u_{\mathrm{ss}}(k) = -y_{j,\mathrm{Slope,ss}}^{\mathrm{r,ol}}(k), \quad j \in \mathbb{N}_{1y}^{\mathrm{r}} \bigcup \mathbb{N}_{2y}^{\mathrm{r}} \tag{5.28}$$

$$H_{N,j}^{u,\mathrm{r}}\delta u_{\mathrm{ss}}(k) \leqslant \bar{y}_{j,\mathrm{Slope,ss}}^{\mathrm{r}}(k) - y_{j,\mathrm{Slope,ss}}^{\mathrm{r,ol}}(k), \quad j \in \mathbb{N}_{3y}^{\mathrm{r}} \bigcup \mathbb{N}_{4y}^{\mathrm{r}} \tag{5.29}$$

$$H_{N,j}^{u,\mathrm{r}}\delta u_{\mathrm{ss}}(k) \geqslant \underline{y}_{j,\mathrm{Slope,ss}}^{\mathrm{r}}(k) - y_{j,\mathrm{Slope,ss}}^{\mathrm{r,ol}}(k), \quad j \in \mathbb{N}_{3y}^{\mathrm{r}} \bigcup \mathbb{N}_{4y}^{\mathrm{r}} \tag{5.30}$$

现在考虑 CV 软约束。

对于稳定 CV，软 (操作) 约束与第 4 章相同：

$$S_{N,j}^{u,\mathrm{s}}\delta u_{\mathrm{ss}}(k) \leqslant \bar{y}_j^{\mathrm{s}}(k), \quad j \in \mathbb{N}_y^{\mathrm{s}} \tag{5.31}$$

$$S_{N,j}^{u,\mathrm{s}}\delta u_{\mathrm{ss}}(k) \geqslant \underline{y}_j^{\mathrm{s}}(k), \quad j \in \mathbb{N}_y^{\mathrm{s}} \tag{5.32}$$

对 I 类积分 CV 进行类似的处理，但 S_u^{s} 变成 T_u^{r}：

$$T_j^{u,\mathrm{r}}\delta u_{\mathrm{ss}}(k) \leqslant \bar{y}_j^{\mathrm{r}}(k), \quad j \in \mathbb{N}_{1y}^{\mathrm{r}} \tag{5.33}$$

$$T_j^{u,\mathrm{r}}\delta u_{\mathrm{ss}}(k) \geqslant \underline{y}_j^{\mathrm{r}}(k), \quad j \in \mathbb{N}_{1y}^{\mathrm{r}} \tag{5.34}$$

只有 I 类积分和稳定型 CV 有 CV 软 (操作) 约束。II、IV 类积分不会增加 CV 相关软约束，但 III、V 类积分还有速率平衡软约束：

$$H_{N,j}^{u,\mathrm{r}}\delta u_{\mathrm{ss}}(k) = -y_{j,\mathrm{Slope,ss}}^{\mathrm{r,ol}}(k), \quad j \in \mathbb{N}_{3y}^{\mathrm{r}} \bigcup \mathbb{N}_{5y}^{\mathrm{r}} \tag{5.35}$$

经过以上列写，五类积分都有自己的硬约束或软约束了。与稳定 CV 相比，积分 CV 在约束的总数量上可能增加、减少或者不变。

此外，还有 ET 相关的软约束。关于 MV 的部分省略，与第 4 章相同；关于稳定 CV，也与第 4 章相同。

I 类积分，可能有 ET，其他类积分不可能有 ET。所以，只有 I 类积分和稳定 CV，即当 $j \in \mathbb{N}_y^{\mathrm{s}} \bigcup \mathbb{N}_{1y}^{\mathrm{r}}$ 时，可能有 ET；当 $\mathbb{N}_y^{\mathrm{s}}$ 里有 ET 时，处理方法同第 4 章，$\mathbb{N}_{1y}^{\mathrm{r}}$ 里有 ET 则进行类似的处理，无非就是增益阵 S 改为 T 阵。S 是阶跃响应系数，T 是由阶跃响应系数和可调参数组成的，并具有一定的人为性。这里，关于 ET 的约束就不一一列举了。

积分 CV 与稳定 CV 的软约束的对比表如表 5.2 所示。

表 5.2　积分 CV 与稳定 CV 的软约束的对比表

(1) 积分型 CV 速率平衡方程 (新)	与第 4 章相比是新的, 但与其他等式软约束的处理没有区别
(2) ETMV(第 4 章)	MV 的理想值是等式软约束
(3) ET 上下界 4MV(第 4 章)	MV 的 ET 的上下界软约束
(4) ETCV(第 4 章 + 新)	CV 的理想值, 除了针对稳定 CV, 也针对 I 类积分 CV
(5) ET 上下界 4CV(第 4 章 + 新)	CV 的 ET 的上下界软约束, 除了针对稳定 CV, 也针对 I 类积分 CV 除了针对稳定 CV, 也针对 I 类积分 CV。
(6) CV 软约束 (操作限)(第 4 章 + 新)	比较一下, 多数软约束都在第 4 章处理过了, 虽然有新的软约束, 其处理类似

所以, SSTC 具体技术类比第 4 章, 这里就不写了。但注意, SSTC 仅能给出 $j \in \mathbb{N}_y^s \bigcup \mathbb{N}_{1y}^r$ 的 $y_{j,\mathrm{ss}}(k)$, 不能给出给 $j \in \bigcup_{i=2}^{5} \mathbb{N}_{iy}^r$ 的 $y_{j,\mathrm{ss}}(k)$。如果不给出后四类积分的 $y_{j,\mathrm{ss}}(k)$, 那么动态控制只能跟踪额外给出的设定值, 并跟踪稳态速率 (III、IV、V 类积分)。

对 $j \in \mathbb{N}_{3y}^s \bigcup \mathbb{N}_{4y}^r \bigcup \mathbb{N}_{5y}^r$, 已给出 $y_{j,\mathrm{Slope,ss}}^{\mathrm{r,ol}}(k+M|k) = R_j^{u,r}\delta u_{\mathrm{ss}}(k) + y_{j,\mathrm{Slope,ss}}^{\mathrm{r,ol}}(k)$, 因此 CV 将跟踪斜率为 $y_{j,\mathrm{Slope,ss}}^{\mathrm{r,ol}}(k+M|k)$ 的斜线。对于稳定 CV 部分, 所有 y 都由 SSTC 给出一个设定值, 然后动态控制就跟踪设定值; 对于有些积分型 CV, SSTC 没有给出设定值, 那动态控制要构造一个设定值并进行跟踪。

5.4　动　态　控　制

5.4.1　第四步, 动态控制设定值计算

对于某些积分 CV, 动态控制要上坡或者下坡; 对于稳定 CV, 动态控制跟踪水平线。根据 Aspen Tech 的软件说明书, 本节构造一个计算动态控制设定值的公式。

表 5.3 为动态控制设定值计算表。

表 5.3　动态控制设定值计算表

$$\hat{y}_{j,\mathrm{ss}}^{\mathrm{r}}(k) = \begin{cases} \kappa_j y_{j,\mathrm{sp}}^{\mathrm{r}} + (1-\kappa_j)\underline{y}_{j,\star}, & y_j^{\mathrm{r}}(k) \leqslant \underline{y}_{j,\star} \\ \kappa_j y_{j,\mathrm{sp}}^{\mathrm{r}} + (1-\kappa_j)y_j^{\mathrm{r}}(k), & \underline{y}_{j,\star} \leqslant y_j^{\mathrm{r}}(k) \leqslant \bar{y}_{j,\star} \\ \kappa_j y_{j,\mathrm{sp}}^{\mathrm{r}} + (1-\kappa_j)\bar{y}_{j,\star}, & y_j^{\mathrm{r}}(k) \geqslant \bar{y}_{j,\star} \end{cases}$$

$$y_{j,\mathrm{ss}}^{\mathrm{r}}(k+i|k) = \hat{y}_{j,\mathrm{ss}}^{\mathrm{r}}(k) + i y_{j,\mathrm{Slope,ss}}^{\mathrm{r}}(k+M|k), \quad j \in \bigcup_{l=2,3,4,5} \mathbb{N}_{ly}^{\mathrm{r}} \tag{5.36}$$

式 (5.36) 针对 II–V 类积分。利用一个构造的 $\hat{y}_{j,\mathrm{ss}}^{\mathrm{r}}(k)$ 为起点, 设置一个往上走的坡或往下走的坡。坡就是设定值序列, 对于每一个预测步数 i, 设定值不一样, 即随着 i 的大小变化。

划界 $\underline{y}_{j,\star}$ 和 $\bar{y}_{j,\star}$, 当测量值位于界的不同范围时, 利用比重 κ_j 对 $y_{j,\mathrm{sp}}^{\mathrm{r}}$ 进行插值计算, 其中, κ_j 属于闭区间 $[0,1]$。外部设定值并不直接用作 $\hat{y}_{j,\mathrm{ss}}^{\mathrm{r}}(k)$, 而是需要进行插值处理。当 $\kappa_j = 1$ 时, 起点 $\hat{y}_{j,\mathrm{ss}}^{\mathrm{r}}(k)$ 就是 $y_{j,\mathrm{sp}}^{\mathrm{r}}$。

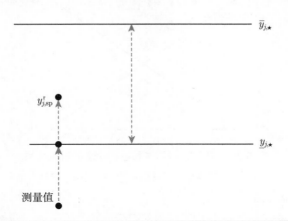

假设测量值小于 $\underline{y}_{j,\star}$，则 $y_{j,\mathrm{sp}}^{\mathrm{r}}$ 跟 $\underline{y}_{j,\star}$ 下界权衡一下。类似地，如果测量值比上界 $\bar{y}_{j,\star}$ 还大，那么 $y_{j,\mathrm{sp}}^{\mathrm{r}}$ 跟上界权衡一下

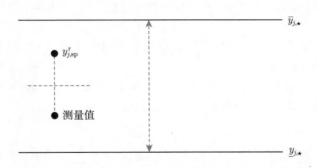

如果测量值在界内，那么 $y_{j,\mathrm{sp}}^{\mathrm{r}}$ 跟测量值权衡一下，取 $y_{j,\mathrm{sp}}^{\mathrm{r}}$ 和测量值中间的一个点。

SSTC 中已经使用了 $y_{j,\mathrm{sp}}^{\mathrm{r}}$，对于 II–V 类积分都有这个外部设定值。在测量值小于下界的情况下，可将测量值组合与下界组合两种组合进行比较。有一个要求，即 $\underline{y}_{j,\star} \leqslant y_{j,\mathrm{sp}}^{\mathrm{r}} \leqslant \bar{y}_{j,\star}$（因为 $y_{j,\mathrm{sp}}^{\mathrm{r}}$ 是人为设定的，所以可以满足要求），肯定是与测量值加权组合更好。对 II 类积分，$\{\underline{y}_{j,\star}, \bar{y}_{j,\star}\}$ 是其操作限 $\{\underline{y}_{j,0}, \bar{y}_{j,0}\}$，且 $y_{j,\mathrm{Slope,ss}}^{\mathrm{r}}(k+M|k)=0$。对于 III、IV 类积分，$\{\underline{y}_{j,\star}, \bar{y}_{j,\star}\}$ 是 $\{\underline{y}_{j,hz}, \bar{y}_{j,hz}\}$，也就是狩猎区 (hunting zone，安全区) 内边界。对于 V 类积分，$\{\underline{y}_{j,\star}, \bar{y}_{j,\star}\}$ 也是操作限 $\{\underline{y}_{j,0}, \bar{y}_{j,0}\}$。V 类积分所有区都是安全区，对应 $\{\underline{y}_{j,hz}, \bar{y}_{j,hz}\}$ 是负无穷和正无穷。总之，式 (5.36)给出了设定值的选择依据，即设定值曲线的设置方法

5.4.2 第五步，动态跟踪优化问题

在动态控制方面，本节也侧重于说明与第 4 章相似的部分及与第 4 章不同的部分。

动态预测包括开环动态预测和闭环动态预测，稳态预测包括开环稳态预测和闭环稳态预测。也就是说，开环预测既可以是稳态预测，也可以是动态预测；闭环预测既可以是稳态预测，也可以是动态预测。

开环动态预测和开环稳态预测都在模块 1 中进行，闭环稳态预测在模块 2 中进行，而闭环动态预测在模块 3 中进行。

图 5.21 为开环、闭环与稳态、动态的对应关系。

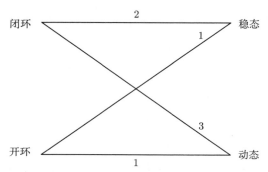

图 5.21　开环、闭环与稳态、动态的对应关系

1-开环预测模块；2-SSTC 模块；3-动态控制模块

直接写出闭环预测方程：

$$Y_P(k|k) = Y_P^{\text{ol}}(k|k) + \mathscr{S}\Delta\tilde{u}(k|k) \tag{5.37}$$

这跟第 4 章没有任何区别，只不过 Y_P 的一部分是稳定 CV 预测，另一部分是积分 CV 预测。

有了设定值和 CV 预测方程，就可以构造动态控制优化问题了。优化问题有几个要素：性能指标、决策变量、约束。

对于性能指标，注意与第 4 章的区别在于 CV 设定值。对于 Ⅲ–Ⅴ 类积分，其 CV 设定值不是一条水平线，而是一条斜线。

$$J(k) = \sum_{i=1}^{P} \|y(k+i|k) - y_{\text{ss}}(k+i|k)\|_{Q_i(k)}^2 + \sum_{j=0}^{M-1} \|\Delta u(k+j|k)\|_{\Lambda}^2$$

每一个 i 可能对应不同的设定值，对应每个设定值的加权也可能不同，用加权 $Q_i(k)$ 进行处理。这种加权在实际应用中是必要的。此外，还有类似于第 4 章的方法，给输入增量进行加权。还存在另一种性能指标：

$$
\begin{aligned}
J'(k) = &\sum_{i=1}^{P} \|y(k+i|k) - y_{\text{ss}}(k+i|k)\|_{Q_i(k)}^2 \\
&+ \sum_{j=0}^{M-1} \|\Delta u(k+j|k)\|_{\Lambda}^2 + \|\underline{\varepsilon}_{\text{dc}}(k)\|_{\underline{\Omega}}^2 + \|\bar{\varepsilon}_{\text{dc}}(k)\|_{\bar{\Omega}}^2
\end{aligned}
$$

可以一直使用 J 或 J'，也可以在每个控制周期开始时先使用 J，如果可行就继续使用 J，不可行再使用 J'。如果使用 J 后变得不可行，再使用 J' 可以恢复可行性，那么控制器就无须切换；但如果使用 J' 后仍不可行，那么就没有其他选择，只能切回使用 J。

加权 $Q_i(k)$ 类似于第 4 章的 $Q(k)$，对不同的 i 分别进行相似的处理。在第 4 章设置时，曾构造一个变量 $\tilde{y}_j(k)$。

图 5.22 为 CV 的排水沟槽型加权曲线。

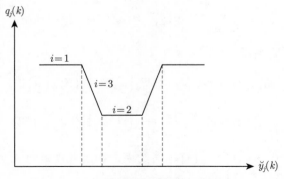

图 5.22　CV 的排水沟槽型加权曲线

现在，无非就是将 $\check{y}_j(k)$ 替换成 $\check{y}_j(k+i|k)$，对每一个 i，取排水沟槽型加权曲线上不同的点。所有的 i 共享一个排水沟槽型加权曲线。如对 $i=1$ 可能取操作下限加权，对 $i=2$ 可能取安全区加权，对 $i=3$ 可能取操作下限插值加权。

如果开环预测比设定值还大，而且比上界还大，那么就取为开环预测值；如果开环预测比设定值小，比下界还小，那么取为开环预测值；设定值比开环预测还大，比上界还大，就取排水沟槽型加权曲线底靠上界的地方；如果设定值比开环预测还小，比操作下限还小，那么就取排水沟槽型加权曲线底靠下界的地方。如果不属于以上情况，那么取为开环预测和设定值的算术平均值。

动态控制优化问题：

$$\min_{\Delta\tilde{u}(k|k)} J$$

$$\text{s.t. } |\Delta u(k+j|k)| \leqslant \Delta\bar{u}, \quad 0 \leqslant j \leqslant M-1 \tag{5.38}$$

$$\underline{u} \leqslant u(k-1) + \sum_{l=0}^{j} \Delta u(k+l|k) \leqslant \bar{u}, \; 0 \leqslant j \leqslant M-1 \tag{5.39}$$

$$\underline{y}_0'(k) \leqslant y^{\text{ol}}(k+i|k) + \mathscr{S}_i\Delta\tilde{u}(k|k) \leqslant \bar{y}_0'(k), \; 1 \leqslant i \leqslant P \tag{5.40}$$

$$L\Delta\tilde{u}(k|k) = \delta u_{\text{ss}}(k)$$

$$H_{j,N}^{u,\text{r}} L_b \Delta\tilde{u}(k|k) = \frac{M-1}{2}\xi_j H_{j,N}^{u,\text{r}} \delta u_{\text{ss}}(k), \quad j \in \mathbb{N}_{1y}^{\text{r}} \tag{5.41}$$

式中，$L_b = [(M-1)I \quad (M-2)I \quad \cdots \quad 0]$，见式(5.19)。五个约束解释如下所示。第一个，即每一个 $\Delta u(k+j|k)$ 都要满足速率约束。第二个，MV 满足幅值约束。$u(k+j|k)$ 写成关于 $\Delta\tilde{u}$ 的函数。第三个，类似于 CV 操作约束。与操作约束稍有区别，比第 4 章稍微复杂一点。对于稳定 CV，$\{\underline{y}_0'(k), \bar{y}_0'(k)\}$ 和第 4 章一样：操作限与设定值比，设定值在操作限内，取为操作限；设定值在操作限外，取为设定值。对于 I 类积分，与稳定 CV 类似，有

$$\bar{y}_{j,0}'^{\text{r}}(k) = \max\{\bar{y}_{j,0}^{\text{r}}, y_{j,\text{ss}}^{\text{r}}(k)\}, \quad j \in \mathbb{N}_{1y}^{\text{r}}$$

$$\underline{y}'^{\,r}_{j,0}(k) = \min\{\underline{y}^{r}_{j,0}, y^{r}_{j,\mathrm{ss}}(k)\}, \quad j \in \mathbb{N}^{r}_{1y}$$

对 II–V 类积分，直接取操作约束限，有

$$\bar{y}'^{\,r}_{j,0}(k) = \bar{y}^{r}_{j,0}, \quad j \in \mathbb{N}^{r}_{2y} \bigcup \mathbb{N}^{r}_{3y} \bigcup \mathbb{N}^{r}_{4y} \bigcup \mathbb{N}^{r}_{5y}$$

$$\underline{y}'^{\,r}_{j,0}(k) = \underline{y}^{r}_{j,0}, \quad j \in \mathbb{N}^{r}_{2y} \bigcup \mathbb{N}^{r}_{3y} \bigcup \mathbb{N}^{r}_{4y} \bigcup \mathbb{N}^{r}_{5y}$$

尽管 II–V 类积分在 SSTC 中没有幅值约束，在工业现场每一个 CV 都有操作上限和操作下限，还是要考虑动态控制的。

对 II–V 类积分，一是让闭环预测值跟踪曲线，二是让闭环预测值满足操作约束。积分 CV 的动态控制设定值曲线可能超出操作限，如图 5.23 所示。

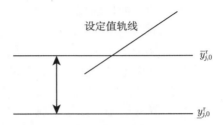

图 5.23   积分 CV 的动态控制设定值曲线可能超出操作限

这里，稳态目标计算与动态控制有些不一致。可以通过选择 L、P 和 $\{\underline{y}^{r}_{j,hz}, \bar{y}^{r}_{j,hz}, \underline{y}^{r}_{j,pz}, \bar{y}^{r}_{j,pz}, \underline{y}^{r}_{j,0}, \bar{y}^{r}_{j,0}\}$ 等来保证不会出现设定值超出操作限的情况，对此需要进一步研究。

第四个约束 (同第 4 章)：

$$L\Delta\tilde{u}(k|k) = \delta u_{\mathrm{ss}}(k)$$

式中，$L = [I, I, \cdots, I]$。

除此之外，如果有 I 类积分，那么还要额外再满足一个约束。在 I 类积分中，为处理一个 $\delta u_b(k)$，建立了 $\delta u_b(k)$ 与 $\delta u_{\mathrm{ss}}(k)$ 之间的一个限制关系。既然 SSTC 利用了这个限制关系，那么动态控制满足第五个约束式(5.41)。如果没有 I 类积分，那么就没有式(5.41)这个约束。

总之，

$$\begin{cases} |\Delta u(k+j|k)| \leqslant \Delta\bar{u}, \ 0 \leqslant j \leqslant M-1 \\ \underline{u} \leqslant u(k+j|k) \leqslant \bar{u}, \ 0 \leqslant j \leqslant M-1 \\ \underline{y}'_0(k) \leqslant y(k+i|k) \leqslant \bar{y}'_0(k), \ 1 \leqslant i \leqslant P \\ L\Delta\tilde{u}(k|k) = \delta u_{\mathrm{ss}}(k) \\ R^{u,r}_j L_b \Delta\tilde{u}(k|k) = \dfrac{M-1}{2}\xi_j R^{u,r}_j \delta u_{\mathrm{ss}}(k), \quad j \in \mathbb{N}^{r}_{1y} \end{cases}$$

这些是最小化 J 时，要满足的 5 组约束，其中 3 组不等式、2 组等式。与第 4 章相比，多了最后一组等式约束。多了一个等式约束，相当于减少了一个自由度，可能通过把 M 再增加 1 进行补偿，但计算量要有所增加。

换成 J' 的话，式(5.40)要替换为

$$\underline{y}'_0(k) - \underline{\varepsilon}_{\mathrm{dc}}(k) \leqslant y^{\mathrm{ol}}(k+i|k) + \mathscr{S}_i \Delta \tilde{u}(k|k) \leqslant \bar{y}'_0(k) + \bar{\varepsilon}_{\mathrm{dc}}(k), \quad 1 \leqslant i \leqslant P \tag{5.42}$$

$$\underline{\varepsilon}_{\mathrm{dc}}(k) \leqslant \underline{y}'_0(k) - \underline{y}_{0,\mathrm{h}}, \quad 1 \leqslant i \leqslant P \tag{5.43}$$

$$\bar{\varepsilon}_{\mathrm{dc}}(k) \leqslant \bar{y}_{0,\mathrm{h}} - \bar{y}'_0(k), \quad 1 \leqslant i \leqslant P \tag{5.44}$$

$\{\underline{\varepsilon}_{\mathrm{dc}}(k), \bar{\varepsilon}_{\mathrm{dc}}(k)\}$ 的求解过程要满足 CV 工程硬约束。当 J' 取最小值时，决策变量除了有 $\Delta \tilde{u}(k|k)$，还有 $\{\underline{\varepsilon}_{\mathrm{dc}}(k), \bar{\varepsilon}_{\mathrm{dc}}(k)\}$。

在无软约束、硬约束的情况下，还能给出 $\min J$ 和 $\min J'$ 的解析解。另外，在去掉所有不等式约束的情况下，也可以给出含等式约束的 $\min J$ 和 $\min J'$ 的解析解。当然，给出解析解的前提条件是 Hessian 矩阵正定；在 Hessian 矩阵正定的前提下，解析解具有唯一性，可用最小二乘法给出，因此是最小二乘解。如果 $\min J$ 或 $\min J'$ 中的加权设置得不好，那么就给不出最小二乘解。

假设稳态目标计算和动态控制的约束都是一一对应的，只不过在稳态目标计算这一部分考虑的是稳态约束，动态控制部分考虑的是动态约束。但是，稳态目标计算的结果对动态控制未必可行。因为动态约束的个数多于同一约束的稳态版本。例如，稳态目标计算满足

$$\underline{u} \leqslant u_{\mathrm{ss}}(k) \leqslant \bar{u} \tag{5.45}$$

动态控制满足

$$\underline{u} \leqslant u(k+j|k) \leqslant \bar{u}, \, 0 \leqslant j \leqslant M-1 \tag{5.46}$$

式(5.45)仅要求在稳态上满足，而式(5.46)要求在 M 步内都满足。在动态控制中，除了满足式(5.46)，还要满足

$$u(k+M-1|k) = u_{\mathrm{ss}}(k)$$

如果动态控制的任意一个约束在稳态目标计算都有对应的稳态版本，称为稳态目标计算与动态控制约束对应，简称约束一致性；反之，如果动态控制的某个约束在稳态目标计算没有对应的稳态版本，那么就是稳态目标计算与动态控制约束不对应。对于 I 类积分，稳态目标计算与动态控制约束对应；对于后四类积分，由于稳态目标计算没有考虑 CV 操作约束和工程约束，所以稳态目标计算与动态控制约束不对应。因此，对于后四类积分 CV，动态控制更容易出现不可行。约束一致性问题很重要，在理论上还没有得到很好的研究。

5.5　仿真算例

为了得到积分变量过程的数学模型，将第 4 章提供的重油分馏塔的数学模型进行了改造。这里，将 y_2 改造为积分变量，相应的连续时间传递函数矩阵描述如下：

$$G^u(s) = \begin{bmatrix} \dfrac{4.05\mathrm{e}^{-27s}}{50s+1} & \dfrac{1.77\mathrm{e}^{-28s}}{60s+1} & \dfrac{5.88\mathrm{e}^{-27s}}{50s+1} \\[3mm] \dfrac{0.0539\mathrm{e}^{-18s}}{s(50s+1)} & \dfrac{0.0572\mathrm{e}^{-14s}}{s(60s+1)} & \dfrac{0.069\mathrm{e}^{-15s}}{s(40s+1)} \\[3mm] \dfrac{4.38\mathrm{e}^{-20s}}{33s+1} & \dfrac{4.42\mathrm{e}^{-22s}}{44s+1} & \dfrac{7.20}{19s+1} \end{bmatrix}$$

$$G^f(s) = \begin{bmatrix} \dfrac{1.20\mathrm{e}^{-27s}}{45s+1} & \dfrac{1.44\mathrm{e}^{-27s}}{40s+1} \\[3mm] \dfrac{0.0152\mathrm{e}^{-15s}}{s(25s+1)} & \dfrac{0.0183\mathrm{e}^{-15s}}{s(20s+1)} \\[3mm] \dfrac{1.14}{27s+1} & \dfrac{1.26}{32s+1} \end{bmatrix}$$

MV 包括 $\{u_1, u_2, u_3\}$；CV 包括 $\{y_1, y_2, y_3\}$；DV 包括 $\{f_1, f_2\}$。取采样周期为 1，模型时域 $N = 300$，采用 MATLAB 指令 tfd2step，用以上传递函数矩阵得到针对 $u(f)$ 的阶跃响应系数矩阵 $S_i^{u,\mathrm{s}}$ 和 $S_i^{u,\mathrm{r}}$ ($S_i^{f,\mathrm{s}}$ 和 $S_i^{f,\mathrm{r}}$)。取 $y_{\mathrm{eq}} = 0$、$u_{\mathrm{eq}} = 0$ 和 $f_{\mathrm{eq}} = 0$。

在开环预测部分，积分旋转因子 $\sigma_2 = 0.1$，采用一阶惯性滤波，平滑系数 $\alpha = 0.5$。取

$$\underline{u} = u_{\mathrm{eq}} + [-0.5; -0.5; -0.5], \quad \bar{u} = u_{\mathrm{eq}} + [0.5; 0.5; 0.5]$$

$$\Delta\bar{u}_i = \delta\bar{u}_{i,\mathrm{ss}} = 0.2$$

$$\underline{y}_{0,\mathrm{h}} = y_{\mathrm{eq}} + [-0.7; -0.7; -0.7], \quad \bar{y}_{0,\mathrm{h}} = y_{\mathrm{eq}} + [0.7; 0.7; 0.7]$$

$$\underline{y}_0 = y_{\mathrm{eq}} + [-0.5; -0.5; -0.5], \quad \bar{y}_0 = y_{\mathrm{eq}} + [0.5; 0.5; 0.5]$$

$$\Delta\bar{y}_{1,\mathrm{ss}} = 0.2, \quad \Delta\bar{y}_{2,\mathrm{ss}} = 0.3, \quad \Delta\bar{y}_{3,\mathrm{ss}} = 0.2$$

$$f(k) = \begin{cases} f_{\mathrm{eq}}, & 0 \leqslant k \leqslant 98 \\ f_{\mathrm{eq}} + [0.20; 0.10], & k \geqslant 99 \end{cases}$$

$\{y_{1,\mathrm{ss}}, y_{2,\mathrm{ss}}, u_{3,\mathrm{ss}}\}$ 具有外部目标并且其 $\mathrm{ET}_{\mathrm{range}}$ 均为 0.5。

在 SSTC 中，关于软约束设置的相关参数，第 Ⅰ、Ⅱ、Ⅳ 类积分见表 5.4，第 Ⅲ、Ⅴ 类积分见表 5.5，均含最低优先级软约束。在经济优化阶段，u_2 为最小动作变量，$h = [1, 2, 2]$、$J_{\min} = -0.2$。$Y_N^{\mathrm{s,ol}}(0|0) = [y_{\mathrm{eq}}^{\mathrm{s}}; \cdots; y_{\mathrm{eq}}^{\mathrm{s}}]$，$Y_N^{\mathrm{r,ol}}(0|0) = [y_{\mathrm{eq}}^{\mathrm{r}}; \cdots; y_{\mathrm{eq}}^{\mathrm{r}}]$。

表 5.4   多优先级 SSTC 参数选取 (第 I、II、IV 类积分)

优先级	软约束类型	变量	理想值或上、下界	等关注偏差
1	不等式	$y_{2,ss}$	CV 下界	0.20
1	不等式	$y_{3,ss}$	CV 上界	0.20
1	不等式	$u_{3,ss}$	ET 上界	0.25
2	等式	$y_{2,ss}$	$y_{2,eq} - 0.3$	0.25
3	不等式	$u_{3,ss}$	ET 下界	0.25
3	不等式	$y_{1,ss}$	ET 下界	0.25
3	不等式	$y_{2,ss}$	ET 上界	0.25
4	不等式	$y_{1,ss}$	ET 上界	0.25
4	不等式	$y_{2,ss}$	CV 上界	0.20
4	不等式	$y_{3,ss}$	CV 下界	0.20
5	等式	$u_{3,ss}$	$u_{3,eq} + 0.5$	0.25
5	等式	$y_{1,ss}$	$y_{1,eq} + 0.7$	0.25
6	不等式	$y_{1,ss}$	CV 上、下界	0.20
6	不等式	$y_{2,ss}$	ET 下界	0.25

表 5.5   多优先级 SSTC 参数选取 (第 III、V 类积分)

优先级	软约束类型	变量	软约束	等关注偏差
1	不等式	$y_{2,ss}$	CV 下界	0.20
1	不等式	$y_{3,ss}$	CV 上界	0.20
1	不等式	$u_{3,ss}$	ET 上界	0.25
2	不等式	$u_{3,ss}$	ET 下界	0.25
2	不等式	$y_{1,ss}$	ET 下界	0.25
2	不等式	$y_{2,ss}$	ET 上界	0.25
3	等式	$u_{3,ss}$	$u_{3,eq} + 0.2$	0.25
3	等式	$y_{1,ss}$	$y_{1,eq} + 0.7$	0.25
4	不等式	$y_{1,ss}$	ET 上界	0.25
4	不等式	$y_{2,ss}$	CV 上界	0.20
4	不等式	$y_{3,ss}$	CV 下界	0.20
5	等式	$y_{2,ss}$	速率平衡方程	1.40
6	不等式	$y_{1,ss}$	CV 上、下界	0.20
6	不等式	$y_{2,ss}$	ET 下界	0.25

SSTC 可行性阶段采用 LP, 经济优化阶段采用 LP, 获取稳态目标后采用动态控制模块求取 MV。动态控制模块的参数选择如下:

$$P = 15, \ M = 8, \ \Lambda = \mathrm{diag}\{7, 9, 7\}$$

$$\bar{z} = y_{eq} + [0.4; 0.4; 0.4], \ \underline{z} = y_{eq} + [-0.4; -0.4; -0.4]$$

$$\underline{q}_1 = 2.0, \ \check{q}_1 = 1.0, \ \bar{q}_1 = 2.0, \ \underline{q}_2 = 1.0, \ \check{q}_2 = 0.8, \ \bar{q}_2 = 1.0$$

$$\underline{q}_3 = 2.5, \ \check{q}_3 = 1.0, \ \bar{q}_3 = 4.0, \ \rho = 1$$

初始值 $u(-1) = u_{\text{eq}}$，$y(0) = y_{\text{eq}}$，而 $u(k) = u(k|k)$。真实系统输出用 MATLAB Simulink 和以上传递函数矩阵产生，并乘以 0.9 来代表模型与实际系统失配。

接下来针对不同类型的积分问题进行讨论。对于不同类型的积分问题，以上各个优先级的约束会相应地发生改变。

(1) 第 I 类积分问题，即 y_2 为平衡经济型积分。取 $\xi_2 = 1.25$。SSTC 层给出的 CV 和 MV 的稳态值可以被动态控制层完全跟踪上。

(2) 第 II 类积分问题，即 y_2 为失衡禁止型积分。外部设定值 $y_{2,\text{sp}}^{\text{r}} = y_{2,\text{eq}} - 0.3$，积分型 CV 设定值速率 $\kappa_2 = 0.5$。SSTC 层给出的 CV 和 MV 的稳态值可以被动态控制层完全跟踪上，并且达到了给定的 CV 的外部设定值 $y_{2,\text{sp}}^{\text{r}}$。

(3) 第 III 类积分问题，即 y_2 为期望平衡型积分。设置积分型 CV 安全时域 $L = 200$，外部设定值 $y_{2,\text{sp}}^{\text{r}} = y_{2,\text{eq}} - 0.3$，设定值速率 $\kappa_2 = 0.5$，连续失衡最大容许次数 $M_{\text{ib}} = 5$，平衡区为 $[y_{2,\text{eq}} - 0.5, y_{2,\text{eq}} - 0.4]$ 和 $[y_{2,\text{eq}} + 0.4, y_{2,\text{eq}} + 0.5]$。由于需要将式(5.14)作为软约束，故对 SSTC 的设置与第 I、II 类积分不同。由于将式(5.14) 作为软约束，在仿真过程中既存在满足式(5.14)的情况，又存在不满足式(5.14)(即被放松) 的情况。

(4) 第 IV 类积分问题，即 y_2 为失衡允许型积分。积分型 CV 安全时域、外部设定值、设定值速率、连续失衡最大容许次数、平衡区同第 III 类积分问题。SSTC 层给出的 CV 和 MV 的稳态值可以被动态控制层完全跟踪上。

(5) 第 V 类积分问题，即 y_2 为伪积分。将前面 I–IV 类积分用的重油分馏塔的数学模型进行改造，将 y_2 改造为伪积分变量，即连续时间传递函数矩阵如下：

$$G^u(s) = \begin{bmatrix} \dfrac{4.05\mathrm{e}^{-27s}}{50s+1} & \dfrac{1.77\mathrm{e}^{-28s}}{60s+1} & \dfrac{5.88\mathrm{e}^{-27s}}{50s+1} \\[3mm] \dfrac{5.39\mathrm{e}^{-18s}}{250s+1} & \dfrac{5.72\mathrm{e}^{-14s}}{320s+1} & \dfrac{6.9\mathrm{e}^{-15s}}{200s+1} \\[3mm] \dfrac{4.38\mathrm{e}^{-20s}}{33s+1} & \dfrac{4.42\mathrm{e}^{-22s}}{44s+1} & \dfrac{7.20}{19s+1} \end{bmatrix}$$

$$G^f(s) = \begin{bmatrix} \dfrac{1.20\mathrm{e}^{-27s}}{45s+1} & \dfrac{1.44\mathrm{e}^{-27s}}{40s+1} \\[3mm] \dfrac{1.52\mathrm{e}^{-15s}}{90s+1} & \dfrac{1.83\mathrm{e}^{-15s}}{80s+1} \\[3mm] \dfrac{1.14}{27s+1} & \dfrac{1.26}{32s+1} \end{bmatrix}$$

取采样周期为 4，稳态响应时间为 400，模型时域 $N = 100$。在开环预测部分，不同于 I–IV 类积分，对参数进行重新设置：

$$\Delta\bar{u}_i = \delta\bar{u}_{i,\text{ss}} = 0.3$$

$$\Delta\bar{y}_{1,\text{ss}} = \Delta\bar{y}_{2,\text{ss}} = \Delta\bar{y}_{3,\text{ss}} = 0.3$$

在 SSTC 的经济优化阶段，$J_{\min} = -0.3$。在动态控制模块，选择

$$\underline{q}_1 = 0.6, \quad \check{q}_1 = 0.3, \quad \bar{q}_1 = 0.6$$

$$\underline{q}_2 = 0.6, \quad \check{q}_2 = 0.3, \quad \bar{q}_2 = 0.6$$

$$\underline{q}_3 = 0.6, \quad \check{q}_3 = 0.3, \quad \bar{q}_3 = 0.6$$

外部设定值 $y_{2,\text{sp}}^r = y_{2,\text{eq}} - 0.3$，设定值速率 $\kappa_2 = 0$。所有其他未说明参数同前面 I–IV 类积分。SSTC 层给出的 CV 和 MV 的稳态值可以被动态控制层完全跟踪上。

```
%本例I、II、III、IV类积分源程序，主程序部分：DMC_main.m
clc; clear all; close all;
%仿真可调参数
=====================================================================
ProgType=1;          %给出指定的规划类型：     1 代指线性规划 2 代指二次规划
EconomicType=1;      %给出经济优化的优化类型：1 代指线性规划 2 代指二次规划
if   ProgType == 2
    options= optimset('Algorithm','active-set');
end
EconomicRank=1;
%若EconomicRank=0 则不采用最低优先级软约束；
%若EconomicRank=1 则采用最低优先级软约束


%  系统稳态模型
E=0.00001;
%给定稳态传递函数矩阵
G=[4.05, 1.77, 5.88; 13.435, 13.703, 17.822; 4.38, 4.42, 7.20];
Gdd=[1.20, 1.44; 1.52, 1.83; 1.14, 1.26];
[p, m]=size(G);   %p 输出维数，m输入维数
[pd, md]=size(Gdd);
%%针对给出的传递函数模型，进行建模%%
%%系统稳态时间Ts=150min；采样时间为ts=4min；所以建模时域定为N=Ts/ts
delt=1;            %模型的采样时间
tfinal=300;        %阶跃相应的终止时间
Ns=tfinal/delt;    %建模时域
N=Ns-1;            %建模时域


Steps=351;        % Simulation steps or number of control step
% ECE=0.3*[30*2.0 50*1.0 30*2.0;5*1 40*0.8 50*1;1*2.5 1*1.0 2*4.0];
ECE=1*[1*2.0 1*1.0 1*2.0;1*1 1*0.8 1*1;1*2.5 1*1.0 1*4.0];
%%%%%%%%%%%%%%%%%%%%%%%输入变量%%%%%%%%%%%%%%%%%
g11=poly2tfd(4.05,[50.0 1],0,27);
model11=tfd2step(tfinal,delt,1,g11);model{1,1}=model11(1:N);
g21=poly2tfd(0.0539,[50.0 1 0],0,18);
model21=tfd2step(tfinal,delt,1,g21);model{2,1}=model21(1:Ns);
g31=poly2tfd(4.38,[33 1],0,20);
model31=tfd2step(tfinal,delt,1,g31);model{3,1}=model31(1:N);
g12=poly2tfd(1.77,[60.0 1],0,28);
model12=tfd2step(tfinal,delt,1,g12);model{1,2}=model12(1:N);
```

```
g22=poly2tfd(0.0572,[60.0 1 0],0,14);
model22=tfd2step(tfinal,delt,1,g22);model{2,2}=model22(1:Ns);
g32=poly2tfd(4.42,[44.0 1],0,22);
model32=tfd2step(tfinal,delt,1,g32);model{3,2}=model32(1:N);
g13=poly2tfd(5.88,[50 1],0,27);
model13=tfd2step(tfinal,delt,1,g13);model{1,3}=model13(1:N);
g23=poly2tfd(0.069,[40.0 1 0],0,15);
model23=tfd2step(tfinal,delt,1,g23);model{2,3}=model23(1:Ns);
g33=poly2tfd(7.2,[19 1],0,0);
model33=tfd2step(tfinal,delt,1,g33);model{3,3}=model33(1:N);
%%%%%%%%%%%%%%%%%%%%%%%输入变量%%%%%%%%%%%%%%%%%%%%%%
%%%%%%%%%%%%%%%%%%%%%%%%干扰变量%%%%%%%%%%%%%%%%%%%
gd11=poly2tfd(1.2,[45.0 1],0,27);
dmodel11=tfd2step(tfinal,delt,1,gd11);dmodel{1,1}=dmodel11(1:Ns);
gd21=poly2tfd(0.0152,[25.0 1 0],0,15);
dmodel21=tfd2step(tfinal,delt,1,gd21);dmodel{2,1}=dmodel21(1:Ns);
gd31=poly2tfd(1.14,[27 1],0,0);
dmodel31=tfd2step(tfinal,delt,1,gd31);dmodel{3,1}=dmodel31(1:Ns);
gd12=poly2tfd(1.44,[40.0 1],0,27);
dmodel12=tfd2step(tfinal,delt,1,gd12);dmodel{1,2}=dmodel12(1:Ns);
gd22=poly2tfd(0.0183,[20 1 0],0,15);
dmodel22=tfd2step(tfinal,delt,1,gd22);dmodel{2,2}=dmodel22(1:Ns);
gd32=poly2tfd(1.26,[32.0 1],0,0);
dmodel32=tfd2step(tfinal,delt,1,gd32);dmodel{3,2}=dmodel32(1:Ns);
%%%%%%%%%%%%%%%%%%%%%%%%%%%%%%%%%%%建模信息
=======================================================
Gdelay=[27 28 27;18 14 15;20 22 0];  %delay of tf
GG(1,1)= tf(4.05,[50 1],'inputdelay',Gdelay(1,1));
GG(1,2)= tf(1.77,[60 1],'inputdelay',Gdelay(1,2));
GG(1,3)= tf(5.88,[50 1],'inputdelay',Gdelay(1,3));
GG(2,1)= tf(0.0539,[50 1 0],'inputdelay',Gdelay(2,1));
GG(2,2)= tf(0.0572,[60 1 0],'inputdelay',Gdelay(2,2));
GG(2,3)= tf(0.069,[40 1 0],'inputdelay',Gdelay(2,3));
GG(3,1)= tf(4.38,[33 1],'inputdelay',Gdelay(3,1));
GG(3,2)= tf(4.42,[44 1],'inputdelay',Gdelay(3,2));
GG(3,3)= tf(7.20,[19 1],'inputdelay',Gdelay(3,3));
for i=1:3
    for j=1:3
        Gd(i,j)=c2d(GG(i,j),delt,'zoh');
        %（输入为分段常数的情况下离散化系统）
        %'zoh' : Zero-order hold on the inputs
    end
end
Gdelayd=[27 27;15 15;0 0];
GGd(1,1)=tf(1.2,[45 1],'inputdelay',Gdelayd(1,1));
```

```
GGd(1,2)=tf(1.44,[40 1],'inputdelay',Gdelayd(1,2));
GGd(2,1)=tf(0.0152,[25 1 0],'inputdelay',Gdelayd(2,1));
GGd(2,2)=tf(0.0183,[20 1 0],'inputdelay',Gdelayd(2,2));
GGd(3,1)=tf(1.14,[27 1],'inputdelay',Gdelayd(3,1));
GGd(3,2)=tf(1.26,[32 1],'inputdelay',Gdelayd(3,2));
for i=1:3
    for j=1:2
        dGd(i,j)=c2d(GGd(i,j),delt,'zoh');
        %（输入为分段常数的情况下离散化系统）
    end
end
%%%%%%%%%%%%%%%%=================================================================
%% 给出稳态目标计算需要的约束、优先级设定、采用的优化工具等信息
%%给出输入输出操作限
UengineerU=[0.5,0.5, 0.5];              %操纵变量工程上限
UengineerL=[-0.5, -0.5, -0.5];         %操纵变量工程下限
Ucriterion=[0 1 0];
%%若Ucriterion(i)=0,则ui为代价变量
%若Ucriterion(i)=1,则ui为最小移动变量
Ycriterion=[0 4 0];
%%若Ycriterion(i)=0,则Yi为稳态变量
%若Ycriterion(i)=1,则Yi为第一类积分变量
%若Ycriterion(i)=2,则Yi为第二类积分变量
%若Ycriterion(i)=3,则Yi为第三类积分变量
%若Ycriterion(i)=4,则Yi为第四类积分变量
%若Ycriterion(i)=5,则Yi为第五类积分变量
% Y_critical_region=[-0.4,0.4];
%设置积分变量的临界区，仅针对第三类和第四类积分
Y_critical_regionL=[-0.5,-0.4];        %保护区和狩猎区下限
Y_critical_regionU=[0.4,0.5];          %狩猎区和保护区上限
Y_external_target=[-0.3];              %积分变量的外部目标
% K_integral=[0.5];                    %针对第三四五类积分
for index=1:p
    switch Ycriterion(1,index)
        case 2
            K_integral=0.5;
        case 3
            K_integral=0.5;
        case 4
            K_integral=0.5;
        case 5
            K_integral=0.5;
    end
end
UCost=[1 2 2];                          %U作为代价变量或者最小移动变量的Cost
```

```
MvMaxStep=[0.2 0.2 0.2];              %操纵变量最大变化值
SSMvMaxStep=[0.2 0.2 0.2];            %操纵变量稳态目标最大变化值
YoperaterU=[0.5,0.5,0.5];             %被控变量操作上限
YoperaterL=[-0.5,-0.5,-0.5];          %被控变量操作下限
YengineerU=[0.7,0.7,0.7];             %被控变量工程上限
YengineerL=[-0.7,-0.7,-0.7];          %被控变量工程下限
SCvMaxStep=[0.2 0.3 0.2];             %被控变量稳态值的最大变化量
Smoothing=0.5;                        %平滑系数
L_integral_horizon=200;               %积分型CV安全时域
is_integral_soft_included=0;          %首先默认不包含稳态速率平衡方程软约束
idim=0;                               %记录积分变量的个数
dim=0;                                %记录稳态变量的个数
for j=1:p
    if Ycriterion(j)==0
        dim=dim+1;
        SYoperaterU(1,dim)=YoperaterU(1,j);
        SYengineerU(1,dim)=YengineerU(1,j);
        SYoperaterL(1,dim)=YoperaterL(1,j);
        SYengineerL(1,dim)=YengineerL(1,j);
        SSCvMaxStep(1,dim)=SCvMaxStep(1,j);
        %稳态目标计算中被控变量中稳态变量最大变化值
    else
        if Ycriterion(j)==3|Ycriterion(j)==5
            is_integral_soft_included=1;
        end
        idim=idim+1;
        IYoperaterU(1,idim)=YoperaterU(1,j);
        IYengineerU(1,idim)=YengineerU(1,j);
        IYoperaterL(1,idim)=YoperaterL(1,j);
        IYengineerL(1,idim)=YengineerL(1,j);
        ISCvMaxStep(1,idim)=SCvMaxStep(1,j);
        %稳态目标计算中稳态被控变量中积分变量最大变化值
    end
end
Sindex=zeros(dim,1);
Iindex=zeros(idim,1);
idim=0;
dim=0;
for j=1:p
    if Ycriterion(j)==0
        dim=dim+1;               Sindex(dim,1)=j;           %稳态变量的下标
    else
        idim=idim+1;             Iindex(idim,1)=j;          %积分变量的下标
    end
end
```

```
%%%%%%%%%%%%%%%%%%%求取各个Su%%%%%%%%%
for i=1:N
    for j=1:p
        for k=1:m
            temp(j,k)=model{j,k}(i);
        end
    end
    Su{i}=temp;
end
clear temp;
%%给出稳态目标计算需要的参数，需要进行稳态变量和积分变量的区别%%
%%求取稳态变量对应的记为SSu%%
SSteady=[];
if dim>0
    temp=[];
    for i=1:N
        for j=1:dim
            for k=1:m
                temp(j,k)=model{Sindex(j,1),k}(i);
            end
        end
        SSu{i}=temp;
    end
    clear temp;
    %%%%%%%%%%%%%%%%%%%%%%%%%求取稳态变量对应的增益矩阵%%%%%%%%%%%%%%%%%
    SSteady=SSu{N};
    %%%%%%%%%%%%%%%%%%%%%%%%求取稳态变量的转移矩阵S%%%%%%%%%%%%%%
    M1=eye(dim);
    M2=zeros(dim,dim);
    for i=1:N
        for j=1:N
            if j==i+1
                S{i,j}=M1;
            else
                S{i,j}=M2;
            end
        end
    end
    S{N,N}=M1;
    clear M1 M2;
    %%求取稳态变量对应的记为SSdu%%
    dtemp=[];
    for i=1:N
        for j=1:dim
            for k=1:md
```

```
                    dtemp(j,k)=dmodel{Sindex(j,1),k}(i);
                end
            end
            SSdu{i}=dtemp;
        end
        clear dtemp;
end
if idim>0
    %%求取积分变量对应的记为ISu%%
    itemp=[];
    for i=1:Ns
        for j=1:idim
            for k=1:m
                itemp(j,k)=model{Iindex(j,1),k}(i);
            end
        end
        ISu{i}=itemp;
    end
    Rur=ISu{Ns}-ISu{N};
    ISteady=ISu{N};
    clear itemp;
    %%%%%%%%%%%%%%%%%%%%求取积分变量的转移矩阵Si%%%%%%%%%%%%%
    iM1=eye(idim);
    iM2=zeros(idim,idim);
    for i=1:Ns
        for j=1:Ns
            if j==i+1
                Si{i,j}=iM1;
            else
                Si{i,j}=iM2;
            end
        end
    end
    Si{Ns,Ns}=2*iM1;
    Si{Ns,Ns-1}=-iM1;
    clear iM1 iM2;
    %%求取积分变量对应的记为ISdu%%
    ditemp=[];
    for i=1:Ns
        for j=1:idim
            for k=1:md
                ditemp(j,k)=dmodel{Iindex(j,1),k}(i);
            end
        end
        ISdu{i}=ditemp;
```

```
        end
        clear ditemp;
    end
end
%%%%%将SSteady和ISteady进行合并，方便接下来的稳态目标计算
spointer=0;
ipointer=0;
for b=1:p
    if Ycriterion(1,b)~=0
        ipointer=ipointer+1;    CalSteady(b,:)=ISteady(ipointer,:);
    else
        spointer=spointer+1;    CalSteady(b,:)=SSteady(spointer,:);
    end
end
%%%%%%%%%%%%%%%%%求出干扰变量部分的增益矩阵
for b=1:pd
    for b1=1:md
        DCalSteady(b,b1)=dmodel{b,b1}(N);
    end
end
%%%%%%%%%%%%%%%%%%%%%%%%%%%
Us(:,1)=zeros(m,1);             %稳态目标MV的计算结果
Ys(:,1)=zeros(p,1);             %稳态目标CV的计算结果
Delta_Us(:,1)=zeros(m,1);       %稳态目标计算部分的MV变化量
%% 给出控制环节参数
P=15;      M=8;                 % P:预测时域      M: 控制时域
U=zeros(m,Steps);  Y_real=zeros(p,Steps);
Delta_UReal(:,1)=zeros(m,1); %稳态目标计算部分的MV变化量
%%%%%%%给出计算出的u增量的预测值
Delta_cell(:,1)=zeros(m,1); Delta_Du(:,1)=zeros(md,1);    %干扰变量变化量
Du=zeros(md,Steps); Y_reals=zeros(dim,1);
%%%%%%%%%%%%%%%%%%%求取动态矩阵%%%%%%%%%
for i1=1:M    %%在控制时域内，针对每一列
    for i2=1:P    %%在预测时域，针对每一行
        if i2<i1
            B{i2,i1}=zeros(p,m);
        else
            B{i2,i1}=Su{i2-i1+1};
        end
    end
end
%%%%%%%%%%%%%%%%%%%%所有变量的初始值为0
for i=1:N
    %%%%%k-1时刻的稳态变量初始预测值
    yols{i}=zeros(dim,1);
    %%%%%k时刻的计算出的稳态变量预测值
```

```
        Yols{i}=zeros(dim,1);
end
if idim>0
    Y_realr=zeros(idim,1);
    for i=1:Ns
        yolr{i}=zeros(idim,1); %k-1时刻的积分变量初始预测值
        Yolr{i}=zeros(idim,1); %k时刻的计算出的积分变量预测值

        Edr{i}=zeros(idim,1);    %干扰变量的初始值
    end

    for iind=1:idim
        if 0.1*iind<=1
            DRotation(iind,iind)=0.1*iind;
        else
            DRotation(iind,iind)=1;
        end
    end
    %%%%%%%%%%%%%%%给出可调参数
    AdjustMatrix=1.25*eye(idim);
    oc=zeros(1,1);
end
%%===开始主程序===
%%
for i=2:Steps
    %%%%%%%%%%%%%%%%%首先在每个时刻检测到干扰%%%%%%%%%%%%
    if is_integral_soft_included==0 %不含积分速率方程的多优先级计算矩阵
        Rank_Matrix=[1,  2,  1,  3,  0,  1,     0,        0.7-0.5;
                     1,  2,  2,  3,  1,  1,   0.2,           0.5;
                     1,  2,  1,  2,  0,  2,  -0.3,    -0.5-(-0.7);
                     2,  1,  1,  2,  1,  0,  -0.3,           0.5;
                     3,  2,  2,  3,  1,  2,   0.2,           0.5;
                     3,  2,  1,  1,  1,  2,   0.3,           0.5;
                     3,  2,  1,  2,  1,  1,  -0.3,           0.5;
                     4,  2,  1,  2,  0,  1,  -0.3,       0.7-0.5;
                     4,  2,  1,  3,  0,  2,     0,     -0.5-(-0.7);
                     4,  2,  1,  1,  1,  1,   0.3,           0.5;
                     5,  1,  2,  3,  1,  0,   0.5,           0.5;
                     5,  1,  1,  1,  1,  0,   0.7,           0.5;
                     6,  2,  1,  1,  0,  1,   0.3,       0.7-0.5;
                     6,  2,  1,  1,  0,  2,   0.3,     -0.5-(-0.7);
                     6,  2,  1,  2,  1,  2,  -0.3,           0.5];
    else
        %含积分速率方程的多优先级计算矩阵
        Rank_Matrix=[1,  2,  1,  3,  0,  1,     0,        0.7-0.5;
```

```
                    1,   2,   2,   3,   1,   1,      0.2,                  0.5;
                    1,   2,   1,   2,   0,   2,     -0.3,  -0.5-(-0.7);
                    2,   2,   2,   3,   1,   2,      0.2,                  0.5;
                    2,   2,   1,   1,   1,   2,      0.3,                  0.5;
                    2,   2,   1,   2,   1,   1,     -0.3,                  0.5;
                    3,   1,   2,   3,   1,   0,      0.2,                  0.5;
                    3,   1,   1,   1,   1,   0,      0.7,                  0.5;
                    4,   2,   1,   2,   0,   1,     -0.3,         0.7-0.5;
                    4,   2,   1,   3,   0,   2,        0,  -0.5-(-0.7);
                    4,   2,   1,   1,   1,   1,      0.3,                  0.5;
                    5,   1,   1,   2,   1,   0,     -0.3,                  0.5;
                    5,   1,   3,   2,   1,   0,     -0.3,                  0.5;
                    6,   2,   1,   1,   0,   1,      0.3,         0.7-0.5;
                    6,   2,   1,   1,   0,   2,      0.3,  -0.5-(-0.7);
                    6,   2,   1,   2,   1,   2,     -0.3,                  0.5];
end
%%%%%%%%%%%%%%%%%%%%%%%%对干扰进行取值%%%%%%%%%%%%%
if i<=10
    Du(:,i)=[0;0];
else if  i>100&&i<=200
        Du(:,i)=[0.20;0.10];
    else if i>200&&i<=Steps
            Du(:,i)=[0.20;0.10];
        end
    end
end
Delta_Du(:,i)=Du(:,i)-Du(:,i-1);
%%%%%%%%%%%%%%%%%%求取偏差%%%%%%%%%%%%%%%
if dim>0
    eds(:,i)=Y_reals-yols{1}-SSu{1}*Delta_UReal(:,i-1);
    edsFiltered(:,1)= eds(:,2);
    edsFiltered(:,i)=Smoothing*eds(:,i)
        +(1-Smoothing)*edsFiltered(:,i-1);
    for ind=1:N
        Eds{ind}=edsFiltered(:,i);
        Yolstemp{ind}=zeros(dim,1);    %中间变量的取值
    end
    %%%%%%%%%%%%%%%%%%%%稳态变量部分的开环预测%%%%%%%%%%%%%%%%%%%%%%%
    for d=1:N
        ytemp{d}=SSu{d}*Delta_UReal(:,i-1);
        ytemp1{d}=SSdu{d}*Delta_Du(:,i);
    end
    for d=1:N
        yolstemp{d}=yols{d}+ytemp{d};
    end
```

```
        for d=1:N
            for d1=1:N
                Yolstemp{d}=Yolstemp{d}+S{d,d1}*yolstemp{d1};
            end
            Yols{d}=Yolstemp{d}+ytemp1{d}+Eds{d};
        end
        %%%%%%%%%%%%%%%%%%%%%%%%%确定稳态变量及积分变量的稳态开环预测值
        Yolsss=Yols{N};
    end
    if idim>0
        edr(:,i)=Y_realr-yolr{1}-ISu{1}*Delta_UReal(:,i-1);
        edrFiltered(:,1)= edr(:,2);
        edrFiltered(:,i)
            =Smoothing*edr(:,i)+(1-Smoothing)*edrFiltered(:,i-1);
        for ind=1:Ns
            Edr{ind}=[eye(idim)+ind*DRotation]*edrFiltered(:,i);
            Yolrtemp{ind}=zeros(idim,1);        %%%%%%%%%%中间变量的赋值
        end
        %%首先开环预测
        %%%%%%%%%%%%%%%%%%积分变量部分的开环预测%%%%%%%%%%%%%%%%%
        for d=1:Ns
            yitemp{d}=ISu{d}*Delta_UReal(:,i-1);
            yitemp1{d}=ISdu{d}*Delta_Du(:,i);
        end
        for d=1:Ns
            yolrtemp{d}=yolr{d}+yitemp{d};
        end
        for d=1:Ns
            for d1=1:Ns
                Yolrtemp{d}=Yolrtemp{d}+Si{d,d1}*yolrtemp{d1};
            end
            Yolr{d}=Yolrtemp{d}+yitemp1{d}+Edr{d};
        end
        YSlopess=Yolr{Ns}-Yolr{N};
        Yolrss=Yolr{N};
    end
    %%%%%%%%%%%%%%%将所得到的开环预测值进行合并
    spointer=0;ipointer=0;
    for b=1:p
        if Ycriterion(1,b)~=0
            ipointer=ipointer+1;        YolN(b,:)=Yolrss(ipointer,:);
        else
            spointer=spointer+1;        YolN(b,:)=Yolsss(spointer,:);
        end
    end
end
```

```
%%%%进行优先级个数的确定
Rank_N=6; %优先级的个数
equalindexorder=0; deleteindexorder=0; Flag=0;
for j=1:Rank_N
%该循环用于获得各个优先级含有的目标个数
    Obj_n=0;
    for k=1:size(Rank_Matrix,1)
        if Rank_Matrix(k,1)==j
            Obj_n=Obj_n+1;          %代表该优先级中的待处理的目标个数
            Obj(j,Obj_n)=k;
            %存储第j个优先级中的待处理目标所在的矩阵的维数,
            %进而确定各个参数
        end
    end
    Obj_NS(j)=Obj_n;
end
for j=1:Rank_N
    if Rank_Matrix(Obj(j,1),2)==1
        for k=1:Obj_NS(j)
            if Rank_Matrix(Obj(j,k),3)~=3
                equalindexorder=equalindexorder+1;      Flag=1;
                equalindex(equalindexorder,:)
                    =[Rank_Matrix(Obj(j,k),3),Rank_Matrix(Obj(j,k),4)];
            end
        end
    else
        if Flag==1
            [rowe,cole]=size(equalindex);
            for k=1:Obj_NS(j)
                for ind=1:rowe
                    if Rank_Matrix(Obj(j,k),5)==1
                        &&Rank_Matrix(Obj(j,k),3)== equalindex(ind,1)
                        &&Rank_Matrix(Obj(j,k),4)==equalindex(ind,2)
                        deleteindexorder= deleteindexorder+1;
                        deleteindex(deleteindexorder,1)=Obj(j,k);
                    end
                end
            end
        end
    end
end
Rank_Matrix(deleteindex',:)=[];
clear  deleteindex; clear   equalindex;
clear Obj; clear Obj_NS; clear Obj_n;
for j=1:Rank_N
```

```
%该循环用于获得各个优先级含有的目标个数
    Obj_n=0;
    for k=1:size(Rank_Matrix,1)
        if Rank_Matrix(k,1)==j
            Obj_n=Obj_n+1;          %代表该优先级中的待处理的目标个数
            Obj(j,Obj_n)=k;
            %存储第j个优先级中的待处理目标所在的矩阵的维数,
            %进而确定各个参数
        end
    end
    Obj_NS(j)=Obj_n;
end
neindex=0;    ETConstraints=[];
%%%%%%%%%%进行等式及不等式约束的初始化%%%%%%%%%%%%%%%%%%%%

%%%%%%%%%%确定积分型稳态速率的上下限
%if idim>0
%    YSlopessU=zeros(idim,1);
%    YSlopessL=zeros(idim,1);
%    for r_index=1:idim
%        if Y_realr(r_index,1)<=IYoperaterL(r_index,1)
%            YSlopessL(r_index,1)=(IYoperaterL(r_index,1)
%                -Y_realr(r_index,1))/L_integral_horizon;
%            else if Y_realr(r_index,1)>=IYoperaterL(r_index,1)
%                & Y_realr(r_index,1)<=Y_critical_region(1,1)
%                YSlopessL(r_index,1)=0;
%                else if Y_realr(r_index,1)>Y_critical_region(1,1)
%                    YSlopessL(r_index,1)=(Y_critical_region(1,1)
%                        -Y_realr(r_index,1))/L_integral_horizon;
%                end
%            end
%        end
%    end
%    for r_index=1:idim
%        if Y_realr(r_index,1)<=Y_critical_region(1,2)
%            YSlopessU(r_index,1)=(Y_critical_region(1,2)
%                -Y_realr(r_index,1))/L_integral_horizon;
%            else if Y_realr(r_index,1)>=Y_critical_region(1,2)
%                & Y_realr(r_index,1)<=IYoperaterU(r_index,1)
%                YSlopessU(r_index,1)=0;
%                else if Y_realr(r_index,1)>IYoperaterU(r_index,1)
%                    YSlopessU(r_index,1)=(IYoperaterU(r_index,1)
%                        -Y_realr(r_index,1))/L_integral_horizon;
%                end
%            end
```

```
%          end
%      end
% end

if idim>0
    YSlopessU=zeros(idim,1);   YSlopessL=zeros(idim,1);
    for r_index=1:idim
        if Ycriterion(1,Iindex(r_index,1))~=1
            Yols_temp(r_index,1)=K_integral(r_index,1)
                *Y_external_target(r_index)+(1-K_integral(r_index,1))
                *Y_realr(r_index,1);
            if Yols_temp(r_index,1)<=Y_critical_regionL(r_index,1)
                YSlopessL(r_index,1)=(Y_critical_regionL(r_index,1)
                    -Yols_temp(r_index,1))/L_integral_horizon;
            else if Yols_temp(r_index,1)>=Y_critical_regionL(r_index,1)
                & Yols_temp(r_index,1)<=Y_critical_regionL(r_index,2)
                YSlopessL(r_index,1)=0;
            else if Yols_temp(r_index,1)
                    >Y_critical_regionL(r_index,2)
                YSlopessL(r_index,1)=(Y_critical_regionL(r_index,2)
                    -Yols_temp(r_index,1))/L_integral_horizon;
            end
            end
        end
        if Yols_temp(r_index,1)<=Y_critical_regionU(r_index,1)
            YSlopessU(r_index,1)=(Y_critical_regionU(r_index,1)
                -Yols_temp(r_index,1))/L_integral_horizon;
        else if Yols_temp(r_index,1)>=Y_critical_regionU(r_index,1)
            & Yols_temp(r_index,1)<=Y_critical_regionU(r_index,2)
            YSlopessU(r_index,1)=0;
        else if Yols_temp(r_index,1)
                >Y_critical_regionU(r_index,2)
            YSlopessU(r_index,1)=(Y_critical_regionU(r_index,2)
                -Yols_temp(r_index,1))/L_integral_horizon;
        end
        end
        end
        end
    end
end

%%进行不等式及等式的初始化
Meq=[]; meq=[]; %初始化等式约束矩阵,此时尚未固定出任何的稳态目标
Mieq=[]; mieq=[]; Yuhs=[]; Ylhs=[];
Delta_Uust(:,1)
```

```
        =min([UengineerU'-U(:,i-1),M*MvMaxStep',SSMvMaxStep'],[],2);
Delta_Ulst(:,1)
        =max([UengineerL'-U(:,i-1),-M*MvMaxStep',-SSMvMaxStep'],[],2);
%%%%稳态变量部分的上下限
if dim>0
    Yuhs=min([SYengineerU',Ys(Sindex,i-1)+SSCvMaxStep'],[],2)-Yolsss;
    Ylhs=max([SYengineerL',Ys(Sindex,i-1)-SSCvMaxStep'],[],2)-Yolsss;
end
IU=eye(m);
Mieq=[IU;-IU;SSteady;-SSteady];
mieq=[Delta_Uust;-Delta_Ulst;Yuhs;-Ylhs];
%初始化不等式约束矩阵，即表示出硬约束
if idim>0
        %%%%积分变量部分的上下限
        is_integral_equation_included=0;
        for r_index=1:idim
            switch Ycriterion(1,Iindex(r_index,1))
                case 1
                    Yuhr(r_index,1)=min([IYengineerU(1,r_index),
                        Ys(Iindex(r_index,1),i-1)
                        +ISCvMaxStep(1,r_index)],[],2)-Yolrss(r_index,1);
                    Ylhr(r_index,1)=max([IYengineerL(1,r_index),
                        Ys(Iindex(r_index,1),i-1)
                        -ISCvMaxStep(1,r_index)],[],2)-Yolrss(r_index,1);
                    Mieq=[Mieq;ISteady(r_index,:)
                        -(2*eye(size(AdjustMatrix,1))
                        -AdjustMatrix(r_index,r_index))*Rur(r_index,:)
                        *(M-1)/2;-ISteady(r_index,:)
                        +(2*eye(size(AdjustMatrix,1))
                        -AdjustMatrix(r_index,r_index))
                        *Rur(r_index,:)*(M-1)/2];
                    mieq=[mieq;Yuhr(r_index,1);-Ylhr(r_index,1)];
                    %初始化不等式约束矩阵，即表示出硬约束
                    if is_integral_equation_included==0
                        Meq=[Meq;Rur(r_index,:)];
                        meq=[meq;-YSlopess(r_index,1)];
                        is_integral_equation_included=1;
                        %%%%为了防止重复包含等式约束
                    end
                case 2
                    if is_integral_equation_included==0
                        Meq=[Meq;Rur(r_index,:)];
                        meq=[meq;-YSlopess(r_index,1)];
                        is_integral_equation_included=1;
                    end
```

```
            case 3
                Mieq=[Mieq;Rur(r_index,:);-Rur(r_index,:)];
                mieq=[mieq;YSlopessU(r_index,1)-YSlopess(r_index,1);
                    -YSlopessL(r_index,1)+YSlopess(r_index,1)];
            case 4
                Mieq=[Mieq;Rur(r_index,:);-Rur(r_index,:)];
                mieq=[mieq;YSlopessU(r_index,1)-YSlopess(r_index,1);
                    -YSlopessL(r_index,1)+YSlopess(r_index,1)];
                    %初始化不等式约束矩阵, 即表示出硬约束
        end
    end
end
%%
NumofSoft=0;%%% CV软约束的个数
%%%%%%%%%%%%%%%%%%%%%%%%%%多优先级稳态目标计算的主程序
for j=1:Rank_N%2:2%1:1%3:3%2:2:4%
    clear V_dic; clear Mmieq, clear mmieq; clear Mmeq; clear mmeq;
    %%%=========================================
    %在C++预处理程序中, 以第6行的值来判断属于哪个类型
    %%=========================================
    if j==Rank_N&&EconomicRank==1;
        break;
    end
    switch Rank_Matrix(Obj(j,1),2)
        %类型1 根据跟踪期望目标软化约束
            =========================================
        case 1
            Sub1_tracking_ET;
            for k=1:Obj_NS(j)
                    switch Rank_Matrix(Obj(j,k),3)
                    %求取中间矩阵（分被控变量1和操纵变量2）
                        case 1%针对被控变量
                            switch Ycriterion(1,Rank_Matrix(Obj(j,k),4))
                                case 0    %针对稳态变量
        Meq=[Meq;  CalSteady(Rank_Matrix(Obj(j,k),4),:)];
        meq=[meq;  Rank_Matrix(Obj(j,k),7)
            -YolN(Rank_Matrix(Obj(j,k),4),1)+V_dic(k)];
                                case 1    %针对积分变量
                                    Meq=[Meq;
        CalSteady(Rank_Matrix(Obj(j,k),4),:)
            -(2*eye(size(AdjustMatrix,1))-AdjustMatrix)
            *Rur(find(Iindex==Rank_Matrix(Obj(j,k),4)),:)*(M-1)/2];
        meq=[meq;  Rank_Matrix(Obj(j,k),7)
            -YolN(Rank_Matrix(Obj(j,k),4),1)+V_dic(k)];
                            end
```

```
            case 2%针对操纵变量
    S_mid=zeros(1,m); S_mid(1,Rank_Matrix(Obj(j,k),4))=1;
    Meq=[Meq; S_mid];
    meq=[meq; Rank_Matrix(Obj(j,k),7)
        -U(Rank_Matrix(Obj(j,k),4),i-1)+V_dic(k)];
            %增加 Delta_Us 的约束
                clear S_mid;
            case 3
    Meq=[Meq; Rur(find(Iindex==Rank_Matrix(Obj(j,k),4)),:)];
    meq=[meq; -YSlopess(find(Iindex==Rank_Matrix(Obj(j,k),4)))
        +V_dic(k)];
        end
    end
    %类型 2
    %============================================================
    %包括单独放松目标值的上界、下界及同时放松上下界
    %也包括单独放松 CV 的上界、下界及同时放松上下界
    %============================================================
case 2
    Sub2_soften_bound;
    %将约束重新分配, 作为下一次计算的硬约束
    Num=1;
    for k=1:Obj_NS(j)
        switch Rank_Matrix(Obj(j,k),5)
            case 1
                switch Rank_Matrix(Obj(j,k),3)
                    case 1   %针对输出变量
                        switch Rank_Matrix(Obj(j,k),6)
                            case 1      %放松输出变量的上限
                                switch Ycriterion(1,
                                    Rank_Matrix(Obj(j,k),4))
                                case 0    %针对稳态变量
    SL_mid(Num,:)=[CalSteady(Rank_Matrix(Obj(j,k),4),:)];
    SR_mid(Num,:)=Rank_Matrix(Obj(j,k),7)
        +0.5*Rank_Matrix(Obj(j,k),8)
        -YolN(Rank_Matrix(Obj(j,k),4),1)+V_dic(Num);
                                    Num=Num+1;
                                case 1
    SL_mid(Num,:)=[CalSteady(Rank_Matrix(Obj(j,k),4),:)
        -(2*eye(size(AdjustMatrix,1))-AdjustMatrix)
        *Rur(find(Iindex==Rank_Matrix(Obj(j,k),4)),:)*(M-1)/2];
    SR_mid(Num,:)=Rank_Matrix(Obj(j,k),7)
        +0.5*Rank_Matrix(Obj(j,k),8)
        -YolN(Rank_Matrix(Obj(j,k),4),1)+V_dic(Num);
                                    Num=Num+1;
```

```
                              end
                case 2      %放松输出变量的下限
                    switch Ycriterion(1,
                        Rank_Matrix(Obj(j,k),4))
                        case 0      %针对稳态变量
SL_mid(Num,:)=[-CalSteady(Rank_Matrix(Obj(j,k),4),:)];
SR_mid(Num,:)=-Rank_Matrix(Obj(j,k),7)
    +0.5*Rank_Matrix(Obj(j,k),8)
    +YolN(Rank_Matrix(Obj(j,k),4),1)+V_dic(Num);
                            Num=Num+1;
                        case 1
SL_mid(Num,:)=[-CalSteady(Rank_Matrix(Obj(j,k),4),:)
    +(2*eye(size(AdjustMatrix,1))-AdjustMatrix)
    *Rur(find(Iindex==Rank_Matrix(Obj(j,k),4)),:)*(M-1)/2];
SR_mid(Num,:)=-Rank_Matrix(Obj(j,k),7)
    +0.5*Rank_Matrix(Obj(j,k),8)
    +YolN(Rank_Matrix(Obj(j,k),4),1)+V_dic(Num);
                            Num=Num+1;
                    end
                end
            case 2      %针对输入变量
                switch Rank_Matrix(Obj(j,k),6)
                    case 1%放松输入变量的上限
                        Iu_unit=zeros(1,m);
                        %构造该情形下的输入变量适维矩阵
Iu_unit(1,Rank_Matrix(Obj(j,k),4))=1;
SL_mid(Num,:)=Iu_unit;
SR_mid(Num,:)=Rank_Matrix(Obj(j,k),7)
    +0.5*Rank_Matrix(Obj(j,k),8)
    -U(Rank_Matrix(Obj(j,k),4),i-1)+V_dic(Num);
                            Num=Num+1;
                    case 2      %放松输入变量的下限
                        Iu_unit=zeros(1,m);
                        %构造该情形下的输入变量适维矩阵
Iu_unit(1,Rank_Matrix(Obj(j,k),4))=-1;
SL_mid(Num,:)=Iu_unit;
SR_mid(Num,:)=-Rank_Matrix(Obj(j,k),7)
    +0.5*Rank_Matrix(Obj(j,k),8)
    +U(Rank_Matrix(Obj(j,k),4),i-1)+V_dic(Num);
                            Num=Num+1;
                end
            end
        case 0      %%%%放松软约束的情形
            switch Rank_Matrix(Obj(j,k),6)
                case 1      %放松上界
```

```
                              switch Ycriterion(1,
                                  Rank_Matrix(Obj(j,k),4))
                                  case 0     %针对稳态变量
SL_mid(Num,:)=[CalSteady(Rank_Matrix(Obj(j,k),4),:)];
SR_mid(Num,:)=YoperaterU(Rank_Matrix(Obj(j,k),4))
    -YolN(Rank_Matrix(Obj(j,k),4),1)+V_dic(Num);
                                     Num=Num+1;
                                     NumofSoft=NumofSoft+1;
                                  case 1    %针对积分变量
SL_mid(Num,:)=[CalSteady(Rank_Matrix(Obj(j,k),4),:)
    -(2*eye(size(AdjustMatrix,1))-AdjustMatrix)
    *Rur(find(Iindex==Rank_Matrix(Obj(j,k),4)),:)*(M-1)/2];
SR_mid(Num,:)=YoperaterU(Rank_Matrix(Obj(j,k),4))
    -YolN(Rank_Matrix(Obj(j,k),4),1)+V_dic(Num);
                                     Num=Num+1;
                                     NumofSoft=NumofSoft+1;
                              end
                     case 2    %放松下界
                              switch Ycriterion(1,
                                  Rank_Matrix(Obj(j,k),4))
                                  case 0     %针对稳态变量
SL_mid(Num,:)=[-CalSteady(Rank_Matrix(Obj(j,k),4),:)];
SR_mid(Num,:)=-YoperaterL(Rank_Matrix(Obj(j,k),4))
    +YolN(Rank_Matrix(Obj(j,k),4),1)+V_dic(Num);
                                     Num=Num+1;
                                     NumofSoft=NumofSoft+1;
                                  case 1%针对积分变量
SL_mid(Num,:)=[-CalSteady(Rank_Matrix(Obj(j,k),4),:)
    +(2*eye(size(AdjustMatrix,1))-AdjustMatrix)
    *Rur(find(Iindex==Rank_Matrix(Obj(j,k),4)),:)*(M-1)/2];
SR_mid(Num,:)=-YoperaterL(Rank_Matrix(Obj(j,k),4))
    +YolN(Rank_Matrix(Obj(j,k),4),1)+V_dic(Num);
                                     Num=Num+1;
                                     NumofSoft=NumofSoft+1;
                              end
                 end
                 switch Ycriterion(1,
                     Rank_Matrix(Obj(j,k),4))
                     case 0     %针对稳态变量
                          switch Rank_Matrix(Obj(j,k),6)
                              case 1    %放松上界
RedofSoft(NumofSoft,:)=[Rank_Matrix(Obj(j,k),4),
   Rank_Matrix(Obj(j,k),6),SR_mid(Num-1,1)
   +YolN(Rank_Matrix(Obj(j,k),4),1)];
                              case 2   %放松下界
```

```
                    RedofSoft(NumofSoft,:)=[Rank_Matrix(Obj(j,k),4),
                        Rank_Matrix(Obj(j,k),6),SR_mid(Num-1,1)
                        -YolN(Rank_Matrix(Obj(j,k),4),1)];
                                    end
                        case 1          %针对积分变量
                                switch Rank_Matrix(Obj(j,k),6)
                                    case 1
                    RedofSoft(NumofSoft,:)=[Rank_Matrix(Obj(j,k),4),
                        Rank_Matrix(Obj(j,k),6),SR_mid(Num-1,1)
                        +YolN(Rank_Matrix(Obj(j,k),4),1)
                        +M*YSlopess(find(Iindex==Rank_Matrix(Obj(j,k),4)))];
                                    case 2
                    RedofSoft(NumofSoft,:)=[Rank_Matrix(Obj(j,k),4),
                        Rank_Matrix(Obj(j,k),6),SR_mid(Num-1,1)
                        -YolN(Rank_Matrix(Obj(j,k),4),1)
                        -M*YSlopess(find(Iindex==Rank_Matrix(Obj(j,k),4)))];
                                    end
                            end
                    end
            end
            Mieq=[Mieq; SL_mid];  mieq=[mieq; SR_mid];
            clear SR_mid; clear SL_mid;
    end
end
%%%%%%%%%进行经济优化阶段，在这个阶段MV分为最小移动变量和最小代价变量
% 进入经济优化阶段，已经获得的Delta_Us 不再需要优化
mmnum=0;  mcnum=0;
for ind=1:m
    if Ucriterion(ind)==1
        mmnum=mmnum+1; Mindex(mmnum,1)=ind;
    else
        mcnum=mcnum+1;
    end
end
clear H;
if EconomicRank==0   %%%%%%%不含最低软约束的情况
    Lb=-inf*ones(m,1); Lb(1:end,1)=Delta_Ulst;
    Ub=inf*ones(m,1); Ub(1:end,1)=Delta_Uust;
    switch EconomicType
        case 2
            Jmax=-0.2;%最大经济效益
            H=zeros(m+mmnum,m+mmnum);  f1=zeros(m+mmnum,1);
            for k1=1:m
                for j1=1:m
                    if Ucriterion(k1)==0&&Ucriterion(j1)==0
```

```
                        H(k1+mmnum,j1+mmnum)=2*UCost(k1)*UCost(j1);
                end
            end
        end
        if mmnum>0           %%%若包含最小移动变量
            Lb=[zeros(mmnum,1);Lb];
            Ub=[inf*ones(mmnum,1);Ub];  uind=0;
            AddPartL=zeros(2*mmnum,size(Mieq,2)+mmnum);
            for ind=1:m
                if Ucriterion(ind)==1
                    uind=uind+1;
                    H(uind,uind)=2*UCost(ind)*UCost(ind);
                    AddPartL(2*uind-1,uind)=-1;
                    AddPartL(2*uind-1,ind+mmnum)=1;
                    AddPartL(2*uind,uind)=-1;
                    AddPartL(2*uind,ind+mmnum)=-1;
                    f1(uind,1)=0;
                else
                    f1(ind+mmnum,1)=-2*UCost(ind)*Jmax;
                end
            end
            AddPartR=zeros(2*mmnum,1);
        else
            AddPartL=[];   AddPartR=[];   f1=-2*UCost'*Jmax;

        end
        Mieq=[AddPartL;zeros(size(Mieq,1),mmnum),Mieq];
        mieq=[AddPartR;mieq];  Meq=[zeros(size(Meq,1),mmnum),Meq];
        options1 =optimset('Algorithm','active-set');
        %计算 Delta_Us
        [Delta_Result1(:,1),fval,exitflag]
            =quadprog(H,f1,Mieq,mieq,Meq,meq,Lb,Ub,[],options1);
        if exitflag~=1
            fprintf('economic');
            break;
        end
    case 1          %%%%%%%%采用线性规划
        f1=zeros(m+mmnum,1);
        if mmnum>0      %若包含最小移动变量
            Lb=[zeros(mmnum,1);Lb];   Ub=[inf*ones(mmnum,1);Ub];
            uind=0;   AddPartL=zeros(2*mmnum,size(Mieq,2)+mmnum);
            for ind=1:m
                if Ucriterion(ind)==1
                    uind=uind+1;   AddPartL(2*uind-1,uind)=-1;
                    AddPartL(2*uind-1,ind+mmnum)=1;
```

```
                            AddPartL(2*uind,uind)=-1;
                            AddPartL(2*uind,ind+mmnum)=-1;
                            f1(uind,1)=UCost(1,ind);
                        else
                            f1(mmnum+ind,1)=UCost(ind);
                        end
                    end
                    AddPartR=zeros(2*mmnum,1);
                else            %若不含最小移动变量
                    AddPartL=[];    AddPartR=[];
                    f1(mmnum+1:end,1)=UCost';
                end
                Mieq=[AddPartL;zeros(size(Mieq,1),mmnum),Mieq];
                mieq=[AddPartR;mieq];
                Meq=[zeros(size(Meq,1),mmnum),Meq];
                options1=optimset( 'Diagnostics','off',  'Display','final',
                    'LargeScale','off',    'MaxIter',[],  'Simplex','on',
                    'TolFun',[]);
                [Delta_Result1(:,1),fval,exitflag]
                    =linprog(f1,Mieq,mieq,Meq,meq,Lb,Ub,[],options1);
                if exitflag~=1
                    fprintf('economic');
                    break;
                end
            end
        Delta_Result(:,1)=Delta_Result1(mmnum+1:mmnum+m,1);
        %%%%%%%%%%含最低软约束的情况
    else
        j=Rank_N;
        switch    Rank_Matrix(Obj(j,1),2)
            case 1
                Sub1_Economic_optimization;
            case 2
                sub2_Economic_optimization;
        end
    end
    Delta_Us(:,i)=Delta_Result(1:m,1);
    %%经济优化阶段结束%%
    Us(:,i)=U(:,i-1)+Delta_Us(:,i);
    %%
    %%进行稳态目标值的计算%%
    Ysstemp=SSteady*Delta_Us(:,i)+Yolsss;
    for horizon=1:P
        r_index=0;s_index=0;
        for out_dimension=1:p
```

```
if Ycriterion(1,out_dimension)==0
    s_index=s_index+1;  Ys(out_dimension,i)=Ysstemp(s_index,:);
else
    r_index=r_index+1;
    value_record=Rur(r_index,:)*Delta_Us(:,i)+YSlopess(r_index
        ,1);
    %switch Ycriterion(1,out_dimension)
    %%%%%%进行积分变量的稳态目标值的计算%%%%%%%
    %    case 1
    %        Ys(out_dimension,i)=Yolrss(r_index,1)
    %        +M*YSlopess(r_index,1)+(ISteady(r_index,:)
    %        +Rur(r_index,:))*Delta_Us(:,i)+Rur(r_index,:)
    %        *AdjustMatrix(r_index,r_index)
    %        *(M-1)/2*Delta_Us(:,i);
    %    case 2
    %        if Y_realr(r_index,1)
    %            <=YoperaterL(1,Iindex(r_index,1))
    %            Ys(out_dimension,i)=K_integral(r_index,1)
    %                *Y_external_target(r_index,1)
    %                +(1-K_integral(r_index,1))
    %                *YoperaterL(1,Iindex(r_index,1));
    %        else if Y_realr(r_index,1)
    %            >=YoperaterL(1,Iindex(r_index,1))
    %            & Y_realr(r_index,1)
    %            <=YoperaterU(1,Iindex(r_index,1))
    %            Ys(out_dimension,i)=K_integral(r_index,1)
    %                *Y_external_target(r_index,1)
    %                +(1-K_integral(r_index,1))
    %                *Y_realr(r_index,1);
    %        else if Y_realr(r_index,1)
    %            >=YoperaterU(1,Iindex(r_index,1))
    %            Ys(out_dimension,i)=K_integral(r_index,1)
    %                *Y_external_target(r_index,1)
    %                +(1-K_integral(r_index,1))
    %                *YoperaterU(1,Iindex(r_index,1));
    %        end
    %        end
    %        end
    %    case 3
    %        if abs(value_record)<E
    %            if Y_realr(r_index,1)
    %                <=Y_critical_region(r_index,1)
    %                Ys(out_dimension,i)=K_integral(r_index,1)
    %                    *Y_external_target(r_index,1)
    %                    +(1-K_integral(r_index,1))
```

```
%                         *Y_critical_region(r_index,1);
%              else if Y_realr(r_index,1)
%                  >=Y_critical_region(r_index,1)
%                   & Y_realr(r_index,1)
%                   <=Y_critical_region(r_index,2)
%                   Ys(out_dimension,i)=K_integral(r_index,1)
%                        *Y_external_target(r_index,1)
%                        +(1-K_integral(r_index,1))
%                        *Y_realr(r_index,1);
%              else if Y_realr(r_index,1)
%                    >=Y_critical_region(r_index,2)
%                    Ys(out_dimension,i)=K_integral(r_index,1)
%                        *Y_external_target(r_index,1)
%                        +(1-K_integral(r_index,1))
%                        *Y_critical_region(r_index,2);
%              end
%              end
%              end
%          else
%              if Y_realr(r_index,1)
%                  <=Y_critical_region(r_index,1)
%                  Ys(out_dimension,i)
%                      =Y_critical_region(r_index,1)
%                      +horizon*value_record;
%              else if Y_realr(r_index,1)
%                  >=Y_critical_region(r_index,1)
%                  & Y_realr(r_index,1)
%                  <=Y_critical_region(r_index,2)
%                  Ys(out_dimension,i)=Y_realr(r_index,1)
%                      +horizon*value_record;
%              else if Y_realr(r_index,1)
%                  >=Y_critical_region(r_index,2)
%                  Ys(out_dimension,i)
%                      =Y_critical_region(r_index,2)
%                      +horizon*value_record;
%              end
%              end
%              end
%          end
%      case 4
%          if Y_realr(r_index,1)<=Y_critical_region(r_index,1)
%              Ys(out_dimension,i)
%                  =Y_critical_region(r_index,1)
%                  +horizon*value_record;
%          else if Y_realr(r_index,1)
```

```
%                    >=Y_critical_region(r_index,1)
%                    & Y_realr(r_index,1)
%                    <=Y_critical_region(r_index,2)
%                    Ys(out_dimension,i)
%                        =Y_realr(r_index,1)
%                        +horizon*value_record;
%            else if Y_realr(r_index,1)
%                    >=Y_critical_region(r_index,2)
%                    Ys(out_dimension,i)
%                        =Y_critical_region(r_index,2)
%                        +horizon*value_record;
%            end
%            end
%            end
%        case 5
%            if abs(value_record)<E
%                if Y_realr(r_index,1)
%                    <=YoperaterL(1,Iindex(r_index,1))
%                    Ys(out_dimension,i)=K_integral
%                        *Y_external_target(r_index,1)
%                        +(1-K_integral)
%                        *YoperaterL(1,Iindex(r_index,1));
%                else if Y_realr(r_index,1)
%                    >=YoperaterL(1,Iindex(r_index,1))
%                    & Y_realr(r_index,1)
%                    <=YoperaterU(1,Iindex(r_index,1))
%                    Ys(out_dimension,i)=K_integral
%                        *Y_external_target(r_index,1)
%                        +(1-K_integral)*Y_realr(r_index,1);
%                else if Y_realr(r_index,1)
%                    >=YoperaterU(1,Iindex(r_index,1))
%                    Ys(out_dimension,i)=K_integral
%                        *Y_external_target(r_index,1)
%                        +(1-K_integral)
%                        *YoperaterU(1,Iindex(r_index,1));
%                end
%                end
%                end
%            else
%                if Y_realr(r_index,1)
%                    <=YoperaterL(1,Iindex(r_index,1))
%                    Ys(out_dimension,i)
%                        =YoperaterL(1,Iindex(r_index,1))
%                        +horizon*value_record;
%                else if Y_realr(r_index,1)
```

```
%                   >=YoperaterL(1,Iindex(r_index,1))
%                   & Y_realr(r_index,1)
%                   <=YoperaterU(1,Iindex(r_index,1))
%                   Ys(out_dimension,i)
%                       =Y_realr(r_index,1)
%                       +horizon*value_record;
%               else if Y_realr(r_index,1)
%                   >=YoperaterU(1,Iindex(r_index,1))
%                   Ys(out_dimension,i)
%                       =YoperaterU(1,Iindex(r_index,1))
%                       +horizon*value_record;
%           end
%           end
%       end
%       end
%end

if Ycriterion(1,out_dimension)==1
%%%%%进行积分变量的稳态目标值的计算%%%%%%%
    Ys(out_dimension,i)=Yolrss(r_index,1)
        +M*YSlopess(r_index,1)+(ISteady(r_index,:)
        +Rur(r_index,:))*Delta_Us(:,i)
        +AdjustMatrix(r_index,r_index)
        *Rur(r_index,:)*(M-1)/2*Delta_Us(:,i);
else
    switch Ycriterion(1,out_dimension)
        case 2
            % K_integral=0.5;
            Y_tempL(r_index,1)=YoperaterL(1,
                Iindex(r_index,1));
            Y_tempU(r_index,1)=YoperaterU(1,
                Iindex(r_index,1));
            value_record=0;
        case 3
            % K_integral=0;
            Y_tempL=Y_critical_regionL(:,2);
            Y_tempU=Y_critical_regionU(:,1);
        case 4
            % K_integral=0;
            Y_tempL=Y_critical_regionL(:,2);
            Y_tempU=Y_critical_regionU(:,1);
        case 5
            % K_integral=0;
            Y_tempL(r_index,1)=YoperaterL(1,
                Iindex(r_index,1));
```

```
                            Y_tempU(r_index,1)=YoperaterU(1,
                                Iindex(r_index,1));
                    end
                    if  Y_realr(r_index,1)<=Y_tempL(r_index,1)
                        Ys_temp(:,1)=K_integral(r_index,1)
                            *Y_external_target(r_index)
                            +(1-K_integral(r_index,1))
                            *Y_tempL(r_index,1);
                    else if Y_realr(r_index,1)
                        >=Y_tempL(r_index,1)
                        & Y_realr(r_index,1)<=Y_tempU(r_index,1)
                            Ys_temp(:,1)=K_integral(r_index,1)
                                *Y_external_target(r_index)
                                +(1-K_integral(r_index,1))
                                *Y_realr(r_index,1);
                        else if Y_realr(r_index,1)
                            >=Y_tempU(r_index,1)
                                Ys_temp(:,1)=K_integral(r_index,1)
                                    *Y_external_target(r_index)
                                    +(1-K_integral(r_index,1))
                                    *Y_tempU(r_index,1);
                            end
                        end
                    end
                    Ys(out_dimension,i)=Ys_temp(:,1)+horizon*value_record;
                end
            end
        end
    Y_SS{horizon}=Ys(:,i);
end
clear ETConstraints;

%%%%%%%%%%%%%%%%%%%%%%%%%%%%%进行动态矩阵控制的求解%%%%%%%%%%%%%%%%%%%
%%%%%%%%%%%%%%%%%%%%%%%%%%%%%%%进行过渡区域的设置
yolsrc=zeros(p,1);
for pre=1:P
    YDMCtemp{pre}=yolsrc;   YDMCol{pre}=yolsrc;
end
%%%%%%%%%%%%将动态控制的P步预测值进行整合到一起
for olind=1:P
    spointer=0;ipointer=0;
    for b=1:p
        if Ycriterion(1,b)~=0
            ipointer=ipointer+1;
            YDMCol{olind}(b,:)=Yolr{olind}(ipointer,:);
```

```
        else
            spointer=spointer+1;
            YDMCol{olind}(b,:)=Yols{olind}(spointer,:);
        end
    end
end
%%%%取上下过渡区域
TransZoneL=[-0.4 -0.4 -0.4];    %下过渡区域
TransZoneU=[0.4 0.4 0.4];       %上过渡区域

%%%%%%%取变量的上、中、下三个等关注偏差Qj0,Qj1,Qj2
% ECE=[2.0 1.0 2.0;2.0 1.0 2.0;1.0 0.8 1.0];
% ECE=[2.0 1.0 2.0;1.0 0.8 1.0;2.5 1.0 4.0];
% ECE=0.3*[3*2.0 3*1.0 3*2.0;2*1 2*0.8 1;1*2.5 1*1.0 4.0];
%%%%%取动态控制中，被控变量的上下三个界限
%%%%确定Yss和操作上下限Yo中的大小关系，用于动态控制
YrelaxU=zeros(p,1);
YrelaxL=zeros(p,1);
for out_dimension=1:p
    if Ycriterion(1,out_dimension)<2
        YrelaxU(out_dimension,1)
            =max(YoperaterU(1,out_dimension),Ys(out_dimension,i));
        YrelaxL(out_dimension,1)
            =min(YoperaterL(1,out_dimension),Ys(out_dimension,i));
    else
        YrelaxU(out_dimension,1)=YoperaterU(1,out_dimension);
        YrelaxL(out_dimension,1)=YoperaterL(1,out_dimension);
    end
end
%%%%%%%%%%给出抑制因子的取值
for m1=1:m
    UWeigh(m1,m1)=7;        %抑制因子的取值
end
UWeigh(2,2)=9;
for m1=1:M
    rr{m1}=UWeigh;
end
R=blkdiag(rr{1:M});
%%%%开始
for horizon=1:P
    Yaverage=zeros(p,1);    Y_to_compare_element=zeros(p,1);
    for out_dimension=1:p
        if Ycriterion(1,out_dimension)<2
            %%%%%%确定Yaverage
            for y_horizon=1:P
```

```
                        Yaverage(out_dimension,1)
                            =Yaverage(out_dimension,1)
                            +YDMCol{y_horizon}(out_dimension,:);
                    end
                    Yaverage(out_dimension,1)
                        =Yaverage(out_dimension,1)
                        +Y_real(out_dimension,i-1);
                    Yaverage(out_dimension,1)
                        =Yaverage(out_dimension,1)/(P+1);
                else
                    Yaverage(out_dimension,1)=YDMCol{horizon}(out_dimension,:);
                end
                if Yaverage(out_dimension,1)
                    >max(YoperaterU(1,out_dimension),
                    Y_SS{horizon}(out_dimension,1))
                    | Yaverage(out_dimension,1)
                    <min(YoperaterL(1,out_dimension),
                    Y_SS{horizon}(out_dimension,1))
                    Y_to_compare_element(out_dimension,1)
                        =Yaverage(out_dimension,1);
                else if Y_SS{horizon}(out_dimension,1)
                    >=max(YoperaterU(1,out_dimension),
                    Yaverage(out_dimension,1))
                    Y_to_compare_element(out_dimension,1)
                        =TransZoneU(1,out_dimension);
                    else if Y_SS{horizon}(out_dimension,1)
                        <=min(YoperaterL(1,out_dimension),
                        Yaverage(out_dimension,1))
                        Y_to_compare_element(out_dimension,1)
                            =TransZoneL(1,out_dimension);
                        else
                            Y_to_compare_element(out_dimension,1)
                                =(Yaverage(out_dimension,1)
                                +Y_SS{horizon}(out_dimension,1))/2;
                        end
                    end
                end
            end
    Y_to_compare{horizon}=Y_to_compare_element;
end
%%%%%%%%%%对每个输出进行加权
for  horizon=1:P
    for i1=1:p
        a1=(ECE(i1,1)-ECE(i1,2))/(YoperaterL(1,i1)-TransZoneL(1,i1));
        b1=YoperaterL(1,i1)*ECE(i1,2)-TransZoneL(1,i1)*ECE(i1,1);
```

```
                b1=b1/(YoperaterL(1,i1)-TransZoneL(1,i1));
                a2=(ECE(i1,3)-ECE(i1,2))/(YoperaterU(1,i1)-TransZoneU(1,i1));
                b2=YoperaterU(1,i1)*ECE(i1,2)-TransZoneU(1,i1)*ECE(i1,3);
                b2=b2/(YoperaterU(1,i1)-TransZoneU(1,i1));
                if  Y_to_compare{horizon}(i1,1)<=YoperaterL(1,i1)
                    qq(i1,i1)=ECE(i1,1)^2;
                else if  Y_to_compare{horizon}(i1,1)>=YoperaterL(1,i1)
                    & Y_to_compare{horizon}(i1,1)<=TransZoneL(1,i1)
                        qq(i1,i1)=(a1*Y_to_compare{horizon}(i1,1)+b1)^2;
                else if  Y_to_compare{horizon}(i1,1)>=TransZoneL(1,i1)
                    & Y_to_compare{horizon}(i1,1)<=TransZoneU(1,i1)
                    qq(i1,i1)=ECE(i1,2)^2;
                else if  Y_to_compare{horizon}(i1,1)>=TransZoneU(1,i1)
                    && Y_to_compare{horizon}(i1,1)<=YoperaterU(1,i1)
                    qq(i1,i1)=(a2*Y_to_compare{horizon}(i1,1)+b2)^2;
                else if Y_to_compare{horizon}(i1,1)>=YoperaterU(1,i1)
                    qq(i1,i1)=ECE(i1,3)^2;
                end
                end
                end
                end
                end
        end
        Q_part{horizon}=qq;
end
Q=blkdiag(Q_part{1:P});


%%%%%%%%%%%%%%%%%%%%%%%进行优化问题的构造%%%%%%%%%%%%%%%%%%%%%%%%%%%
Umulti=cell2mat(B);
%%%%求取不带松弛变量的优化问题中的H
% HDMC=Umulti'*Q*Umulti+R;
HDMC=2*(Umulti'*Q*Umulti+R);

%%%求取带松弛变量的优化问题的H
relax_punish=1;                  %%对松弛变量的惩罚系数
relax_weigh_up=zeros(p,p); relax_weigh_down=zeros(p,p);
%%%%%%%上界的松弛变量的系数
for r_index=1:p
    relax_weigh_up(r_index,r_index)
        =relax_punish/(YengineerU(1,r_index)-YoperaterU(1,r_index));
    relax_weigh_up(r_index,r_index)=relax_weigh_up(r_index,r_index)^2;
end
for i2=1:P
    RelaxWeighTempU{i2}=relax_weigh_up;
end
```

```
RelaxWeighUp=blkdiag(RelaxWeighTempU{1:P});
%%%%%%%下界的松弛变量的系数
for r_index=1:p
    relax_weigh_down(r_index,r_index)
        =relax_punish/(YoperaterL(1,r_index)-YengineerL(1,r_index));
    relax_weigh_down(r_index,r_index)
        =relax_weigh_down(r_index,r_index)^2;
end
for i2=1:P
    RelaxWeighTempD{i2}=relax_weigh_down;
end
RelaxWeighDown=blkdiag(RelaxWeighTempD{1:P});
%%%%%%构造最终的系数矩阵
HDMC_relax=[2*RelaxWeighUp,zeros(p*P,p*P),zeros(p*P,size(HDMC,2));
    zeros(p*P,p*P),2*RelaxWeighDown,zeros(p*P,size(HDMC,2));
    zeros(size(HDMC,1),p*P),zeros(size(HDMC,1),p*P),HDMC];

%%%%%求取优化问题中不带松弛变量的f
for findex=1:P
    ff{findex}=Y_SS{horizon}'*Q_part{findex};
end
fDMCt=cat(2,ff{1:P});  ff2=cat(1,YDMCol{1:P});
fDMC=2*[ff2'*Q*Umulti-fDMCt*Umulti]';
%%%%%%%%求取带松弛变量的f
fDMC_relax=[zeros(2*p*P,1);fDMC];

%%%%开始处理约束部分
%%%%%%%%%%%%%%%%%%%%%%%%%%%%开始表示第一个等式(4.65)%%%%%%%%%%%%%%%%%
for eqind1=1:M
    G11{eqind1}=eye(m);
end
G1=cell2mat(G11);  g1=Delta_Us(:,i);
%%%处理不等式约束

%%开始表示第一个不等式(4.66)，添加负号对应不等式的右半边%%
for rneind1=1:M
    for cneind1=1:M
        if   cneind1==rneind1
            G22{rneind1,cneind1}=eye(m);
        else
            G22{rneind1,cneind1}=zeros(m,m);
        end
    end
end
G2=cell2mat(G22);
```

```
%%对应的不等式右边的项求解
for neind1=1:M
    g2R{neind1}=MvMaxStep';
end
g2=cat(1,g2R{1:M});
%%
%%开始表示第二个不等式(4.67)，添加负号对应不等式的右半边%%
for rneind2=1:M
    for  cneind2=1:M
        if  cneind2<=rneind2
            G33{rneind2,cneind2}=eye(m);
        else
            G33{rneind2,cneind2}=zeros(m,m);
        end
    end
end
G3=cell2mat(G33);
%%对应的不等式右边项的求解
for neind3=1:M
    g31U{neind3}=UengineerU'-U(:,i-1);
end
g3U=cat(1,g31U{1:M});
for neind3=1:M
    g31L{neind3}=-UengineerL'+U(:,i-1);
end
g3L=cat(1,g31L{1:M});
%%开始表示第三个不等式，添加负号对应不等式的右半边%%
G4=Umulti;
for  neind4=1:P
    g44{neind4}=YrelaxU-YDMCol{neind4};
end
g4U=cat(1,g44{1:P});
for  neind4=1:P
    g44{neind4}=-YrelaxL+YDMCol{neind4};
end
g4L=cat(1,g44{1:P});
%%%还要考虑有约束时的约束右边
for  neind4=1:P
    g44_relax{neind4}=YrelaxU-YDMCol{neind4};
end
g4U_relax=cat(1,g44_relax{1:P});
for  neind4=1:P
    g44_relax{neind4}=-YrelaxL+YDMCol{neind4};
end
g4L_relax=cat(1,g44_relax{1:P});
```

```
%%%%%%%%%%%%%%%%%%%%%对于含有积分型输出的系统%%%%%%%%%%
if idim>0
    for eqind2=1:M
        G55{eqind2}=(M-eqind2)*eye(m);
    end
    for r_index=1:idim
        if Ycriterion(1,Iindex(r_index,1))==1
            G5=Rur(r_index,:)*cell2mat(G55);
            %%%%%%%%%%%%%%%%%%%等式的右边项求解%%%%%%%%%
            g5=AdjustMatrix(r_index,r_index)
                *Rur(r_index,:)*(M-1)*Delta_Us(:,i)/2;
        else
            G5=[];   g5=[];
        end
    end
end
%%
%%%%%%%%%%%%%%%%%进行求解优化问题所需要参数的求解%%%%%%%%%%%%%%%
%%%求解不等式参数
DMCMieq=[G2;-G2;G3;-G3;G4;-G4];  DMCmieq=[g2;g2;g3U;g3L;g4U;g4L];
RelaxPart=[zeros(2*m*M+2*m*M,2*p*P);-eye(2*p*P)];
DMCMieq_relax=[RelaxPart,DMCMieq];  DMCmieq_relax=[g2;g2;g3U;g3L;
g4U_relax;g4L_relax];  DMCMeq=[];  DMCmeq=[];
if norm(Ycriterion)>0
    DMCMeq=[G1;G5];   DMCmeq=[g1;g5];
else
    DMCMeq=[G1];       DMCmeq=[g1];
end
DMCMeq_relax=[zeros(size(DMCMeq,1),2*p*P),DMCMeq];
%%%%%%%%%%%%%%%%%%%%%%%%%%%优化求解问题
%%首先对变量上下界进行确定%%
%%%%%%%%%%针对不存在松弛变量的情况，进行变量的上下界确定
for Conid=1:M
    LLB{Conid}=-MvMaxStep';  UUB{Conid}=MvMaxStep';
end
LB=cat(1,LLB{1:M});  UB=cat(1,UUB{1:M});
%%%%%%%%%%针对存在松弛变量的情况，进行变量的上下界确定
for Conid=1:M+2*P
    if Conid<=P
        LLB_relax{Conid}=zeros(p,1);
        UUB_relax{Conid}=YengineerU'-YrelaxU;
    else if Conid>P&&Conid<=2*P
            LLB_relax{Conid}=zeros(p,1);
            UUB_relax{Conid}=YrelaxL-YengineerL';
```

```
            else if Conid>=2*P&&Conid<=2*P+M
                    LLB_relax{Conid}=-MvMaxStep';
                    UUB_relax{Conid}=MvMaxStep';
                end
            end
        end
    end
LB_relax=cat(1,LLB_relax{1:M+2*P}); UB_relax=cat(1,UUB_relax{1:M+2*P});
options11= optimset('Algorithm','active-set');
[Result,fval,exitflag,output,lambda]
    =quadprog(HDMC,fDMC,DMCMieq,DMCmieq,DMCMeq,DMCmeq,LB,UB,[],
    options11);
Delta_UReal(:,i)=Result(1:m);
oc(1,i)=0;
if exitflag~=1
    [Result,fval,exitflag,output,lambda]
        =quadprog(HDMC_relax,fDMC_relax,DMCMieq_relax,DMCmieq_relax,
        DMCMeq_relax,DMCmeq,LB_relax,UB_relax,[],options11);
    Delta_UReal(:,i)=Result(2*p*P+1:2*p*P+m);   oc(1,i)=1;
end
if exitflag~=1
    fprintf('dynamic');   break;
end
clear HDMC fDMC DMCMieq DMCmieq DMCMeq DMCmeq LB UB;% end
U(:,i)=U(:,i-1)+Delta_UReal(:,i);
%%%%%%%%%%%%%%%对下一次循环进行参数变换
if idim>0
    yolr=Yolr;
end
yols=Yols;
%%%%%%%%%%%%%%%%%%%%%%%%%求取实际输出%%%%%%%%%%%%%%%%%
T=0:delt:(i-1)*delt; d1=Du(1,1:i)'; d2=Du(2,1:i)';
[y2]=lsim(dGd,[d1 d2],T); U1=U(1,1:i)'; U2=U(2,1:i)'; U3=U(3,1:i)';
UResponse=[U1 U2 U3]; [y1]=lsim(Gd,UResponse,T);
Y_real(:,i)=0.9*(y2(i,:)'+y1(i,:)');
spointer=0;ipointer=0;
for b=1:p
    if Ycriterion(1,b)~=0
        ipointer=ipointer+1;    Y_realr(ipointer,1)=Y_real(b,i);
    else
        spointer=spointer+1;    Y_reals(spointer,1)=Y_real(b,i);
    end
end
fprintf('==the %d step optimization has ended ==\n',i-1);
clear RedofSoft; clear HDMC fDMC;
```

```
end

figure; subplot(3,1,1);
plot(0:Steps-1,Y_real(1,1:Steps),'-b',0:Steps-2,Ys(1,1:Steps-1),'--k',
    0:Steps-1,-0.7*ones(1,Steps),'-.r',
    0:Steps-1,0.7*ones(1,Steps),'-.r');
set(findall(gcf,'type','line'),'linewidth',1.5);
axis([0, Steps-1,-0.8, 0.8]);
h2=legend('$y_1$','$y_{1,ss}$','$\underline{y}_{1,0,{\rm h}}$',
    '$\bar{y}_{1,0,{\rm h}}$');%
set(h2,'Interpreter','latex','Orientation','Horizontal','FontSize',12);
ylabel('$y_1$','Interpreter','latex','FontSize',16);

subplot(3,1,2);
plot(0:Steps-1,Y_real(2,1:Steps),'-b',0:Steps-2,Ys(2,1:Steps-1),'--k',
    0:Steps-1,-0.7*ones(1,Steps),'-.r', 0:Steps-1,0.7*ones(1,Steps),'-.r');
set(findall(gcf,'type','line'),'linewidth',1.5);
axis([0, Steps-1,-0.8, 0.8]);
h2=legend('$y_2$','$y_{2,ss}$','$\underline{y}_{2,0,{\rm h}}$',
    '$\bar{y}_{2,0,{\rm h}}$');
set(h2,'Interpreter','latex','Orientation','Horizontal','FontSize',12);
ylabel('$y_2$','Interpreter','latex','FontSize',16);

subplot(3,1,3);
plot(0:Steps-1,Y_real(3,1:Steps),'-b',0:Steps-2,Ys(3,1:Steps-1),'--k',
    0:Steps-1,-0.7*ones(1,Steps),'-.r', 0:Steps-1,0.7*ones(1,Steps),'-.r');
set(findall(gcf,'type','line'),'linewidth',1.5);
axis([0, Steps-1,-0.8, 0.8]);
h2=legend('$y_3$','$y_{3,ss}$','$\underline{y}_{3,0,{\rm h}}$',
    '$\bar{y}_{3,0,{\rm h}}$');
set(h2,'Interpreter','latex','Orientation','Horizontal','FontSize',12);
ylabel('$y_3$','Interpreter','latex','FontSize',16);

%% Figure 1-2: The intput trajectory.
figure; subplot(3,1,1);
plot(-1:Steps-2,U(1,1:Steps),'-b',0:Steps-2,Us(1,1:Steps-1),'--k',
    -1:Steps-2,-0.5*ones(1,Steps),'-.r',
    -1:Steps-2,0.5*ones(1,Steps),'-.r');
set(findall(gcf,'type','line'),'linewidth',1.5);
set(gca,'xtick',-1:50:Steps-2);
axis([-1, Steps-2,-0.6, 0.6]);
h2=legend('$u_1$','$u_{1,ss}$','$\underline{u}_1$','$\bar{u}_1$');
set(h2,'Interpreter','latex','Orientation','Horizontal','FontSize',12);
ylabel('$u_1$','Interpreter','latex','FontSize',16);
```

```
subplot(3,1,2);
plot(-1:Steps-2,U(2,1:Steps),'-b',0:Steps-2,Us(2,1:Steps-1),'--k',
    -1:Steps-2,-0.5*ones(1,Steps),'-.r', -1:Steps-2,
    0.5*ones(1,Steps),'-.r');
set(findall(gcf,'type','line'),'linewidth',1.5);
set(gca,'xtick',-1:50:Steps-2);
axis([-1, Steps-2,-0.6, 0.6]);
h2=legend('$u_2$','$u_{2,ss}$','$\underline{u}_2$','$\bar{u}_2$');
set(h2,'Interpreter','latex','Orientation','Horizontal','FontSize',12);
ylabel('$u_2$','Interpreter','latex','FontSize',16);

subplot(3,1,3);
plot(-1:Steps-2,U(3,1:Steps),'-b',0:Steps-2,Us(3,1:Steps-1),'--k',
    -1:Steps-2,-0.5*ones(1,Steps),'-.r', -1:Steps-2,
    0.5*ones(1,Steps),'-.r');
set(findall(gcf,'type','line'),'linewidth',1.5);
set(gca,'xtick',-1:50:Steps-2);
axis([-1, Steps-2,-0.6, 0.6]);
h2=legend('$u_3$','$u_{3,ss}$','$\underline{u}_3$','$\bar{u}_3$');
set(h2,'Interpreter','latex','Orientation','Horizontal','FontSize',12);
xlabel('$k$','Interpreter','latex','FontSize',16);
ylabel('$u_3$','Interpreter','latex','FontSize',16);
```

本例 I、II、III、IV 类积分源程序, 子程序部分: Sub1_Economic_optimization.m

```
New_L=[]; New_R=[];
switch EconomicType
%此处首先根据规划类型分类,
%不同的规划类型对应了不同的决策变量个数和约束形式
    case 1 %采用线性规划
        Ub=inf*ones(2*Obj_NS(j)+m,1);    Ub(2*Obj_NS(j)+1:end,1)=Delta_Uust;
        Lb=-inf*ones(2*Obj_NS(j)+m,1);
        Lb(1:2*Obj_NS(j),1)=zeros(2*Obj_NS(j),1);
        Lb(2*Obj_NS(j)+1:end,1)=Delta_Ulst;   Num=1;
        for k=1:Obj_NS(j)
            switch  Rank_Matrix(Obj(j,k),3)
            %求取中间矩阵（分被控变量1和操纵变量2）
                case 1              %针对被控变量
                    I_unit=zeros(1,2*Obj_NS(j));
                    %构造该情形下的松弛变量适维矩阵
                    I_unit(1,Num:Num+1)=[-1, 1];   Num=Num+2;
                    switch Ycriterion(1,Rank_Matrix(Obj(j,k),4))
                        case 0      %针对稳态变量
                            Iu_unit=CalSteady(Rank_Matrix(Obj(j,k),4),:);
                            %构造该情形下的输入变量适维矩阵
                            New_L(k,:)=[I_unit,  Iu_unit];
```

```
                        New_R(k,:)=Rank_Matrix(Obj(j,k),7)
                            -YolN(Rank_Matrix(Obj(j,k),4),1);
                    case 1
                        Iu_unit=CalSteady(Rank_Matrix(Obj(j,k),4),:)
                            -(2*eye(size(AdjustMatrix,1))-AdjustMatrix)
                            *Rur(find(Iindex==Rank_Matrix(Obj(j,k),
                            4)),:)*(M-1)/2;
                            %构造该情形下的输入变量适维矩阵
                        New_L(k,:)=[I_unit,  Iu_unit];
                        New_R(k,:)=Rank_Matrix(Obj(j,k),7)
                            -YolN(Rank_Matrix(Obj(j,k),4),1);
                end
                clear I_uint; clear Iu_unit;

            case 2          %针对操纵变量
                I_unit=zeros(1,2*Obj_NS(j));
                %构造该情形下的松弛变量适维矩阵
                I_unit(1,Num:Num+1)=[-1, 1];     Num=Num+2;
                Iu_unit=zeros(1,m);
                %构造该情形下的输入变量适维矩阵
                Iu_unit(1,Rank_Matrix(Obj(j,k),4))=1;
                New_L(k,:)=[I_unit,  Iu_unit];
                New_R(k,:)=Rank_Matrix(Obj(j,k),7)
                    -U(Rank_Matrix(Obj(j,k),4),i-1);
                clear I_uint; clear Iu_unit;
            case 3
                I_unit=zeros(1,2*Obj_NS(j));
                %构造该情形下的松弛变量适维矩阵
                I_unit(1,Num:Num+1)=[-1, 1];     Num=Num+2;
                Iu_unit=[Rur(find(Iindex==Rank_Matrix(Obj(j,k),4)),:)];
                %构造该情形下的输入变量适维矩阵
                New_L(k,:)=[I_unit,  Iu_unit];
                New_R(k,:)=
                    -YSlopess(find(Iindex==Rank_Matrix(Obj(j,k),4)));
                clear I_uint; clear Iu_unit;
        end
    if size(ETConstraints,1)>0
        for ind=1:size(ETConstraints,1)
            if Rank_Matrix(Obj(j,k),3)==ETConstraints(ind,1)
                &&Rank_Matrix(Obj(j,k),4)==ETConstraints(ind,2)
                Mieq(ETConstraints(ind,3),:)=[];
                mieq(ETConstraints(ind,3),:)=[];
                ETConstraints(ind+1:end,3)
                    =ETConstraints(ind+1:end,3)-1;
            end
```

```
            end
        end
end
==========================================
if size(Meq,1)==0
    Mmeq=New_L;
else
    Mmeq=[zeros(size(Meq,1),2*Obj_NS(j)), Meq;  New_L];
end
mmeq=[meq;New_R]; Mmieq=[zeros(size(Mieq,1),2*Obj_NS(j)),Mieq];
mmieq=mieq;  clear New_R;  clear New_L;

f=zeros(2*Obj_NS(j)+m+mmnum,1); Num=1;
for k=1:Obj_NS(j)
    f(mmnum+Num,1)=Rank_Matrix(Obj(j,k),8)^(-1);
    f(mmnum+Num+1,1)=Rank_Matrix(Obj(j,k),8)^(-1); Num=Num+2;
end
%%%%%%%%%%%%%%%%%%%%%%%%%%%%%%%%%%%%%%%%%%%%%%%%%%%%%%%%%%
if mmnum>0         %%%若包含最小移动变量
    Lb=[zeros(mmnum,1);Lb];  Ub=[inf*ones(mmnum,1);Ub];
    uind=0;    AddPartL=zeros(2*mmnum,size(Mmieq,2)+mmnum);
    for ind=1:m
        if Ucriterion(ind)==1
            uind=uind+1; AddPartL(2*uind-1,uind)=-1;
            AddPartL(2*uind-1,2*Obj_NS(j)+ind+mmnum)=1;
            AddPartL(2*uind,uind)=-1;
            AddPartL(2*uind,2*Obj_NS(j)+ind+mmnum)=-1;
            f(uind,1)=UCost(1,ind);
        else
            f(2*Obj_NS(j)+mmnum+ind,1)=UCost(1,ind);
        end
    end
    AddPartR=zeros(2*mmnum,1);
else        %%%若不含最小移动变量
    AddPartL=[];  AddPartR=[];  f(2*Obj_NS(j)+mmnum+1:end,1)=UCost';
end
Mmieq=[AddPartL;zeros(size(Mmieq,1),mmnum),Mmieq];
mmieq=[AddPartR;mmieq];  Mmeq=[zeros(size(Mmeq,1),mmnum),Mmeq];
%%%%%%%%%%%%%%%%%%%%%%%%%%%%%%%%%%%%%%%%%%%%%%%%%%%%%%%%%%%%
options=optimset( 'Diagnostics','off', 'Display','final',
    'LargeScale','off',    'MaxIter',[],  'Simplex','on',
    'TolFun',[]);
[V1_dic,fval,exitflag,output,lambda]
    =linprog(f,Mmieq,mmieq,Mmeq,mmeq,Lb,Ub,[],options);
clear Lb; clear Ub;
```

```
    if exitflag~=1
        fprintf('Sub1_Economic_op');      break;
    end
    Delta_Result(:,1)=V1_dic(2*Obj_NS(j)+mmnum+1:2*Obj_NS(j)+mmnum+m,1);


case 2 %采用二次规划
    Ub=inf*ones(Obj_NS(j)+m,1);   Ub(Obj_NS(j)+1:end,1)=Delta_Uust;
    Lb=-inf*ones(Obj_NS(j)+m,1);  Lb(1:Obj_NS(j),1)=zeros(Obj_NS(j),1);
    Lb(Obj_NS(j)+1:end,1)=Delta_Ulst;
    for k=1:Obj_NS(j)
        switch  Rank_Matrix(Obj(j,k),3)
        %求取中间矩阵(分被控变量1和操纵变量2)
            case 1 %针对被控变量
                New_LL=zeros(1,Obj_NS(j));
                switch Ycriterion(1,Rank_Matrix(Obj(j,k),4))
                    case 0    %针对稳态变量
New_LL(1,k)=-1;
New_L(k,:)=[New_LL,CalSteady(Rank_Matrix(Obj(j,k),4),:)];
New_R(k,:)=Rank_Matrix(Obj(j,k),7)
    -YolN(Rank_Matrix(Obj(j,k),4),1);
                    case   1
                        New_LL(1,k)=-1;
New_L(k,:)=[New_LL,CalSteady(Rank_Matrix(Obj(j,k),4),:)
    -(2*eye(size(AdjustMatrix,1))-AdjustMatrix)
    *Rur(find(Iindex==Rank_Matrix(Obj(j,k),4)),:)*(M-1)/2];
New_R(k,:)=Rank_Matrix(Obj(j,k),7)
    -YolN(Rank_Matrix(Obj(j,k),4),1);
                    end
            case 2 %针对操纵变量
                New_L(k,:)=zeros(1,Obj_NS(j)+m); New_L(k,k)=-1;
                New_L(k,Obj_NS(j)+Rank_Matrix(Obj(j,k),4))=1;
                New_R(k,:)=Rank_Matrix(Obj(j,k),7)
                    -U(Rank_Matrix(Obj(j,k),4),i-1);
            case 3
New_L(k,:)=zeros(1,Obj_NS(j)+m); New_L(k,k)=-1;
New_L(k,Obj_NS(j)+1:Obj_NS(j)+m)
    =Rur(find(Iindex==Rank_Matrix(Obj(j,k),4)),:);
New_R(k,:)=-YSlopess(find(Iindex==Rank_Matrix(Obj(j,k),4)));
            end
            if size(ETConstraints,1)>0
                for ind=1:size(ETConstraints,1)
                    if Rank_Matrix(Obj(j,k),3)==ETConstraints(ind,1)
                        &&Rank_Matrix(Obj(j,k),4)==ETConstraints(ind,2)
                        Mieq(ETConstraints(ind,3),:)=[];
```

```
                             mieq(ETConstraints(ind,3),:)=[];
                             ETConstraints(ind+1:end,3)
                                 =ETConstraints(ind+1:end,3)-1;
                     end
              end
        end
end
if size(Meq,1)==0
    Mmeq=[New_L];
else
    Mmeq=[zeros(size(Meq,1),Obj_NS(j)), Meq;  New_L];
end
mmeq=[meq;  New_R];

Mmieq=[zeros(size(Mieq,1),Obj_NS(j)),  Mieq];
mmieq=mieq;  clear New_R;  clear New_L;
%%%%%%%%%%%%%%%%%%%%%%%%%%%%%%%%%%%%%%%%%%%%%%%%%%%%%%%%%%%%%
H=zeros(Obj_NS(j)+m+mmnum,Obj_NS(j)+m+mmnum);
%%%%%%%%%%%%%%%%%%%%%%%%%%%%%%%%%%%%%%%%%%%%%%%%%%%%%%%%%%%%%
Jmax=-0.6;%最大经济效益
for k=1:Obj_NS(j)
    H(k+mmnum,k+mmnum)=2*Rank_Matrix(Obj(j,k),8)^(-2);
end
f=zeros(Obj_NS(j)+m+mmnum,1);
for k1=1:m
    for j1=1:m
        if Ucriterion(k1)==0&&Ucriterion(j1)==0
            H(Obj_NS(j)+k1+mmnum,Obj_NS(j)+j1+mmnum)
                =2*UCost(k1)*UCost(j1);
        end
    end
end
if mmnum>0            %%%若包含最小移动变量
    Lb=[zeros(mmnum,1);Lb]; Ub=[inf*ones(mmnum,1);Ub];
    uind=0; AddPartL=zeros(2*mmnum,size(Mmieq,2)+mmnum);
    for ind=1:m
        if Ucriterion(ind)==1
            uind=uind+1; H(uind,uind)=2*UCost(ind)*UCost(ind);
            AddPartL(2*uind-1,uind)=-1;
            AddPartL(2*uind-1,Obj_NS(j)+ind+mmnum)=1;
            AddPartL(2*uind,uind)=-1;
            AddPartL(2*uind,Obj_NS(j)+ind+mmnum)=-1;
            f(uind,1)=0;
        else
            f(Obj_NS(j)+ind+mmnum,1)=-2*UCost(ind)*Jmax;
```

```
                end
            end
            AddPartR=zeros(2*mmnum,1);
        else
            f=-2*UCost'*Jmax;
        end
        Mmieq=[AddPartL;zeros(size(Mmieq,1),mmnum),Mmieq];
        mmieq=[AddPartR;mmieq];   Mmeq=[zeros(size(Mmeq,1),mmnum),Mmeq];
        options1 =optimset('Algorithm','active-set');
        计算 Delta_Us
        [Delta_Result1(:,1),fval,exitflag]
            =quadprog(H,f,Mmieq,mmieq,Mmeq,mmeq,Lb,Ub,[],options1);
            %求解以获得松弛变量
        if exitflag~=1
            fprintf('Sub1_Economic_op');
            break;
        end
        clear Lb; clear Ub;
        Delta_Result(:,1)
            =Delta_Result1(Obj_NS(j)+mmnum+1:Obj_NS(j)+mmnum+m,1);
end


%本例I、II、III、IV类积分源程序，子程序部分：Sub1_tracking_ET.m
New_L=[];   New_R=[];
switch ProgType
%此处首先根据规划类型分类，
%不同的规划类型对应了不同的决策变量个数和约束形式
    case 1 %采用线性规划
        Ub=inf*ones(2*Obj_NS(j)+m,1);   Ub(2*Obj_NS(j)+1:end,1)=Delta_Uust;
        Lb=-inf*ones(2*Obj_NS(j)+m,1);
        Lb(1:2*Obj_NS(j),1)=zeros(2*Obj_NS(j),1);
        Lb(2*Obj_NS(j)+1:end,1)=Delta_Ulst;   Num=1;
        for k=1:Obj_NS(j)
            switch  Rank_Matrix(Obj(j,k),3)
            %求取中间矩阵（分被控变量1和操纵变量2）
                case 1        %针对被控变量
                    I_unit=zeros(1,2*Obj_NS(j));
                    %构造该情形下的松弛变量适维矩阵
                    I_unit(1,Num:Num+1)=[-1, 1];
                    Num=Num+2;
                    switch Ycriterion(1,Rank_Matrix(Obj(j,k),4))
                        case 0    %针对稳态变量
                            Iu_unit=CalSteady(Rank_Matrix(Obj(j,k),4),:);
                            %构造该情形下的输入变量适维矩阵
                            New_L(k,:)=[I_unit,  Iu_unit];
```

```
                              New_R(k,:)=Rank_Matrix(Obj(j,k),7)
                                  -YolN(Rank_Matrix(Obj(j,k),4),1);
                      case 1
                          Iu_unit=CalSteady(Rank_Matrix(Obj(j,k),4),:)
                              -(2*eye(size(AdjustMatrix,1))-AdjustMatrix)
                              *Rur(find(Iindex==Rank_Matrix(Obj(j,k),
                              4)),:)*(M-1)/2;
                          %构造该情形下的输入变量适维矩阵
                          New_L(k,:)=[I_unit,  Iu_unit];
                          New_R(k,:)=Rank_Matrix(Obj(j,k),7)
                              -YolN(Rank_Matrix(Obj(j,k),4),1);
                  end
                  clear I_uint; clear Iu_unit;

          case 2          %针对操纵变量
              I_unit=zeros(1,2*Obj_NS(j));
              %构造该情形下的松弛变量适维矩阵
              I_unit(1,Num:Num+1)=[-1, 1];     Num=Num+2;
              Iu_unit=zeros(1,m);
              %构造该情形下的输入变量适维矩阵
              Iu_unit(1,Rank_Matrix(Obj(j,k),4))=1;
              New_L(k,:)=[I_unit,  Iu_unit];
              New_R(k,:)=Rank_Matrix(Obj(j,k),7)
                  -U(Rank_Matrix(Obj(j,k),4),i-1);
              clear I_uint; clear Iu_unit;
          case 3
              I_unit=zeros(1,2*Obj_NS(j));
              %构造该情形下的松弛变量适维矩阵
              I_unit(1,Num:Num+1)=[-1, 1];     Num=Num+2;
              Iu_unit=[Rur(find(Iindex==Rank_Matrix(Obj(j,k),4)),:)];
              %构造该情形下的输入变量适维矩阵
              New_L(k,:)=[I_unit,  Iu_unit];   New_R(k,:)
                  =-YSlopess(find(Iindex==Rank_Matrix(Obj(j,k),4)));
              clear I_uint; clear Iu_unit;
      end
      if size(ETConstraints,1)>0
          for ind=1:size(ETConstraints,1)
              if Rank_Matrix(Obj(j,k),3)==ETConstraints(ind,1)
                  &&Rank_Matrix(Obj(j,k),4)==ETConstraints(ind,2)
                  Mieq(ETConstraints(ind,3),:)=[];
                  mieq(ETConstraints(ind,3),:)=[];
                  ETConstraints(ind+1:end,3)
                      =ETConstraints(ind+1:end,3)-1;
              end
          end
```

```
        end
    end
    %==========================================
    if size(Meq,1)==0
        Mmeq=New_L;
    else
        Mmeq=[zeros(size(Meq,1),2*Obj_NS(j)),   Meq;  New_L];
    end
    mmeq=[meq;New_R];
    Mmieq=[zeros(size(Mieq,1),2*Obj_NS(j)),Mieq];
    mmieq=mieq; clear New_R;  clear New_L;

    f=zeros(2*Obj_NS(j)+m,1);  Num=1;
    for k=1:Obj_NS(j)
        f(Num,1)=Rank_Matrix(Obj(j,k),8)^(-1);
        f(Num+1,1)=Rank_Matrix(Obj(j,k),8)^(-1); Num=Num+2;
    end
    options=optimset( 'Diagnostics','off',  'Display','final',
        'LargeScale','off',   'MaxIter',[],  'Simplex','on',
        'TolFun',[]);
    [ V1_dic,fval,exitflag,output,lambda]
        =linprog(f,Mmieq,mmieq,Mmeq,mmeq,Lb,Ub,[],options);
    clear Lb; clear Ub;  Num=1;
    for k=1:Obj_NS(j)
        V_dic(k,1)=V1_dic(Num,1)-V1_dic(Num+1,1);  Num=Num+2;
    end
    V_dic(Obj_NS(j)+1:Obj_NS(j)+m,1)=V1_dic(2*Obj_NS(j)+1:end,1);

case 2 %采用二次规划
    Ub=inf*ones(Obj_NS(j)+m,1);  Ub(Obj_NS(j)+1:end,1)=Delta_Uust;
    Lb=-inf*ones(Obj_NS(j)+m,1); Lb(1:Obj_NS(j),1)=zeros(Obj_NS(j),1);
    Lb(Obj_NS(j)+1:end,1)=Delta_Ulst;
    for k=1:Obj_NS(j)
        switch  Rank_Matrix(Obj(j,k),3)
        %求取中间矩阵（分被控变量1和操纵变量2）
            case 1
                %针对被控变量
                New_LL=zeros(1,Obj_NS(j));
                switch Ycriterion(1,Rank_Matrix(Obj(j,k),4))
                    case 0    %针对稳态变量
New_LL(1,k)=-1;
New_L(k,:)=[New_LL,CalSteady(Rank_Matrix(Obj(j,k),4),:)];
New_R(k,:)=Rank_Matrix(Obj(j,k),7)
    -YolN(Rank_Matrix(Obj(j,k),4),1);
                    case  1
```

```
                        New_LL(1,k)=-1;
New_L(k,:)=[New_LL,CalSteady(Rank_Matrix(Obj(j,k),4),:)
    -(2*eye(size(AdjustMatrix,1))-AdjustMatrix)
    *Rur(find(Iindex==Rank_Matrix(Obj(j,k),4)),:)*(M-1)/2];
New_R(k,:)=Rank_Matrix(Obj(j,k),7)
    -YolN(Rank_Matrix(Obj(j,k),4),1);
                    end
            case 2 %针对操纵变量
New_L(k,:)=zeros(1,Obj_NS(j)+m); New_L(k,k)=-1;
New_L(k,Obj_NS(j)+Rank_Matrix(Obj(j,k),4))=1;
New_R(k,:)=Rank_Matrix(Obj(j,k),7)
    -U(Rank_Matrix(Obj(j,k),4),i-1);
            case 3
New_L(k,:)=zeros(1,Obj_NS(j)+m); New_L(k,k)=-1;
New_L(k,Obj_NS(j)+1:Obj_NS(j)+m)
    =Rur(find(Iindex==Rank_Matrix(Obj(j,k),4)),:);
New_R(k,:)=-YSlopess(find(Iindex==Rank_Matrix(Obj(j,k),4)));
        end
        if size(ETConstraints,1)>0
            for ind=1:size(ETConstraints,1)
                if Rank_Matrix(Obj(j,k),3)==ETConstraints(ind,1)
                    &&Rank_Matrix(Obj(j,k),4)==ETConstraints(ind,2)
                    Mieq(ETConstraints(ind,3),:)=[];
                    mieq(ETConstraints(ind,3),:)=[];
                    ETConstraints(ind+1:end,3)
                        =ETConstraints(ind+1:end,3)-1;
                end
            end
        end
    end
    if size(Meq,1)==0
        Mmeq=[New_L];
    else
        Mmeq=[zeros(size(Meq,1),Obj_NS(j)),   Meq;   New_L];
    end
    mmeq=[meq;   New_R];
    Mmieq=[zeros(size(Mieq,1),Obj_NS(j)),    Mieq]; mmieq=mieq;
    clear New_R;   clear New_L;
    H=zeros(Obj_NS(j)+m,Obj_NS(j)+m);
    for k=1:Obj_NS(j)
        H(k,k)=2*Rank_Matrix(Obj(j,k),8)^(-2);
    end
    f=zeros(Obj_NS(j)+m,1);
    [V_dic,fval,exitflag]=quadprog(H,f,Mmieq,mmieq,
        Mmeq,mmeq,Lb,Ub,[],options);%求解以获得松弛变量
```

```
end

%本例Ⅰ、Ⅱ、Ⅲ、Ⅳ类积分源程序，子程序部分：sub2_Economic_optimization.m
New_L=[]; New_R=[]; Num=1;
Lb=-inf*ones(Obj_NS(j)+m,1); Lb(1:Obj_NS(j),1)=zeros(Obj_NS(j),1);
%确定松弛变量的下限
Lb(Obj_NS(j)+1:end,1)=Delta_Ulst-E; Ub=inf*ones(Obj_NS(j)+m,1);
%确定松弛变量的部分上限
for k=1:1:Obj_NS(j)
    if Rank_Matrix(Obj(j,k),5)==0
        switch Rank_Matrix(Obj(j,k),6)
            case 1
                Ub(k,1)=YengineerU(1,Rank_Matrix(Obj(j,k),4))
                    -YoperaterU(1,Rank_Matrix(Obj(j,k),4))+E;
            case 2
                Ub(k,1)=YoperaterL(1,Rank_Matrix(Obj(j,k),4))
                    -YengineerL(1,Rank_Matrix(Obj(j,k),4))+E;
        end
    end
end
Ub(Obj_NS(j)+1:end,1)=Delta_Uust+E;
for k=1:Obj_NS(j)
    switch Rank_Matrix(Obj(j,k),5)
        case 1%针对有外部目标的变量
            switch Rank_Matrix(Obj(j,k),3)
                case 1    %针对输出变量
                    switch Rank_Matrix(Obj(j,k),6)
                        case 1    %针对输出变量的上限
                            I_unit=zeros(1,Obj_NS(j));
                            %构造该情形下的松弛变量适维矩阵
                            Iu_unit=zeros(1,m);
                            %构造该情形下的输出变量适维矩阵
                            I_unit(1,k)=-1;
                            switch Ycriterion(1,Rank_Matrix(Obj(j,k),4))
                                case 0    %针对稳态变量
        Iu_unit=CalSteady(Rank_Matrix(Obj(j,k),4),:);
        New_L(Num,:)=[I_unit,Iu_unit];
        New_R(Num,:)=Rank_Matrix(Obj(j,k),7)+0.5*Rank_Matrix(Obj(j,k),8)
            -YolN(Rank_Matrix(Obj(j,k),4),1);
        neindex=neindex+1;
        ETConstraints(neindex,:)=[Rank_Matrix(Obj(j,k),3),
            Rank_Matrix(Obj(j,k),4),size(Mieq,1)+k];
                                    Num=Num+1;
                                case 1    %针对积分变量
        Iu_unit=CalSteady(Rank_Matrix(Obj(j,k),4),:)
```

```
                    -(2*eye(size(AdjustMatrix,1))-AdjustMatrix)
                    *Rur(find(Iindex==Rank_Matrix(Obj(j,k),4)),:)*(M-1)/2;
New_L(Num,:)=[I_unit,Iu_unit];
New_R(Num,:)=Rank_Matrix(Obj(j,k),7)
                    +0.5*Rank_Matrix(Obj(j,k),8)-YolN(Rank_Matrix(Obj(j,k),4),1);
neindex=neindex+1;
ETConstraints(neindex,:)=[Rank_Matrix(Obj(j,k),3),
                    Rank_Matrix(Obj(j,k),4),size(Mieq,1)+k];
                                        Num=Num+1;
                            end
                        case 2      %针对输出变量的下限
                            I_unit=zeros(1,Obj_NS(j));
                            %构造该情形下的松弛变量适维矩阵
                            Iu_unit=zeros(1,m);
                            %构造该情形下的输出变量适维矩阵
                            I_unit(1,k)=-1;
                            switch Ycriterion(1,Rank_Matrix(Obj(j,k),4))
                                case 0
Iu_unit=-CalSteady(Rank_Matrix(Obj(j,k),4),:);
New_L(Num,:)=[I_unit,Iu_unit];
New_R(Num,:)=-Rank_Matrix(Obj(j,k),7)+0.5*Rank_Matrix(Obj(j,k),8)+
                    YolN(Rank_Matrix(Obj(j,k),4),1);
neindex=neindex+1;
ETConstraints(neindex,:)=[Rank_Matrix(Obj(j,k),3),Rank_Matrix(Obj(j,
                    k),4),size(Mieq,1)+k];
                                        Num=Num+1;
                                case 1
Iu_unit=-CalSteady(Rank_Matrix(Obj(j,k),4),:)+(2*eye(size(
                    AdjustMatrix,1))-AdjustMatrix)*Rur(find(Iindex==Rank_Matrix(Obj(
                    j,k),4)),:)*(M-1)/2;
New_L(Num,:)=[I_unit,Iu_unit];
New_R(Num,:)=-Rank_Matrix(Obj(j,k),7)+0.5*Rank_Matrix(Obj(j,k),8)
                    +YolN(Rank_Matrix(Obj(j,k),4),1);
neindex=neindex+1;
ETConstraints(neindex,:)=[Rank_Matrix(Obj(j,k),3),
                    Rank_Matrix(Obj(j,k),4),size(Mieq,1)+k];
                                        Num=Num+1;
                            end
                    end
                    clear I_unit; clear Iu_unit;
                case 2  %针对输入变量
                    switch Rank_Matrix(Obj(j,k),6)
                        case 1%放松输入变量的上限
                            I_unit=zeros(1,Obj_NS(j));
                            %构造该情形下的松弛变量适维矩阵
```

```
                              Iu_unit=zeros(1,m);
                              %构造该情形下的输入变量适维矩阵
                              I_unit(1,k)=-1;
Iu_unit(1,Rank_Matrix(Obj(j,k),4))=1;  New_L(Num,:)=[I_unit,Iu_unit];
New_R(Num,:)=Rank_Matrix(Obj(j,k),7)
    +0.5*Rank_Matrix(Obj(j,k),8)-U(Rank_Matrix(Obj(j,k),4),i-1);
neindex=neindex+1;
ETConstraints(neindex,:)=[Rank_Matrix(Obj(j,k),3),
    Rank_Matrix(Obj(j,k),4),size(Mieq,1)+k];
                              Num=Num+1;
                      case 2 %放松输入变量的下限
                              I_unit=zeros(1,Obj_NS(j));
                              %构造该情形下的松弛变量适维矩阵
                              Iu_unit=zeros(1,m);
                              %构造该情形下的输入变量适维矩阵
                              I_unit(1,k)=-1;
Iu_unit(1,Rank_Matrix(Obj(j,k),4))=-1;
New_L(Num,:)=[I_unit,Iu_unit];
New_R(Num,:)=-Rank_Matrix(Obj(j,k),7)
    +0.5*Rank_Matrix(Obj(j,k),8)+U(Rank_Matrix(Obj(j,k),4),i-1);
neindex=neindex+1;
ETConstraints(neindex,:)=[Rank_Matrix(Obj(j,k),3),
    Rank_Matrix(Obj(j,k),4),size(Mieq,1)+k];
                              Num=Num+1;
                end
                clear I_unit; clear Iu_unit;
        end
case 0 %针对放松CV的软约束情况
    I_unit=zeros(1,Obj_NS(j));
    %定义适维矩阵,用于构造过渡不等式矩阵
    I_unit(1,k)=-1;
    switch Rank_Matrix(Obj(j,k),6)
        case 1    %放松上界
                switch Ycriterion(1,Rank_Matrix(Obj(j,k),4))
                    case 0    %针对稳态变量
New_L(Num,:)=[I_unit, CalSteady(Rank_Matrix(Obj(j,k),4),:)];
New_R(Num,:)=[YoperaterU(Rank_Matrix(Obj(j,k),4))
    -YoiN(Rank_Matrix(Obj(j,k),4),1)];
                              Num=Num+1;
                    case 1    %针对积分变量
New_L(Num,:)=[I_unit, CalSteady(Rank_Matrix(Obj(j,k),4),:)
    -(2*eye(size(AdjustMatrix,1))-AdjustMatrix)
    *Rur(find(Iindex==Rank_Matrix(Obj(j,k),4)),:)*(M-1)/2];
New_R(Num,:)=[YoperaterU(Rank_Matrix(Obj(j,k),4))
    -YoiN(Rank_Matrix(Obj(j,k),4),1)];
```

```
                              Num=Num+1;
                end
            case 2     %放松下界
                switch Ycriterion(1,Rank_Matrix(Obj(j,k),4))
                    case 0     %针对稳态变量
        New_L(Num,:)=[I_unit,  -CalSteady(Rank_Matrix(Obj(j,k),4),:)];
        New_R(Num,:)=[-YoperaterL(Rank_Matrix(Obj(j,k),4))
            +YolN(Rank_Matrix(Obj(j,k),4),1)];
                              Num=Num+1;
                    case 1
        New_L(Num,:)=[I_unit,-CalSteady(Rank_Matrix(Obj(j,k),4),:)
            +(2*eye(size(AdjustMatrix,1))-AdjustMatrix)
            *Rur(find(Iindex==Rank_Matrix(Obj(j,k),4)),:)*(M-1)/2];
        New_R(Num,:)=[-YoperaterL(Rank_Matrix(Obj(j,k),4))
            +YolN(Rank_Matrix(Obj(j,k),4),1)];
                              Num=Num+1;
                end
        end
    end
end
Mmieq=[zeros(size(Mieq,1),Obj_NS(j)), Mieq; New_L]; mmieq=[mieq;  New_R];
if size(Meq,1)==0
    Mmeq=[];  mmeq=[];
else
    Mmeq=[zeros(size(Meq,1),Obj_NS(j)),   Meq];  mmeq=meq;
end
clear New_R; clear New_L; clear SM_mid;
%%%%%%%%%%%%%开始求解优化阶段，要根据是否包含了最低优先级软约束来区别构成优
    化问题
switch EconomicType
    case 1 %采用线性规划
        f=zeros(Obj_NS(j)+m+mmnum,1);
        for k=1:Obj_NS(j)
            f(k+mmnum,1)=Rank_Matrix(Obj(j,k),8)^(-1);
        end
        %%%%%%%%%%%%%%%%%%%%%%%%%%%%%%%%%%%%%%%%%%%%%%%%%%%%%%%%%%%%%%%%
        if mmnum>0        %%%若包含最小移动变量
            Lb=[zeros(mmnum,1);Lb];   Ub=[inf*ones(mmnum,1);Ub];
            uind=0;    AddPartL=zeros(2*mmnum,size(Mmieq,2)+mmnum);
            for ind=1:m
                if Ucriterion(ind)==1
                    uind=uind+1; AddPartL(2*uind-1,uind)=-1;
                    AddPartL(2*uind-1,Obj_NS(j)+ind+mmnum)=1;
                    AddPartL(2*uind,uind)=-1;
                    AddPartL(2*uind,Obj_NS(j)+ind+mmnum)=-1;
```

```
                    f(uind,1)=UCost(1,ind);
                else
                    f(Obj_NS(j)+mmnum+ind,1)=UCost(1,ind);
                end
        end
        AddPartR=zeros(2*mmnum,1);
    else        %%%若不含最小移动变量
        AddPartL=[];   AddPartR=[];   f(Obj_NS(j)+mmnum+1:end,1)=UCost';
    end
    Mmieq=[AddPartL;zeros(size(Mmieq,1),mmnum),Mmieq];
    mmieq=[AddPartR;mmieq]; Mmeq=[zeros(size(Mmeq,1),mmnum),Mmeq];
    %%%%%%%%%%%%%%%%%%%%%%%%%%%%%%%%%%%%%%%%%%%%%%%%%%%%%%%%%%%%%%
    options=optimset( 'Diagnostics','off',  'Display','final',
        'LargeScale','off',   'MaxIter',[],  'Simplex','on',
        'TolFun',[]);
    [Delta_Result1(:,1),fval,exitflag]
        =linprog(f,Mmieq,mmieq,Mmeq,mmeq,Lb,Ub);
    if exitflag~=1
        fprintf('Sub2_Economic_op');
        break;
    end
    for k=1:Obj_NS(j)
        if Rank_Matrix(Obj(j,k),5)==0
            NumofSoft=NumofSoft+1;
            switch Rank_Matrix(Obj(j,k),6)
                case 1
                    RedofSoft(NumofSoft,:)=[Rank_Matrix(Obj(j,k),4),
                        Rank_Matrix(Obj(j,k),6),
                        YoperaterU(Rank_Matrix(Obj(j,k),4))
                        +Delta_Result1(mmnum+k,1)];
                case 2
                    RedofSoft(NumofSoft,:)=[Rank_Matrix(Obj(j,k),4),
                        Rank_Matrix(Obj(j,k),6),
                        -YoperaterL(Rank_Matrix(Obj(j,k),4))
                        +Delta_Result1(mmnum+k,1)];
            end
        end
    end
    Delta_Result(:,1)
        =Delta_Result1(Obj_NS(j)+mmnum+1:Obj_NS(j)+mmnum+m,1);
    clear Lb; clear Ub;

case 2 %采用二次规划
    H=zeros(Obj_NS(j)+m+mmnum,Obj_NS(j)+m+mmnum);
    %%%%%%%%%%%%%%%%%%%%%%%%%%%%%%%%%%%%%%%%%%%%%%%%%%%%%%%%%%%%%%
```

```
Jmax=-0.6;%最大经济效益
for k=1:Obj_NS(j)
    H(k+mmnum,k+mmnum)=2*Rank_Matrix(Obj(j,k),8)^(-2);
end
f=zeros(Obj_NS(j)+m+mmnum,1);
for k1=1:m
    for j1=1:m
        if Ucriterion(k1)==0&&Ucriterion(j1)==0
            H(Obj_NS(j)+k1+mmnum,Obj_NS(j)+j1+mmnum)
                =2*UCost(k1)*UCost(j1);
        end
    end
end
if mmnum>0              %%%若包含最小移动变量
    Lb=[zeros(mmnum,1);Lb];    Ub=[inf*ones(mmnum,1);Ub];
    uind=0;    AddPartL=zeros(2*mmnum,size(Mmieq,2)+mmnum);
    for ind=1:m
        if Ucriterion(ind)==1
            uind=uind+1; H(uind,uind)=2*UCost(ind)*UCost(ind);
            AddPartL(2*uind-1,uind)=-1;
            AddPartL(2*uind-1,Obj_NS(j)+ind+mmnum)=1;
            AddPartL(2*uind,uind)=-1;
            AddPartL(2*uind,Obj_NS(j)+ind+mmnum)=-1;
            f(uind,1)=0;
        else
            f(Obj_NS(j)+ind+mmnum,1)=-2*UCost(ind)*Jmax;
        end
    end
    AddPartR=zeros(2*mmnum,1);
else
    AddPartL=[];   AddPartR=[]; f=-2*UCost'*Jmax;
end
options1 =optimset('Algorithm','active-set');
Mmieq=[AddPartL;zeros(size(Mmieq,1),mmnum),Mmieq];
mmieq=[AddPartR;mmieq];
Mmeq=[zeros(size(Mmeq,1),mmnum),Mmeq];
%计算 Delta_Us
[Delta_Result1(:,1),fval,exitflag]
    =quadprog(H,f,Mmieq,mmieq,Mmeq,mmeq,Lb,Ub,[],options1);
    %求解以获得松弛变量
if exitflag~=1
    fprintf('Sub2_Economic_op');    break;
end
clear Lb; clear Ub;
%%%%%%%%%%%%%%%%%%%%%%%%%%%%%%%%%%%%%%%%%%%%%%%%%%%%%%%%%%%%%%%%%%
```

```
        for k=1:Obj_NS(j)
            if Rank_Matrix(Obj(j,k),5)==0
                NumofSoft=NumofSoft+1;
                switch Rank_Matrix(Obj(j,k),6)
                    case 1
                        RedofSoft(NumofSoft,:)=[Rank_Matrix(Obj(j,k),4),
                            Rank_Matrix(Obj(j,k),6),
                            YoperaterU(Rank_Matrix(Obj(j,k),4))
                            +Delta_Result1(mmnum+k,1)];
                    case 2
                        RedofSoft(NumofSoft,:)=[Rank_Matrix(Obj(j,k),4),
                            Rank_Matrix(Obj(j,k),6),
                            -YoperaterL(Rank_Matrix(Obj(j,k),4))
                            +Delta_Result1(mmnum+k,1)];
                end
            end
        end
        Delta_Result(:,1)
            =Delta_Result1(Obj_NS(j)+mmnum+1:Obj_NS(j)+mmnum+m,1);
end


%本例I、II、III、IV类积分源程序，子程序部分：Sub2_soften_bound.m
New_L=[];New_R=[];
Num=1; Lb=-inf*ones(Obj_NS(j)+m,1);  Lb(1:Obj_NS(j),1)=zeros(Obj_NS(j),1);
%确定松弛变量的下限
Lb(Obj_NS(j)+1:end,1)=Delta_Ulst-E;   Ub=inf*ones(Obj_NS(j)+m,1);
%确定松弛变量的部分上限
for k=1:1:Obj_NS(j)
    if Rank_Matrix(Obj(j,k),5)==0
        switch Rank_Matrix(Obj(j,k),6)
            case 1
                Ub(k,1)=YengineerU(1,Rank_Matrix(Obj(j,k),4))
                    -YoperaterU(1,Rank_Matrix(Obj(j,k),4))+E;
            case 2
                Ub(k,1)=YoperaterL(1,Rank_Matrix(Obj(j,k),4))
                    -YengineerL(1,Rank_Matrix(Obj(j,k),4))+E;
        end
    end
end
Ub(Obj_NS(j)+1:end,1)=Delta_Uust+E;
for k=1:Obj_NS(j)
    switch Rank_Matrix(Obj(j,k),5)
        case 1  %针对有外部目标的变量
            switch Rank_Matrix(Obj(j,k),3)
                case 1    %针对输出变量
```

```
            switch Rank_Matrix(Obj(j,k),6)
                case 1  %针对输出变量的上限
                    I_unit=zeros(1,Obj_NS(j));
                    %构造该情形下的松弛变量适维矩阵
                    Iu_unit=zeros(1,m);
                    %构造该情形下的输出变量适维矩阵
                    I_unit(1,k)=-1;
                    switch Ycriterion(1,Rank_Matrix(Obj(j,k),4))
                        case 0     %针对稳态变量
Iu_unit=CalSteady(Rank_Matrix(Obj(j,k),4),:);
New_L(Num,:)=[I_unit,Iu_unit];
New_R(Num,:)=Rank_Matrix(Obj(j,k),7)+0.5*Rank_Matrix(Obj(j,k),8)
    -YolN(Rank_Matrix(Obj(j,k),4),1);
neindex=neindex+1;
ETConstraints(neindex,:)=[Rank_Matrix(Obj(j,k),3),
    Rank_Matrix(Obj(j,k),4),size(Mieq,1)+Num];
                            Num=Num+1;
                        case 1     %针对积分变量
Iu_unit=CalSteady(Rank_Matrix(Obj(j,k),4),:)
    -(2*eye(size(AdjustMatrix,1))-AdjustMatrix)
    *Rur(find(Iindex==Rank_Matrix(Obj(j,k),4)),:)*(M-1)/2;
New_L(Num,:)=[I_unit,Iu_unit];
New_R(Num,:)=Rank_Matrix(Obj(j,k),7)+0.5*Rank_Matrix(Obj(j,k),8)
    -YolN(Rank_Matrix(Obj(j,k),4),1);
neindex=neindex+1;
ETConstraints(neindex,:)=[Rank_Matrix(Obj(j,k),3),
    Rank_Matrix(Obj(j,k),4),size(Mieq,1)+Num];
                            Num=Num+1;
                    end
                case 2  %针对输出变量的下限
                    I_unit=zeros(1,Obj_NS(j));
                    %构造该情形下的松弛变量适维矩阵
                    Iu_unit=zeros(1,m);
                    %构造该情形下的输出变量适维矩阵
                    I_unit(1,k)=-1;
                    switch Ycriterion(1,Rank_Matrix(Obj(j,k),4))
                        case 0
Iu_unit=-CalSteady(Rank_Matrix(Obj(j,k),4),:);
New_L(Num,:)=[I_unit,Iu_unit];
New_R(Num,:)=-Rank_Matrix(Obj(j,k),7)+0.5*Rank_Matrix(Obj(j,k),8)
    +YolN(Rank_Matrix(Obj(j,k),4),1);
neindex=neindex+1;
ETConstraints(neindex,:)=[Rank_Matrix(Obj(j,k),3),
    Rank_Matrix(Obj(j,k),4),size(Mieq,1)+Num];
                            Num=Num+1;
```

```
                              case 1
Iu_unit=-CalSteady(Rank_Matrix(Obj(j,k),4),:)
    +(2*eye(size(AdjustMatrix,1))-AdjustMatrix)
    *Rur(find(Iindex==Rank_Matrix(Obj(j,k),4)),:)*(M-1)/2;
New_L(Num,:)=[I_unit,Iu_unit];
New_R(Num,:)=-Rank_Matrix(Obj(j,k),7)+0.5*Rank_Matrix(Obj(j,k),8)
    +YolN(Rank_Matrix(Obj(j,k),4),1);
neindex=neindex+1;
ETConstraints(neindex,:)=[Rank_Matrix(Obj(j,k),3),
    Rank_Matrix(Obj(j,k),4),size(Mieq,1)+Num];
                              Num=Num+1;
                    end
            end
            clear I_unit; clear Iu_unit;
        case 2    %针对输入变量
            switch Rank_Matrix(Obj(j,k),6)
                case 1   %放松输入变量的上限
                    I_unit=zeros(1,Obj_NS(j));
                    %构造该情形下的松弛变量适维矩阵
                    Iu_unit=zeros(1,m);
                    %构造该情形下的输入变量适维矩阵
I_unit(1,k)=-1; Iu_unit(1,Rank_Matrix(Obj(j,k),4))=1;
New_L(Num,:)=[I_unit,Iu_unit];
New_R(Num,:)=Rank_Matrix(Obj(j,k),7)+0.5*Rank_Matrix(Obj(j,k),8)
    -U(Rank_Matrix(Obj(j,k),4),i-1);
neindex=neindex+1;
ETConstraints(neindex,:)=[Rank_Matrix(Obj(j,k),3),
    Rank_Matrix(Obj(j,k),4),size(Mieq,1)+Num];
                    Num=Num+1;
                case 2   %放松输入变量的下限
                    I_unit=zeros(1,Obj_NS(j));
                    %构造该情形下的松弛变量适维矩阵
                    Iu_unit=zeros(1,m);
                    %构造该情形下的输入变量适维矩阵
I_unit(1,k)=-1; Iu_unit(1,Rank_Matrix(Obj(j,k),4))=-1;
New_L(Num,:)=[I_unit,Iu_unit];
New_R(Num,:)=-Rank_Matrix(Obj(j,k),7)+0.5*Rank_Matrix(Obj(j,k),8)
    +U(Rank_Matrix(Obj(j,k),4),i-1);
neindex=neindex+1;
ETConstraints(neindex,:)=[Rank_Matrix(Obj(j,k),3),
    Rank_Matrix(Obj(j,k),4),size(Mieq,1)+Num];
                    Num=Num+1;
            end
            clear I_unit; clear Iu_unit;
    end
```

```
        case 0    %针对放松CV的软约束情况
            I_unit=zeros(1,Obj_NS(j));
            %定义适维矩阵, 用于构造过渡不等式矩阵
            I_unit(1,k)=-1;
            switch Rank_Matrix(Obj(j,k),6)
                case 1      %放松上界
                    switch Ycriterion(1,Rank_Matrix(Obj(j,k),4))
                        case 0      %针对稳态变量
New_L(Num,:)=[I_unit, CalSteady(Rank_Matrix(Obj(j,k),4),:)];
New_R(Num,:)=[YoperaterU(Rank_Matrix(Obj(j,k),4))
    -YolN(Rank_Matrix(Obj(j,k),4),1)];
                            Num=Num+1;
                        case 1      %针对积分变量
New_L(Num,:)=[I_unit, CalSteady(Rank_Matrix(Obj(j,k),4),:)
    -(2*eye(size(AdjustMatrix,1))-AdjustMatrix)
    *Rur(find(Iindex==Rank_Matrix(Obj(j,k),4)),:)*(M-1)/2];
New_R(Num,:)=[YoperaterU(Rank_Matrix(Obj(j,k),4))
    -YolN(Rank_Matrix(Obj(j,k),4),1)];
                            Num=Num+1;
                    end
                case 2      %放松下界
                    switch Ycriterion(1,Rank_Matrix(Obj(j,k),4))
                        case 0      %针对稳态变量
New_L(Num,:)=[I_unit,  -CalSteady(Rank_Matrix(Obj(j,k),4),:)];
New_R(Num,:)=[-YoperaterL(Rank_Matrix(Obj(j,k),4))
    +YolN(Rank_Matrix(Obj(j,k),4),1)];
                            Num=Num+1;
                        case 1
New_L(Num,:)=[I_unit,  -CalSteady(Rank_Matrix(Obj(j,k),4),:)
    +(2*eye(size(AdjustMatrix,1))-AdjustMatrix)
    *Rur(find(Iindex==Rank_Matrix(Obj(j,k),4)),:)*(M-1)/2];
New_R(Num,:)=[-YoperaterL(Rank_Matrix(Obj(j,k),4))
    +YolN(Rank_Matrix(Obj(j,k),4),1)];
                            Num=Num+1;
                    end
            end
    end
end
Mmieq=[zeros(size(Mieq,1),Obj_NS(j)), Mieq;  New_L];  mmieq=[mieq;  New_R];
if size(Meq,1)==0
    Mmeq=[]; mmeq=[];
else
    Mmeq=[zeros(size(Meq,1),Obj_NS(j)),  Meq];  mmeq=meq;
end
clear New_R; clear New_L; clear SM_mid;
```

```
%%开始求解优化阶段，要根据是否包含了最低优先级软约束来区别构成优化问题
switch ProgType
    case 1 %采用线性规划
        f=zeros(1,Obj_NS(j)+m);
        for k=1:Obj_NS(j)
            f(1,k)=Rank_Matrix(Obj(j,k),8)^(-1);
        end
        options=optimset( 'Diagnostics','off',  'Display','final',
            'LargeScale','off',    'MaxIter',[],  'Simplex','on',
            'TolFun',[]);
        [V_dic,fval,exitflag,output,lambda]
            =linprog(f,Mmieq,mmieq,Mmeq,mmeq,Lb,Ub);
        clear Lb; clear Ub;
    case 2 %采用二次规划
        H=zeros(Obj_NS(j)+m,Obj_NS(j)+m);
        for k=1:Obj_NS(j)
            H(k,k)=2*Rank_Matrix(Obj(j,k),8)^(-2);
        end
        f=zeros(1,Obj_NS(j)+m);
        [V_dic,fval,exitflag]
            =quadprog(H,f,Mmieq,mmieq,Mmeq,mmeq,Lb,Ub,[],options);
            %求解以获得松弛变量
end
```

　　第 V 类问题的源程序可进行类似的编写。

第 6 章　基于状态空间模型的双层模型预测控制

如果没有特别说明，符号与第 4 章一致。新符号如下所示。

N：预测时域；

N_c：控制时域；

x：属于 $\mathbb{R}^{n_x}$，系统状态。

用状态空间模型进行模型预测控制是理论上研究最多的，有很多学术论文。可以进行以下优化：

(1) $u(k|k), \cdots, u(k+j|k), \cdots, u(k+M-1|k)$；

(2) $\Delta u(k|k), \cdots, \Delta u(k+j|k), \cdots, \Delta u(k+M-1|k)$；

(3) $c(k|k), \cdots, c(k+j|k), \cdots, c(k+M-1|k)$；

(4) $F(k|k), \cdots, F(k+j|k), \cdots, F(k+M-1|k)$。

方法 (1) 把 $\{u\}$ 作为直接的决策变量，如模型算法控制优化 M 个 u 的绝对值；方法 (2) 相当于把 $\{\Delta u\}$ 作为直接的决策变量，如动态矩阵控制优化 M 个 u 的增量。方法 (3) 把 $\{c\}$ 作为直接的决策变量，而 u 间接得到

$$u(k+j|k) = F(k)x(k+j|k) + c(k+j|k)$$

那么 $F(k)$ 就要提前进行计算。方法 (4) 把反馈控制增益 $\{F\}$ 作为直接的决策变量，而 u 间接得到

$$u(k+j|k) = F(k+j|k)x(k+j|k)$$

在理论研究上，四种方法的 M 可取为 ∞，或者 M 为准 ∞(把 ∞ 化为有限)。这些方法都有人在研究，尤其是方法 (3) 的研究成果最多。

在工业中应用最多的是 MPC 算法，即 DMC，实际上采用的是阶跃响应模型，但是在理论上由状态空间方法可以解释得通。对于可以采用工业 DMC 的场合，用状态空间模型设计 MPC 并优化一组 u 的增量，可以看作近似研究工业 DMC 算法。

很多人对工业中使用的预测控制在稳定性方面的研究非常感兴趣。研究直接使用阶跃响应模型的工业 DMC 的稳定性，当然是非常难的。用状态空间 DMC 来研究稳定性，至少工具会丰富一些，相对就会容易一些。状态空间 DMC 算法可能比工业 DMC 要复杂，因为状态空间模型总是比阶跃响应模型复杂一些，而稳定性相对容易一些。对于预测控制，包括一些其他控制理论，最大的特点如下：

(1) 如果算法逻辑比较简单 (指数学工具或者计算量方面)，那么稳定性等理论分析就会非常难，甚至难以进展。如 DMC、MAC 算法逻辑简单，但是理论分析特别难。

(2) 如果算法逻辑比较复杂，计算量比较大，那么可能理论分析就比较容易。如上述方法 (4)(优化一组控制律)，计算量大，做起来复杂，但 Lyapunov 方法等都能运用，做理论分析能得到不错的结果。

状态空间模型如下：

$$
\begin{cases}
\nabla x_{k+1} = A\nabla x_k + B\nabla u_k + F\nabla f_k \\
\nabla y_k = C\nabla x_k
\end{cases}, \quad k \geqslant 0 \tag{6.1}
$$

注意这里采用了 ∇，对于变量 ξ，$\nabla\xi = \xi - \xi_{\text{eq}}$；eq，即 equilibrium，即平衡点；$x$ 为状态；u 为可控输入或操纵变量 (MV)；f 为不可控输入或干扰变量 (DV)；y 为被控变量 (CV)。所有状态空间模型都是这样写的，其他书籍没有加上 ∇。但这相当于已经默认包含了 ∇。我们不默认，是因为加上 ∇ 是关键所在。研究工业预测控制，控制器在计算时主要用的是 $\{y_k, u_k, f_k\}$；如果省略 ∇，那么就无法区分 $\{y_k, u_k, f_k\}$ 和 $\{\nabla y_k, \nabla u_k, \nabla f_k\}$。在其他文献中可能也没有 f，但是在进行工业预测控制中确实有 f，所以我们明确地加上 ∇。

6.1　人工干扰模型与可检测性

下面介绍关于人工干扰模型的一些方法和结论，在文献 [23]、文献 [24] 中已进行过讨论。

假设式(6.1)在表达实际系统时有误差，或有些外来干扰并不能包含在 f 中，那么就得考虑补偿。于是就引入带有输出恒值干扰的状态空间模型：

$$
\begin{cases}
\begin{bmatrix} \nabla x_{k+1} \\ p_{k+1} \end{bmatrix} = \begin{bmatrix} A & 0 \\ 0 & I \end{bmatrix}\begin{bmatrix} \nabla x_k \\ p_k \end{bmatrix} + \begin{bmatrix} B \\ 0 \end{bmatrix}\nabla u_k + \begin{bmatrix} F \\ 0 \end{bmatrix}\nabla f_k \\
\nabla y_k = \begin{bmatrix} C & G_p \end{bmatrix}\begin{bmatrix} \nabla x_k \\ p_k \end{bmatrix}
\end{cases} \tag{6.2}
$$

与式(6.1)相比，式(6.2)多了 $p_{k+1} = p_k$，这表示状态被扩展了，而且增加的这个状态 p 是积分型的。开始研究时，可能对此不习惯：已知模型为式(6.1)，引入 $p_{k+1} = p_k$ 并改为 $\nabla y_k = C\nabla x_k + G_p p_k$。$\nabla y_k = C\nabla x_k$ 和 $\nabla y_k = C\nabla x_k + G_p p_k$ 都正确。

实际上，在第 4 章的 DMC 中，令 $G_p = I$。对此，可以查看第 4 章中的公式：

$$
Y_N^{\text{ol}}(k|k) = M\left\{ Y_N^{\text{ol}}(k-1|k-1) + \begin{bmatrix} S_1^u \\ S_2^u \\ \vdots \\ S_N^u \end{bmatrix}\Delta u(k-1) \right\}
$$

$$
+ \begin{bmatrix} S_1^f \\ S_2^f \\ \vdots \\ S_N^f \end{bmatrix}\Delta f(k) + \begin{bmatrix} e(k+1|k) \\ e(k+2|k) \\ \vdots \\ e(k+N|k) \end{bmatrix}
$$

$$
y^{\text{ol}}(k|k) = y^{\text{ol}}(k|k-1) + S_1^{u,\text{s}}\Delta u(k-1)
$$

式中，$e(k+i|k)$ 对所有 i 取固定的 $\epsilon(k) = y(k) - y^{\mathrm{ol}}(k|k)$。由上式得到

$$y^{\mathrm{ol}}(k+i|k) = y^{\mathrm{ol}}(k+i|k-1) + S^{u,\mathrm{s}}_{i+1}\Delta u(k-1) + S^{f,\mathrm{s}}_i \Delta f(k) + e(k+i|k),\ i=0,1,\cdots,N$$

$$e(k+i|k) = e(k+i-1|k),\ i=1,\cdots,N$$

$$e(k|k) = \epsilon(k)$$

这些相当于基于如下状态空间模型的预测 (直接计算，非严格 Kalman 滤波):

$$(6.3)\quad\begin{cases} \xi(i|k) = \xi(i|k-1) + B(i)\begin{bmatrix} \Delta u(k-1) \\ \Delta f(k) \end{bmatrix} + p(i) \\ p(i+1) = p(i) \\ \zeta(i) = \xi(i|k-1) + B(i)\begin{bmatrix} \Delta u(k-1) \\ \Delta f(k) \end{bmatrix} + p(i) \end{cases}$$

式中，预测初值为 $p(0) = \epsilon(k)$，$\xi(0|k-1) = y^{\mathrm{ol}}(k|k-1)$，$\xi(0|k) = y^{\mathrm{ol}}(k|k)$；$B(i) = \begin{bmatrix} S^{u,\mathrm{s}}_{i+1} & S^{f,\mathrm{s}}_i \end{bmatrix}$，$\xi(i|k-1) = y^{\mathrm{ol}}(k+i|k-1)$，$\xi(i|k) = y^{\mathrm{ol}}(k+i|k)$。根据该状态方程可以验证：

$$\zeta(0)$$
$$= \xi(0|k-1) + B(0)\begin{bmatrix} \Delta u(k-1) \\ \Delta f(k) \end{bmatrix} + p(0)$$
$$= y^{\mathrm{ol}}(k|k-1) + S^{u,\mathrm{s}}_1\Delta u(k-1) + \epsilon(k)$$
$$= y^{\mathrm{ol}}(k|k) + \epsilon(k)$$
$$= y(k)$$

与 $y(k) = y^{\mathrm{ol}}(k|k) + \epsilon(k)$ 和 $y^{\mathrm{ol}}(k|k) = y^{\mathrm{ol}}(k|k-1) + S^{u,\mathrm{s}}_1\Delta u(k-1)$ 相吻合。将式(6.3)与式(6.2)进行对照，$p(k)$ 对应于 $p(i)$，∇y_k 对应于 $\zeta(i) - B(i)\begin{bmatrix} \Delta u(k-1) \\ \Delta f(k) \end{bmatrix}$，$C\nabla x_k$ 对应于 $\xi(i|k-1)$，G_p 对应于单位阵。

　　将第 4 章的 DMC 用状态空间模型解释后，即可以知道它曾经引入积分型人工干扰；用状态空间模型解释后，采用 $\epsilon(k)$ 进行反馈校正的意义更加清晰了。这回答了为什么研究 DMC 要从状态空间模型开始。

　　引入 $p(k)$ 的一些方法和结论，早在 20 世纪 70 年代就有人提出了，见文献 [4]。

　　有不同于 DMC 的 (干扰和模型等不确定性的) 补偿方案。下面给出另一种做法：

$$
\begin{cases}
\begin{bmatrix} \nabla x_{k+1} \\ d_{k+1} \end{bmatrix} = \begin{bmatrix} A & G_d \\ 0 & I \end{bmatrix} \begin{bmatrix} \nabla x_k \\ d_k \end{bmatrix} + \begin{bmatrix} B \\ 0 \end{bmatrix} \nabla u_k + \begin{bmatrix} F \\ 0 \end{bmatrix} \nabla f_k \\[4mm]
\nabla y_k = \begin{bmatrix} C & 0 \end{bmatrix} \begin{bmatrix} \nabla x_k \\ d_k \end{bmatrix}
\end{cases}
\tag{6.4}
$$

式(6.2)中的 p_k 相当于加在输出端，从一步迭代来讲 p_k 不影响 x，但是 p_k 直接影响 y_k。式(6.4)中的 d_k 是直接加在状态上，d_k 通过 G_d 影响了状态的一步迭代。这是另一种形式的人工干扰，即输入端状态干扰。如果取 $G_d = B$，那么式(6.4)的合理性在于 ∇u_k 有某种不确定性；如果令 $G_d = F$，那么式(6.4)的合理性在于 ∇f_k 中有某种不确定性；令 $G_d = \begin{bmatrix} B & F \end{bmatrix}$，式(6.4)的合理性在于 $\{\nabla u_k, \nabla f_k\}$ 有某种不确定性。式(6.1)是为了应用 MPC 而建立的，不管是采用机理法还是基于数据的方法。带有状态干扰的状态空间模型式(6.4)则具有一定的人为假设的性质，即认为式(6.1)的不准确性带来的影响可以用式(6.4)进行补偿。

式(6.2)中的 p_k 和式(6.4)中的 d_k 不一定具有物理意义，称为人工干扰。

DMC 能消除静差，有人说是因为采用了 u 的增量，也有人说是因为相当于引入了 $p_{k+1} = p_k$ 这样的积分模态。其实后一种看法更准确，即消除静差不是因为采用了 u 的增量，而是因为引入了 $p_{k+1} = p_k$。如果不采用 $p_{k+1} = p_k$ 这种机制，而是采用另一种机制 $d_{k+1} = d_k$(这种机制不对应普通的 DMC)，那么适当设计的 MPC 也能够消除某些静差；这里讲 “某些”，因为引入这样的 d_k，对于消除所有的静差可能自由度不够。在式(6.2)中，若 G_p 是方阵且可逆，则能够适当地消除 y 的偏差。当 $G_p = I$ 时，肯定是可逆方阵，这就是 DMC 能够消除静差的原因。

当然，可以同时采用 $\{p_k, d_k\}$。在 20 世纪 90 年代初时已经做出来了，不同的几篇论文同时用 $\{p_k, d_k\}$，即

$$
\begin{cases}
\tilde{x}_{k+1} = \tilde{A}\tilde{x}_k + \tilde{B}\nabla u_k + \tilde{F}\nabla f_k \\
\nabla y_k = \tilde{C}\tilde{x}_k
\end{cases}
\tag{6.5}
$$

$$
\tilde{x}_k = \begin{bmatrix} \nabla x_k \\ d_k \\ p_k \end{bmatrix}, \quad \tilde{A} = \begin{bmatrix} A & G_d & 0 \\ 0 & I & 0 \\ 0 & 0 & I \end{bmatrix}
$$

$$
\tilde{B} = \begin{bmatrix} B \\ 0 \\ 0 \end{bmatrix}, \quad \tilde{F} = \begin{bmatrix} F \\ 0 \\ 0 \end{bmatrix}, \quad \tilde{C} = \begin{bmatrix} C & 0 & G_p \end{bmatrix}
\tag{6.6}
$$

相当于在状态端和输出端 (或输入端和输出端) 都加入一个人工干扰；人工干扰并不是一个真实存在的信号。人工干扰用来包含那些不能测量的信号、建模不准确性或虽然能够测量但未建模特性的影响。人工干扰模型并不是机理或经验模型的一部分。

人工干扰模型是双层消除静差的重要手段。

双层 MPC 有三个模块: 开环预测、稳态目标计算、动态控制。经过推导发现, 在这三个模块都能够用上人工干扰模型。或许经过更加严密的推导可以发现, 其实没必要全用于三个模块, 可能只用于其中一个模块或两个模块就行了。

用稳态 Kalman 滤波的一个前提条件为模型式(6.5)与式(6.6)是可检测的。所以, 就要看式 (6.5)和式(6.6)是不是可检测的。大家可能会想到可观测性, 可观测性就是通过一段时间的输出能够复现系统的状态 (即用一段时间的输出完整地把状态渐近地算出来)。可检测性要比可观测性弱一点, 即能够用一段时间的输出把不稳定模态对应的状态复现出来。因为稳定的模态对应的状态观测误差将随着时间流逝渐近收敛到零, 所以不会妨碍观测值的收敛性。

可检测性是采用稳态 Kalman 滤波的必要条件。可控是指能用一段时间的输入把状态准确地驱动在平衡点上。可镇定是指能够用一段时间的输入把不稳定模态对应的状态准确地驱动在平衡点上, 而那些不可控模态对应的状态虽然在一段时间内不能受控到平衡点上, 但是随着时间的推移状态就会自动收敛到平衡点上。

式(6.5)和式(6.6)是不可镇定的, 因为 p_k 和 d_k 两组状态不能受到 u 的直接控制, 都是不可镇定的。也就是说, 只能够把 x 驱动到平衡点上, 不能任意驱动 $\tilde{x}$ 到想要的平衡点上。可以用 $u = Fx + c$, 但是不能够用 $u = \tilde{F}\tilde{x} + c$, 因为不能用 d 和 P 来反馈。由于式(6.5)和式(6.6)具有人为性, 它的作用有限, 不能直接利用扩展状态进行反馈; 它有可检测性, 可以用它做估计。

定理 6.1 式(6.5)和式(6.6)中的 $(\tilde{C}, \tilde{A})$ 是可检测的 (detectable), 当且仅当 (C, A) 是可检测的且满足

$$\text{rank} \begin{bmatrix} I - A & -G_d & 0 \\ C & 0 & G_p \end{bmatrix} = n_x + n_d + n_p$$

式中, n_x、n_d、n_p 分别为 x、d、p 的维数。$I - A \in \mathbb{R}^{n_x \times n_x}$, $C \in \mathbb{R}^{n_y \times n_x}$, $G_d \in \mathbb{R}^{n_x \times n_d}$, $G_p \in \mathbb{R}^{n_y \times n_p}$。定理中的秩条件要求矩阵 $\begin{bmatrix} I - A & -G_d & 0 \\ C & 0 & G_p \end{bmatrix}$ 列满秩, 其必要条件是矩阵 $\begin{bmatrix} I - A \\ C \end{bmatrix}$ 列满秩。$\begin{bmatrix} I - A \\ C \end{bmatrix}$ 列满秩表示 (C, A) 是可检测的。

定理 6.1 给出的可检测性条件具有合法性、合理性、准确性、美观性。

推论 6.1 (不可检测条件) 满足如下条件之一时, $(\tilde{C}, \tilde{A})$ 是不可检测的 (即几个不可检测的充分条件):

(1) G_d 不是列满秩;

(2) G_p 不是列满秩;

(3) $n_p + n_d > n_y$;

(4) n_d 超过线性无关输出 (CV) 的个数;

(5) 存在 $v_r \neq 0$ 和 p, 使得 $(I - A)v_r = 0$ 且 $G_p p = -Cv_r$; 当可检测条件满足如下条件之一时, $(\tilde{C}, \tilde{A})$ 是可检测的 (即两个可检测的充分条件);

(6) 没有积分模态, (C, A) 可检测, 取 $G_p = I$ 和 $G_d = [\ ]$;

(7) 输出线性无关，(C, A) 可检测，取 $n_d = n_y$ 和 $n_p = 0$，$\text{rank}\,[(I-A)\mathcal{N}_C, G_d] - \text{rank}\,[(I-A)\mathcal{N}_C] = n_d$，其中，$\mathcal{N}_C$ 的列向量由矩阵 C 零空间中的基向量组成。

DMC 就是符合第 (6) 条的。

以第 (4) 条为例，如果 G_d 的秩大于 C 的秩，那么 $\begin{bmatrix} I-A & -G_d \\ C & 0 \end{bmatrix}$ 肯定不是列满秩。

以第 (5) 条为例，$(I-A)v_r = 0$ 且 $G_p p = -Cv_r$ 写成线性方程组的形式就是

$$\begin{bmatrix} I-A & 0 \\ C & G_p \end{bmatrix} \begin{bmatrix} v_r \\ p \end{bmatrix} = \begin{bmatrix} (I-A)v_r \\ Cv_r + G_p p \end{bmatrix} = 0$$

式中，v_r 和 p 不全等于零。一个矩阵 $\begin{bmatrix} I-A & 0 \\ C & G_p \end{bmatrix}$ 乘以一个不全为零的向量 $\begin{bmatrix} v_r \\ p \end{bmatrix}$ 等于零，表示这个矩阵 $\begin{bmatrix} I-A & 0 \\ C & G_p \end{bmatrix}$ 不满秩。

在第 5 章讨论积分 CV 时，有一个旋转因子 σ，计算反馈校正项 $e(k+j|k) = \epsilon(k) + j\sigma\epsilon(k)$。现在，从理论上再解释一下为什么需要旋转因子。举一个简单的例子：

$$\begin{cases} \nabla x_{k+1} = \nabla x_k + b\nabla u_k \\ \nabla y_k = c\nabla x_k \end{cases}$$

这是一个积分系统。对于这样一个系统，如果扩展一个状态，假设只采用 G_p，则

$$\begin{cases} \begin{bmatrix} \nabla x_{k+1} \\ p_{k+1} \end{bmatrix} = \begin{bmatrix} 1 & 0 \\ 0 & 1 \end{bmatrix} \begin{bmatrix} \nabla x \\ p_k \end{bmatrix} + \begin{bmatrix} b \\ 0 \end{bmatrix} \nabla u_k \\ \nabla y_k = \begin{bmatrix} c & G_p \end{bmatrix} \begin{bmatrix} \nabla x_k \\ p_k \end{bmatrix} \end{cases}$$

根据定理 6.1，$\text{rank}\begin{bmatrix} 1-1 & 0 \\ c & G_p \end{bmatrix} = 1 < 2(\text{不满秩})$，故如果只引入一个 p 是不可检测的。这就是在第 5 章需要加一个旋转因子的原因。当然在第 5 章的情况下没有旋转因子也可以，只不过要用状态空间模型来表示就是不可检测的。

对于上面的积分系统，同时采用 d 和 p 时，$\text{rank}\begin{bmatrix} 1-1 & -G_d & 0 \\ c & 0 & G_p \end{bmatrix} = 2 < 3(\text{不满秩})$，故是不可检测的。

如果只取 d，$\text{rank}\begin{bmatrix} 1-1 & -G_d \\ c & 0 \end{bmatrix} = 2(\text{满秩})$，所以是可检测的 ($G_d \neq 0, c \neq 0$)。只

取 d 的扩展模型：

$$\begin{cases} \begin{bmatrix} \nabla x_{k+1} \\ d_{k+1} \end{bmatrix} = \begin{bmatrix} 1 & G_d \\ 0 & 1 \end{bmatrix} \begin{bmatrix} \nabla x_k \\ d_k \end{bmatrix} + \begin{bmatrix} b \\ 0 \end{bmatrix} \nabla u_k \\ \nabla y_k = \begin{bmatrix} c & 0 \end{bmatrix} \begin{bmatrix} \nabla x_k \\ d_k \end{bmatrix} \end{cases} \tag{6.7}$$

本例说明，同时采用 d 和 p 的模型具有一般性，虽然也能够处理积分，只不过在处理积分时，n_p 的维数要减去积分模态的个数。

文献 [25] 将模型扩展为

$$\begin{cases} \begin{bmatrix} \nabla x_{k+1} \\ d_{k+1} \end{bmatrix} = \begin{bmatrix} A & G_d \\ 0 & I \end{bmatrix} \begin{bmatrix} \nabla x_k \\ D_k \end{bmatrix} + \begin{bmatrix} B \\ 0 \end{bmatrix} \nabla u_k \\ \nabla y_k = \begin{bmatrix} C & G_d' \end{bmatrix} \begin{bmatrix} \nabla x_k \\ d_k \end{bmatrix} \end{cases} \tag{6.8}$$

这个模型比式(6.7)更接近 DMC。第 4 章、第 5 章的 DMC 有一个反馈校正；如果不加 G_d'，那么相当于反馈校正没有贯彻始终。对于输出 y 一维的情况，$G_d' = \sigma$，基于式(6.8)得到一个预报公式：

$$\nabla y(k+j|k) = \nabla y'(k+j|k) + jc\sigma d_k + d_k \tag{6.9}$$

$\nabla y'(k+j|k)$，带一个 prime，是 $d_k = 0$ 时的预报，而式(6.9)是 $d_{k+j|k} = d_k$ 时的预报。实际上，式(6.9)就是第 5 章积分 CV 的预报；在第 5 章时，j 步预报的反馈校正项是 $(1+j\sigma)\epsilon(k)$，取 $\epsilon(k) = cd(k)$ 正好对应。

在第 5 章中，σ 为旋转因子，但在文献 [25] 中定义 $\mu = \dfrac{C\sigma d_k}{C\sigma d_k + d_k}$ 为旋转因子。若分子分母同号，则 $0 \leqslant \mu < 1$；与第 5 章旋转因子相同，有 $0 \leqslant \sigma \leqslant 1$。虽然文献 [25] 和第 5 章对旋转因子的定义不同，但物理意义一致。

基于式(6.8)的状态空间模型一般写为

$$\begin{cases} \tilde{x}_{k+1} = \tilde{A}\tilde{x}_k + \tilde{B}\nabla u_k + \tilde{F}\nabla f_k \\ \nabla y_k = \tilde{C}\tilde{x}_k \end{cases} \tag{6.10}$$

式中

$$\tilde{x}_k = \begin{bmatrix} \nabla x_k \\ s_k \end{bmatrix}, \ \tilde{A} = \begin{bmatrix} A & G_\sigma \\ 0 & I \end{bmatrix}, \ G_\sigma \in \mathbb{R}^{n_x \times n_s}$$

$$\tilde{B} = \begin{bmatrix} B \\ 0 \end{bmatrix}, \ \tilde{F} = \begin{bmatrix} F \\ 0 \end{bmatrix}, \ \tilde{C} = \begin{bmatrix} C & G_s \end{bmatrix}, \ G_s \in \mathbb{R}^{n_y \times n_s} \tag{6.11}$$

式(6.10)和式(6.11)的可检测性充要条件为

$$\text{rank} \begin{bmatrix} I - A & -G_\sigma \\ C & G_s \end{bmatrix} = n_x + n_s$$

文献 [25] 认为式(6.8)是一个新的方法。实际上，一是取 $G'_d = 0$，二是判断两个方法是否一样，要看数学、物理实质上有无区别。

定义

$$s = \begin{bmatrix} d \\ p \\ q \end{bmatrix}, \; G_\sigma = \begin{bmatrix} G_d & 0 & G'_\sigma \end{bmatrix}, \; G_s = \begin{bmatrix} 0 & G_p & G_q \end{bmatrix},$$

$$n_s = n_d + n_p + n_q \leqslant n_y$$

式中，n_q 为积分模态个数。结合该定义，发现只含 s 的式(6.10)和式(6.11)与同时含有 $\{d, p\}$ 的式(6.5)和式(6.6)具有同样的一般性，这一点从可检测性充要条件中可以看出来。

总之，不管是否含积分，扩展模型和可检测性条件都可进行一样的处理。

根据定理 6.1 的可检测性条件来设计 $\{G_d, G_p, n_d, n_p\}$，设计标准就是定理 6.1 和推论 6.1。既然可检测，就可以用稳态 Kalman 滤波来估计状态。

6.2　开　环　预　测

考虑状态方程

$$\begin{cases} x_{k+1} = Ax_k + Bu_k + \Gamma \eta_k \\ y_k = Cx_k + \xi_k \end{cases} \tag{6.12}$$

通常假设 η_k 和 ξ_k 不相关。如果相关，即 $E[\eta_k \xi_k^{\mathrm{T}}] \neq 0$，那么相应的 Kalman 滤波也能够推出来。

本章采用的是相关的情况。针对式(6.5)和式(6.6)，采用稳态 Kalman 滤波得到增广状态的估计如下：

$$\begin{bmatrix} \nabla \hat{x}'_{k|k-1} \\ \hat{d}_{k|k-1} \\ \hat{p}_{k|k-1} \end{bmatrix} = \tilde{A} \begin{bmatrix} \nabla \hat{x}_{k-1|k-1} \\ \hat{d}_{k-1|k-1} \\ \hat{p}_{k-1|k-1} \end{bmatrix} + R_{12} R_2^{-1} \left(\nabla y_{k-1} - \tilde{C} \begin{bmatrix} \nabla \hat{x}_{k-1|k-1} \\ \hat{d}_{k-1|k-1} \\ \hat{p}_{k-1|k-1} \end{bmatrix} \right)$$

$$+ \tilde{B} \nabla u_{k-1} + \tilde{F} \nabla f_{k-1}$$

$$\begin{bmatrix} \nabla \hat{x}_{k|k} \\ \hat{d}_{k|k} \\ \hat{p}_{k|k} \end{bmatrix} = \begin{bmatrix} \nabla \hat{x}'_{k|k-1} \\ \hat{d}_{k|k-1} \\ \hat{p}_{k|k-1} \end{bmatrix} + \begin{bmatrix} L_x \\ L_d \\ L_p \end{bmatrix} \left(\nabla y_k - \tilde{C} \begin{bmatrix} \nabla \hat{x}'_{k|k-1} \\ \hat{d}_{k|k-1} \\ \hat{p}_{k|k-1} \end{bmatrix} \right) \tag{6.13}$$

式中，$R_1 \in \mathbb{R}^{(n_x+n_d+n_p)\times(n_x+n_d+n_p)}$, $R_{12} = \begin{bmatrix} R_{12}^x \\ R_{12}^d \\ R_{12}^p \end{bmatrix} \in \mathbb{R}^{(n_x+n_d+n_p)\times n_y}$, $R_2 \in \mathbb{R}^{n_y \times n_y}$ 为

可调参数，满足 $\begin{bmatrix} R_1 & R_{12} \\ R_{12}^T & R_2 \end{bmatrix} \geqslant 0$，$R_1$ 和 R_2 见式 (6.14)。第一个方程是一步预报方程，表示 $k-1$ 时刻的一步向前预测与 $k-1$ 时刻滤波值之间的关系。第二个方程是滤波方程，由 $k-1$ 时刻的一步向前预报加上一个校正项 (相当于预测控制的反馈校正)，得到当前的滤波值。注意式(6.13)中，上角标 prime 是有意加上的，加 prime 和不加 prime 的意义不一样。

如果假设 $\{\eta_k, \zeta_k\}$ 不相关的话，那么不会像式(6.13)这么复杂。实际上，在式(6.5)和式(6.6) 中并没有 $\{\eta_k, \zeta_k\}$。若 $\{\eta_k, \zeta_k\}$ 不相关，则 $R_{12} = 0$，故

$$R_{12}R_2^{-1}\left(\nabla y_{k-1} - \tilde{C} \begin{bmatrix} \nabla \hat{x}_{k-1|k-1} \\ \hat{d}_{k-1|k-1} \\ \hat{p}_{k-1|k-1} \end{bmatrix} \right)$$

这一项就没有了，可以将式(6.13)中两个方程合并成一个方程: 将第一个方程代入第二个方程。如果 $R_{12} \neq 0$，那么合并成一个方程就会有两个校正项，形式上就不美观了。

多了一个 R_{12} 矩阵，调节起来可能更方便。我们一开始做仿真时，发现在 $R_{12} = 0$ 的情况下做不出仿真；后来不管有没有 R_{12}，都可以做出仿真。对于式(6.13)，第一不要误解 prime 是笔误，第二需要理解这个式子为什么有两个校正项。

状态滤波增益 L 被分解为过程模型状态滤波增益 L_x、状态扰动滤波增益 L_d、输出扰动滤波增益 L_p。求解如下代数 Riccati 方程:

$$\Sigma = \tilde{A}\Sigma\tilde{A}^T - (\tilde{A}\Sigma\tilde{C}^T + R_{12})(\tilde{C}\Sigma\tilde{C}^T + R_2)^{-1}(\tilde{A}\Sigma\tilde{C}^T + R_{12})^T + R_1 \tag{6.14}$$

得到解 Σ，从而可以计算稳态 Kalman 滤波增益:

$$L = \Sigma\tilde{C}^T(\tilde{C}\Sigma\tilde{C}^T + R_2)^{-1} \tag{6.15}$$

因为涉及 R_{12}，所以此处 Riccati 方程比最常用的 Riccati 方程稍微复杂一点。

采用这样一个闭环控制作用:

$$\nabla u(k+i|k) = K\nabla\hat{x}(k+i|k) + \nabla v(k+i|k), \quad i \geqslant 0 \tag{6.16}$$

前面提到 $u = Fx + c$，即状态空间预测控制方法 (3)，在理论上用得比较多，但在工业预测控制上没用过。式(6.16)对 $u = Fx + c$ 做了符号变化，即 $u = K\hat{x} + v$，但不必把符号变化当成一个新的式子。$A_c = A + BK$ 是稳定的矩阵。用预测控制直接优化 u 去控制一个不稳定的系统，还是比较难的；可以先用一个状态反馈镇定，在状态反馈的基础上再优化。

定义了式(6.16)的闭环控制作用，还需要再定义开环控制作用。开环预测模块和稳态目标计算需要开环控制的作用。定义

$$\nabla u^{ol}(k+i|k) = K\nabla\hat{x}^{ol}(k+i|k) + \nabla v(k-1), \quad i \geqslant 0$$

为开环控制作用。为什么第 4 章、第 5 章没有 $\nabla u^{\rm ol}$？主要原因是第 4 章、第 5 章不采用 $u = K\hat{x}+v$ 的形式,而是直接优化 u,即在第 4 章、第 5 章中,相当于 $K = 0, u^{\rm ol}(k) = u(k-1)$。

如何计算 $\nabla\hat{x}^{\rm ol}(k+i|k)$？ $i = 0$ 的情况前面式(6.13)已经计算了,用 Kalman 滤波计算。那么 $i = 1,2,3,\cdots$ 的情况就用 Kalman 预报进行计算。因为 $R_{12} \neq 0$,所以 Kalman 滤波和 Kalman 预报就比较复杂。Kalman 滤波是有一个校正项的;Kalman 预报即 $\nabla\hat{x}^{\rm ol}(k+1|k)$ 与 $\nabla\hat{x}^{\rm ol}(k+i+1|k)(i \geqslant 1)$ 这两个结果写法不一样,因为第一个结果有校正项,第二个结果就没有校正项了。

未来状态估计的开环预测值为

$$\nabla\hat{x}^{\rm ol}(k+1|k) = A_c\nabla\hat{x}^{\rm ol}(k|k) + B\nabla v(k-1) + F\nabla f(k) + G_d\hat{d}(k|k)$$
$$+ R_{12}^x R_2^{-1}[\nabla y(k) - C\nabla\hat{x}(k|k) - G_p\hat{p}(k|k)] \tag{6.17}$$

$$\nabla\hat{x}^{\rm ol}(k+i+1|k) = A_c\nabla\hat{x}^{\rm ol}(k+i|k) + B\nabla v(k-1) + F\nabla f(k) + G_d\hat{d}(k+1|k),$$
$$i \geqslant 1 \tag{6.18}$$

式中, $\nabla y(k) - C\nabla\hat{x}(k|k) - G_p\hat{p}(k|k)$ 为校正项。对于式(6.18),不管 i 是多少, $B\nabla v(k-1) + F\nabla f(k) + G_d\hat{d}(k+1|k)$ 总是出现;很容易想到前两项 $B\nabla v(k-1) + F\nabla f(k)$, $G_d\hat{d}(k+1|k)$ 也为固定项,是因为在引入人工干扰模型时就假设 $d_{k+1} = d_k$, $\hat{d}(k+i|k)$ 只有针对 $i = 0$ 和针对 $i \geqslant 1$ 两个不同的值;对于 $i \geqslant 1$, $\hat{d}(k+i|k)$ 不变。

DMC 不仅需要 $\nabla\hat{x}^{\rm ol}(k+i|k)$,还需要未来输出的开环预测值。未来输出的开环预测值为

$$y^{\rm ol}(k+i|k) = y_{\rm eq} + C\nabla\hat{x}^{\rm ol}(k+i|k) + G_p\hat{p}(k+1|k), \quad i \geqslant 1 \tag{6.19}$$

总之,对状态空间模型,要定义开环控制作用,由开环控制作用来计算开环状态预测值,由开环状态预测值再计算开环输出预测值。也就是说,开环动态预测包括:

(1) $\nabla u^{\rm ol}(k+i|k) = K\nabla\hat{x}^{\rm ol}(k+i|k) + \nabla v(k-1)$;

(2) 式(6.17)、式(6.18);

(3) 式(6.19)。

注意在第 4 章、第 5 章,只需要输出开环预测。

由开环动态预测就可以得到开环稳态预测。开环动态预测用于动态控制模块,开环稳态预测用于稳态目标计算模块。

开环稳态预测如下:

$$\begin{cases} \nabla\hat{x}_{\rm ss}^{\rm ol}(k) = A_c\nabla\hat{x}_{\rm ss}^{\rm ol}(k) + B\nabla v(k-1) + F\nabla f(k) + G_d\hat{d}(k+1|k) \\ u_{\rm ss}^{\rm ol}(k) = u_{\rm eq} + K\nabla\hat{x}_{\rm ss}^{\rm ol}(k) + \nabla v(k-1) \\ y_{\rm ss}^{\rm ol}(k) = y_{\rm eq} + C\nabla\hat{x}_{\rm ss}^{\rm ol}(k) + G_p\hat{p}(k+1|k) \end{cases} \tag{6.20}$$

第一个方程就是关于分量 x 的状态方程的稳态版本,其中 x 达到稳态,根据定义 $u = K\hat{x}+v$, $A + BK = A_c$。在写 $u_{\rm ss}^{\rm ol}(k)$ 时,去掉了倒三角。在第 4 章、第 5 章推导时,一开始的阶

跃响应模型也是带倒三角的，但是最后所有的计算公式就不需要倒三角了。在状态空间模型里，一开始带着倒三角推导，但在实际中使用控制器时，并不需要准确地知道平衡点是多少。

上述的开环预测公式与已有文献的一个不同点是已有文献多数采用 $\hat{d}(k+1|k) = \hat{d}(k|k)$ 和 $\hat{p}(k+1|k) = \hat{p}(k|k)$。本书中 $\hat{d}(k+1|k) \neq \hat{d}(k|k)$ 和 $\hat{p}(k+1|k) \neq \hat{p}(k|k)$，是因为 Kalman 一步预报也可以反馈校正。大多数文献用的 $\hat{d}(k+1|k) = \hat{d}(k|k)$ 和 $\hat{p}(k+1|k) = \hat{p}(k|k)$ 也没关系，这些本身就是具有一定的主观性的。

通过开环稳态方程(6.20)可以显式地解出

$$\nabla \hat{x}_{ss}^{ol}(k) = (I - A_c)^{-1} B \nabla v(k-1)$$
$$+ (I - A_c)^{-1} [F \nabla f(k) + G_d \hat{d}(k+1|k)] \tag{6.21}$$

$$u_{ss}^{ol}(k) = u_{eq} + K_c \nabla v(k-1) + K(I - A_c)^{-1} [F \nabla f(k) + G_d \hat{d}(k+1|k)] \tag{6.22}$$

$$y_{ss}^{ol}(k) = y_{eq} + G_c \nabla v(k-1) + C(I - A_c)^{-1} [F \nabla f(k) + G_d \hat{d}(k+1|k)]$$
$$+ G_p \hat{p}(k+1|k) \tag{6.23}$$

式中，$K_c = K(I - A_c)^{-1} B + I$，$G_c = C(I - A_c)^{-1} B$ 为稳态增益矩阵。

这样，就得到了开环动态预测值和开环稳态预测值。稳态目标计算就是由开环稳态预测值来计算闭环稳态预测值的；动态控制就是由开环动态预测值来优化闭环动态预测值的。

开环预测模块输出分成两部分，一部分是动态预测，另一部分是稳态预测。动态预测用于动态控制模块；稳态预测用于 SSTC 模块。动态控制模块的输出给底层控制器。

图 6.1 为开环预测模块的示意图。

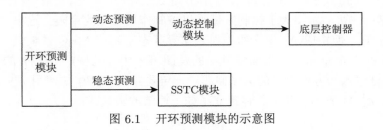

图 6.1 开环预测模块的示意图

6.3 稳态目标计算

含有稳态目标计算的双层 DMC 的思想是由工业界发明的。在本章中这个思想被拓展到状态空间模型。稳态目标计算根据开环稳态预报 $\{y_{ss}^{ol}(k), u_{ss}^{ol}(k)\}$，以及上级给的外部目标 $\{y_t^{(sm)}, u_t^{(sm)}\}$ 来计算闭环稳态预报即动态控制设定值 $\{y_{ss}(k), u_{ss}(k)\}$，见图 6.2。当进行开环预报时，相当于假设了 $\Delta \tilde{v}(k|k) = 0$。$\Delta \tilde{v}(k|k)$ 是动态控制中所有要优化的摄动量增量。稳态目标计算给出 $\Delta \tilde{v}(k|k) \neq 0$ 情况下的 $\{y_{ss}(k), u_{ss}(k)\}$。也就是说，稳态目标计算给出一个在稳态情况下设定值的结果。动态控制的设计要使闭环系统稳定，并且收敛到 $\{y_{ss}(k), u_{ss}(k)\}$。在 SSTC 中，并不需要 $\Delta \tilde{v}(k|k)$ 的具体值，只需要根据一个经济指标 (或者其他指标) 来

计算一个经济效益上最好 (或最节能等) 的 $\{y_{ss}(k), u_{ss}(k)\}$ 或者与 $\{y_t^{(sm)}, u_t^{(sm)}\}$ 尽量接近的 $\{y_{ss}(k), u_{ss}(k)\}$。SSTC 不用去管动态控制怎么实现 $\{y_{ss}(k), u_{ss}(k)\}$ 和如何计算 $\Delta \tilde{v}(k|k)$。对此，要弄懂哪个起主导作用。SSTC 的主导作用比动态控制稍强。

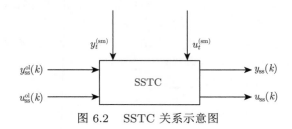

图 6.2　SSTC 关系示意图

先把稳态目标计算的约束写一下，看一下与第 4 章、第 5 章有什么不同。硬约束：

$$\underline{u} \leqslant u_{ss}(k) \leqslant \bar{u}, \quad k \geqslant 0 \tag{6.24}$$

$$|\delta u_{ss}(k)| \leqslant N_c \Delta \bar{u}, \quad k \geqslant 0 \tag{6.25}$$

$$|\delta u_{ss}(k)| \leqslant \delta \bar{u}_{ss}, \quad k \geqslant 0 \tag{6.26}$$

$$\underline{y}_{0,h} \leqslant y_{ss}(k) \leqslant \bar{y}_{0,h}, \quad k \geqslant 0 \tag{6.27}$$

软约束：

$$\underline{y}_0 \leqslant y_{ss}(k) \leqslant \bar{y}_0, \quad k \geqslant 0 \tag{6.28}$$

软约束或硬约束：$|\delta y_{ss}(k)| \leqslant \delta \bar{y}_{ss}$ 或 $|\Delta y_{ss}(k)| \leqslant \Delta \bar{y}_{ss}$。

式(6.25)表示 $\delta u_{ss}(k)$ 不大于控制时域乘以控制作用增量约束限。这里 N_c 相当于第 4 章、第 5 章的 M，但换成 N_c 这个符号符合研究状态空间法 MPC 的惯例。

以上约束和第 4 章相同。下面要解决的是图 6.2 中 $\{y_{ss}(k), u_{ss}(k)\}$ 的表达问题，即图 6.2 中的方框输入和方框输出的关系问题。一定要弄清 $y_{ss}(k)$ 如何用 $y_{ss}^{ol}(k)$ 表示，以及 $u_{ss}(k)$ 如何用 $u_{ss}^{ol}(k)$ 表示。我们具体建立了如下简洁的关系式：

$$u_{ss}(k) = K_c \delta v_{ss}(k) + u_{ss}^{ol}(k) \tag{6.29}$$

$$y_{ss}(k) = G_c \delta v_{ss}(k) + y_{ss}^{ol}(k) \tag{6.30}$$

在开环预测那里已经定义了 $G_c = C(I-A_c)^{-1}B$，$K_c = K(I-A_c)^{-1}B+I$。定义 $\{G_c, K_c\}$ 后，使公式非常简洁。

要把式(6.29)和式(6.30)代入 SSTC 里的约束中，并将其化成关于 $\delta v_{ss}(k)$ 的形式，和第 4 章、第 5 章是不一样的；第 4 章、第 5 章是化成关于 $\delta u_{ss}(k)$ 的形式，这里化成关于 $\delta v_{ss}(k)$ 的形式。

要化成关于 $\delta v_{ss}(k)$ 的形式，还需要一些关系式，例如：

$$\nabla v_{ss}(k) = \nabla v(k-1) + \delta v_{ss}(k)$$

$$u_{\mathrm{ss}}(k) = u(k-1) + \delta u_{\mathrm{ss}}(k)$$

此外需要一个 $\delta u_{\mathrm{ss}}(k)$ 与 $\delta v_{\mathrm{ss}}(k)$ 的关系：

$$\delta u_{\mathrm{ss}}(k) = K_c \delta v_{\mathrm{ss}}(k) + u_{\mathrm{ss}}^{\mathrm{ol}}(k) - u(k-1) \tag{6.31}$$

注意 $u_{\mathrm{ss}}^{\mathrm{ol}}(k)$ 与 $u(k-1)$ 不一样；在第 4 章、第 5 章时它们是一样的。当然，也正因为 $u_{\mathrm{ss}}^{\mathrm{ol}}(k)$ 与 $u(k-1)$ 不一样，才造成了 $\delta u_{\mathrm{ss}}(k)$ 不等于 $K_c \delta v_{\mathrm{ss}}(k)$。

有了式(6.29)和式(6.30)和以上的关系式，就可以把约束化成关于 $\delta v_{\mathrm{ss}}(k)$ 的形式。例如，式(6.24)和式(6.25)可以化成

$$\underline{u}'(k) \leqslant K_c \delta v_{\mathrm{ss}}(k) \leqslant \bar{u}'(k)$$

因为用到式(6.31)，其中 $u_{\mathrm{ss}}^{\mathrm{ol}}(k)$ 与 $u(k-1)$ 都是时变的。将工程约束式(6.27)及 $\{|\delta y_{\mathrm{ss}}(k)| \leqslant \delta \bar{y}_{\mathrm{ss}}$ 或 $|\Delta y_{\mathrm{ss}}(k)| \leqslant \Delta \bar{y}_{\mathrm{ss}}\}$ 中的硬约束合并成

$$\underline{y}_h(k) \leqslant G_c \delta v_{\mathrm{ss}}(k) \leqslant \bar{y}_h(k)$$

上下限带时间标 k，是当计算 $y_{\mathrm{ss}}(k)$ 时，用到了 $y_{\mathrm{ss}}^{\mathrm{ol}}(k)$。将式(6.28)及 $\{|\delta y_{\mathrm{ss}}(k)| \leqslant \delta \bar{y}_{\mathrm{ss}}$ 或 $|\Delta y_{\mathrm{ss}}(k)| \leqslant \Delta \bar{y}_{\mathrm{ss}}\}$ 中的软约束合并成

$$\underline{y}(k) \leqslant G_c \delta v_{\mathrm{ss}}(k) \leqslant \bar{y}(k) \tag{6.32}$$

以上三次合并，并没有减少任何约束，而是等价的化简。

此外，还有与 $\{u_t^{\mathrm{sm}}, y_t^{\mathrm{sm}}\}$ 有关的等式和不等软约束。类似第 4 章、第 5 章，与 u_t^{sm} 相关的约束化成

$$\underline{u}_{i,\mathrm{ss}}(k) \leqslant K_{c,i} \delta v_{\mathrm{ss}}(k) \leqslant \bar{u}_{i,\mathrm{ss}}(k) \tag{6.33}$$

第 4 章、第 5 章中的 $\delta u_{i,\mathrm{ss}}(k)$ 换成了本章的 $K_{c,i} \delta v_{\mathrm{ss}}(k)$；$i$ 放在 K_c 处，就是 K_c 的第 i 行。

与 y_t^{sm} 相关的约束化成

$$\underline{y}_{j,\mathrm{ss}}(k) \leqslant G_{c,j} \delta v_{\mathrm{ss}}(k) \leqslant \bar{y}_{j,\mathrm{ss}}(k) \tag{6.34}$$

式(6.32)和式(6.34)都是关于 y 的软约束。通过比较 $\underline{y}(k)$ 和 $\underline{y}_{j,\mathrm{ss}}(k)$ 的大小及 $\bar{y}(k)$ 和 $\bar{y}_{j,\mathrm{ss}}(k)$ 的大小，进行合并，可以减少一个式子，但不合并的理由是这两个软约束的优先级可以不一样。如 $\underline{y}_{j,\mathrm{ss}}(k)$ 比 $\underline{y}_j(k)$ 更小，而 $\underline{y}_j(k)$ 在较高优先级，$\underline{y}_{j,\mathrm{ss}}(k)$ 在较低优先级，那么就不能合并。在这个案例中，就观察 $\underline{y}_j(k)$ 能不能放松：如果 $\underline{y}_j(k)$ 要放松，那么再处理 $\underline{y}_{j,\mathrm{ss}}(k)$ 就没有意义了；如果 $\underline{y}_j(k)$ 不需要放松，那么还要继续考虑 $\underline{y}_{j,\mathrm{ss}}(k)$ 需不需要放松。

式(6.32)和式(6.34)都是 ET 的期望上下界约束。ET 等式约束可以化成

$$K_{c,i} \delta v_{\mathrm{ss}}(k) = u_{i,t}(k) - u_{i,\mathrm{ss}}^{\mathrm{ol}}(k) \tag{6.35}$$

$$G_{c,j}\delta v_{ss}(k) = y_{j,t}(k) - y_{j,ss}^{ol}(k) \tag{6.36}$$

因为 $u_{i,ss}^{ol}(k) \neq u(k-1)$，式(6.35)跟第 4 章、第 5 章是有区别的。式(6.36)右边和第 4 章、第 5 章没有区别，看左边就不一样了：此处 $G_{c,j}$ 在第 4 章、第 5 章要换成 $S_{N,j}$。

所以稳态目标计算处理的所有约束为

$$\underline{u}'(k) \leqslant K_c\delta v_{ss}(k) \leqslant \bar{u}'(k)$$

$$\underline{y}_h(k) \leqslant G_c\delta v_{ss}(k) \leqslant \bar{y}_h(k)$$

$$\underline{y}(k) \leqslant G_c\delta v_{ss}(k) \leqslant \bar{y}(k)$$

$$\underline{u}_{i,ss}(k) \leqslant K_{c,i}\delta v_{ss}(k) \leqslant \bar{u}_{i,ss}(k)$$

$$\underline{y}_{j,ss}(k) \leqslant G_{c,j}\delta v_{ss}(k) \leqslant \bar{y}_{j,ss}(k)$$

$$K_{c,i}\delta v_{ss}(k) = u_{i,t}(k) - u_{i,ss}^{ol}(k)$$

$$G_{c,j}\delta v_{ss}(k) = y_{j,t}(k) - y_{j,ss}^{ol}(k)$$

在稳态目标计算中，根据已有的知识，把如下五组软约束：

$$\underline{y}(k) \leqslant G_c\delta v_{ss}(k) \leqslant \bar{y}(k)$$

$$\underline{u}_{i,ss}(k) \leqslant K_{c,i}\delta v_{ss}(k) \leqslant \bar{u}_{i,ss}(k)$$

$$\underline{y}_{j,ss}(k) \leqslant G_{c,j}\delta v_{ss}(k) \leqslant \bar{y}_{j,ss}(k)$$

$$K_{c,i}\delta v_{ss}(k) = u_{i,t}(k) - u_{i,ss}^{ol}(k)$$

$$G_{c,j}\delta v_{ss}(k) = y_{j,t}(k) - y_{j,ss}^{ol}(k)$$

分成若干个优先级，每个优先级里面都有一些具体的约束。例如，五组约束共含 128 个具体的（由单个标量不等式组成）约束；把 128 个约束分成若干个优先级，如分成 50 个优先级，然后对 50 个优先级分别求解优化问题，实现软约束逐渐放松，最后所有软约束处理完毕，得到一个相容的约束空间。在相容的约束空间 [当然是关于 $\delta v_{ss}(k)$ 的集合，实际问题中都是有界闭集] 内部，寻找最优的 $\delta v_{ss}(k)$。当然，在整个 (如 50 个) 优先级求解过程中，可能有已经定了某些 $u_{i,ss}(k)$，可能也已经定了某些 $y_{j,ss}(k)$，所以经济优化阶段要优化剩下的 (还未定的)$\{u_{i,ss}(k), y_{j,ss}(k)\}$。当然，在这些优先级的求解中，可能有部分约束被放松过；利用这种被放松的信息，不仅可以在其后的优先级里减少约束的个数，而且能给最终经济优化求解各个 $\{\delta u_{i,ss}(k), \delta y_{j,ss}(k)\}$ 带来方便。如果被放松的约束足够多，那么相容约束空间 (解空间) 也许只有一点，这时不用再求经济优化，这一点就是解，因为只有一点可行。

SSTC 的约束都写出来了，从数学上来讲跟第 4 章几乎相同；虽然符号有各种区别，但符号上的区别不影响数学方法的通用性。具体差别是存在的，而且也会形成一些数值结果差别。

6.4 动态控制

动态控制关系示意图如图 6.3 所示。

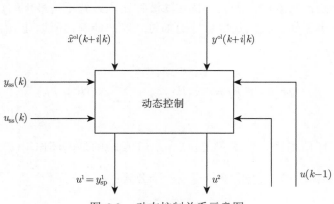

图 6.3 动态控制关系示意图

比第 4 章、第 5 章更复杂一些,动态控制的主要输入包括开环预测模块给出的 $\{\hat{x}^{\mathrm{ol}}(k+i|k), y^{\mathrm{ol}}(k+i|k)\}$、稳态目标计算模块算出的 $\{y_{\mathrm{ss}}(k), u_{\mathrm{ss}}(k)\}$,以及其他一些来自过程的信号。过程信号如 $u(k-1)$ 所示。动态控制方框的输出一部分是 PID 底层控制设计值 $u^1 = y^1_{\mathrm{sp}}$,另一部分是阀门开度 u^2。

由第 4 章、第 5 章可知,动态控制模块在开环动态预测值的基础上优化闭环动态预测值。因此,动态控制模块首先要做一件事,就是得到一个闭环动态预测值和开环动态预测值之间的数学关系。

这里,把闭环预测方程写出来。在 k 时刻预测 $k+1$ 时刻的 CV,可以根据 Kalman 一步预报得到

$$\nabla\hat{x}(k+1|k) = A_c\nabla\hat{x}(k|k) + B\left[\nabla v(k-1) + \Delta v(k|k)\right] + F\nabla f(k) + G_d\hat{d}(k|k)$$
$$+ R^x_{12}R^{-1}_2[\nabla y(k) - C\nabla\hat{x}(k|k) - G_p\hat{p}(k|k)] \tag{6.37}$$

$\hat{d}(k|k)$ 是人工干扰 $d(k)$ 的估计。式(6.37)右边的前四项是原扩展状态方程中本来有的;第五项,即校正项 $R^x_{12}R^{-1}_2[\nabla y(k) - C\nabla\hat{x}(k|k) - G_p\hat{p}(k|k)]$,是一步预报给出的,相当于 Kalman 一步预报的 "尾巴"。Kalman 滤波和 Kalman 一步预报都需要利用 $y(k)$ 计算新息,从而对估值进行校正。不同领域的叫法不一样,在 Kalman 滤波里称为新息,在 MPC 里称为预测误差。式(6.37)将闭环预测表达成基于开环预测的形式,即利用开环预测计算对应的闭环预测。

式(6.37)是一步预报公式。对一步以上的情况,Kalman 预报没有 "尾巴":

$$\nabla\hat{x}(k+i+1|k) = A_c\nabla\hat{x}(k+i|k) + B\left[\nabla v(k-1) + \sum_{l=0}^{\min\{i,N_c-1\}} \Delta v(k+l|k)\right]$$
$$+ F\nabla f(k) + G_d\hat{d}(k+1|k), \quad i = 1, 2, \cdots, N-1 \tag{6.38}$$

式(6.38)右边的前两项是式(6.37)中对应一步变多步,但第三项 $f(k)$ 不变,第四项为 $G_d\hat{d}(k+1|k)$。在预报 $\hat{d}(k+1|k)$ 时,可以用一下 Kalman 滤波的 "尾巴";d 的两步以上的预报就没有 "尾巴" 了,所以 $\hat{d}(k+1+|k) = \hat{d}(k+1|k)$。一定要 $\hat{d}(k+1|k) = \hat{d}(k|k)$,也是可以的,因为稳态 Kalman 滤波与最优 Kalman 滤波相比本来就不是最优的,既然不是最优的,让它再次次优一点也无妨。我们是尽量地追求更一般的情况,所以让 $\hat{d}(k+1|k) \neq \hat{d}(k|k)$。式(6.38)利用了

$$\nabla v(k+i|k) = \nabla v(k-1) + \sum_{j=0}^{i} \Delta v(k+j|k)$$

建立闭环预测与开环预测的关系。$\sum_{j=0}^{i} \Delta v(k+j|k)$ 反映的是闭环作用。

对于 y,一步预报和多步预报统一写成一个公式:

$$y(k+i|k) = y_{eq} + C\nabla\hat{x}(k+i|k) + G_p\hat{p}(k+1|k), \quad i = 1, 2, \cdots, N \tag{6.39}$$

左边没加上倒三角,右边就多一个 y_{eq};把 y_{eq} 写出来,就是为了后面把它约掉。最好约掉 y_{eq},否则在计算时,y 的测量值就得减去 y_{eq},比较麻烦;不约掉的话,也会发现算法是有问题的。

既然加上 $\{\Delta v(k+j|k)\}$ 是闭环,不加上 $\{\Delta v(k+j|k)\}$ 是开环,那么用 $i+1$ 步闭环预测减去 $i+1$ 步开环预测,得到

$$\nabla\hat{x}(k+i+1|k) - \nabla\hat{x}^{ol}(k+i+1|k)$$

$$= A_c[\nabla\hat{x}(k+i|k) - \nabla\hat{x}^{ol}(k+i|k)] + B \sum_{l=0}^{\min\{i, N_c-1\}} \Delta v(k+l|k),$$

$$i = 0, 1, \cdots, N-1 \tag{6.40}$$

$\nabla\hat{x}(k+i+1|k) - \nabla\hat{x}^{ol}(k+i+1|k)$ 在左边,右边不会仅仅是 $\{\Delta v(k+j|k)\}$ 的函数。这是因为在闭环预测中是迭代运算,即 $i+1$ 步预测基于 i 步预测进行计算。闭环用闭环迭代,开环用开环迭代,所以 $\nabla\hat{x}(k+i+1|k) - \nabla\hat{x}^{ol}(k+i+1|k)$ 相减,有式(6.40)右边第一项存在。式(6.40)右边第二项可以改为 $\sum_{j=0}^{i} B\Delta v(k+j|k)$,因为对于 $j \geqslant N_c$,有 $\Delta v(k+j|k) = 0$。式(6.40)是个迭代型的式子,可以把它转化成一个非迭代的式子。

用式(6.40)进行迭代,迭代完就可以变成一个非迭代的式子:

$$\nabla\hat{x}(k+i|k) = \nabla\hat{x}^{ol}(k+i|k) + \sum_{j=0}^{\min\{i-1, N_c-1\}} \left(\sum_{l=0}^{i-1-j} A_c^l B\right) \Delta v(k+j|k),$$

$$i = 1, 2, \cdots, N \tag{6.41}$$

式(6.41)是基于开环状态预测值给出闭环状态预测值的关系式。开环状态预测值和闭环状

态预测值就差 $\displaystyle\sum_{j=0}^{\min\{i-1,N_c-1\}}\left(\sum_{l=0}^{i-1-j}A_c^l B\right)\Delta v(k+j|k)$，而该项很关键，其中的 $\Delta v(k+j|k)$ 就是动态控制要求解的。

优化问题就是找到合适的 $\{\Delta v(k+j|k)\}$ 使得 $\nabla\hat{x}(k+i|k)$ 最优。但是，因为刻意模仿 DMC，所以要根据式(6.41)再计算 y 的闭环预测公式；把式(6.41)代入式(6.39)，再跟式(6.19)相减，就可以发现一个客观事实：

$$
y(k+i|k)=y^{\mathrm{ol}}(k+i|k)+\sum_{j=0}^{\min\{i-1,N_c-1\}}\left(\sum_{l=0}^{i-1-j}CA_c^l B\right)\Delta v(k+j|k),
$$
$$
i=1,2,\cdots,N \tag{6.42}
$$

开环输出预测值和闭环输出预测值就差 $\displaystyle\sum_{j=0}^{\min\{i-1,N_c-1\}}\left(\sum_{l=0}^{i-1-j}CA_c^l B\right)\Delta v(k+j|k)$；该项与式(6.41)中的对应项相比，就差一个 C。

取性能指标：

$$
J(k)=\sum_{i=1}^{N}\|y(k+i|k)-y_{\mathrm{ss}}(k)\|_{Q(k)}^2+\sum_{j=0}^{N_c-1}\|\Delta v(k+j|k)\|_{\Lambda}^2
$$

因为采用了状态空间模型，预测时域符号用 N 而不用 P。数学上，这个性能指标和第 4 章、第 5 章是一样的。

动态控制的约束跟第 4 章是一样的：

$$
|\Delta u(k+i|k)|\leqslant\Delta\bar{u},\quad 0\leqslant i\leqslant N_c-1 \tag{6.43}
$$
$$
\underline{u}\leqslant u(k+i|k)\leqslant\bar{u},\quad 0\leqslant i\leqslant N_c-1 \tag{6.44}
$$
$$
\min\{\underline{y}_0,y_{\mathrm{ss}}(k)\}\leqslant y(k+i|k)\leqslant\max\{\bar{y}_0,y_{\mathrm{ss}}(k)\},\quad 1\leqslant i\leqslant N
$$

如果 $\Delta u=0$，那么它肯定小于等于 $\Delta\bar{u}$；如果 $u(k+i|k)=u(k-1)$ 不变，那么它肯定满足约束。

优化问题的决策变量是 $\Delta v(k+j|k),0\leqslant j\leqslant N_c-1$。为此，前面三组约束不一定直接用，要把 $\{\Delta u(k+i|k),u(k+i|k),y(k+i|k)\}$ 替换成由 $\Delta v(k+j|k)$ 表达的形式，这个过程称为"化"。如果不做"化"，那么这些方程 (即用 $\Delta v(k+j|k)$ 表达的 $\{\Delta u(k+i|k),u(k+i|k),y(k+i|k)\}$ 的方程) 本身也要作为优化问题的等式约束，同时 $\{\Delta u(k+i|k),u(k+i|k),y(k+i|k)\}$ 也是优化问题的决策变量。一个优化问题的约束中所有未知的变量都必须是决策变量。决策过程需要确定所有的未知变量，这是决策的内涵。

如果不采用迭代，那么可以直接把

$$
\nabla\hat{x}(k+i+1|k)=A_c\nabla\hat{x}(k+i|k)+B\nabla v(k+i|k)+F\nabla f(k)+G_d\hat{d}(k+1|k)
$$

$$
y(k+i|k)=y_{\mathrm{eq}}+C\nabla\hat{x}(k+i|k)+G_p\hat{p}(k+1|k)
$$

作为等式约束放到优化问题中就行了。当然了，底线是开环预测是已知的，所以开环预测还是必须利用的。

前面已经得到了 $y(k+j|k)$ 由 $\Delta v(k+i|k)$ 表示的关系式。现在，查看 $\{\Delta u(k+i|k), u(k+i|k)\}$ 如何由 $\Delta v(k+i|k)$ 来表示。也可以采用类似的推导，$i=0$ 和 $i>0$ 的情况还稍微有点区别。$i=0$ 的情况：

$$\Delta u(k|k) = K\Delta \hat{x}(k|k) + \Delta v(k|k) \tag{6.45}$$

式中，$\Delta \hat{x}(k|k) = \nabla \hat{x}(k|k) - \nabla \hat{x}(k-1|k-1)$ 是相邻两个时刻 Kalman 滤波的差值。$i \geqslant 1$ 的情况：

$$\Delta u(k+i|k) = K\Delta \hat{x}^{\mathrm{ol}}(k+i|k) + K\sum_{l=0}^{i-1} A_c^{i-1-l} B\Delta v(k+l|k) + \Delta v(k+i|k),$$
$$i = 0, 1, \cdots, N_c - 1 \tag{6.46}$$

$u(k+i|k)$ 由 $\Delta v(k+i|k)$ 表示的关系式根据式(6.45)和式(6.46)得到。

除了 MV 幅值约束、MV 增量约束、CV 幅值约束，与第 4 章一样，还需要有这样一个约束：

$$L\Delta \tilde{v}(k|k) = \delta v_{\mathrm{ss}}(k) \tag{6.47}$$

式中，$L = [I\ \ I\ \ \cdots\ \ I]$。该约束相当于 $\sum_{l=0}^{N_c-1} \Delta v(k+l|k) = \delta v_{\mathrm{ss}}(k)$，这称为与稳态目标计算保持稳态上的一致性。当然，也可以不加这个等式约束，而是改一下性能指标：

$$J_{\mathrm{trml}} = J + \left\| \sum_{l=0}^{N_c-1} \Delta v(k+l|k) - \delta v_{\mathrm{ss}}(k) \right\|_{Q_{\mathrm{trml}}}^2$$

即不把 $L\Delta \tilde{v}(k|k) = \delta v_{\mathrm{ss}}(k)$ 作为一个硬约束，而通过置入性能指标中的一项，将其作为无界限软约束。

同时，式(6.45)表达了 $\Delta v(k|k)$ 和 $\Delta u(k|k)$ 之间的关系，所以用优化问题计算出来 $\Delta v(k|k)$ 以后，再将式(6.45)得出来 $\Delta u(k|k)$ 送到实际的被控系统就行了。

当然，在前面的优化问题中，四组约束都设置为硬约束。即使性能指标替换为 $J + \left\| \sum_{l=0}^{N_c-1} \Delta v(k+l|k) - \delta v_{\mathrm{ss}}(k) \right\|_{Q_{\mathrm{trml}}}^2$，其他三组还是硬约束，优化问题有可能不可行。不可行时像第 4 章、第 5 章一样，可以把 CV 的幅值约束进行软化，当然软化的范围不能超过 CV 的工程约束，再把软化的量也在性能指标中进行惩罚。总之 CV 受到工程约束的限制，即便采用软化的方法也有可能不可行。如果连工程约束都无法满足，即在动态控制不可行的情况下，认为不再需要国外的主流技术。当然，还有一种情况，国外很多软件，包括主流软件，在动态控制模块中不求二次规划，它只求无约束二次规划的解析解，即对 J 这样一个性能指标求解析解 (完全不考虑约束)。这些软件通过无约束优化的最小二乘解得

到 $\Delta u(k|k)$，然后查看 $\{\Delta u(k|k), u_k\}$ 是否满足约束；如果违反某个约束界，那么对应的 $\Delta u_j(k|k)$ 就取为该界限的临界值，并送到实际系统即可。

以上对状态空间模型的建立、稳态目标计算和动态控制都进行了清晰的阐述。

综上所述，我们一直强调，在实际参与控制器计算 (即软件中必须编写功能) 的公式中，最好消掉 $\{y_{eq}, u_{eq}\}$。但也会看到，有些公式还是用到了 $\{y_{eq}, u_{eq}\}$。同时，即使是用到了，其实并不需要准确地知道 $\{y_{eq}, u_{eq}\}$。

在前面提供的方案中，稳态目标计算不需要 $\{y_{eq}, u_{eq}\}$，但是在开环预测中需要 $\{y_{eq}, u_{eq}\}$。在前面引入了 d 和 p，它们在双层 DMC 的三个模块中被贯穿始终地使用了，即不管在稳态目标计算、开环预测还是在动态控制中都用到了 d 和 p。这个 d 和 p 包含了对 $\{y_{eq}, u_{eq}\}$ 不准确性的估算。$\{y_{eq}, u_{eq}\}$ 是一个稳态的量，稳态的量更容易被 d 和 p 包含。所以说 $\{y_{eq}, u_{eq}\}$ 准确与否不是很关键。

文献 [26]~ [30] 采用的系统模型形式变了，写成

$$\begin{cases} \Delta x_{k+1} = A\Delta x_k + B\Delta u_k + F\Delta f_k \\ \Delta y_k = C\Delta x_k \end{cases}, \quad k \geqslant 0 \tag{6.48}$$

正三角与倒三角表达的模型可以是一样的，但是利用起来各有各的好处。实际上，我们在多数文献中看到的是

$$\begin{cases} x_{k+1} = Ax_k + Bu_k \\ y_k = Cx_k \end{cases}$$

这个公式中要么省略了倒三角，要么省略了正三角；就这些文献所研究的问题而言，并不需要确定是倒三角或正三角。但工业预测控制因为多了工业两字，所以就需要确定是倒三角或正三角。

有些文献采用正三角 [式(6.48)]，容易推出这样一个公式：

$$\Delta y_{k+1} = C\Delta x_{k+1} = CA\Delta x_k + CB\Delta u_k + CF\Delta f_k \tag{6.49}$$

已知 $y_{k+1} = y_k + \Delta y_{k+1}$。把式(6.49)代入 $y_{k+1} = y_k + \Delta y_{k+1}$，并把 y_k 作为状态扩展，与式(6.48)合并以后得到

$$\begin{cases} \begin{bmatrix} \Delta x_{k+1} \\ y_{k+1} \end{bmatrix} = \begin{bmatrix} A & 0 \\ CA & I \end{bmatrix} \begin{bmatrix} \Delta x_k \\ y_k \end{bmatrix} + \begin{bmatrix} B \\ CB \end{bmatrix} \Delta u_k + \begin{bmatrix} F \\ CF \end{bmatrix} \Delta f_k \\ y_k = \begin{bmatrix} 0 & I \end{bmatrix} \begin{bmatrix} \Delta x_k \\ y_k \end{bmatrix} \end{cases},$$

$$k \geqslant 0 \tag{6.50}$$

分析这个扩展方程的优势并利用。转移矩阵 $\begin{bmatrix} A & 0 \\ CA & I \end{bmatrix}$ 里面的 I 说明引入了积分；如

果求 $\begin{bmatrix} A & 0 \\ CA & I \end{bmatrix}$ 的特征值, 由 $\begin{bmatrix} \lambda - A & 0 \\ -CA & \lambda - I \end{bmatrix} = 0$ 可以得出 n_y 个积分模态。前面引入 d 和 p 的作用相当于引入 $n_d + n_p$ 个积分, 而且特别要求 $n_d + n_p < n_y$。式(6.50)不需要 d 和 p 就可以得到 n_y 个积分。

文献 [30] 不是采用 y_k, 而是采用 u_{k-1} 进行状态扩展的 (在 ∇x_k 的基础上扩展一个 u_{k-1})。文献 [12] 里讨论了式(6.50)、采用 d 和 p 的模型及文献 [30] 中的模型。对这三个模型进行了对比。文献 [12] 得出结论, 采用 y_k 代替 d_k, p_k 或者用 u_{k-1} 代替 d_k, p_k, 大体上来讲不如直接采用 d_k, p_k 更具有一般化。

既然式(6.50)有 n_y 个积分, 那么就可以按照式(6.50)进行开双层 DMC 设计。经过我们的推导, 发现具体实现过程有些许的差别, 但最后形式上还是会跟前面的双层 DMC 保持一致。虽说形式上保持一致, 但具体内涵还是不一样的。式(6.50)是文献 [12] 提出来的, 但是我们推出了文献 [12] 没有的方案; 或者说, 文献 [30] 的 6.5.2 节的思想是文献 [12] 等阐述的, 而细节是文献 [30] 阐述的。

文献 [30] 的 6.5.3 节采用倒三角状态空间模型, 即式(6.1)。注意

$$u_k = u_{k-1} + \Delta u_k$$

$$\nabla f_k = \nabla f_{k-1} + \Delta f_k$$

取 u_{k-1} 为状态对式(6.1)进行扩展, 得到

$$\begin{cases} \begin{bmatrix} \nabla x_{k+1} \\ u_k \end{bmatrix} = \begin{bmatrix} A & B \\ 0 & I \end{bmatrix} \begin{bmatrix} \nabla x_k \\ u_{k-1} \end{bmatrix} + \begin{bmatrix} B \\ I \end{bmatrix} \Delta u_k + \begin{bmatrix} F \\ 0 \end{bmatrix} \Delta f_k \\ \qquad\qquad + \begin{bmatrix} F \\ 0 \end{bmatrix} \nabla f_{k-1} - \begin{bmatrix} B \\ 0 \end{bmatrix} u_{\text{eq}} \\ y_k = \begin{bmatrix} C & 0 \end{bmatrix} \begin{bmatrix} \nabla x_k \\ u_{k-1} \end{bmatrix} + y_{\text{eq}} \end{cases} \tag{6.51}$$

这个公式利用起来不太方便。文献 [30] 利用已知的信息进行归拢, 将 $\begin{bmatrix} F \\ 0 \end{bmatrix} \nabla f_{k-1} - \begin{bmatrix} B \\ 0 \end{bmatrix}$ u_{eq} 归拢到 $G_d d_k$, 将 y_{eq} 归拢到 $G_p p_k$, 得出这样的公式:

$$\begin{cases} \tilde{x}_{k+1} = \tilde{A}\tilde{x}_k + \tilde{B}\Delta u_k + \tilde{F}\Delta f_k \\ y_k = \tilde{C}\tilde{x}_k \end{cases} \tag{6.52}$$

$$\tilde{x}_k = \begin{bmatrix} \nabla x_k \\ u_{k-1} \\ d_k \\ p_k \end{bmatrix}, \quad \tilde{A} = \begin{bmatrix} A & B & G_{x,d} & 0 \\ 0 & I & G_{u,d} & 0 \\ 0 & 0 & I & 0 \\ 0 & 0 & 0 & I \end{bmatrix}$$

$$\tilde{B} = \begin{bmatrix} B \\ I \\ 0 \\ 0 \end{bmatrix}, \tilde{F} = \begin{bmatrix} F \\ 0 \\ 0 \\ 0 \end{bmatrix}, \tilde{C} = \begin{bmatrix} C & 0 & 0 & G_p \end{bmatrix} \tag{6.53}$$

这个模型与式(6.5)和式(6.6)具有一样的形式，可以类似地判断可检测性。

把 $\begin{bmatrix} F \\ 0 \end{bmatrix} \nabla f_{k-1} - \begin{bmatrix} B \\ 0 \end{bmatrix} u_{\text{eq}}$ 归拢到 $G_d d_k$，以及将 y_{eq} 归拢到 $G_p p_k$，是合理的。那反过来，说明 $\begin{bmatrix} F \\ 0 \end{bmatrix} \nabla f_{k-1} - \begin{bmatrix} B \\ 0 \end{bmatrix} u_{\text{eq}}$ 和 y_{eq} 具有人工干扰的特点，因此可以在式(6.51)中去掉，得到

$$\begin{cases} \begin{bmatrix} \nabla x_{k+1} \\ u_k \end{bmatrix} = \begin{bmatrix} A & B \\ 0 & I \end{bmatrix} \begin{bmatrix} \nabla x_k \\ u_{k-1} \end{bmatrix} + \begin{bmatrix} B \\ I \end{bmatrix} \Delta u_k + \begin{bmatrix} F \\ 0 \end{bmatrix} \Delta f_k \\ y_k = \begin{bmatrix} C & 0 \end{bmatrix} \begin{bmatrix} \nabla x_k \\ u_{k-1} \end{bmatrix} \end{cases} \tag{6.54}$$

式(6.54)不再和式(6.1)等价。在式(6.54)中，可以转而把 u_{k-1} 当作人工干扰。这其实是给 u_{k-1} 赋予另一个角色。首先可以估计 u_{k-1}，虽然控制器知道 u_{k-1} 作为 $k-1$ 时刻的 MV 的测量值，但是它的估值没有必要等于测量值。对 u_{k-1} 进行估计时，删除 $\begin{bmatrix} F \\ 0 \end{bmatrix} \nabla f_{k-1} - \begin{bmatrix} B \\ 0 \end{bmatrix} u_{\text{eq}}$ 和 y_{eq} 造成的影响，这也会体现在 u_{k-1} 的估值中。

由以上两种方法可知，$\begin{bmatrix} F \\ 0 \end{bmatrix} \nabla f_{k-1} - \begin{bmatrix} B \\ 0 \end{bmatrix} u_{\text{eq}}$ 和 y_{eq} 既是可以直接被擦除的，也是可以直接被替代的。既可以替换它也可以不替换它，既可以擦除它也可以不擦除它，这就是人工干扰模型的特殊之处，具有很强的人为性，同时具有直接的理论支撑。擦除或替换得到的结果肯定有数值差别。

第 7 章 双层预测控制的无静差特性、静态非线性和变自由度算法

本书第 4~6 章分别针对稳定 CV、积分 CV 和状态空间模型设计双层动态矩阵控制。其主要思想都是一样的，不过细节有很多变化。

本章讨论无静差性质，所用模型是在状态空间模型的基础上引入人工干扰 $\{d_k, p_k\}$。7.1节实际上统一阐述文献 [24]、文献 [28] 的思路，其中，添加了符号 ∇ 和有界干扰 f，把文献 [24]、文献 [28] 的结论融入本书体系中。7.2节介绍无静差特性。无静差就是 $y(\infty) = y_{\mathrm{ss}}(\infty)$，即最终稳态目标计算得到的 y 的设定值与 y 的实际值相等。$y(\infty)$ 未必会等于 y_t。将文献 [24]、文献 [28] 的无静差分析方法运用到第 6 章状态空间框架下，那么就可以得出结论：本书第 4~6 章提出的双层 DMC 都是无静差控制。

7.1 基于状态空间模型和目标跟踪算法的稳态目标计算

无静差控制器是指控制器可驱动 CV 在稳态时到达其稳态目标值。无静差控制是很重要的，因为其试图消除静差的控制，如果不能消除静差，会使系统产生较大的波动，从而影响卡边的优化。与单层结构 MPC 相比，双层结构 MPC 在实际应用中容易保证动态稳定性，更容易保证无静差控制。

消除静差是双层结构 MPC 的一大优势。在单层 MPC(即没有 SSTC 的 MPC) 中，消除静差并不是容易的事情，因为生产过程中实时变化的工况、干扰经常使 CV 无法在稳态时达到设定值。在双层结构 MPC 中，ET 和外部设定值不一定是动态控制模块要跟踪的设定值；动态控制实际要跟踪的设定值是 SSTC 中规划好的、在稳态上满足各种约束且能够实现的。既然 SSTC 已经从稳态上进行了规划，动态控制实现无静差控制就容易多了。

考虑第 6 章的线性时不变离散时间模型：

$$\begin{cases} \nabla x_{k+1} = A\nabla x_k + B\nabla u_k + F\nabla f_k \\ \nabla y_k = C\nabla x_k \end{cases}, \quad k \geqslant 0 \tag{7.1}$$

式中，输出 $\nabla y \in \mathbb{R}^{n_y}$，控制输入 $\nabla u \in \mathbb{R}^{n_u}$，状态 $\nabla x \in \mathbb{R}^{n_x}$，可测干扰 $\nabla f \in \mathbb{R}^{n_f}$。假设 (A, B) 为可镇定的，(C, A) 为可检测的。模型(7.1)是对系统的近似描述。为了处理不可测干扰、建模误差等，采用带有人工干扰的状态空间模型进行描述：

$$\begin{cases} \tilde{x}_{k+1} = \tilde{A}\tilde{x}_k + \tilde{B}\nabla u_k + \tilde{F}\nabla f_k \\ \nabla y_k = \tilde{C}\tilde{x}_k \end{cases} \tag{7.2}$$

式中，增广的状态变量和系统矩阵为

$$
\tilde{x}_k = \begin{bmatrix} \nabla x_k \\ d_k \\ p_k \end{bmatrix}, \quad \tilde{A} = \begin{bmatrix} A & G_d & 0 \\ 0 & I & 0 \\ 0 & 0 & I \end{bmatrix}
$$

$$
\tilde{B} = \begin{bmatrix} B \\ 0 \\ 0 \end{bmatrix}, \quad \tilde{F} = \begin{bmatrix} F \\ 0 \\ 0 \end{bmatrix}, \quad \tilde{C} = \begin{bmatrix} C & 0 & G_p \end{bmatrix} \tag{7.3}
$$

对于式(7.2)和式(7.3)所示的增广模型，增广状态的估计可以使用如下方法得到：

$$
\begin{bmatrix} \nabla \hat{x}_{k|k-1} \\ \hat{d}_{k|k-1} \\ \hat{p}_{k|k-1} \end{bmatrix} = \tilde{A} \begin{bmatrix} \nabla \hat{x}_{k-1|k-1} \\ \hat{d}_{k-1|k-1} \\ \hat{p}_{k-1|k-1} \end{bmatrix} + \tilde{B} \nabla u_{k-1} + \tilde{F} \nabla f_{k-1}
$$

$$
\begin{bmatrix} \nabla \hat{x}_{k|k} \\ \hat{d}_{k|k} \\ \hat{p}_{k|k} \end{bmatrix} = \begin{bmatrix} \nabla \hat{x}_{k|k-1} \\ \hat{d}_{k|k-1} \\ \hat{p}_{k|k-1} \end{bmatrix} + \begin{bmatrix} L_x \\ L_d \\ L_p \end{bmatrix} \left(\nabla y_k - \tilde{C} \begin{bmatrix} \nabla \hat{x}_{k|k-1} \\ \hat{d}_{k|k-1} \\ \hat{p}_{k|k-1} \end{bmatrix} \right) \tag{7.4}
$$

状态滤波增益 L 分解为过程模型状态滤波增益 L_x、状态扰动滤波增益 L_d 及输出扰动滤波增益 L_p。

基于式(7.4)，稳态目标值满足下面的关系式：

$$
\begin{cases} \nabla \hat{x}_{\text{ss}}(k) = A \nabla \hat{x}_{\text{ss}}(k) + B \nabla u_{\text{ss}}(k) + G_d \hat{d}(k|k) + F \nabla f(k) \\ \nabla y_{\text{ss}}(k) = C \nabla \hat{x}_{\text{ss}}(k) + G_p \hat{p}(k|k) \end{cases} \tag{7.5}
$$

式中，$\hat{d}(k|k)$ 和 $\hat{p}(k|k)$ 由式(7.4)给出。记 y_t 为 ETCV，u_t 为 ETMV。与第 6 章不同的是，所有的 MV 和 CV 都有外部目标。

7.1.1 所有外部目标有相同的重要性

内容参考文献 [24]，并有所改动。稳态目标 $\{u_{\text{ss}}, \nabla \hat{x}_{\text{ss}}\}(k)$ 可以通过求解如下的二次规划问题来确定：

$$
\{\nabla \hat{x}_{\text{ss}}(k), u_{\text{ss}}(k)\} \triangleq \arg\min \left[\|y_{\text{ss}}(k) - y_t\|_{Q_s}^2 + \|u_{\text{ss}}(k) - u_t\|_{R_s}^2 \right] \tag{7.6}
$$

$$
\text{s.t.} \quad \begin{bmatrix} (I - A) & -B \end{bmatrix} \begin{bmatrix} \nabla \hat{x}_{\text{ss}}(k) \\ u_{\text{ss}}(k) \end{bmatrix} = G_d \hat{d}(k|k) + F \nabla f(k) - B u_{\text{eq}} \tag{7.7}
$$

$$
\underline{u} \leqslant u_{\text{ss}}(k) \leqslant \bar{u} \tag{7.8}
$$

$$
\underline{y}_0 \leqslant y_{\text{eq}} + C \nabla \hat{x}_{\text{ss}}(k) + G_p \hat{p}(k|k) \leqslant \bar{y}_0 \tag{7.9}
$$

式中，R_s 和 Q_s 为对称正定矩阵。该优化问题仅相当于多优先级 SSTC 中某优先级的优化，但该优先级是 ET 的跟踪、所有 MV 和 CV 都有理想值且处于同一个优先级。式(7.7)是式(7.5)的第一个式子。如果式(7.8)和式(7.9)不是积极的 (即不起作用)，那么求解式(7.6)∼ 式(7.9)等价地简化为求解式(7.6)和式(7.7)。

若 $\{\nabla f_k, \hat{p}_{k|k}, \hat{d}_{k|k}\}$ 较大，使得约束条件式(7.9)的存在造成式(7.6)∼ 式(7.9)不可行，则可以采用对式(7.9)软化的方法，即引入松弛变量，详见第 6 章。

7.1.2　被控变量外部目标的重要性高于操纵变量外部目标

内容参考文献 [28]，并有所改动。假设 y_t 的实现比 u_t 更重要。当 $n_u = n_y$、模型具有可逆的稳态增益矩阵 (系统不含积分环节) 时，无约束目标跟踪问题的解可以直接由稳态增益矩阵获得。但是，多数时 $n_u \neq n_y$，有时包含积分环节，一般存在稳态目标的不等式约束，因此目标跟踪问题更一般的是被描述成一个数学规划问题。当 $n_u > n_y$ 时，多种 $u_{\mathrm{ss}}(k)$ 可以产生同一个 y_t，对此可以构造一个 QP 问题来求得最佳的 $u_{\mathrm{ss}}(k)$。当 $n_u < n_y$ 时，经常不存在 $u_{\mathrm{ss}}(k)$ 的组合来确保 y_t 的跟踪，对此可设计优化问题使 $y_{\mathrm{ss}}(k)$ 在最小二乘意义下尽可能地接近 y_t。

针对以上几种可能情况，可以采用统一的优化问题应对。设计输出目标的软约束为

$$\begin{cases} y_t - y_{\mathrm{eq}} - C\nabla \hat{x}_{\mathrm{ss}}(k) - G_p \hat{p}(k|k) \leqslant \varepsilon(k) \\ y_t - y_{\mathrm{eq}} - C\nabla \hat{x}_{\mathrm{ss}}(k) - G_p \hat{p}(k|k) \geqslant -\varepsilon(k) \end{cases} \tag{7.10}$$

这样，就可以将目标跟踪问题描述为如下的 QP 问题：

$$\min_{\nabla \hat{x}_{\mathrm{ss}}(k), u_{\mathrm{ss}}(k), \varepsilon(k)} \frac{1}{2} \left[\|\varepsilon(k)\|_{Q_s}^2 + \|u_{\mathrm{ss}}(k) - u_t\|_{R_s}^2 \right] + q_s^{\mathrm{T}} \varepsilon(k)$$

$$\text{s.t. 式}(7.7) \sim \text{式}(7.10) \tag{7.11}$$

式中，q_s 是由非负元素组成的向量。该优化问题不能相当于第 6 章某个优先级的优化。由于 R_s 和 Q_s 是对称正定的，根据 QP 的特点可知 $\varepsilon(k)$ 和 $u_{\mathrm{ss}}(k)$ 将被唯一确定。

目标函数中的线性项 $q_s^{\mathrm{T}} \varepsilon(k)$ 和二次项 $\varepsilon(k)^{\mathrm{T}} Q_s \varepsilon(k)$ 用来惩罚软约束的调整量。如果 q_s 取值足够大，那么软约束将得到最低限度的调整。但确保该最低限度的 q_s 的下界不容易事先准确地计算得到。在实际中，很少要求软约束必须得到最低限度的调整，根据一定的经验近似选定 q_s 即可。从软约束得到最低限度调整的角度看，中括号内的二次惩罚项似乎是多余的，但事实上该二次项不仅增加更多的可调参数，而且对确保解 $u_{\mathrm{ss}}^*(k)$ 的唯一性也是必要的。

在 7.1.1节和 7.1.2节讨论的两种情形中，由于 (A, B) 是可镇定的，所以矩阵 $[(I - A), -B]$ 满秩。根据式(7.7)，这是一个保证可行解存在的充分条件，如以下结论所示。

引理 7.1　由于 (A, B) 是可镇定的，所以不含式(7.8)和式(7.9)的两种情形中的目标跟踪问题有可行解。

当优化式(7.11)可行时，得到唯一的 $\{u_{\mathrm{ss}}, \varepsilon\}^*(k)$，满足

$$\begin{bmatrix} I - A \\ C \end{bmatrix} \nabla \hat{x}_{\mathrm{ss}}^*(k) = \begin{bmatrix} Bu_{\mathrm{ss}}^*(k) - Bu_{\mathrm{eq}} + G_d \hat{d}(k|k) + F\nabla f(k) \\ y_t + \varepsilon_+^*(k) - \varepsilon_-^*(k) - y_{\mathrm{eq}} - G_p \hat{p}(k|k) \end{bmatrix} \tag{7.12}$$

式中，$\varepsilon_+^* = 0$；$\varepsilon_-^* = \varepsilon^*$。

由式(7.12)确定唯一的 $\nabla\hat{x}_{ss}^*(k)$ 的充要条件是 $\begin{bmatrix} I - A \\ C \end{bmatrix}$ 满秩。(C, A) 的可检测性保证了 $\begin{bmatrix} I - A \\ C \end{bmatrix}$ 满秩。总之，由于 (C, A) 是可检测的，当优化式(7.11)可行时，7.1.1节和7.1.2节讨论的两种情形的解是唯一的。如果去掉式(7.8)和式(7.9)，那么可行域一定是非空的，因而 (C, A) 可检测与 (A, B) 可镇定保证了目标跟踪问题解的存在性和唯一性。

考虑 $\{y_t, u_t\}$ 都希望被准确跟踪的情况，即状态目标 $\nabla\hat{x}_{ss}(k)$ 需要满足

$$\begin{bmatrix} I - A \\ C \end{bmatrix} \nabla\hat{x}_{ss}(k) = \begin{bmatrix} Bu_t - Bu_{eq} + G_d\hat{d}(k|k) + F\nabla f(k) \\ y_t - y_{eq} - G_p\hat{p}(k|k) \end{bmatrix} \tag{7.13}$$

由式(7.13)确定唯一的 $\nabla\hat{x}_{ss}(k)$ 的必要条件是 $\begin{bmatrix} I - A \\ C \end{bmatrix}$ 满秩。

7.2 基于二次规划的动态控制和无静差特性

7.2.1 以状态构造性能指标

本节将采用的目标函数与第 6 章不同，但这并不是证明无静差结论的关键，即采用第 6 章的目标函数时，同样能得到无静差控制的结论。另外，本节将不采用第 6 章的预镇定控制律，但是和第 6 章一样，都可以用于不稳定模型。

本节内容参考了文献 [24]、文献 [28]，并有所改动。在时刻 k，已知 $\nabla\hat{x}_{k|k}$ 和 $\{\nabla\hat{x}_{ss}(k),$ $u_{ss}(k)\}$，采用如下的方法计算当前控制输入：

$$u_{k|k} = v_{k|k}^* + u_{ss}(k) \tag{7.14}$$

式中，$v_{k|k}^*$ 是如下 QP 问题的解：

$$\min_{\{v_{k+j|k}, \; j=0,\cdots,N-1\}} \sum_{j=0}^{N-1} \left[\|z_{k+j+1|k}\|_{C^T QC}^2 + \|v_{k+j|k}\|_R^2 + \|\Delta v_{k+j|k}\|_S^2 \right] \tag{7.15}$$

$$\text{s.t.} \begin{cases} z_{k+j+1|k} = Az_{k+j|k} + Bv_{k+j|k}, \quad j = 0, 1, \cdots, N-1 \\ z_{k|k} = \nabla\hat{x}_{k|k} - \nabla\hat{x}_{ss}(k) \\ v_{k-1|k} = u_{k-1} - u_{ss}(k) \\ \underline{y}_0 \leqslant y_{eq} + C\left[z_{k+j|k} + \nabla\hat{x}_{ss}(k)\right] + G_p\hat{p}_{k|k} \leqslant \bar{y}_0, \quad j = j_1, j_2, \cdots, N \\ \underline{u} \leqslant v_{k+j|k} + u_{ss}(k) \leqslant \bar{u}, \quad j = 0, 1, \cdots, N-1 \\ -\Delta\bar{u} \leqslant \Delta v_{k+j|k} \leqslant \Delta\bar{u}, \quad j = 0, 1, \cdots, N-1 \end{cases} \tag{7.16}$$

加权矩阵 Q、R、S 保证线性二次型调节器对应的 Riccati 迭代可行。

定理 7.1　　考虑输出反馈预测控制，目标函数为式(7.15)，约束条件为式(7.16)，状态估计器为式(7.4)，SSTC 描述为式(7.6)~ 式(7.9)或式(7.11)。记 $\{y_\infty, \nabla\hat{x}_\infty, \hat{d}_\infty, \hat{p}_\infty\} = \lim_{k\to\infty}\{y_k, \nabla\hat{x}_{k|k}, \hat{d}_{k|k}, \hat{p}_{k|k}\}$。该控制器在如下的条件下实现无静差控制：

(1) 闭环系统是渐近稳定的，在稳态时 $\{y_\infty, \nabla\hat{x}_\infty, \hat{p}_\infty, \hat{d}_\infty\}$ 恒定不变；

(2) 式(7.1)所示的过程模型可镇定且可检测；

(3) $n_d + n_p = n_y$；

(4) 式(7.2)所示的增广模型是可检测的；

(5) 输入和输出的不等式约束在稳态不起作用。

条件 (1) 需要闭环系统实际到达稳态，其中，也包括优化问题时可行。条件 (2) 使得稳定的控制器、可检测的增广模型、唯一确定的 $\{\nabla\hat{x}_{ss}, u_{ss}\}(k)$ 成为可能。根据第 6 章有关结论，条件 (3) 确保可检测增广模型的存在性。条件 (4) 确保稳定的状态估计器可以被构造。条件 (5) 确保稳态时可以采用由无约束控制器确定的控制输入。在这一无静差控制的结论中，条件 (1) 的满足需要进一步深入研究，特别是在各种复杂情况下，仍然是未解决的公开问题。条件 (5) 要求各种不等式约束 (输入输出幅值) 在稳态时不起作用，对一般的 SSTC 而言也不容易做到，故如何删除条件 (5) 是未解决的公开问题。

例 7.1　　采用第 3 章的重油分馏塔模型，在平衡点附近连续时间传递函数矩阵为

$$G^u(s) = \begin{bmatrix} \dfrac{4.05\mathrm{e}^{-27s}}{50s+1} & \dfrac{1.77\mathrm{e}^{-28s}}{60s+1} & \dfrac{5.88\mathrm{e}^{-27s}}{50s+1} \\[2mm] \dfrac{5.39\mathrm{e}^{-18s}}{50s+1} & \dfrac{5.72\mathrm{e}^{-14s}}{60s+1} & \dfrac{6.90\mathrm{e}^{-15s}}{40s+1} \\[2mm] \dfrac{4.38\mathrm{e}^{-20s}}{33s+1} & \dfrac{4.42\mathrm{e}^{-22s}}{44s+1} & \dfrac{7.20}{19s+1} \end{bmatrix}, \quad G^f(s) = \begin{bmatrix} \dfrac{1.20\mathrm{e}^{-27s}}{45s+1} & \dfrac{1.44\mathrm{e}^{-27s}}{40s+1} \\[2mm] \dfrac{1.52\mathrm{e}^{-15s}}{25s+1} & \dfrac{1.83\mathrm{e}^{-15s}}{20s+1} \\[2mm] \dfrac{1.14}{27s+1} & \dfrac{1.26}{32s+1} \end{bmatrix}$$

采样周期为 4。采用子空间辨识方法得到状态空间模型，$n_x = 20$。首先取 $y_{eq} = 0$、$u_{eq} = 0$ 和 $f_{eq} = 0$。$u(-1) = u_{eq}$，$y(0) = y_{eq}$，$\nabla\hat{x}(0|0) = \nabla x(0) = 0$。MV、CV 的相关约束如下：

$$\underline{u}_i = u_{eq} - 0.5, \ \bar{u}_i = u_{eq} + 0.5, \ \Delta\bar{u}_i = 0.1$$

$$\underline{y}_{j,0} = y_{eq} - 0.5, \ \bar{y}_{j,0} = y_{eq} + 0.5$$

$$y_t = y_{eq} + [0.5, -0.5, 0.5]^{\mathrm{T}}, \ u_t = u_{eq} + [0.5, -0.5, 0.5]^{\mathrm{T}}$$

$$f_k = \begin{cases} f_{eq} & 0 \leqslant k \leqslant 157 \\ f_{eq} + [0.05; 0.05], & 158 \leqslant k \leqslant 168 \\ f_{eq}, & 169 \leqslant k \leqslant 227 \\ f_{eq} - [0.05; 0.05], & 228 \leqslant k \leqslant 238 \\ f_{eq}, & k \geqslant 239 \end{cases}$$

取 $G_d = [I_2, 0]^{\mathrm{T}}$，$G_p = [1, 0, 0]^{\mathrm{T}}$。在 SSTC，通过求解式(7.11)可以得到各时刻的稳态目标，各参数选取如下：$Q_s = I_3$、$R_s = I_3$、$q_s = [0.5, 0.5, 0.5]^{\mathrm{T}}$。在动态控制部分，取 $N = 10$、$j_1 = 1$、$Q = Q_s$、$R = S = R_s$，被控对象为 $A_r = 0.8A$、$B_r = 0.8B$、$C_r = 0.8C$、

$F_r = 0.8F$。通过求解式(7.15)和式(7.16)，并利用式(7.14)，可以求得 MV 动态值。MV 和 CV 可无静差地跟踪到相应的稳态目标值。

```
%本例源程序
clc;clear all;close all;
Steps=301; P=10;
load ('A_MOESP.mat');load Bmod.txt;load ('C_MOESP.mat');
load  Gd.txt;load  F_dist.txt;load  Gp.txt;
Amod=A_MOESP;  Cmod=C_MOESP;
n=size(Amod,1); p=size(Cmod,1); m=size(Bmod,2);%n状态维数，p输出维数，m输入
   维数
Gdexp=Gd; Gpexp=Gp; % 扩展系统模型
tildeA=[Amod,    Gdexp,        zeros(size(Amod,1),size(Gpexp,2));
   zeros(size(Gdexp,2),size(Amod,2)), eye(size(Gdexp,2)),
       zeros(size(Gdexp,2),size(Gpexp,2));
   zeros(size(Gpexp,2),size(Amod,2)), zeros(size(Gpexp,2),size(Gdexp,2)),
       eye(size(Gpexp,2))];
tildeB=[Bmod; zeros(size(tildeA,1)-size(Bmod,1), size(Bmod,2))];
tildeC=[Cmod, zeros(size(Cmod,1),size(Gdexp,2)), Gpexp];
tildeF=[F_dist;zeros(size(tildeA,1)-n,2)];
%% 预设相关变量存储空间
Us=zeros(m,Steps);          % 稳态目标MV计算结果
Ys=zeros(p,Steps);          % 稳态目标CV计算结果
Xs=zeros(n,Steps);          % 稳态目标状态计算结果
U=zeros(m,Steps);           % MV
V=zeros(m,Steps);           % MV摄动量
Distd(:,1)=zeros(size(Gdexp,2),1);  % 状态扰动估计值
Distp(:,1)=zeros(size(Gpexp,2),1);  % 输出扰动估计值
Y_real=zeros(p,Steps);    % 实际CV值
Delta_U=zeros(m,Steps);   % MV相对于平衡点增量
Delta_F=zeros(2,Steps);   %干扰相对于平衡点增量
X_dist=zeros(2,Steps);    %可测干扰
Ueq=0*ones(m,1);          %MV平衡点
Yeq=0*ones(p,1);          %CV平衡点
Feq=0*ones(size(F_dist,2),1);       %干扰平衡点
Xeq=0*ones(n,1);                    %状态平衡点
%% 情形选择
Situation = 4;      %%情形1\2\3\4
switch Situation
    case 1  %% 情形1：平衡点均为0，初值为0
        out_factor=0.8;                %用于产生模型误差Ar=0.8*A
        %平衡点无须重新定义
        Yt=[0.5  -0.5  0.5]'+Yeq;  Ut=[0.5 -0.5  0.5]'+Ueq; %外部目标值2
        Xhat(:,1)=Xeq;                %状态估计初值
        Delta_Xhat(:,1)=Xhat(:,1)-Xeq; % 状态估计初值相对于平衡点增量
```

```
    Xreal=Xeq;                          % 实际状态初值，从K=0开始
    Y_real(:,1)=Yeq;                    % 实际CV初值，从K=0开始
    U(:,1)=Ueq;                         % 实际MV初值，从K=-1开始
    %状态可测扰动设定
    for index=29:39
        Delta_F(:,index+130)= 1*[0.05,0.05]'; Delta_F(:,index+200)=
            1*[-0.05,-0.05]';
    end
    for indexF=1:Steps
        X_dist(:,indexF)=Delta_F(:,indexF)+Feq;
    end
case 2
    %% 情形2：模型无失配，且平衡点满足平衡点方程      ueq=-123    feq=32
    out_factor=1;                       %用于产生模型误差
    %%定义平衡点
    Ueq=-123*ones(m,1); Feq=32*ones(size(F_dist,2),1);
    Xeq=inv(eye(n)-Amod)*(Bmod*Ueq+F_dist*Feq);
    Yeq=Cmod*Xeq;                       %满足平衡方程
    Yt=[0.5  -0.5  0.5]'+Yeq;  Ut=[0.5 -0.5  0.5]'+Ueq; %外部目标值2
    Xhat(:,1)=Xeq;                                   %状态估计初值
    Delta_Xhat(:,1)=Xhat(:,1)-Xeq-0.05*ones(n,1);
    %状态估计初值相对于平衡点增量
    Xreal=Xeq;                          %实际状态初值，从K=0开始
    Y_real(:,1)=Yeq;                    %实际CV初值，从K=0开始
    U(:,1)=Ueq;                         %实际MV初值，从K=-1开始
    %状态可测扰动设定
    for index=29:39
        Delta_F(:,index+130)= 1*[0.05,0.05]';
        Delta_F(:,index+200)= 1*[-0.05,-0.05]';
    end
    for indexF=1:Steps
        X_dist(:,indexF)=Delta_F(:,indexF)+Feq;
    end
case 3
    %% 情形3：模型无失配，且平衡点满足平衡点方程      ueq=23   feq=17
    out_factor=1;                       %用于产生模型误差
    %%定义平衡点
    Ueq=23*ones(m,1);    Feq=17*ones(size(F_dist,2),1);
    Xeq=inv(eye(n)-Amod)*(Bmod*Ueq+F_dist*Feq);
    Yeq=Cmod*Xeq;                       %满足平衡方程
    Yt=[0.5  -0.5  0.5]'+Yeq;  Ut=[0.5  -0.5  0.5]'+Ueq; %外部目标值
    Xhat(:,1)=Xeq;                                   %状态估计初值
    Delta_Xhat(:,1)=Xhat(:,1)-Xeq-0.05*ones(n,1);
    % 状态估计初值相对于平衡点增量
    Xreal=Xeq;                          % 实际状态初值，从K=0开始
```

```
        Y_real(:,1)=Yeq;                    % 实际CV初值，从K=0开始
        U(:,1)=Ueq;                         % 实际MV初值，从K=-1开始
        %状态可测扰动设定
        for index=29:39
            Delta_F(:,index+130)= 1*[0.05,0.05]';
            Delta_F(:,index+200)= 1*[-0.05,-0.05]';
        end
        for indexF=1:Steps
            X_dist(:,indexF)=Delta_F(:,indexF)+Feq;
        end
    case 4
        %% 情形4：模型存在失配，且平衡点不满足平衡点方程
        out_factor=0.95;                    %用于产生模型误差
        %%定义平衡点
        Ueq=0.1*ones(m,1);  Feq=0.09*ones(size(F_dist,2),1);
        Xeq=inv(eye(n)-Amod)*(Bmod*Ueq+F_dist*Feq)-0.1*ones(n,1);
        Yeq=Cmod*Xeq+0.05*ones(p,1);                            %不满足平衡方
            程
        Yt=[0.5  -0.2  0.4]'+Yeq;  Ut=[0.5 -0.5  0.5]'+Ueq;   %外部目标值
        Xhat(:,1)=Xeq-0.05*ones(n,1);  % 状态估计初值
        Delta_Xhat(:,1)=Xhat(:,1)-Xeq; % 状态估计初值相对于平衡点增量
        Xreal=Xeq+0.05*ones(n,1);       % 实际状态初值，从K=0开始
        Y_real(:,1)=Yeq;                % 实际CV初值，从K=0开始
        U(:,1)=Ueq;                     % 实际MV初值，从K=-1开始
        %状态可测扰动设定
        for index=29:39
            Delta_F(:,index+130)= 1*[0.05,0.05]';
            Delta_F(:,index+200)= 1*[-0.05,-0.05]';
        end
        for indexF=1:Steps
            X_dist(:,indexF)=Delta_F(:,indexF)+Feq;
        end
end
%% 包含-1时刻的各变量的记录值
U_draw=zeros(m,Steps); Y_draw=zeros(p,Steps);
Uss_draw=zeros(m,Steps); Yss_draw=zeros(p,Steps);
U_draw(:,1)=U(:,1); Y_draw(:,1)=Y_real(:,1);
Uss_draw(:,1)=Us(:,1); Yss_draw(:,1)=Ys(:,1);
%% 给出输入输出操作限
UengineerU=[0.5,0.5, 0.5]'+Ueq;          %操纵变量工程上限
UengineerL=-[0.5,0.5, 0.5]'+Ueq;         %操纵变量工程下限
MvMaxStep=[0.1 0.1 0.1]';                %操纵变量最大变化值
YoperaterU=[0.5,0.5,0.5]'+Yeq;           %被控变量操作上限
YoperaterL=-[0.5,0.5,0.5]'+Yeq;          %被控变量操作下限
%双层结构预测控制参数设定=====================
```

```
Qs=eye(p);   Rs=eye(m);              qs=[0.5, 0.5,0.5]';        %SSTC层惩罚矩阵
Q=eye(p);    Qc=Cmod'*Q*Cmod;        R=eye(m);   S=eye(m);      %动态控制层惩罚矩阵
%稳态kalman滤波器滤波增益
Q_LQR=eye(size(tildeA,1)); R_LQR=eye(p);
[Kerr,Serr,Eerr] = dlqr(tildeA',tildeC',Q_LQR,R_LQR);
L=Serr*tildeC'*inv(tildeC*Serr*tildeC'+R_LQR);
%% 开始主程序
for i=1:Steps
    %稳态目标计算阶段(QP问题求解)
    Aeqs=[eye(n)-Amod,  -Bmod,  zeros(n,p)];
    beqs=[Gdexp*Distd(:,i)+F_dist*Delta_F(:,i)-Bmod*Ueq];
    As=[Cmod, zeros(p,m),  -eye(p); -Cmod, zeros(p,m),  -eye(p);
        Cmod, zeros(p,m),  zeros(p,p); -Cmod, zeros(p,m),  zeros(p,p)];
    bs=[Yt-Yeq-Gpexp*Distp(:,i); -Yt+Yeq+Gpexp*Distp(:,i);
        YoperaterU-Yeq-Gpexp*Distp(:,i); -YoperaterL+Yeq+Gpexp*Distp(:,i)];
    LBs=[-inf(n,1); UengineerL; zeros(p,1)]; UBs=[ inf(n,1);
        UengineerU; inf(p,1)];
    Hs=0*eye(n+m+p);   Hs(n+1:n+m,n+1:n+m)=Rs;
    Hs(n+m+1:end,n+m+1:end)=Qs; fs=[zeros(n,1); -Rs*Ut; qs];
    [Dicision,fval,a]=quadprog(Hs,fs,As,bs,Aeqs,beqs,LBs,UBs);
    sig1(:,i)=a;
    if a~=1
        fprintf('The %d step optimization has ended ==SSTC\n',i); break;
    end
    Delta_Xs(:,i)=Dicision(1:n); Us(:,i)=Dicision(n+1:n+m);
    Delta_Ys(:,i)=Cmod*Delta_Xs(:,i)++Gpexp*Distp(:,i);
    Ys(:,i)=Yeq+Delta_Ys(:,i);
    %动态控制阶段。构造等式约束
    for ii=1:P
        for jj=1:P
            AeqP1{ii,jj}=zeros(n,n); AeqP2{ii,jj}=zeros(n,m);
            AeqP3{ii,jj}=zeros(n,m); AeqP4{ii,jj}=zeros(m,n);
            AeqP5{ii,jj}=zeros(m,m); AeqP6{ii,jj}=zeros(m,m);
        end
    end

    for ii=1:P
        AeqP1{ii,ii}= -eye(n); AeqP2{ii,ii}=  Bmod;
        AeqP5{ii,ii}= eye(m);   AeqP6{ii,ii}=  -eye(m);
        if ii>1
            AeqP1{ii,ii-1}=  Amod; AeqP5{ii,ii-1}= -eye(m);
        end
        beqP{ii,1}=zeros(n,1);   beqP{P+ii,1}=zeros(m,1);
    end
    AeqP1{1,1}= eye(n); AeqP2{1,1}= -Bmod;
```

```
beqP{1,1}=Amod*(Delta_Xhat(:,i)-Delta_Xs(:,i));
if i==1
    beqP{P+1,1}=Ueq-Us(:,i);
else
    beqP{P+1,1}=U(:,i-1)-Us(:,i);
end
Aeq=[cell2mat(AeqP1),cell2mat(AeqP2),cell2mat(AeqP3);
    cell2mat(AeqP4),cell2mat(AeqP5),cell2mat(AeqP6)];
beq=cell2mat(beqP);
%构造不等式约束
for ii=1:P
    for jj=1:P
        AP1{ii,jj}=zeros(p,n);
        AP2{ii,jj}=zeros(p,m);
        AP3{ii,jj}=zeros(p,m);
    end
end
for ii=1:P
    AP1{ii,ii}=Cmod; bP1{ii,1}
        =YoperaterU-Yeq-Cmod*Delta_Xs(:,i) -Gpexp*Distp(:,i);
    bP1{P+ii,1}= -YoperaterL+Yeq+Cmod*Delta_Xs(:,i)+Gpexp*Distp(:,i);
end
A=[cell2mat(AP1),cell2mat(AP2),cell2mat(AP3);
    -cell2mat(AP1),cell2mat(AP2),cell2mat(AP3)];
b=cell2mat(bP1);
%构造上下界
for ii=1:P
    LBP1{ii,1}=-inf(n,1);   UBP1{ii,1}=inf(n,1);
    % LBP2{ii,1}=max(UengineerL-Us(:,i),-MvMaxStep+V(:,i-1));
    % UBP2{ii,1}=min(UengineerU-Us(:,i),MvMaxStep+V(:,i-1));
    LBP2{ii,1}=UengineerL-Us(:,i); UBP2{ii,1}=UengineerU-Us(:,i);
    LBP3{ii,1}=-MvMaxStep;   UBP3{ii,1}=MvMaxStep;
end
LB=[cell2mat(LBP1);cell2mat(LBP2);cell2mat(LBP3)];
UB=[cell2mat(UBP1);cell2mat(UBP2);cell2mat(UBP3)];
%构造代价函数矩阵
for ii=1:P
    for jj=1:P
        HP1{ii,jj}=0*Qc; HP2{ii,jj}=0*R; HP3{ii,jj}=0*S;
    end
    HP1{ii,ii}=Qc; HP2{ii,ii}=R;   HP3{ii,ii}=S;
end
H=[cell2mat(HP1), zeros(size(cell2mat(HP1),1), size(cell2mat(HP2),2)),
    zeros(size(cell2mat(HP1),1), size(cell2mat(HP3),2)) ;
    zeros(size(cell2mat(HP2),1), size(cell2mat(HP1),2)), cell2mat(HP2),
```

```
        zeros(size(cell2mat(HP2),1), size(cell2mat(HP3),2));
        zeros(size(cell2mat(HP3),1), size(cell2mat(HP1),2)),
        zeros(size(cell2mat(HP3),1), size(cell2mat(HP2),2)), cell2mat(HP3)];
    H = 2*H;
    f=zeros(P*n+2*P*m,1);
    [Dicision2,fval2,b]=quadprog(H,f,A,b,Aeq,beq,LB,UB); sig2(:,i)=b;
    if b~=1
        fprintf('The %d step optimization has ended ==Digital Control \n',i)
        break;
    end
    V(:,i)=Dicision2(P*n+1:P*n+m,1);
    U(:,i)=V(:,i)+Us(:,i); Delta_U(:,i)=U(:,i)-Ueq;
    %求取实际输出
    Xreal=out_factor*(Amod*Xreal+Bmod*U(:,i)+F_dist*X_dist(:,i));
    Y_real(:,i+1)=out_factor*Cmod*Xreal;
    Delta_Yreal(:,i+1)=Y_real(:,i+1)-Yeq;
    %%记录数据,用于作图
    U_draw(:,i+1)=U(:,i);  Y_draw(:,i)=Y_real(:,i);
    Uss_draw(:,i)=Us(:,i); Yss_draw(:,i)=Ys(:,i);
    %稳态Kalman滤波器扩展状态预报
    X(:,i)=[Delta_Xhat(:,i);Distd(:,i);Distp(:,i)];
    X_temp(:,i)=tildeA*X(:,i)+tildeB*Delta_U(:,i)+tildeF*Delta_F(:,i);
    X(:,i+1)=X_temp(:,i)+L*(Delta_Yreal(:,i+1)-tildeC*X_temp(:,i));
    Delta_Xhat(:,i+1)=X(1:n,i+1);
    Distd(:,i+1)=X(n+1:n+size(Distd(:,i),1),i+1);
    Distp(:,i+1)=X(n+size(Distd(:,i),1)+1:end,i+1);
    fprintf('The %d step optimization has ended ===\n',i)
end
close all; figure; subplot(3,1,1);
plot(0:Steps-1,Y_draw(1,1:Steps),'-b',0:Steps-2,Yss_draw(1,1:Steps-1),
    '--k',0:Steps-1,Yeq(1)-0.5*ones(1,Steps),'-.r',
    0:Steps-1,Yeq(1)+0.5*ones(1,Steps),'-.r');
set(findall(gcf,'type','line'),'linewidth',1.5);
axis([0, Steps-1,Yeq(1)-0.8, Yeq(1)+0.8]);
h2=legend('$y_1$','$y_{1,ss}$','$\underline{y}_{1,0}$','$\bar{y}_{1,0}$');%
set(h2,'Interpreter','latex','Orientation','Horizontal','FontSize',12);
ylabel('$y_1$','Interpreter','latex','FontSize',16);
subplot(3,1,2);
plot(0:Steps-1,Y_draw(2,1:Steps),'-b',0:Steps-2,Yss_draw(2,1:Steps-1),
    '--k',0:Steps-1,Yeq(2)-0.5*ones(1,Steps),'-.r',
    0:Steps-1,Yeq(2)+0.5*ones(1,Steps),'-.r');
set(findall(gcf,'type','line'),'linewidth',1.5);
axis([0, Steps-1,Yeq(2)-0.8, Yeq(2)+0.8]);
h2=legend('$y_2$','$y_{2,ss}$','$\underline{y}_{2,0}$','$\bar{y}_{2,0}$' );
set(h2,'Interpreter','latex','Orientation','Horizontal','FontSize',12);
```

```
ylabel('$y_2$','Interpreter','latex','FontSize',16);
subplot(3,1,3);
plot(0:Steps-1,Y_draw(3,1:Steps),'-b',0:Steps-2,Yss_draw(3,1:Steps-1),
    '--k', 0:Steps-1,Yeq(3)-0.5*ones(1,Steps),'-.r',
    0:Steps-1,Yeq(3)+0.5*ones(1,Steps),'-.r');
set(findall(gcf,'type','line'),'linewidth',1.5);
axis([0, Steps-1,Yeq(3)-0.8, Yeq(3)+0.8]);
h2=legend('$y_3$','$y_{3,ss}$','$\underline{y}_{3,0}$','$\bar{y}_{3,0}$');
set(h2,'Interpreter','latex','Orientation','Horizontal','FontSize',12);
ylabel('$y_3$','Interpreter','latex','FontSize',16);
xlabel('$k$','Interpreter','latex','FontSize',16);
figure;
subplot(3,1,1);
plot(-1:Steps-2,U_draw(1,1:Steps),'-b',0:Steps-2,Uss_draw(1,1:Steps-1),
    '--k', -1:Steps-2,Ueq(1)-0.5*ones(1,Steps),'-.r',
    -1:Steps-2,Ueq(1)+0.5*ones(1,Steps),'-.r');
set(findall(gcf,'type','line'),'linewidth',1.5);
set(gca,'xtick',-1:50:Steps-2);
axis([-1, Steps-2,Ueq(1)-0.6, Ueq(1)+0.6]);
h2=legend('$u_1$','$u_{1,ss}$','$\underline{u}_1$','$\bar{u}_1$');
set(h2,'Interpreter','latex','Orientation','Horizontal','FontSize',12);
ylabel('$u_1$','Interpreter','latex','FontSize',16);
subplot(3,1,2);
plot(-1:Steps-2,U_draw(2,1:Steps),'-b',0:Steps-2,Uss_draw(2,1:Steps-1),
    '--k',-1:Steps-2,Ueq(2)-0.5*ones(1,Steps),'-.r',
    -1:Steps-2,Ueq(2)+0.5*ones(1,Steps),'-.r');
set(findall(gcf,'type','line'),'linewidth',1.5);
set(gca,'xtick',-1:50:Steps-2);
axis([-1, Steps-2,Ueq(2)-0.6, Ueq(2)+0.6]);
h2=legend('$u_2$','$u_{2,ss}$','$\underline{u}_2$','$\bar{u}_2$');
set(h2,'Interpreter','latex','Orientation','Horizontal','FontSize',12);
ylabel('$u_2$','Interpreter','latex','FontSize',16);
subplot(3,1,3);
plot(-1:Steps-2,U_draw(3,1:Steps),'-b',0:Steps-2,Uss_draw(3,1:Steps-1),
    '--k',-1:Steps-2,Ueq(3)-0.5*ones(1,Steps),'-.r',
    -1:Steps-2,Ueq(3)+0.5*ones(1,Steps),'-.r');
set(findall(gcf,'type','line'),'linewidth',1.5);
set(gca,'xtick',-1:50:Steps-2);
axis([-1, Steps-2,Ueq(3)-0.6, Ueq(3)+0.6]);
h2=legend('$u_3$','$u_{3,ss}$','$\underline{u}_3$','$\bar{u}_3$');
set(h2,'Interpreter','latex','Orientation','Horizontal','FontSize',12);
xlabel('$k$','Interpreter','latex','FontSize',16);
ylabel('$u_3$','Interpreter','latex','FontSize',16);
figure;
plot(0:Steps-1,Distp(1,1:Steps),'-b',0:Steps-1,Distd(1,1:Steps),'--k',
```

```
    0:Steps-1,Distd(2,1:Steps),'-.r');
set(findall(gcf,'type','line'),'linewidth',1.5);
switch Situation
    case 1
        axis([0, Steps-1,-1.3,0.2]);          %情形1
    case 2
        axis([0, Steps-1,-0.02,0.06]);        %情形3
    case 3
        axis([0, Steps-1,-0.02,0.06]);        %情形2
    case 4
        axis([0, Steps-1,-1.5,0.1]);          %情形4
end
h2=legend('$p$','$d_1$','$d_2$');
set(h2,'Interpreter','latex','Orientation','Horizontal','FontSize',12);
xlabel('$k$','Interpreter','latex','FontSize',16);
ylabel('$p,d_1,d_2$','Interpreter','latex','FontSize',16);
```

本例的系统参数矩阵如下:

$A = [0.9413, -0.0805, 0.1018, -0.0170, 0.0324, 0.0612, -0.0247, 0.0375, -0.0379, 0.0102,$

$0.0309, 0.0113, 0.0158, 0.0003, -0.0119, 0.0058, -0.0056, 0.0080, -0.0030, 0.0026;$

$0.1503, 0.8091, 0.0659, -0.2503, -0.1564, -0.0628, -0.0226, -0.0081, -0.0026, -0.0097,$

$0.0393, -0.0757, 0.0429, 0.0320, 0.0112, 0.0176, 0.0371, -0.0114, 0.0096, -0.0109;$

$0.0520, -0.1057, 0.7855, 0.1981, -0.1129, -0.2358, 0.0250, -0.1078, 0.0764, -0.0369,$

$-0.0898, -0.0302, -0.0273, 0.0154, 0.0506, -0.0194, -0.0005, -0.0058, 0.0247, -0.0026;$

$-0.0471, 0.3606, -0.0534, 0.6205, 0.2867, -0.0380, -0.2017, -0.0442, -0.0773, -0.1115,$

$0.1527, -0.0817, 0.0967, 0.0786, 0.0063, -0.0042, 0.0084, 0.0510, 0.0460, -0.0074;$

$-0.0579, 0.0966, 0.1623, -0.5332, 0.4457, 0.1168, -0.3324, -0.2801, 0.1323, 0.0172,$

$-0.1092, 0.1109, -0.0954, 0.0217, 0.1199, 0.0085, -0.0182, 0.0280, 0.0435, -0.0058;$

$-0.0373, 0.0226, 0.2258, 0.1498, 0.0047, 0.6707, 0.2950, -0.2837, 0.2660, -0.1047,$

$0.1105, -0.1505, -0.0366, 0.0277, -0.0321, 0.0111, 0.1078, -0.0151, -0.0292, -0.0304;$

$0.0259, -0.0686, 0.0269, 0.1424, 0.6051, -0.1391, -0.0522, 0.1634, 0.1535, 0.3781,$

$-0.0450, -0.1500, 0.0375, 0.0056, 0.0834, 0.1300, 0.1409, -0.1052, -0.0412, -0.0422;$

$-0.0195, 0.0171, 0.0630, -0.0015, -0.1116, -0.0198, -0.3297, 0.5687, 0.6149, -0.2482,$

$0.0366, -0.0075, -0.0637, -0.0897, -0.0749, -0.0287, 0.0259, 0.0215, -0.0478, -0.0259;$

$-0.0259, 0.0181, 0.0707, 0.0185, -0.1176, -0.3721, 0.0205, -0.2676, 0.2021, 0.3555,$

$0.5390, 0.2699, -0.1441, -0.04376, -0.1918, 0.0679, 0.0483, 0.0203, -0.0639, 0.0135;$

$0.0113, -0.0534, 0.0032, 0.0933, -0.0413, 0.0244, -0.5971, -0.3129, -0.2012, -0.2042,$

$-0.0840, -0.1406, -0.2123, -0.2076, -0.3389, -0.0713, 0.0230, -0.0915, -0.1303, 0.0314;$

$-0.0054, 0.0030, 0.0402, -0.0020, 0.0735, -0.0230, 0.0893, 0.2804, -0.2739, -0.2502,$

$0.1374, 0.0281, -0.7205, 0.2645, 0.1312, 0.1272, 0.1339, -0.0387, 0.0615, 0.0100;$

$0.0041, 0.0084, -0.0333, -0.0177, -0.1159, 0.1163, -0.0777, 0.0944, 0.1122, 0.5309,$

$-0.0645, -0.5524, -0.2588, 0.1979, -0.1790, -0.2134, -0.1565, 0.0789, 0.0944, 0.0836;$

$-0.0242, 0.0288, 0.0736, -0.0379, -0.0346, -0.0786, 0.0768, 0.0181, -0.2791, 0.1148,$

$0.0557, -0.3531, -0.2099, -0.5218, 0.2236, 0.0039, 0.0537, 0.0718, -0.1162, -0.1388;$

$0.0210, -0.0325, -0.0617, -0.0060, 0.0331, 0.1098, -0.0789, -0.0239, 0.1457, -0.0760,$

$0.5376, -0.0083, -0.0978, -0.2300, 0.4239, -0.2563, -0.2717, -0.0865, 0.0631, 0.0815;$

$-0.0084, 0.0002, 0.0434, 0.0139, -0.0342, 0.0207, -0.1019, 0.0180, -0.1123, 0.1306,$

$0.0164, 0.2429, -0.0508, 0.4771, 0.0659, -0.5591, 0.1086, 0.0026, -0.2335, -0.1433;$

$-0.0016, 0.0090, 0.0135, 0.0079, 0.0102, 0.0763, -0.0007, 0.1374, -0.1004, 0.1222,$

$-0.0430, 0.1848, 0.0814, -0.3805, -0.0104, -0.5011, 0.5073, -0.0048, 0.2820, 0.0496;$

$-0.0100, -0.0050, 0.0303, -0.0048, -0.0437, -0.0929, -0.0510, 0.0053, -0.0411, -0.0722,$

$-0.0268, -0.2352, 0.2440, 0.1242, 0.4474, -0.1256, 0.0449, -0.1369, -0.3878, 0.2340;$

$0.0034, -0.0039, -0.0119, 0.0192, -0.0147, -0.0073, -0.0250, -0.0471, 0.0587, 0.0027,$

$-0.0764, 0.0384, -0.0659, -0.0208, 0.1610, 0.0685, 0.1737, 0.9047, -0.1543, 0.1420;$

$-0.0004, -0.0008, -0.0076, -0.0118, -0.0374, 0.0014, -0.0197, 0.0062, 0.0450, 0.0166,$

$0.0194, -0.0327, -0.0079, 0.0157, -0.0163, 0.2114, 0.5075, -0.2252, -0.0932, 0.4154;$

$-0.0083, 0.0053, 0.0312, 0.0018, -0.0117, -0.0494, 0.0131, 0.0594, -0.0049, -0.0191,$

$-0.0843, 0.0074, 0.0224, -0.0721, -0.0575, -0.0320, -0.1756, 0.0132, 0.1292, 0.0789];$

$B = [0.1144, 0.0915, 0.2635; -0.0652, -0.0499, -0.0631; 0.1182, 0.1006, -0.1273;$

$0.0851, 0.0590, 0.0617; 0.0468, 0.0322, -0.0035; -0.0179, -0.0100, 0.0075;$

$-0.0469, -0.0154, -0.0258; 0.0002, -0.0359, 0.0479; 0.0071, -0.0541, 0.0429;$

$-\,0.0243, -0.0102, -0.0136; 0.0419, -0.0549, 0.0200; 0.0298, -0.0093, 0.0033;$

$-\,0.0435, 0.0431, 0.0100; 0.0189, 0.0049, -0.0116; -0.0207, 0.0332, 0.0070;$

$\quad 0.0113, -0.0214, 0.0000; 0.0036, -0.0264, 0.0113;$

$-\,0.0176, 0.0195, 0.0070; 0.0000, 0.0092, 0.0086; -0.0113, 0.0058, 0.0207];$

$C = [-0.2130, 1.3911, 0.1415, 2.1119, -1.8960, 1.6202, -1.2679, 0.1790, -0.0992, 1.2321,$

$-\,0.6145, 0.9597, -0.3086, -0.1634, 0.6258, 0.4651, -0.0828, -0.1210, 0.0082, -0.0177;$

$\quad 0.8230, 3.5952, 0.1546, 1.1836, 1.7018, -0.0610, 1.4942, 0.2360, 0.2840, 0.0205,$

$-\,0.8418, 0.7809, -0.7187, -0.6172, -0.4146, -0.4073, -0.4772, -0.0425, -0.2900, 0.1887;$

$\quad 3.2990, -0.2109, -3.7836, 1.0539, -0.8301, -1.3328, 0.2028, -1.3189, 1.1641, -0.2938,$

$-\,0.7396, -0.2430, -0.4887, 0.1007, 0.5026, -0.0950, 0.2100, -0.0921, 0.1363, -0.1056];$

$F = [0.0558, 0.0589; -0.0157, -0.0169; -0.0057, 0.0076; 0.0150, 0.0183; -0.0032, -0.0119;$

$-\,0.0026, -0.0163; -0.0043, -0.0060; 0.0245, 0.0515; 0.0030, 0.0035; -0.0028, -0.0066;$

$-\,0.0084, -0.0186; -0.0081, -0.0133; 0.0207, 0.0391; -0.0204, -0.0380; -0.0027, -0.0125;$

$\quad 0.0012, 0.0046; 0.0002, -0.0014; -0.0128, -0.0344; -0.0066, -0.0072; -0.0115, -0.0202]$

7.2.2　双层动态矩阵控制

以上无静差控制的结论可以推广到第 4~6 章更一般的控制器和 SSTC 的情况。在第 4 章中，J_{trml} 的无约束解析解得到如下控制律：

$$\Delta\tilde{u}(k|k) = \left(\mathscr{S}^{\mathrm{T}}\tilde{Q}(k)\mathscr{S} + \tilde{\Lambda} + L^{\mathrm{T}}Q_{\mathrm{trml}}L\right)^{-1}$$
$$\times \left[\mathscr{S}^{\mathrm{T}}\tilde{Q}(k)(Y_{\mathrm{ss},P}(k) - Y_P^{\mathrm{ol}}(k|k)) + L^{\mathrm{T}}Q_{\mathrm{trml}}\delta u_{\mathrm{ss}}(k)\right]$$

当系统达到稳态时，输入/输出幅值约束不起作用 (即输入/输出没有卡边)，则得到

$$0 = \left(\mathscr{S}^{\mathrm{T}}\tilde{Q}(k)\mathscr{S} + \tilde{\Lambda} + L^{\mathrm{T}}Q_{\mathrm{trml}}L\right)^{-1}\left[\mathscr{S}^{\mathrm{T}}\tilde{Q}(k)(Y_{\mathrm{ss},P}(\infty) - Y_P^{\mathrm{ol}}(\infty|\infty))\right]$$
$$= \left(\mathscr{S}^{\mathrm{T}}\tilde{Q}(k)\mathscr{S} + \tilde{\Lambda} + L^{\mathrm{T}}Q_{\mathrm{trml}}L\right)^{-1}\left[\mathscr{S}^{\mathrm{T}}\tilde{Q}(k)\Gamma\left(y_{\mathrm{ss}}(\infty) - y^{\mathrm{ol}}(\infty|\infty)\right)\right]$$

式中，$\Gamma = [I, I, \cdots, I]^{\mathrm{T}}$。注意当存在约束卡边时没有以上的解析解 $\Delta\tilde{u}(k|k)$。当 $\mathscr{S}^{\mathrm{T}}\tilde{Q}(k)\Gamma$ 列满秩时，得到

$$y_{\mathrm{ss}}(\infty) = y^{\mathrm{ol}}(\infty|\infty) \tag{7.17}$$

回顾反馈校正量的计算方法，即 $e(k+i|k) = \epsilon(k)$，$\epsilon(k) = y(k) - y^{\mathrm{ol}}(k|k)$。因此，$e(\infty+i|\infty) = \epsilon(\infty) = y(\infty) - y^{\mathrm{ol}}(\infty|\infty)$。采用该校正量校正的结果为 $Y_N^{\mathrm{ol}}(\infty|\infty) = Y_N^{\mathrm{ol}}(\infty-1|\infty-1) +$

$\Gamma\epsilon(\infty) = Y_N^{\text{ol}}(\infty-1|\infty-1) + \Gamma[y(\infty) - y^{\text{ol}}(\infty|\infty)]$。注意到 $y^{\text{ol}}(\infty+i|\infty) = y^{\text{ol}}(\infty|\infty) = y^{\text{ol}}(\infty+i|\infty-1)$，因此

$$y(\infty) = y^{\text{ol}}(\infty|\infty) \tag{7.18}$$

即 $e(\infty+i|\infty) = 0$。综合式 (7.17) 和式 (7.18) 得到 $y_{\text{ss}}(\infty) = y(\infty)$，即实现了无静差控制。

对于积分 CV，$\epsilon(k)$ 被分成两部分，一部分对开环预测的校正为恒值形式，另一部分对开环预测的校正为斜坡形式。当含有积分 CV 时 (见第 5 章)，类似的无静差控制的结论也是成立的。

7.3 工业预测控制的静态非线性变换方法

线性 MPC(即基于线性模型的 MPC) 技术在 MPC 工程应用中占有的比例超过 90%(见文献 [27])，但是实际工业过程的复杂性往往会超出线性 MPC 适用的范围。解决非线性的方法包括非线性变换和采用非线性 MPC(即基于非线性模型的 MPC) 等。

可以将闭环系统划分为线性 MPC 控制器、输入端、过程和输出端四个环节。在实际应用中，过程的非线性既可能表现在输入端 (MV 和 DV)，也可能表现在输出端 (CV)，还可能同时表现在输入端与输出端。

这样，包含非线性的被控过程可由如图 7.1 所示的 Hammerstein-Wiener 非线性模型进行描述，其中，f 是静态非线性。

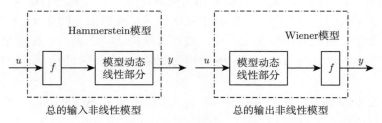

图 7.1 Hammerstein-Wiener 非线性模型

可以采用非线性变换方法将过程的静态非线性对消掉，然后应用线性 MPC 方法即可实现非线性过程的控制。图 7.2 给出了非线性变换方法的原理图。输入/输出变量进行非线性变换后，使得线性 MPC 变得更有效。线性 MPC 将计算的 MV 进行非线性逆变换后输出给执行机构，并将计算的 CV 进行非线性逆变换，以辅助用户做决策。

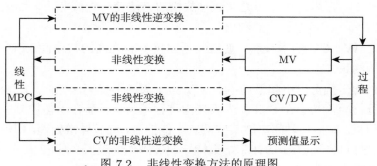

图 7.2 非线性变换方法的原理图

非线性变换方法的具体实施过程如下:

(1) 对输入输出数据进行变换, 针对变换后的输入输出数据, 采用辨识方法得到线性模型描述;

(2) 当线性 MPC 在线运行时, 对输入输出数据及相关的部分控制器参数 (如输入输出的约束条件) 进行变换, 然后再进行优化计算;

(3) 在理论上, 线性 MPC 处理的过程是经过非线性变换后的理想线性过程, 计算出的稳态目标和控制作用都是针对该理想线性过程而非实际的非线性过程, 所以需要将线性 MPC 的部分计算结果进行非线性逆变换, 才能进行实施和显示。

由于线性 MPC 的实施过程中涉及的参数很多, 哪些参数需要在 MPC 计算前进行变换, 哪些参数需要在 MPC 计算后进行逆变换要结合具体的 MPC 算法进行周密的考虑。

7.4　变自由度的双层预测控制

双层结构 MPC 是一种变自由度控制。双层结构 MPC 在应用中不会由双层变成多层或一层, 但是其 CV、MV、DV 的数量可能发生变化。自由度可以定义为有效 MV 数-CV 数, 即表示 MPC 的控制能力。自由度越高, 表示 MPC 的控制能力越强, 反之越弱。这个道理是明显的, 用较少的 MV 控制较多的 CV 更难, 用较多的 MV 控制较少的 CV 更容易。DV 会使得有些 MV 出现饱和而失效, 即降低控制的自由度。MPC 系统在运行过程中, 由于人为、数值计算、过程工况变化等造成自由度的变化。一般来说, 变自由度可能造成 MPC 所用的模型发生改变, 故双层结构 MPC 也是一种变结构控制。变结构控制是一大类控制算法的总称, 其中变结构为变模型 (包括开环模型和闭环模型的改变) 之意。

当自由度发生改变时, 双层结构预测控制的算法原理并不改变。以下给出一些常见的变自由度及处理措施:

(1) 如果 MV 在硬约束界上卡边, 包括当前值和稳态目标值都停留在约束界上, 那么可以将该 MV 变为 DV, 不再考虑相应的 MV 约束;

(2) 如果 MV 的控制权被操作人员移除, 则该 MV 变为 DV, 那么不再考虑相应的 MV 约束;

(3) 如果 CV 的控制权被操作人员移除, 那么不再考虑相应的 CV 约束;

(4) 如果 SSTC 在最高优先级无法通过放松的方法使可行域非空, 那么找出引起不可行的 CV 并移除, 不再考虑相应的约束;

(5) 发生了 MV、CV 的增减后, 通过判断加权 CV 之间的共线性来确定是否减少 CV 的数量和对应的约束。

通常某些大的干扰可以引起措施 (4)。CV 由于大的干扰无法控制, 在 SSTC 和动态控制中都可以进行检验, 其中在 SSTC 中表现为可行域为空, 而在动态控制中表现为未来的动态预测值超约束。如果长时间出现某些 CV 不能控制, 应做异常处理, 即停止运行 MPC。实际上, 如果 SSTC 对 $y_{ss}(k)$ 的计算结果持续超过操作约束, 文献 [24]、文献 [28] 都建议作为一种异常处理, 因为这种情况表示对大的干扰失去了抑制能力。

对措施 (5)，通过计算/改变无约束最小二乘问题的 Hessian 矩阵的条件数，使得动态控制模块的优化问题有合适的解。以第 4 章为例，这相当于考虑矩阵 $\mathscr{S}^{\mathrm{T}}\tilde{Q}(k)\mathscr{S}+\tilde{\Lambda}$ 的条件数，如果无约束最小二乘问题的条件数过大，那么某些 MV 可能大幅度地产生变化，对实际生产非常不利。假设条件数过大，有两种措施，一是临时增大/改变 $\tilde{\Lambda}=\mathrm{diag}\{\Lambda,\Lambda,\cdots,\Lambda\}$ 使条件数减小；二是对被控变量进行重组。

下面考虑措施 (2)。在 k 时刻，

$$y_{\mathrm{ss}}(k)-G^f f(k)=G^u u_{\mathrm{ss}}(k) \tag{7.19}$$

式中，$G^u\in\mathbb{R}^{n_y\times n_u}$。由于不同的 CV 有不同的加权，故处理如下方程：

$$Q(k)^{1/2}y_{\mathrm{ss}}(k)-Q(k)^{1/2}G^f f(k)=Q(k)^{1/2}G^u u_{\mathrm{ss}}(k) \tag{7.20}$$

对 $Q(k)^{1/2}G^u$ 进行 SVD 分解，得到

$$Q(k)^{1/2}y_{\mathrm{ss}}(k)-Q(k)^{1/2}G^f f(k)=\left[\begin{array}{cc} \Sigma_1 & \Sigma_2 \end{array}\right]\left[\begin{array}{cc} U_1 & 0 \\ 0 & U_2 \end{array}\right]\left[\begin{array}{c} V_1^{\mathrm{T}} \\ V_2^{\mathrm{T}} \end{array}\right]u_{\mathrm{ss}}(k)$$

$$\approx \Sigma_1 U_1 V_1^{\mathrm{T}} u_{\mathrm{ss}}(k) \tag{7.21}$$

式中，$\mathrm{diag}\{U_1,U_2\}\in\mathbb{R}^{n_y\times n_u}$。如果 $n_y\neq n_u$，那么选择 U_2 为方阵。由式(7.21)进一步近似得到

$$\Sigma_1^{\mathrm{T}}Q(k)^{1/2}y_{\mathrm{ss}}(k)-\Sigma_1^{\mathrm{T}}Q(k)^{1/2}G^f f(k)=U_1 V_1^{\mathrm{T}} u_{\mathrm{ss}}(k) \tag{7.22}$$

将式(7.22)等价地表示为

$$y'_{\mathrm{ss}}(k)-G'^f f(k)=G'^u u_{\mathrm{ss}}(k) \tag{7.23}$$

这时 CV 变成 $y'=\Sigma_1^{\mathrm{T}}Q(k)^{1/2}y$，故所有对应于 y 的目标值、约束等分别转化为关于 y' 的目标值、约束；$\{G^u,G^f\}$ 替换为 $\{G'^u,G'^f\}$(如果采用 DMC，那么所有的 $\{S_i^u,S_i^f\}$ 替换为 $\{\Sigma_1^{\mathrm{T}}Q(k)^{1/2}S_i^u,\Sigma_1^{\mathrm{T}}Q(k)^{1/2}S_i^f\}$)。如果 $y_{\mathrm{ss}}(k)$ 的一部分有理想值而剩下的部分没有理想值，那么 $y'_{\mathrm{ss}}(k)=\Sigma_1^{\mathrm{T}}Q(k)^{1/2}y_{\mathrm{ss}}(k)$ 不再有理想值。另外，针对 y' 的动态控制加权临时取为单位阵。

严格地讲，处理矩阵 $Q(k)^{1/2}G^u$ 的条件数并不等价于处理 $\mathscr{S}^{\mathrm{T}}\tilde{Q}(k)\mathscr{S}+\tilde{\Lambda}$ 的条件数。当具体采用措施 (2) 时，不用先观察 $\mathscr{S}^{\mathrm{T}}\tilde{Q}(k)\mathscr{S}+\tilde{\Lambda}$ 的条件数。

7.4.1 没有变结构的仿真算例

采用第 4 章的重油分馏塔模型和双层 DMC 算法。采样周期为 4，取模型时域为 100。则有

$$\underline{u}=u_{\mathrm{eq}}+[-0.5;-0.5;-0.5],\ \bar{u}=u_{\mathrm{eq}}+[0.5;0.5;0.5],\ \Delta\bar{u}_i=\delta\bar{u}_{i,\mathrm{ss}}=0.1$$

$$\underline{y}_{0,h}=y_{\mathrm{eq}}+[-0.7;-0.7;-0.7],\ \bar{y}_{0,h}=y_{\mathrm{eq}}+[0.7;0.7;0.7],\ \underline{y}_0=y_{\mathrm{eq}}+[-0.5;-0.5;-0.5]$$

$$\bar{y}_0 = y_{\text{eq}} + [0.5; 0.5; 0.5], \ \delta \bar{y}_{\text{ss}} = [0.2; 0.2; 0.3]$$

$$f(k) = \begin{cases} f_{\text{eq}}, & 0 \leqslant k \leqslant 64 \\ f_{\text{eq}} + [0.20; 0.10], & 65 \leqslant k \leqslant 80 \\ f_{\text{eq}}, & 81 \leqslant k \leqslant 119 \\ f_{\text{eq}} + [1; -1], & k \geqslant 120 \end{cases}$$

$\{y_{1,\text{ss}}, y_{2,\text{ss}}, u_{3,\text{ss}}\}$ 具有外部目标值，其 $\text{ET}_{\text{range}} = 0.5$。

多优先级 SSTC 参数选取见表 7.1。在经济优化阶段，u_2 为最小动作变量，取 $h = [-2, -1, 2]$，$J_{\min} = -0.4$。

动态控制器参数如下：

$$P = 15, \ M = 8, \ \Lambda = \text{diag}\{3, 5, 3\}$$

$$\bar{z} = y_{\text{eq}} + [0.4; 0.4; 0.4], \ \underline{z} = y_{\text{eq}} + [-0.4; -0.4; -0.4]$$

$$\underline{q}_1 = 2.0, \ \check{q}_1 = 0.5, \ \overline{q}_1 = 2.0$$

$$\underline{q}_2 = 2.0, \ \check{q}_2 = 1.0, \ \overline{q}_2 = 2.0$$

$$\underline{q}_3 = 2.5, \ \check{q}_3 = 2.5, \ \overline{q}_3 = 4.0$$

$$\rho = 0.2, \ \Delta u(k) = \Delta u(k|k)$$

实际的输出由以上传递函数矩阵产生，并乘以 0.9 表示模型误差。

表 7.1　多优先级 SSTC 参数选取 1

优先级	类型	变量	理想值或上、下界	等关注偏差 (LP 中加权倒数)
1	不等式	$y_{2,\text{ss}}$	CV 下界	0.20
1	不等式	$y_{3,\text{ss}}$	CV 上界	0.20
1	不等式	$u_{3,\text{ss}}$	ET 上界	0.25
2	等式	$y_{2,\text{ss}}$	$y_{2,\text{eq}} - 0.3$	0.25
3	不等式	$u_{3,\text{ss}}$	ET 下界	0.25
3	不等式	$y_{1,\text{ss}}$	ET 下界	0.25
3	不等式	$y_{2,\text{ss}}$	ET 上界	0.25
4	不等式	$y_{1,\text{ss}}$	ET 上界	0.25
4	不等式	$y_{2,\text{ss}}$	CV 上界	0.20
4	不等式	$y_{3,\text{ss}}$	CV 下界	0.20
5	等式	$u_{3,\text{ss}}$	$u_{3,\text{eq}} - 0.2$	0.25
5	等式	$y_{1,\text{ss}}$	$y_{1,\text{eq}} + 0.3$	0.25
6	不等式	$y_{1,\text{ss}}$	CV 上，下界	0.20
6	不等式	$y_{2,\text{ss}}$	ET 下界	0.25

CV 和 MV 的动态控制效果如图 7.3 和图 7.4 所示。结果表明动态控制可以完全跟踪上 SSTC 层给出的稳态目标值。最终 $y_1 = y_{1,\text{ss}} = 0.299 \neq y_{1,t}$，$y_2 = y_{2,\text{ss}} = -0.3 \neq y_{2,t}$，$u_3 = u_{3,\text{ss}} = -0.163 \neq u_{3,t}$。

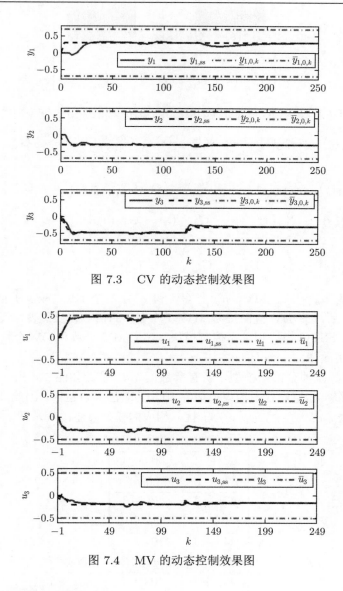

图 7.3 CV 的动态控制效果图

图 7.4 MV 的动态控制效果图

7.4.2 操纵变量变结构仿真算例

双层结构 DMC 的一个重要特性是能够实现卡边运行，即当前值和稳态目标值都在约束边界上。

当部分 MV 进入稳态后在硬约束边界运行时，可以将该 MV 变为恒值 DV，不再考虑相应的该部分 MV 的约束。原传递函数矩阵为

$$G^u(s) = \begin{bmatrix} G^u_{1,1}(s) & G^u_{1,2}(s) & \cdots & G^u_{1,n_u}(s) \\ \vdots & \vdots & \ddots & \vdots \\ G^u_{n_y,1}(s) & G^u_{n_y,2}(s) & \cdots & G^u_{n_y,n_u}(s) \end{bmatrix}_{n_y \times n_u}$$

$$G^f(s) = \begin{bmatrix} G^f_{1,1}(s) & G^f_{1,2}(s) & \cdots & G^f_{1,n_f}(s) \\ \vdots & \vdots & \ddots & \vdots \\ G^f_{n_y,1}(s) & G^f_{n_y,2}(s) & \cdots & G^f_{n_y,n_f}(s) \end{bmatrix}_{n_y \times n_f}$$

假设第 l 个 MV 已经达到稳态并处在约束边界上运行, 将该 MV 变为恒值 DV, 则模型变为

$$G'^u(s) = \begin{bmatrix} G^u_{1,1}(s) & G^u_{1,2}(s) & \cdots & G^u_{1,l-1}(s) & G^u_{1,l+1}(s) & \cdots & G^u_{1,n_u}(s) \\ \vdots & \vdots & \ddots & \vdots & \vdots & \ddots & \vdots \\ G^u_{n_y,1}(s) & G^u_{n_y,2}(s) & \cdots & G^u_{n_y,l-1}(s) & G^u_{n_y,l+1}(s) & \cdots & G^u_{n_y,n_u}(s) \end{bmatrix}_{n_y \times (n_u-1)}$$

$$G'^f(s) = \begin{bmatrix} G^f_{1,1}(s) & G^f_{1,2}(s) & \cdots & G^f_{1,n_f}(s) & G^u_{1,l}(s) \\ \vdots & \vdots & \ddots & \vdots & \vdots \\ G^f_{n_y,1}(s) & G^f_{n_y,2}(s) & \cdots & G^f_{n_y,n_f}(s) & G^u_{n_y,l}(s) \end{bmatrix}_{n_y \times (n_f+1)}$$

此时系统结构变为 $n_u - 1$ 个 MV、n_y 个 CV 和 $n_f + 1$ 个 DV, 减少了自由度。卡边运行的 MV 变为 DV 后, 该 DV 值保持为 MV 硬约束界的值。在操纵变量变结构控制中, 对于开环预测模块、SSTC 模块和动态控制模块, 只是 MV 个数和 DV 个数发生改变, DMC 整体算法并未发生改变。

采用 7.4.1 节的重油分馏塔模型, 所有参数同 7.4.1 节。如图 7.4 所示, u_1 在 $k = 150$ 时刻稳态目标值和实际值均处于约束上边界 (0.5), 即已卡边运行。因此, 在 $k = 150$ 时刻, 进行操纵变量变结构控制, 将 u_1 变为干扰, 相应的模型发生改变, 即

$$G'^u(s) = \begin{bmatrix} \dfrac{1.77\mathrm{e}^{-28s}}{60s+1} & \dfrac{5.88\mathrm{e}^{-27s}}{50s+1} \\[2ex] \dfrac{5.72\mathrm{e}^{-14s}}{60s+1} & \dfrac{6.90\mathrm{e}^{-15s}}{40s+1} \\[2ex] \dfrac{4.42\mathrm{e}^{-22s}}{44s+1} & \dfrac{7.20}{19s+1} \end{bmatrix}$$

$$G'^f(s) = \begin{bmatrix} \dfrac{1.20\mathrm{e}^{-27s}}{45s+1} & \dfrac{1.44\mathrm{e}^{-27s}}{40s+1} & \dfrac{4.05\mathrm{e}^{-27s}}{50s+1} \\[2ex] \dfrac{1.52\mathrm{e}^{-15s}}{25s+1} & \dfrac{1.83\mathrm{e}^{-15s}}{20s+1} & \dfrac{5.39\mathrm{e}^{-18s}}{50s+1} \\[2ex] \dfrac{1.14}{27s+1} & \dfrac{1.26}{32s+1} & \dfrac{4.38\mathrm{e}^{-20s}}{33s+1} \end{bmatrix}$$

此时, u_1 所有对应的约束和目标值不再考虑。但此时干扰通道加入了一个值为 0.5(约束上界) 的恒值干扰, 模型由一个 3MV3CV 的方系统变为 2MV3CV 的瘦系统。变结构后的动态控制效果见图 7.5 和图 7.6。由于在 $k = 150$ 时刻将 u_1 转化为恒值干扰, 则控制曲线开始波动, 但很快又跟踪上并趋于稳定。将图 7.5 和图 7.6 分别与图 7.3 和图 7.4 进行对比, 两部分对应的曲线的变化趋势并未改变, 最终 $y_1 = y_{1,\mathrm{ss}} = 0.298 \neq y_{1,t}$, $y_2 = y_{2,\mathrm{ss}} = -0.3 \neq y_{2,t}$, $u_3 = u_{3,\mathrm{ss}} = -0.183 \neq u_{3,t}$, 与 7.4.1 节的算法控制效果大致相同, 验证了算法的可行性。

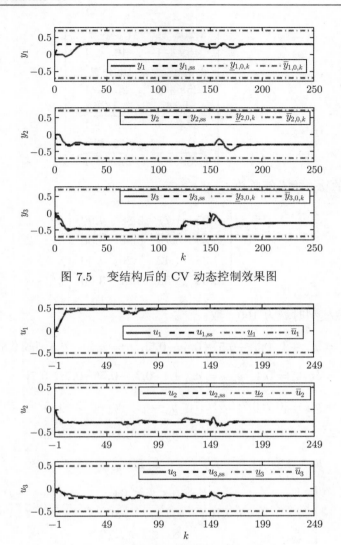

图 7.5　变结构后的 CV 动态控制效果图

图 7.6　变结构后的 MV 动态控制效果图

7.4.3　被控变量变结构仿真算例

对重油分馏塔模型进行改造，即

$$G^u(s) = \begin{bmatrix} \dfrac{4.05\mathrm{e}^{-27s}}{50s+1} & \dfrac{1.77\mathrm{e}^{-28s}}{60s+1} & \dfrac{5.88\mathrm{e}^{-27s}}{50s+1} & \dfrac{4.00\mathrm{e}^{-20s}}{50s+1} \\[2mm] \dfrac{5.39\mathrm{e}^{-18s}}{50s+1} & \dfrac{5.72\mathrm{e}^{-14s}}{60s+1} & \dfrac{6.90\mathrm{e}^{-15s}}{40s+1} & \dfrac{5.30\mathrm{e}^{-15s}}{50s+1} \\[2mm] \dfrac{4.38\mathrm{e}^{-20s}}{33s+1} & \dfrac{4.42\mathrm{e}^{-22s}}{44s+1} & \dfrac{7.20}{19s+1} & \dfrac{4.30\mathrm{e}^{-20s}}{33s+1} \\[2mm] \dfrac{3.66\mathrm{e}^{-23s}}{38s+1} & \dfrac{4.55}{30s+1} & \dfrac{5.21\mathrm{e}^{-12s}}{15s+1} & \dfrac{3.60\mathrm{e}^{-19s}}{30s+1} \end{bmatrix}$$

$$G^f(s) = \begin{bmatrix} \dfrac{1.20\mathrm{e}^{-27s}}{45s+1} & \dfrac{1.44\mathrm{e}^{-27s}}{40s+1} \\ \dfrac{1.52\mathrm{e}^{-15s}}{25s+1} & \dfrac{1.83\mathrm{e}^{-15s}}{20s+1} \\ \dfrac{1.14}{27s+1} & \dfrac{1.26}{32s+1} \\ \dfrac{1.04\mathrm{e}^{-15s}}{23s+1} & \dfrac{1.22}{30s+1} \end{bmatrix}$$

则模型输入通道的稳态增益矩阵为

$$G^u = \begin{bmatrix} 4.05 & 1.77 & 5.88 & 4.00 \\ 5.39 & 5.72 & 6.90 & 5.30 \\ 4.38 & 4.42 & 7.20 & 4.30 \\ 3.66 & 4.55 & 5.21 & 3.60 \end{bmatrix}$$

采样周期为 4，取模型时域为 100。取

$$\underline{u} = u_{\mathrm{eq}} + [-0.5; -0.5; -0.5; -0.5], \quad \bar{u} = u_{\mathrm{eq}} + [0.5; 0.5; 0.5; 0.5]$$

$$\Delta \bar{u}_i = \delta \bar{u}_{i,\mathrm{ss}} = 0.1, \quad \underline{y}_{0,h} = y_{\mathrm{eq}} + [-0.7; -0.7; -0.7; -0.7]$$

$$\bar{y}_{0,h} = y_{\mathrm{eq}} + [0.7; 0.7; 0.7; 0.7], \quad \underline{y}_0 = y_{\mathrm{eq}} + [-0.5; -0.5; -0.5; -0.5]$$

$$\bar{y}_0 = y_{\mathrm{eq}} + [0.5; 0.5; 0.5; 0.5], \quad \delta \bar{y}_{\mathrm{ss}} = [0.1; 0.3; 0.1; 0.3]$$

$$y_t = [0.3, 0.3, 0.2, 0], \quad u_{3,t} = -0.2, \quad \mathrm{ET}_{\mathrm{range}} = 0.5$$

$$f(k) = \begin{cases} f_{\mathrm{eq}}, & 0 \leqslant k \leqslant 64 \\ f_{\mathrm{eq}} + [0.20; 0.10], & 65 \leqslant k \leqslant 80 \\ f_{\mathrm{eq}}, & 81 \leqslant k \leqslant 119 \\ f_{\mathrm{eq}} + [-0.1; -0.2], & k \geqslant 120 \end{cases}$$

多优先级 SSTC 参数选取见表 7.2。经济优化无最小动作变量，取 $h = [-2, 1, 2, 1]$，$J_{\min} = -0.4$。

表 7.2　多优先级 SSTC 参数选取 2

优先级	类型	变量	理想值或上、下界	等关注偏差
1	不等式	$y_{2,\mathrm{ss}}$	CV 下界	0.20
1	不等式	$y_{3,\mathrm{ss}}$	CV 上界	0.20
1	不等式	$u_{3,\mathrm{ss}}$	ET 上界	0.25
2	等式	$y_{2,\mathrm{ss}}$	$y_{2,\mathrm{eq}} + 0.3$	0.25
2	等式	$y_{4,\mathrm{ss}}$	$y_{4,\mathrm{eq}} + 0$	0.25
3	不等式	$u_{3,\mathrm{ss}}$	ET 下界	0.25
3	不等式	$y_{1,\mathrm{ss}}$	ET 下界	0.25
3	不等式	$y_{2,\mathrm{ss}}$	ET 上界	0.25
3	不等式	$y_{4,\mathrm{ss}}$	ET 上界	0.25

续表

优先级	类型	变量	理想值或上、下界	等关注偏差
4	不等式	$y_{1,\mathrm{ss}}$	ET 上界	0.25
4	不等式	$y_{2,\mathrm{ss}}$	CV 上界	0.20
4	不等式	$y_{3,\mathrm{ss}}$	CV 下界	0.20
5	等式	$u_{3,\mathrm{ss}}$	$u_{3,\mathrm{eq}} - 0.2$	0.25
5	等式	$y_{1,\mathrm{ss}}$	$y_{1,\mathrm{eq}} + 0.3$	0.25
5	等式	$y_{3,\mathrm{ss}}$	$y_{3,\mathrm{eq}} + 0.2$	0.25
6	不等式	$y_{1,\mathrm{ss}}$	CV 上、下界	0.20
6	不等式	$y_{2,\mathrm{ss}}$	ET 下界	0.25
6	不等式	$y_{4,\mathrm{ss}}$	ET 下界	0.25

动态控制器参数如下：

$$P = 15, \ M = 8, \ \Lambda = \mathrm{diag}\{3,5,3,5\}, \ \bar{z} = y_{\mathrm{eq}} + [0.4; 0.4; 0.4; 0.4]$$

$$\underline{z} = y_{\mathrm{eq}} + [-0.4; -0.4; -0.4; -0.4], \ Q = I_4, \ \rho = 0.2, \ \Delta u(k) = \Delta u(k|k)$$

CV 的动态控制效果图与 MV 的动态控制效果图如图 7.7 和图 7.8 所示。

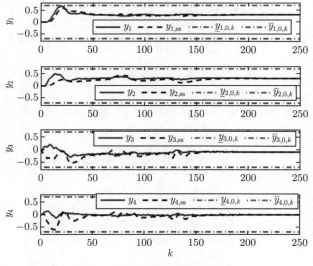

图 7.7　CV 的动态控制效果图 1

通过计算 $\begin{bmatrix} \Sigma & U & V \end{bmatrix} = \mathrm{SVD}\{Q^{1/2}G^u\}$，可以得到

$$U = \begin{bmatrix} U_1 & 0 \\ 0 & U_2 \end{bmatrix} = \mathrm{diag}\{19.61, 2.30, 0.82, 0.006\}$$

其中，$U_1 = \mathrm{diag}\{19.61, 2.30, 0.82\}$，$U_2 = 0.006$。由于 U_1 中的每个特征根都远大于 U_2，故可进行变结构控制以解决共线性对控制的影响。进行变换后，相应的约束发生改变，具体的控制参数如下：采样周期为 4，取模型时域为 100。取

$$\underline{u} = u_{\mathrm{eq}} + [-0.5; -0.5; -0.5; -0.5], \ \bar{u} = u_{\mathrm{eq}} + [0.5; 0.5; 0.5; 0.5]$$

$$\Delta \bar{u}_i = \delta \bar{u}_{i,\mathrm{ss}} = 0.1, \quad \underline{y}_{0,h} = y'_{\mathrm{eq}} + [-1.385; -1.385; -1.385]$$

$$\bar{y}_{0,h} = y'_{\mathrm{eq}} + [1.385; 1.385; 1.385], \quad \underline{y}_0 = y'_{\mathrm{eq}} + [-0.99; -0.99; -0.99]$$

$$\bar{y}_0 = y'_{\mathrm{eq}} + [0.99; 0.99; 0.99], \quad \delta \bar{y}_{\mathrm{ss}} = [0.4043; 0.1369; 0.0906], \quad \mathrm{ET}_{\mathrm{range}} = 0.5$$

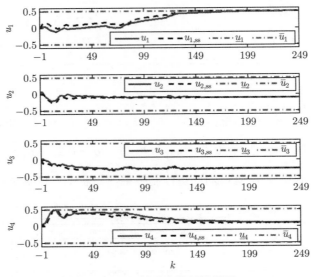

图 7.8 MV 的动态控制效果图 1

多优先级 SSTC 参数选取见表 7.3。经济优化无最小动作变量，取 $h = [-2,1,2,1]$，$J_{\min} = -0.4$。

表 7.3 多优先级 SSTC 参数选取 3

优先级	类型	变量	理想值或上、下界	等关注偏差
1	不等式	$y'_{2,\mathrm{ss}}$	CV 下界	0.20
1	不等式	$y'_{3,\mathrm{ss}}$	CV 上界	0.20
1	不等式	$u_{3,\mathrm{ss}}$	ET 上界	0.25
2	等式	$y'_{2,\mathrm{ss}}$	$y'_{2,\mathrm{eq}} + 0.1624$	0.25
3	不等式	$u_{3,\mathrm{ss}}$	ET 下界	0.25
3	不等式	$y'_{1,\mathrm{ss}}$	ET 下界	0.25
3	不等式	$y'_{2,\mathrm{ss}}$	ET 上界	0.25
4	不等式	$y'_{1,\mathrm{ss}}$	ET 上界	0.25
4	不等式	$y'_{2,\mathrm{ss}}$	CV 上界	0.20
4	不等式	$y'_{3,\mathrm{ss}}$	CV 下界	0.20
5	等式	$u_{3,\mathrm{ss}}$	$u_{3,\mathrm{eq}} - 0.2$	0.25
5	等式	$y'_{1,\mathrm{ss}}$	$y'_{1,\mathrm{eq}} - 0.4095$	0.25
5	等式	$y'_{1,\mathrm{ss}}$	$y'_{1,\mathrm{eq}} + 0.0999$	0.25
6	不等式	$y'_{1,\mathrm{ss}}$	CV 上、下界	0.20
6	不等式	$y'_{2,\mathrm{ss}}$	ET 下界	0.25

动态控制器参数如下：

$$P = 15, \quad M = 8, \quad \Lambda = \mathrm{diag}\{3,5,3,5\}, \quad \bar{z} = y_{\mathrm{eq}} + [0.4; 0.4; 0.4]$$

$$z = y_{eq} + [-0.4; -0.4; -0.4], \ Q = I_3, \ \rho = 0.2, \ \Delta u(k) = \Delta u(k|k)$$

如图 7.9 和图 7.10 所示，CV 和 MV 都能最终跟踪上 SSTC 给出的稳态目标值。将图 7.9 和图 7.10 分别与图 7.7 和图 7.8 进行对比，可知两个算法对应的仿真曲线变化趋势大致相同，但对比 MV 的动态控制效果图可以发现，变结构控制算法的 MV 变化相对平缓，跟踪较为迅速，验证了算法的有效性。

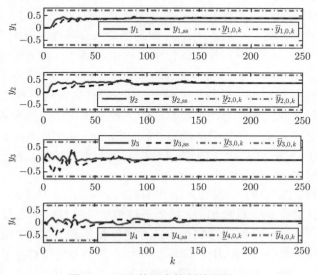

图 7.9 CV 的动态控制效果图 2

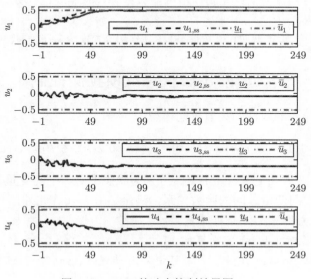

图 7.10 MV 的动态控制效果图 2

第 8 章 两步法状态空间预测控制

输入非线性 [主要指输入饱和、哈默斯坦 (Hammerstein) 非线性] 系统的预测控制方法大体上可以分为两种。

第一种是整体求解方法 (如文献 [1]),一般是把输入非线性部分纳入性能指标,直接求解控制作用。注意一般将输入饱和作为优化中的约束。整体求解方法计算比较复杂,在实际应用中比较困难。

另一种是非线性分离控制方法 (如文献 [10]),即首先对线性模型应用预测控制算法计算中间变量,然后再通过输入非线性反算实际的控制作用。注意输入饱和既可以作为非线性输入的一种,也可以作为优化中的约束。Hammerstein 非线性分离方法充分地利用了 Hammerstein 模型的特殊结构,把控制器设计问题仍归结在线性控制系统范围内,这比整体求解方法要简易得多。

两步法预测控制 (TSMPC):对输入饱和 Hammerstein 模型,首先利用线性模型和无约束预测控制算法计算中间变量理想值,然后通过求解非线性代数方程或方程组 (由 Hammerstein 非线性环节表示) 来得到控制作用,并通过解饱和方法来满足饱和约束。该方法特别适用于快速控制的场合。TSMPC 闭环系统中的滞留非线性都是静态的。

在 TSMPC 中,如果实际控制输入通过静态输入非线性环节准确地重现中间变量理想值,那么系统的稳定性可由所设计的线性控制系统的稳定性来保证。然而在实际应用中,这种理想情况是很难得到保证的:控制作用可能会饱和,而非线性代数方程 (组) 的求解也不可避免地存在解算误差。

8.1节 ~8.3节参考了文献 [7] 和文献 [8],8.4节和8.5节参考了文献 [9] 和文献 [31]~ [34]。

8.1 两步法状态反馈预测控制

考虑如下具有输入非线性的离散时间模型:

$$x(k+1) = Ax(k) + Bv(k), \ y(k) = Cx(k), \ v(k) = \phi(u(k)) \tag{8.1}$$

式中,$x \in \mathbb{R}^n$、$v \in \mathbb{R}^m$、$y \in \mathbb{R}^p$、$u \in \mathbb{R}^m$ 分别为状态变量、中间变量、输出变量与输入变量;ϕ 表示输入和中间变量之间的函数关系,满足 $\phi(0) = 0$。此外,有如下假设。

假设 8.1 系统状态 x 完全可测量。

假设 8.2 矩阵对 (A, B) 完全可控。

假设 8.3 $\phi = f \circ \mathrm{sat}$,其中,$f$ 为可逆静态非线性,sat 表示如下的输入饱和 (物理) 约束:

$$-\underline{u} \leqslant u(k) \leqslant \bar{u} \tag{8.2}$$

其中,$\underline{u} := [\underline{u}_1, \underline{u}_2, \cdots, \underline{u}_m]^{\mathrm{T}}$,$\bar{u} := [\bar{u}_1, \bar{u}_2, \cdots, \bar{u}_m]^{\mathrm{T}}$,$\underline{u}_i > 0$,$\bar{u}_i > 0$,$i \in \{1, 2, \cdots, m\}$。

在两步法预测控制 (TSMPC) 中，一般 $v(k)$ 具有某种形式的不确定性，闭环系统为

$$x(k+1) = Ax(k) + Bv(k) = Ax(k) + Bv^L(k) + B[v(k) - v^L(k)] \tag{8.3}$$

式中，中间变量理想值 $v^L(k) = v^L(k|k)$ 是优化问题

$$\min_{\tilde{v}^L(k|k)} J(N, x(k)),$$

s.t. $x^L(k+i+1|k) = Ax^L(k+i|k) + Bv^L(k+i|k)$, $i \geqslant 0$, $x^L(k|k) = x(k)$ $\tag{8.4}$

的解。式中

$$J(N, x(k)) = \sum_{i=0}^{N-1} \left[\left\| x^L(k+i|k) \right\|_Q^2 + \left\| v^L(k+i|k) \right\|_R^2 \right] + \left\| x^L(k+N|k) \right\|_{P_N}^2 \tag{8.5}$$

$$\tilde{v}^L(k|k) = \left[v^L(k|k)^{\mathrm{T}}, v^L(k+1|k)^{\mathrm{T}}, \cdots, v^L(k+N-1|k)^{\mathrm{T}} \right]^{\mathrm{T}} \tag{8.6}$$

其中，$Q \geqslant 0$, $R > 0$ 为对称矩阵；$P_N > 0$ 为终端状态加权矩阵。式(8.4)是一个有限时域的标准 LQ 问题，可以采用如下 Riccati 迭代公式：

$$P_j = Q + A^{\mathrm{T}} P_{j+1} A - A^{\mathrm{T}} P_{j+1} B \left(R + B^{\mathrm{T}} P_{j+1} B \right)^{-1} B^{\mathrm{T}} P_{j+1} A, \ 0 \leqslant j < N \tag{8.7}$$

得到

$$v^L(k|k) = Kx(k) = -(R + B^{\mathrm{T}} P_1 B)^{-1} B^{\mathrm{T}} P_1 A x(k) \tag{8.8}$$

得到 $v^L(k)$ 后，求解以 $\hat{u}(k)$ 为未知数的方程 $v^L(k) - f(\hat{u}(k)) = 0$ 得到 $\hat{u}(k)$，未必是准确解，记为 $\hat{u}(k) = \hat{f}^{-1}(v^L(k))$。控制作用 $u(k)$ 可以通过对 $\hat{u}(k)$ 解饱和得到，即 $u(k) = \mathrm{sat}\{\hat{u}(k)\}$，满足式(8.2)成立的条件，记为 $u(k) = g(v^L(k))$。

这样，$v(k) = \phi(\mathrm{sat}\{\hat{u}(k)\}) = (\phi \circ \mathrm{sat} \circ \hat{f}^{-1})(v^L(k)) = (f \circ \mathrm{sat} \circ g)(v^L(k))$。记 $h = f \circ \mathrm{sat} \circ g$。则以 $v(k)$ 表示的控制律为

$$v(k) = h(v^L(k)) \tag{8.9}$$

故闭环系统可以表示为

$$x(k+1) = Ax(k) + Bv(k) = (A + BK)x(k) + B[h(v^L(k)) - v^L(k)] \tag{8.10}$$

如果滞留非线性 $h = \tilde{1} = [1, 1, \cdots, 1]^{\mathrm{T}}$，那么式(8.10)中的 $[h(v^L(k)) - v^L(k)]$ 将消失，从而式(8.10)变成线性系统。但是通常来说这是很难达到的，这是因为 h 可能包括：

(1) 非线性方程求解误差；

(2) 解饱和作用使得 $v^L(k) \neq v(k)$。

在实际应用中，一般来说 $h \neq \tilde{1}$, $v^L(k) \neq v(k)$。为此对 h 作如下假设。

假设 8.4 非线性 h 满足

$$\|h(s)\| \geqslant b_1 \|s\|, \ \|h(s) - s\| \leqslant |b - 1| \cdot \|s\|, \ \forall \|s\| \leqslant \Delta \tag{8.11}$$

式中，b 和 b_1 是标量。

假设 8.5　对于解耦的 f（即 u 和 v 的元素仅为顺序的、一对一的映射关系），h 满足

$$b_{i,1}s_i^2 \leqslant h_i(s_i)s_i \leqslant b_{i,2}s_i^2,\ i \in \{1,\cdots,m\},\ \forall |s_i| \leqslant \Delta \tag{8.12}$$

式中，$b_{i,2}$ 和 $b_{i,1}$ 都是正的标量。

由于 $h_i(s_i)$ 和 s_i 同号，所以 $|h_i(s_i)-s_i|=||h_i(s_i)|-|s_i||\leqslant \max\{|b_{i,1}-1|,|b_{i,2}-1|\}|s_i|$。记

$$b_1 = \min\{b_{1,1},b_{2,1},\cdots,b_{m,1}\}$$
$$|b-1| = \max\{|b_{1,1}-1|,\cdots,|b_{m,1}-1|,|b_{1,2}-1|,\cdots,|b_{m,2}-1|\} \tag{8.13}$$

则由式(8.12)可以得到式(8.11)。

8.2　两步法状态反馈预测控制的稳定性

定义 8.1（见文献 [14]）　Ω^N 为系统式(8.1)的零可控域，如果：

(1) $\forall x(0) \in \Omega^N$，存在可行的控制序列 $(\{u(0),u(1),\cdots\},\ -\underline{u} \leqslant u(i) \leqslant \bar{u},\ i \geqslant 0)$ 使得 $\lim_{k\to\infty} x(k)=0$；

(2) $\forall x(0) \notin \Omega^N$，不存在可行的控制序列使得 $\lim_{k\to\infty} x(k)=0$。

根据定义 8.1，对任意的 $\{\lambda,P_N,N,Q\}$ 和任意的方程求解误差，系统式(8.10)的吸引域（记为 Ω）满足 $\Omega \subseteq \Omega^N$。

在下面的内容中，为了简单起见，取 $R=\lambda I$。

定理 8.1（TSMPC 的指数稳定性）　对系统式(8.1)，采用两步法预测控制式(8.8)和式(8.9)。如果

(i) $\{\lambda,P_N,N,Q\}$ 的选择使得 $Q-P_0+P_1>0$；

(ii) $\forall x(0) \in \Omega \subset \mathbb{R}^n,\ \forall k \geqslant 0$，

$$-\lambda h(v^L(k))^{\mathrm{T}}h(v^L(k)) + [h(v^L(k))-v^L(k)]^{\mathrm{T}}(\lambda I+B^{\mathrm{T}}P_1B)[h(v^L(k))-v^L(k)] \leqslant 0 \tag{8.14}$$

则闭环系统式(8.10)的平衡点 $x=0$ 是局部指数稳定的且吸引域为 Ω。

证明　定义二次型函数为 $V(k)=x(k)^{\mathrm{T}}P_1x(k)$。当 $x(0) \in \Omega$ 时，应用式(8.7)、式(8.8)和式(8.10)得到 [省略时间标 (k)]

$$V(k+1)-V(k)$$
$$=x^{\mathrm{T}}(A+BK)^{\mathrm{T}}P_1(A+BK)x - x^{\mathrm{T}}P_1x$$
$$\quad -2\lambda x^{\mathrm{T}}K^{\mathrm{T}}\left[h\left(v^L\right)-v^L\right] + \left[h\left(v^L\right)-v^L\right]^{\mathrm{T}}B^{\mathrm{T}}P_1B\left[h\left(v^L\right)-v^L\right]$$
$$=x^{\mathrm{T}}(-Q+P_0-P_1-\lambda K^{\mathrm{T}}K)x$$
$$\quad -2\lambda x^{\mathrm{T}}K^{\mathrm{T}}\left[h\left(v^L\right)-v^L\right] + \left[h\left(v^L\right)-v^L\right]^{\mathrm{T}}B^{\mathrm{T}}P_1B\left[h\left(v^L\right)-v^L\right]$$
$$=x^{\mathrm{T}}\left(-Q+P_0-P_1\right)x - \lambda\left(v^L\right)^{\mathrm{T}}v^L$$
$$\quad -2\lambda\left(v^L\right)^{\mathrm{T}}\left[h\left(v^L\right)-v^L\right] + \left[h\left(v^L\right)-v^L\right]^{\mathrm{T}}B^{\mathrm{T}}P_1B\left[h\left(v^L(k)\right)-v^L\right]$$

$$= x^{\mathrm{T}} \left(-Q + P_0 - P_1 \right) x - \lambda h \left(v^L \right)^{\mathrm{T}} h \left(v^L \right)$$
$$+ \left[h \left(v^L \right) - v^L \right]^{\mathrm{T}} \left(\lambda I + B^{\mathrm{T}} P_1 B \right) \left[h \left(v^L \right) - v^L \right]$$

注意在上面的推导中用到了如下事实：

$$(A + BK)^{\mathrm{T}} P_1 B = A^{\mathrm{T}} P_1 B \left[I - \left(\lambda I + B^{\mathrm{T}} P_1 B \right)^{-1} B^{\mathrm{T}} P_1 B \right] = -\lambda K^{\mathrm{T}}$$

当满足条件 (1) 和条件 (2) 时，易知 $V(k+1) - V(k) \leqslant -\sigma_{\min} \left(Q - P_0 + P_1 \right) x(k)^{\mathrm{T}} x(k) < 0$, $\forall x(k) \neq 0$, 其中, $\sigma_{\min}(\cdot)$ 表示取最小奇异值。因此, $V(k)$ 为证明指数稳定的 Lyapunov 函数。

证毕。

定理 8.1 中的条件正好反映了两步法设计的思想。条件 (1) 是对线性控制律式(8.8)的要求，而条件 (2) 是对 h 的额外要求。由定理 8.1 的证明容易知道：条件 (1) 是无约束线性系统稳定的充分条件；这是因为，当 $h = \tilde{1}$ 时，式(8.14) 变为 $-\lambda v^L(k)^{\mathrm{T}} v^L(k) \leqslant 0$，即条件 (2) 总是成立。

由于式(8.14)不容易检验，我们给出如下结论。

推论 8.1 (TSMPC 的指数稳定性)　对于系统式(8.1), 采用两步法预测控制式(8.8)和式(8.9)。如果

(1) $Q - P_0 + P_1 > 0$;

(2) 每当 $x(0) \in \Omega \subset \mathbb{R}^n$ 时, $\left\| v^L(k) \right\| \leqslant \Delta$ 对 $\forall k \geqslant 0$ 成立;

(3)

$$-\lambda \left[b_1^2 - (b-1)^2 \right] + (b-1)^2 \sigma_{\max} \left(B^{\mathrm{T}} P_1 B \right) \leqslant 0 \tag{8.15}$$

则闭环系统式(8.10)的平衡点 $x = 0$ 是局部指数稳定的且吸引域为 Ω。

推论 8.2 (TSMPC 的指数稳定性)　对于系统式(8.1), 采用两步法预测控制式(8.8)和式(8.9)。如果

(1) $Q - P_0 + P_1 > 0$;

(2) 每当 $x(0) \in \Omega \subset \mathbb{R}^n$ 时, $\left| v_i^L(k) \right| \leqslant \Delta$ 对 $\forall k \geqslant 0$ 成立;

(3) f 是解耦的, 且

$$-\lambda (2b_1 - 1) + (b-1)^2 \sigma_{\max} \left(B^{\mathrm{T}} P_1 B \right) \leqslant 0 \tag{8.16}$$

则闭环系统式(8.10)的平衡点 $x = 0$ 是局部指数稳定的且吸引域为 Ω。

命题 8.1 (TSMPC 的指数稳定性)　在推论 8.1(推论 8.2) 中, 如果条件 (1) 和条件 (3) 被替换为

$$Q - P_0 + P_1 + \eta A^{\mathrm{T}} P_1 B (\lambda I + B^{\mathrm{T}} P_1 B)^{-2} B^{\mathrm{T}} P_1 A > 0$$

式中, $\eta = \lambda \left[b_1^2 - (b-1)^2 \right] - (b-1)^2 \sigma_{\max} \left(B^{\mathrm{T}} P_1 B \right)$ (推论 8.1) 或 $\eta = \lambda (2b_1 - 1) - (b-1)^2 \cdot \sigma_{\max} \left(B^{\mathrm{T}} P_1 B \right)$ (推论 8.2), 则结论仍然成立。

注解 8.1　命题 8.1中的结论比推论 8.1和推论 8.2更加宽松，而且不一定比定理 8.1更保守。但是对控制器参数调整来说，应用命题 8.1不会像应用推论 8.1和推论 8.2那样直观。

记式(8.15)和式(8.16)为

$$-\lambda + \beta\sigma_{\max}\left(B^{\mathrm{T}}P_1B\right) \leqslant 0 \tag{8.17}$$

式中，对应式(8.15)，$\beta = (b-1)^2/[b_1^2 - (b-1)^2]$；对应式(8.16)，$\beta = (b-1)^2/(2b_1 - 1)$。

对于定理 8.1、推论 8.1和推论 8.2的吸引域，有如下容易处理的椭圆形吸引域的结论。

推论8.3(TSMPC 的吸引域)　对于系统式(8.1)，采用两步法预测控制式(8.8)和式(8.9)。如果：

(1) $Q - P_0 + P_1 > 0$。

(2) $\{\Delta, b_1, b\}$ 的选择满足式(8.15)。

则关于闭环系统式(8.10)的平衡点 $x = 0$ 的吸引域 Ω 不会小于如下的集合：

$$S_c = \left\{x|x^{\mathrm{T}}P_1x \leqslant c\right\}, \; c = \frac{\Delta^2}{\left\|\left(\lambda I + B^{\mathrm{T}}P_1B\right)^{-1} B^{\mathrm{T}}P_1AP_1^{-1/2}\right\|^2} \tag{8.18}$$

证明　采用非奇异线性变换 $\bar{x} = P_1^{1/2}x$，将 (A,B,C) 变换为 $(\bar{A},\bar{B},\bar{C})$。则 $\forall x(0) \in S_c$，$\|\bar{x}(0)\| \leqslant \sqrt{c}$ 且

$$\left\|v^L(0)\right\| = \left\|\left(\lambda I + B^{\mathrm{T}}P_1B\right)^{-1} B^{\mathrm{T}}P_1Ax(0)\right\| = \left\|\left(\lambda I + B^{\mathrm{T}}P_1B\right)^{-1} B^{\mathrm{T}}P_1AP_1^{-1/2}\bar{x}(0)\right\|$$

$$\leqslant \left\|\left(\lambda I + B^{\mathrm{T}}P_1B\right)^{-1} B^{\mathrm{T}}P_1AP_1^{-1/2}\right\| \|\bar{x}(0)\| \leqslant \Delta$$

当满足条件 (1) 和条件 (2) 时，如果 $x(0) \in S_c$，那么推论 8.1中的所有条件对 $k = 0$ 是满足的。进一步，根据定理 8.1的证明可知：如果 $x(0) \in S_c$，那么 $x(1) \in S_c$。因此，对于 $\forall x(0) \in S_c$，则 $\left\|v^L(1)\right\| \leqslant \Delta$ 成立。这说明推论 8.1的所有条件对 $k = 1$ 也是满足的。递推可得，推论 8.1中的所有条件在 $k > 1$ 时都成立。

证毕。

就像在 8.1 节指出的那样，选择不同的 Δ 可能得到不同的 b_1 和 b[对应式(8.15)]。因此，可以选择最大可能的 Δ。

显然，如果在控制器设计前，心目中没有期望的吸引域，那么得到一组控制器参数后，对应的吸引域可能很小。设计控制器满足期望的吸引域要求，要用到半全局镇定的技术。

如果 A 没有单位圆外的特征值，那么半全局镇定是指设计反馈控制律，使得吸引域包含任意事先给定的 n 维空间中的紧集 (见文献 [19]、文献 [20])。如果 A 有单位圆外的特征值，那么半全局镇定是指 (见文献 [13])：设计反馈控制律，使得吸引域包含任意事先给定的零可控域中的紧集。

8.3 节将给出关于 TSMPC 的半全局镇定的方法。如果 A 没有单位圆外的特征值，那么可以设计 TSMPC(调整 $\{\lambda, P_N, N, Q\}$)，使其具有任意大小的吸引域；否则，可以选择一系列 $\{\lambda, P_N, N, Q\}$，对应一系列的吸引域，它们的并集包含在零可控域中。

8.3 基于半全局稳定性的两步法状态反馈预测控制的吸引域设计

8.3.1 系统矩阵无单位圆外特征值

定理 8.2(TSMPC 的半全局稳定性) 对于系统式(8.1),采用两步法预测控制式(8.8)和式(8.9)。假设

(1) A 没有单位圆外的特征值;

(2) $b_1 > |b - 1| > 0$,即 $\beta > 0$。

则对任何有界集合 $\Omega \subset \mathbb{R}^n$,存在 $\{\lambda, P_N, N, Q\}$ 使得闭环系统式(8.10)的平衡点 $x = 0$ 是局部指数稳定的且吸引域为 Ω。

证明 我们说明如何选择 $\{\lambda, P_N, N, Q\}$ 来满足推论 8.1 的条件 (1)~(3)。首先,选择 $Q > 0$ 和任意 N。下面具体探讨如何选择 λ 和 P_N。

第一步:选择 P_N 满足

$$P_N = Q_1 + Q + A^{\mathrm{T}} P_N A - A^{\mathrm{T}} P_N B \left(\lambda I + B^{\mathrm{T}} P_N B \right)^{-1} B^{\mathrm{T}} P_N A \tag{8.19}$$

式中,$Q_1 \geqslant 0$ 为任意的对称阵。式(8.19)保证:Riccati 迭代式(8.7)满足 $P_{N-1} \leqslant P_N$ 且具有单调减小特点,故 $P_0 \leqslant P_1$、$Q - P_0 + P_1 > 0$(关于这种单调性可以参考文献 [26])。这样,推论 8.1 的条件 (1) 对任意的 λ 都满足。若改变 λ,则 P_N 随式(8.19)发生变化。

第二步:由式(8.7)可以得到如下的伪代数 Riccati 方程 (关于伪代数 Riccati 方程可以参考文献 [26]):

$$P_{j+1} = (Q + P_{j+1} - P_j) \quad + A^{\mathrm{T}} P_{j+1} A - A^{\mathrm{T}} P_{j+1} B \left(\lambda I + B^{\mathrm{T}} P_{j+1} B \right)^{-1} B^{\mathrm{T}} P_{j+1} A,$$
$$0 \leqslant j < N, \ P_N - P_{N-1} = Q_1 \tag{8.20}$$

在式(8.20)的两边乘以 λ^{-1},得到

$$\bar{P}_{j+1} = (\lambda^{-1} Q + \quad \bar{P}_{j+1} - \bar{P}_j) + A^{\mathrm{T}} \bar{P}_{j+1} A - A^{\mathrm{T}} \bar{P}_{j+1} B \left(I + B^{\mathrm{T}} \bar{P}_{j+1} B \right)^{-1} B^{\mathrm{T}} \bar{P}_{j+1} A,$$
$$0 \leqslant j < N, \ \bar{P}_N - \bar{P}_{N-1} = \lambda^{-1} Q_1 \tag{8.21}$$

式中,$\bar{P}_{j+1} = \lambda^{-1} P_{j+1}$, $0 \leqslant j < N$。当 $\lambda \to \infty$ 时,$\bar{P}_{j+1} \to 0$, $0 \leqslant j < N$(关于该性质可以参考文献 [20])。考虑到 $\beta > 0$,存在适当的 λ_0^*,使得每当 $\lambda \geqslant \lambda_0^*$ 时,$\beta \sigma_{\max} \left(B^{\mathrm{T}} \bar{P}_1 B \right) \leqslant 1$,即推论 8.1 的条件 (3) 可以得到满足。

第三步:进一步,选择任意的常数 $\alpha > 1$,则存在 $\lambda_1^* \geqslant \lambda_0^*$ 使得每当 $\lambda \geqslant \lambda_1^*$ 时,

$$\bar{P}_1^{1/2} B \left(I + B^{\mathrm{T}} \bar{P}_1 B \right)^{-1} B^{\mathrm{T}} \bar{P}_1^{1/2} \leqslant (1 - 1/\alpha) I \tag{8.22}$$

对于 $j = 0$,在式(8.21)的左右两边都乘上 $\bar{P}_1^{-1/2}$ 并应用式(8.22),可以得到

$$\bar{P}_1^{-1/2} A^{\mathrm{T}} \bar{P}_1 A \bar{P}_1^{-1/2} \leqslant \alpha I - \alpha \bar{P}_1^{-1/2} \left(\lambda^{-1} Q + \bar{P}_1 - \bar{P}_0 \right) \bar{P}_1^{-1/2} \leqslant \alpha I$$

即 $\left\| \bar{P}_1^{1/2} A \bar{P}_1^{-1/2} \right\| \leqslant \sqrt{\alpha}$。

对任意的有界集合 Ω，选择 $\bar{c}$ 使得

$$\bar{c} \geqslant \sup_{x \in \Omega,\ \lambda \in [\lambda_1^*, \infty)} x^{\mathrm{T}} \lambda^{-1} P_1 x$$

因此，$\Omega \subseteq \bar{S}_{\bar{c}} = \left\{ x \mid x^{\mathrm{T}} \lambda^{-1} P_1 x \leqslant \bar{c} \right\}$。

采用非奇异变换 $\bar{x} = \bar{P}_1^{1/2} x$，将 (A, B, C) 变换到 $(\bar{A}, \bar{B}, \bar{C})$。则存在足够大的 $\lambda^* \geqslant \lambda_1^*$ 使得对于 $\forall \lambda \geqslant \lambda^*$ 和 $\forall x(0) \in \bar{S}_{\bar{c}}$，

$$\left\| \left(\lambda I + B^{\mathrm{T}} P_1 B \right)^{-1} B^{\mathrm{T}} P_1 A x(0) \right\| = \left\| \left(I + \bar{B}^{\mathrm{T}} \bar{B} \right)^{-1} \bar{B}^{\mathrm{T}} \bar{A} \bar{x}(0) \right\|$$

$$\leqslant \left\| \left(I + \bar{B}^{\mathrm{T}} \bar{B} \right)^{-1} \bar{B}^{\mathrm{T}} \right\| \sqrt{\alpha \bar{c}} \leqslant \Delta$$

这是因为当 λ 增大时，$\left\| \left(I + \bar{B}^{\mathrm{T}} \bar{B} \right)^{-1} \bar{B}^{\mathrm{T}} \right\|$ 将减小。

这样，对于 $\forall x(0) \in \Omega$，推论 8.1 的条件 (2) 对 $k = 0$ 是满足的；而根据推论 8.3 的证明可知道：该条件对所有 $k > 0$ 也是满足的。

总之，如果选择 $Q > 0$、选择任意 N、选择 $\lambda^* \leqslant \lambda < \infty$ 并由式 (8.19) 选择 P_N，那么闭环系统局部指数稳定且吸引域为 Ω。证毕。

推论 8.4(TSMPC 的半全局稳定性)　假设：

(1) A 没有单位圆外的特征值；

(2) 非线性方程的求解足够准确，使得不考虑输入饱和约束时，存在适当的 $\{\Delta = \Delta^0, b_1, b\}$ 满足 $b_1 > |b - 1| > 0$。

则定理 8.2 中的结论仍然成立。

证明　不考虑输入饱和约束时，给定 Δ 如何确定 $\{b_1, b\}$(或给定 $\{b_1, b\}$ 如何确定 Δ)与控制器参数 $\{\lambda, P_N, N, Q\}$ 没有关系。当存在输入饱和约束时，仍然选择 $\Delta = \Delta^0$，则可发生如下两种情形。

情形 1：当 $\lambda = \lambda_0$ 时，$b_1 > |b - 1| > 0$。采用定理 8.2 证明中的方法决策控制器参数，但是 $\lambda_0^* \geqslant \lambda_0$。

情形 2：当 $\lambda = \lambda_0$ 时 $|b - 1| \geqslant b_1 > 0$。显然，原因在于控制作用解饱和程度过大。根据定理 8.2 证明中同样的原因并结合式 (8.8) 可知：对于任意有界集合 Ω，存在 $\lambda_2^* \geqslant \lambda_0$ 使得对 $\forall \lambda \geqslant \lambda_2^*$ 和 $\forall x(k) \in \Omega$，$\hat{u}(k)$ 不违反饱和约束。这个过程等价于减小 Δ、重新确定 $\{b_1, b\}$ 使得 $b_1 > |b - 1| > 0$。

总之，如果采用 $\lambda = \lambda_0$ 时的吸引域不能满足要求，那么吸引域要求可以通过选择 $\max\{\lambda^*, \lambda_2^*\} \leqslant \lambda < \infty$ 和适当的 $\{P_N, N, Q\}$ 得到满足。证毕。

尽管在定理 8.2 和推论 8.4 的证明中给出了控制器参数的调整方法，但是这些方法可能导致 λ 较大；这样，为了得到大的期望吸引域 Ω，相应的控制器会非常保守。实际上，我们不必像定理 8.2 和推论 8.4 中那样选择 λ。而且，我们可以选择一组 λ，并采用如下的控制器切换算法 8.1。

算法 8.1 (TSMPC 的 λ-切换算法)

离线时，完成如下的步骤 1~3。

步骤 1: 选择适当的 b_1、b 并得到尽量大的 Δ；或者，选择适当的 Δ 并获得尽量小的 $|b-1|$ 和尽量大的 b_1。计算 $\beta > 0$。

步骤 2: 像定理 8.2 的证明中那样，选择 Q, N, P_N。

步骤 3: 逐渐增加 λ，直到满足式 (8.17) 成立的条件。记满足时 $\lambda = \underline{\lambda}$。增加 λ 得到 $\lambda^M > \cdots > \lambda^2 > \lambda^1 \geqslant \underline{\lambda}$。参数 λ^i 对应控制器 Con_i 和吸引域 S^i (S^i 由推论 8.3 计算，$i \in \{1, 2, \cdots, M\}$)。$S^1 \subset S^2 \subset \cdots \subset S^M$ 成立。S^M 应包含期望的吸引域 Ω。

在线时，在每个时刻 k,

(A) 若 $x(k) \in S^1$，则选择 Con_1;

(B) 若 $x(k) \in S^i$, $x(k) \notin S^{i-1}$，则选择 Con_i, $i \in \{2, 3, \cdots, M\}$。

8.3.2 系统矩阵有单位圆外特征值

这时，半全局镇定算法不会像前面的那样简单。不过，可以设计一组控制器 $i \in \{1, 2, \cdots, M\}$ 具有各自不同的参数集 $\{\lambda, P_N, N, Q\}^i$ 和吸引域 S^i。下面我们给出相应的算法 8.2。

算法 8.2 (TSMPC 的参数搜索算法)

步骤 1: 参考算法 8.1 的步骤 1。设置 $S = \{0\}$, $i = 1$。

步骤 2: 选择 $\{P_N, N, Q\}$ (轮换地改变这三个参数)。

步骤 3: 通过如下三步，确定 $\{S_c, \lambda, P_N, N, Q\}$。

步骤 3.1: 检查式 (8.17) 是否满足。如果不满足，那么调整 λ 来满足式 (8.17)。

步骤 3.2: 检查 $Q - P_0 + P_1 > 0$ 是否满足。如果满足，那么转向步骤 3.3，否则调整 $\{P_N, N, Q\}$ 使其满足并转向步骤 3.1。

步骤 3.3: 确定 P_1，并由 $\left\| \left(\lambda I + B^\mathrm{T} P_1 B\right)^{-1} B^\mathrm{T} P_1 A P_1^{-1/2} \right\| \sqrt{c} = \Delta$ 确定 c。则实际系统的吸引域将包含水平集 $S_c = \{x | x^\mathrm{T} P_1 x \leqslant c\}$。

步骤 4: 设置 $\{\lambda, P_N, N, Q\}^i = \{\lambda, P_N, N, Q\}$、$S^i = S_c$、$S = S \bigcup S^i$。

步骤 5: 检查 S 是否包含期望的吸引域 Ω。若包含，则转向步骤 6；否则，设置 $i = i+1$ 并转向步骤 2。

步骤 6: 设置 $M = i$ 并停止。

运用算法 8.2 可以发生三种情形。

(1) 最简单的情形：找到一个 S^i 满足 $S^i \supseteq \Omega$;

(2) 找到一组 S^i ($i \in \{1, 2, \cdots, M\}$、$M > 1$) 满足 $\bigcup_{i=1}^M S^i \supseteq \Omega$;

(3) 不能找到 M 个 (M 为有限值)S^i 满足 $\bigcup_{i=1}^M S^i \supseteq \Omega$ (在实际应用中，事先约定 M 不大于给定的数值 M_0)。

对于情形 2，可以采用控制器切换算法 8.3。

算法 8.3 (TSMPC 的切换算法)

离线时，应用算法 8.2，选择一组椭圆形区域 $S^1, S^2, \cdots, S^M$ 满足 $\bigcup_{i=1}^M S^i \supseteq \Omega$。将 S^i 按照一定规则排列，得到 $S^{(1)}, S^{(2)}, \cdots, S^{(M)}$，相应的控制器为 $\mathrm{Con}_{(i)}$, $i \in \{1, 2, \cdots, M\}$。对于任何 $j \in \{1, 2, \cdots, M-1\}$，不必 $S^{(j)} \subseteq S^{(j+1)}$。

在线时，在每个时刻 k，如果 $x(k) \in S^{(i)}$, $x(k) \notin S^{(l)}$, $\forall l < i$，那么选择 $\mathrm{Con}_{(i)}$, $i \in \{2, 3, \cdots, M\}$。

8.3.3　数值例子

首先考虑 A 没有单位外特征值的情形。线性子系统为 $A = \begin{bmatrix} 1 & 0 \\ 1 & 1 \end{bmatrix}$，$B = \begin{bmatrix} 1 \\ 0 \end{bmatrix}$。可逆静态非线性为 $f(\vartheta) = 4/3\vartheta + 4/9\vartheta\,\text{sign}\{\vartheta\}\sin(40\vartheta)$。输入约束为 $|u| \leqslant 1$。方程的解采用简单的形式：$\hat{u} = 3/4 v^L$。选择 $b_1 = 2/3, b_2 = 4/3$，则 $\beta = 1/3$。选择 $\Delta = f(1)/b_1 = 2.4968$。

初始状态为 $x(0) = [10; -33]$。选择 $N = 4$、$Q = 0.1I$、$P_N = 0.11I + A^{\mathrm{T}}P_N A - A^{\mathrm{T}}P_N B\left(\lambda + B^{\mathrm{T}}P_N B\right)^{-1}B^{\mathrm{T}}P_N A$。

选择 $\lambda = 0.225,\ 0.75,\ 2,\ 10,\ 50$，则由推论 8.3 得到的吸引域如下：

$$S_c^1 = \left\{ x \middle| x^{\mathrm{T}} \begin{bmatrix} 0.6419 & 0.2967 \\ 0.2967 & 0.3187 \end{bmatrix} x \leqslant 1.1456 \right\}$$

$$S_c^2 = \left\{ x \middle| x^{\mathrm{T}} \begin{bmatrix} 1.1826 & 0.4461 \\ 0.4461 & 0.3760 \end{bmatrix} x \leqslant 3.5625 \right\}$$

$$S_c^3 = \left\{ x \middle| x^{\mathrm{T}} \begin{bmatrix} 2.1079 & 0.6547 \\ 0.6547 & 0.4319 \end{bmatrix} x \leqslant 9.9877 \right\}$$

$$S_c^4 = \left\{ x \middle| x^{\mathrm{T}} \begin{bmatrix} 5.9794 & 1.3043 \\ 1.3043 & 0.5806 \end{bmatrix} x \leqslant 62.817 \right\}$$

$$S_c^5 = \left\{ x \middle| x^{\mathrm{T}} \begin{bmatrix} 18.145 & 2.7133 \\ 2.7133 & 0.8117 \end{bmatrix} x \leqslant 429.51 \right\}$$

$x(0)$ 属于 S_c^5。

采用算法 8.1的规则如下：

若 $x(k) \in S_c^1$，则 $\lambda = 0.225$；

否则，若 $x(k) \in S_c^2$，则 $\lambda = 0.75$；

否则，若 $x(k) \in S_c^3$，则 $\lambda = 2$；

否则，若 $x(k) \in S_c^4$，则 $\lambda = 10$；

否则，$\lambda = 50$。

采用算法 8.1，经过 15 个采样周期后状态已经非常接近原点了；当总是采用 $\lambda = 50$ 时，经过 15 个采样周期后状态刚刚到达 S_c^2 的边界。

```
%本例源程序
clear;
A=[1 0;1 1];B=[1 0]';Q=[0.1 0;0 0.1];N=4;
beta=1/3;deta=2.4968;
lamad=0.225; [Ka,QN,ea]=dlqr(A,B,Q+0.01*eye(2),lamad);
PN=QN;
for i=1:N-1
    PN=Q+A'*PN*A-A'*PN*B*inv(lamad+B'*PN*B)*B'*PN*A;
end
```

```
K1=-inv(lamad+B'*PN*B)*B'*PN*A; der(1)=beta*B'*PN*B-lamad;
cDer(1)=(deta/norm(inv(lamad+B'*PN*B)*B'*PN*A*PN^(-0.5)))^2;
PN1=PN;
a=PN(1,1); b=PN(1,2)*2; c=PN(2,2);
Xmax=sqrt(4*a*cDer(1)/(4*a*c-b^2))-0.0001;
X10=-Xmax:0.01:Xmax; m1=length(X10);
for i=1:m1
    Y10(i)=1/(2*a)*(-b*X10(i)+sqrt(b^2*X10(i)^2-4*a*(c*X10(i)^2-cDer(1))));
end
X20=Xmax:-0.01:-Xmax; m1=length(X20);
for i=1:m1
    Y20(i)=1/(2*a)*(-b*X20(i)-sqrt(b^2*X20(i)^2-4*a*(c*X20(i)^2-cDer(1))));
end
lamad=0.75; [Ka,QN,ea]=dlqr(A,B,Q+0.01*eye(2),lamad); PN=QN;
for i=1:N-1
    PN=Q+A'*PN*A-A'*PN*B*inv(lamad+B'*PN*B)*B'*PN*A;
end
K2=-inv(lamad+B'*PN*B)*B'*PN*A; der(2)=beta*B'*PN*B-lamad;
cDer(2)=(deta/norm(inv(lamad+B'*PN*B)*B'*PN*A*PN^(-0.5)))^2;
PN2=PN;
a=PN(1,1); b=PN(1,2)*2; c=PN(2,2);
Xmax=sqrt(4*a*cDer(2)/(4*a*c-b^2))-0.0001;
X11=-Xmax:0.01:Xmax; m1=length(X11);
for i=1:m1
    Y11(i)=1/(2*a)*(-b*X11(i)+sqrt(b^2*X11(i)^2-4*a*(c*X11(i)^2-cDer(2))));
end
X21=Xmax:-0.01:-Xmax; m1=length(X21);
for i=1:m1
    Y21(i)=1/(2*a)*(-b*X21(i)-sqrt(b^2*X21(i)^2-4*a*(c*X21(i)^2-cDer(2))));
end
lamad=2; [Ka,QN,ea]=dlqr(A,B,Q+0.01*eye(2),lamad);
PN=QN;
for i=1:N-1
    PN=Q+A'*PN*A-A'*PN*B*inv(lamad+B'*PN*B)*B'*PN*A;
end
K3=-inv(lamad+B'*PN*B)*B'*PN*A; der(3)=beta*B'*PN*B-lamad;
cDer(3)=(deta/norm(inv(lamad+B'*PN*B)*B'*PN*A*PN^(-0.5)))^2;
PN3=PN;
a=PN(1,1); b=PN(1,2)*2; c=PN(2,2);
Xmax=sqrt(4*a*cDer(3)/(4*a*c-b^2))-0.0001;
X12=-Xmax:0.01:Xmax; m2=length(X12);
for i=1:m2
    Y12(i)=1/(2*a)*(-b*X12(i)+sqrt(b^2*X12(i)^2-4*a*(c*X12(i)^2-cDer(3))));
end
X22=Xmax:-0.01:-Xmax; m2=length(X22);
```

```
for i=1:m2
    Y22(i)=1/(2*a)*(-b*X22(i)-sqrt(b^2*X22(i)^2-4*a*(c*X22(i)^2-cDer(3))));
end
lamad=10;
[Ka,QN,ea]=dlqr(A,B,Q+0.01*eye(2),lamad);
PN=QN;
for i=1:N-1
    PN=Q+A'*PN*A-A'*PN*B*inv(lamad+B'*PN*B)*B'*PN*A;
end
K4=-inv(lamad+B'*PN*B)*B'*PN*A; der(4)=beta*B'*PN*B-lamad;
cDer(4)=(deta/norm(inv(lamad+B'*PN*B)*B'*PN*A*PN^(-0.5)))^2;
PN4=PN;
a=PN(1,1); b=PN(1,2)*2; c=PN(2,2);
Xmax=sqrt(4*a*cDer(4)/(4*a*c-b^2))-0.0001;
X13=-Xmax:0.01:Xmax; m3=length(X13);
for i=1:m3
    Y13(i)=1/(2*a)*(-b*X13(i)+sqrt(b^2*X13(i)^2-4*a*(c*X13(i)^2-cDer(4))));
end
X23=Xmax:-0.01:-Xmax; m3=length(X23);
for i=1:m3
    Y23(i)=1/(2*a)*(-b*X23(i)-sqrt(b^2*X23(i)^2-4*a*(c*X23(i)^2-cDer(4))));
end
lamad=50; [Ka,QN,ea]=dlqr(A,B,Q+0.01*eye(2),lamad); PN=QN;
for i=1:N-1
    PN=Q+A'*PN*A-A'*PN*B*inv(lamad+B'*PN*B)*B'*PN*A;
end
K5=-inv(lamad+B'*PN*B)*B'*PN*A; der(5)=beta*B'*PN*B-lamad;
cDer(5)=(deta/norm(inv(lamad+B'*PN*B)*B'*PN*A*PN^(-0.5)))^2;
PN5=PN;
a=PN(1,1); b=PN(1,2)*2; c=PN(2,2);
Xmax=sqrt(4*a*cDer(5)/(4*a*c-b^2))-0.0001;
X14=-Xmax:0.01:Xmax; m4=length(X14);
for i=1:m4
    Y14(i)=1/(2*a)*(-b*X14(i)+sqrt(b^2*X14(i)^2-4*a*(c*X14(i)^2-cDer(5))));
end
X24=Xmax:-0.01:-Xmax; m4=length(X24);
for i=1:m4
    Y24(i)=1/(2*a)*(-b*X24(i)-sqrt(b^2*X24(i)^2-4*a*(c*X24(i)^2-cDer(5))));
end
plot([Y10,Y20],[X10,X20],[Y11,Y21],[X11,X21],[Y12,Y22],
    [X12,X22],[Y13,Y23],[X13,X23],[Y14,Y24],[X14,X24]);
hold; m=15;
X0=[10 -33]'; X0_1=X0; X1(1)=X0(1); X2(1)=X0(2);
X1_1(1)=X0_1(1); X2_1(1)=X0_1(2);
U(1)=0; U_1(1)=0;
```

```
for i=2:m+1
    if X0'*PN1*X0<cDer(1)
        UI=K1*X0;
    elseif X0'*PN2*X0<cDer(2)
        UI=K2*X0;
    elseif X0'*PN3*X0<cDer(3)
        UI=K3*X0;
    elseif X0'*PN4*X0<cDer(4)
        UI=K4*X0;
    elseif X0'*PN5*X0<cDer(5)
        UI=K5*X0;
    end
    UI_1=K5*X0_1; U(i)=3/4*UI; U_1(i)=3/4*UI_1;
    if U(i)>1
        U(i)=1;
    end
    if U(i)<-1
        U(i)=-1;
    end
    if U_1(i)>1
        U_1(i)=1;
    end
    if U_1(i)<-1
        U_1(i)=-1;
    end
    if U(i)>0
        U(i)=4/3*U(i)+4/9*U(i)*sin(40*U(i));
    else
        U(i)=4/3*U(i)-4/9*U(i)*sin(40*U(i));
    end
    if U_1(i)>0
        U_1(i)=4/3*U_1(i)+4/9*U_1(i)*sin(40*U_1(i));
    else
        U_1(i)=4/3*U_1(i)-4/9*U_1(i)*sin(40*U_1(i));
    end
    X=A*X0+B*U(i); X1(i)=X(1); X2(i)=X(2); X0=[X1(i) X2(i)]';
    X_1=A*X0_1+B*U_1(i); X1_1(i)=X_1(1);
    X2_1(i)=X_1(2);   X0_1=[X1_1(i) X2_1(i)]';
end
t=0:m; plot(X1,X2,X1_1,X2_1);
```

进一步考虑 A 具有单位圆外特征值的情形。线性子系统为 $A = \begin{bmatrix} 1.2 & 0 \\ 1 & 1.2 \end{bmatrix}$、$B = \begin{bmatrix} 1 \\ 0 \end{bmatrix}$。非线性部分、方程求解和相应的 $\{b_1, b_2, \Delta\}$ 同上。我们得到三个椭圆形吸引域

S^1, S^2, S^3，它们对应的参数为

$$\{\lambda, P_N, Q, N\}^1 = \left\{ 8.0, \begin{bmatrix} 1 & 0 \\ 0 & 1 \end{bmatrix}, \begin{bmatrix} 0.01 & 0 \\ 0 & 1.01 \end{bmatrix}, 12 \right\}$$

$$\{\lambda, P_N, Q, N\}^2 = \left\{ 2.5, \begin{bmatrix} 1 & 0 \\ 0 & 1 \end{bmatrix}, \begin{bmatrix} 0.9 & 0 \\ 0 & 0.1 \end{bmatrix}, 4 \right\}$$

$$\{\lambda, P_N, Q, N\}^3 = \left\{ 1.3, \begin{bmatrix} 3.8011 & 1.2256 \\ 1.2256 & 0.9410 \end{bmatrix}, \begin{bmatrix} 1.01 & 0 \\ 0 & 0.01 \end{bmatrix}, 4 \right\}$$

将 S^1、S^2、S^3 及其对应的参数集按照如下顺序排列：

$$S^{(1)} = S^3, \ S^{(2)} = S^2, \ S^{(3)} = S^1,$$
$$\{\lambda, P_N, Q, N\}^{(1)} = \{\lambda, P_N, Q, N\}^3, \ \ \{\lambda, P_N, Q, N\}^{(2)} = \{\lambda, P_N, Q, N\}^2,$$
$$\{\lambda, P_N, Q, N\}^{(3)} = \{\lambda, P_N, Q, N\}^1$$

选择两组初始状态为 $x(0) = [-3.18, \ 4]^T$、$x(0) = [3.18, \ -4]^T$，满足 $x(0) \in S^{(3)}$。采用算法 8.3。

```
%本例源程序
clear;
A=[1.2 0;1 1.2]; B=[1 0]'; N=4; beta=1/3; deta=2.4968;
lamad=1.3; Q=[1.01 0;0 0.01]; [Ka,QN,ea]=dlqr(A,B,Q,lamad); PN=QN;
for i=1:N-1
    PN=Q+A'*PN*A-A'*PN*B*inv(lamad+B'*PN*B)*B'*PN*A;
end
K3=-inv(lamad+B'*PN*B)*B'*PN*A; der(3)=beta*B'*PN*B-lamad;
cDer(3)=(deta/norm(inv(lamad+B'*PN*B)*B'*PN*A*PN^(-0.5)))^2;
PN3=PN;
a=PN(1,1); b=PN(1,2)*2; c=PN(2,2);
Xmax=sqrt(4*a*cDer(3)/(4*a*c-b^2))-0.0001;
X12=-Xmax:0.01:Xmax; m2=length(X12);
for i=1:m2
    Y12(i)=1/(2*a)*(-b*X12(i)+sqrt(b^2*X12(i)^2-4*a*(c*X12(i)^2-cDer(3))));
end
X22=Xmax:-0.01:-Xmax; m2=length(X22);
for i=1:m2
    Y22(i)=1/(2*a)*(-b*X22(i)-sqrt(b^2*X22(i)^2-4*a*(c*X22(i)^2-cDer(3))));
end
lamad=2.5; Q=[0.9 0;0 0.1]; QN=[1 0;0 1]; PN=QN; TestderRow2=1; N4=1;
while TestderRow2==1
    for i=1:N4-1
        PN=Q+A'*PN*A-A'*PN*B*inv(lamad+B'*PN*B)*B'*PN*A;
    end
```

```
    P0=Q+A'*PN*A-A'*PN*B*inv(lamad+B'*PN*B)*B'*PN*A;
    if [1 0]*eig(Q-P0+PN)<1e-10
        N4=N4+1;              PN=QN;
    elseif [0 1]*eig(Q-P0+PN)<1e-10
        N4=N4+1;              PN=QN;
    else
        TestderRow2=0;
    end
end
K4=-inv(lamad+B'*PN*B)*B'*PN*A; der(4)=beta*B'*PN*B-lamad;
cDer(4)=(deta/norm(inv(lamad+B'*PN*B)*B'*PN*A*PN^(-0.5)))^2;
PN4=PN;
a=PN(1,1); b=PN(1,2)*2; c=PN(2,2);
Xmax=sqrt(4*a*cDer(4)/(4*a*c-b^2))-0.0001;
X13=-Xmax:0.01:Xmax; m3=length(X13);
for i=1:m3
    Y13(i)=1/(2*a)*(-b*X13(i)+sqrt(b^2*X13(i)^2-4*a*(c*X13(i)^2-cDer(4))));
end
X23=Xmax:-0.01:-Xmax; m3=length(X23);
for i=1:m3
    Y23(i)=1/(2*a)*(-b*X23(i)-sqrt(b^2*X23(i)^2-4*a*(c*X23(i)^2-cDer(4))));
end
lamad=8; Q=[0.01 0;0 1.01]; QN=[1 0;0 1]; PN=QN; TestderRow2=1; N5=1;
while TestderRow2==1
    P0=Q+A'*PN*A-A'*PN*B*inv(lamad+B'*PN*B)*B'*PN*A;
    if [1 0]*eig(Q-P0+PN)<1e-10
        N5=N5+1;              PN=P0;
    elseif [0 1]*eig(Q-P0+PN)<1e-10
        N5=N5+1;              PN=P0;
    else
        TestderRow2=0;
    end
end
K5=-inv(lamad+B'*PN*B)*B'*PN*A; der(5)=beta*B'*PN*B-lamad;
cDer(5)=(deta/norm(inv(lamad+B'*PN*B)*B'*PN*A*PN^(-0.5)))^2;
PN5=PN;
a=PN(1,1); b=PN(1,2)*2; c=PN(2,2);
Xmax=sqrt(4*a*cDer(5)/(4*a*c-b^2))-0.0001;
X14=-Xmax:0.01:Xmax; m4=length(X14);
for i=1:m4
    Y14(i)=1/(2*a)*(-b*X14(i)+sqrt(b^2*X14(i)^2-4*a*(c*X14(i)^2-cDer(5))));
end
X24=Xmax:-0.01:-Xmax; m4=length(X24);
for i=1:m4
    Y24(i)=1/(2*a)*(-b*X24(i)-sqrt(b^2*X24(i)^2-4*a*(c*X24(i)^2-cDer(5))));
```

```
end
TESTQP0P1_5=Q-P0+PN;
plot([Y12,Y22],[X12,X22],[Y13,Y23],[X13,X23],[Y14,Y24],[X14,X24]);
hold;

m=14;
X0=[-3.18 4]'; X0_1=[3.18 -4]'; X1(1)=X0(1); X2(1)=X0(2);
X1_1(1)=X0_1(1); X2_1(1)=X0_1(2);
for i=2:m+1
    %if X0'*PN3*X0<cDer(3)
    %    UI=K3*X0;
    %elseif X0'*PN4*X0<cDer(4)
    %    UI=K4*X0;
    %elseif X0'*PN5*X0<cDer(5)
    UI=K5*X0;
    %end
    if X0_1'*PN3*X0_1<cDer(3)
        UI_1=K3*X0_1;
    elseif X0_1'*PN4*X0_1<cDer(4)
        UI_1=K4*X0_1;
    elseif X0_1'*PN5*X0_1<cDer(5)
        UI_1=K5*X0_1;
    end
    U(i)=3/4*UI;     U_1(i)=3/4*UI_1;
    if U(i)>1
        U(i)=1;
    end
    if U(i)<-1
        U(i)=-1;
    end
    if U_1(i)>1
        U_1(i)=1;
    end
    if U_1(i)<-1
        U_1(i)=-1;
    end
    if U(i)>0
        U(i)=4/3*U(i)+4/9*U(i)*sin(40*U(i));
    else
        U(i)=4/3*U(i)-4/9*U(i)*sin(40*U(i));
    end
    if U_1(i)>0
        U_1(i)=4/3*U_1(i)+4/9*U_1(i)*sin(40*U_1(i));
    else
        U_1(i)=4/3*U_1(i)-4/9*U_1(i)*sin(40*U_1(i));
```

```
    end
    X=A*X0+B*U(i); X1(i)=X(1); X2(i)=X(2); X0=[X1(i) X2(i)]';
    X_1=A*X0_1+B*U_1(i); X1_1(i)=X_1(1); X2_1(i)=X_1(2);
    X0_1=[X1_1(i) X2_1(i)]';
end
t=0:m;
plot(X1,X2,X1_1,X2_1);
```

8.4 两步法输出反馈预测控制

考虑系统模型为式(8.1)，各符号的意义同前。在两步法输出反馈预测控制 (TSOFPC) 中，假设 (A, B, C) 是完全可控可观的。此外，假设 f 不是对系统非线性的准确建模；实际系统的非线性为 f_0 且可能 $f \neq f_0$。

TSOFPC 的第一步只考虑线性子系统。状态预测值记为 $\hat{x}$，状态预测模型为

$$\hat{x}(k+i+1|k) = A\hat{x}(k+i|k) + Bv^L(k+i|k), \ i \geqslant 0 \tag{8.23}$$

定义性能指标为

$$J(N, \hat{x}(k|k)) = \|\hat{x}(k+N|k)\|_{P_N}^2 + \sum_{j=0}^{N-1} \left[\|\hat{x}(k+j|k)\|_Q^2 + \|v^L(k+j|k)\|_R^2 \right] \tag{8.24}$$

式中，Q、R 和 P_N 同 TSMPC。可以采用 Riccati 迭代公式(8.7)，得到预测控制律为

$$v^L(k) \triangleq K\hat{x}(k) = -\left(R + B^{\mathrm{T}}P_1B\right)^{-1} B^{\mathrm{T}}P_1A\hat{x}(k) \tag{8.25}$$

另外，式(8.23)与式 (8.26) 具有一致性：

$$\hat{x}(k+1|k) = (A - LC)\hat{x}(k|k-1) + Bv^L(k) + Ly(k) \tag{8.26}$$

式中，L 为观测器增益，定义为

$$L = A\Sigma_1C^{\mathrm{T}}\left(R_o + C\Sigma_1C^{\mathrm{T}}\right)^{-1} \tag{8.27}$$

式 (8.27) 的 Σ_1 采用如下迭代得到：

$$\Sigma_j = Q_o + A\Sigma_{j+1}A^{\mathrm{T}} - A\Sigma_{j+1}C^{\mathrm{T}}\left(R_o + C\Sigma_{j+1}C^{\mathrm{T}}\right)^{-1}C\Sigma_{j+1}A^{\mathrm{T}}, \ j < N_o \tag{8.28}$$

式中，R_o、Q_o、Σ_{N_o} 和 N_o 都是可调参数。如果 $\{R_o, Q_o, \Sigma_{N_o}, N_o\}$ 是固定不变的，引入 Σ_{N_o} 和 N_o 的意义不大，因为可直接令式(8.28)中 $\Sigma_{j+1} = \Sigma_j = \Sigma$(相当于 $N_o = \infty$)。

TSOFPC 的第二步同 TSMPC，故实际的中间变量为

$$v(k) = h(v^L(k)) = f_0\left(\mathrm{sat}\left\{u(k)\right\}\right) = f_0 \circ \mathrm{sat} \circ g(v^L(k)) \tag{8.29}$$

式(8.29)是以中间变量表示的 TSOFPC 的控制律。

应用式(8.1)、式(8.26)并记 $e(k) = x(k) - \hat{x}(k|k-1)$，可以得到如下闭环系统：

$$\begin{cases} x(k+1) = (A+BK)\,x(k) - BKe(k) + B\left[h(v^L(k)) - v^L(k)\right] \\ e(k+1) = (A-LC)\,e(k) + B\left[h(v^L(k)) - v^L(k)\right] \end{cases} \tag{8.30}$$

当 $h = \tilde{1}$ 时，式(8.30)中的滞留非线性消失，成为线性系统。但是，由于解饱和、方程求解误差、非线性建模误差等影响，一般无法保证 $h = \tilde{1}$。

8.5 两步法输出反馈预测控制的稳定性

引理 8.1 设 X、Y 为适当维数的矩阵，s、t 为适当维数的向量，则

$$2s^{\mathrm{T}}XYt \leqslant \gamma s^{\mathrm{T}}XX^{\mathrm{T}}s + 1/\gamma\, t^{\mathrm{T}}Y^{\mathrm{T}}Yt,\ \forall \gamma > 0 \tag{8.31}$$

在下面的推导中取 $R = \lambda I$。

定理 8.3 (TSOFPC 的稳定性) 对式(8.1)表示的系统，采用 TSOFPC[式(8.25)和式(8.26)]。假设存在正的标量 γ_1 和 γ_2 使得系统设计满足如下条件：

(1) $Q > P_0 - P_1$；

(2) $(1 + 1/\gamma_2)\left(-Q_o + \Sigma_0 - \Sigma_1 - LR_oL^{\mathrm{T}}\right) + 1/\gamma_2\hat{\Sigma}$

　　　$< -\lambda^{-1}\left(1 + 1/\gamma_1\right)A^{\mathrm{T}}P_1B\left(\lambda I + B^{\mathrm{T}}P_1B\right)^{-1}B^{\mathrm{T}}P_1A$；

(3) $(A - LC)^{\mathrm{T}}\hat{\Sigma}(A - LC) - \hat{\Sigma} = (A - LC)\Sigma_1(A - LC)^{\mathrm{T}} - \Sigma_1$；

(4) $\forall\left[x(0)^{\mathrm{T}}, e(0)^{\mathrm{T}}\right] \in \Omega \subset \mathbb{R}^{2n},\ \forall k \geqslant 0$,

　　　$-\lambda h(v^L(k))^{\mathrm{T}}h(v^L(k)) + \left[h(v^L(k)) - v^L(k)\right]^{\mathrm{T}}$

　　　$\times \left[(1 + \gamma_1)\left(\lambda I + B^{\mathrm{T}}P_1B\right) + (1 + \gamma_2)\lambda B^{\mathrm{T}}\hat{\Sigma}B\right]\left[h(v^L(k)) - v^L(k)\right] \leqslant 0$

则闭环系统的平衡点 $\{x = 0, e = 0\}$ 指数稳定且吸引域为 Ω。

证明 选择二次型函数 $V(k) = x(k)^{\mathrm{T}}P_1x(k) + \lambda e(k)^{\mathrm{T}}\hat{\Sigma}e(k)$。应用式(8.30)进行如下推导，省略时间标 (k)。首先

$V(k+1) - V(k)$

$= \|(A+BK)\,x + B\left[h(v^L) - v^L\right]\|_{P_1}^2$

　　$- 2e^{\mathrm{T}}K^{\mathrm{T}}B^{\mathrm{T}}P_1\left\{(A+BK)\,x + B\left[h(v^L) - v^L\right]\right\}$

　　$+ e^{\mathrm{T}}K^{\mathrm{T}}B^{\mathrm{T}}P_1BKe + \lambda\|(A-LC)\,e + B\left[h(v^L) - v^L\right]\|_{\hat{\Sigma}}^2 - \|x\|_{P_1}^2 - \lambda\|e\|_{\hat{\Sigma}}^2$

注意到 $P_0 = Q + A^{\mathrm{T}}P_1A - A^{\mathrm{T}}P_1B(\lambda I + B^{\mathrm{T}}P_1B)^{-1}B^{\mathrm{T}}P_1A = Q + (A+BK)^{\mathrm{T}}P_1(A+BK) + \lambda K^{\mathrm{T}}K$ 和 $(A+BK)^{\mathrm{T}}P_1B = -\lambda K^{\mathrm{T}}$，因此

$V(k+1) - V(k)$

$= \|x\|_{-Q+P_0}^2 - \lambda x^{\mathrm{T}}K^{\mathrm{T}}Kx - 2\lambda x^{\mathrm{T}}K^{\mathrm{T}}\left[h(v^L) - v^L\right] + \|h(v^L) - v^L\|_{B^{\mathrm{T}}P_1B}^2$

　　$- 2e^{\mathrm{T}}K^{\mathrm{T}}B^{\mathrm{T}}P_1\left\{(A+BK)\,x + B\left[h(v^L) - v^L\right]\right\}$

$$+ e^{\mathrm{T}} K^{\mathrm{T}} B^{\mathrm{T}} P_1 B K e + \lambda \| (A - LC) e + B \left[h(v^L) - v^L \right] \|_{\hat{\Sigma}}^2 - \lambda \| e \|_{\hat{\Sigma}}^2 - \| x \|_{P_1}^2$$

定义 $v^x(k) \triangleq Kx(k)$, $v^e(k) \triangleq Ke(k)$。令 $(A + BK)^{\mathrm{T}} P_1 B = -\lambda K^{\mathrm{T}}$, 合并同类项得到

$$V(k+1) - V(k)$$
$$= \| x \|_{-Q+P_0-P_1}^2 - \lambda \| v^x \|^2 - 2\lambda (v^x)^{\mathrm{T}} \left[h(v^L) - v^L \right] + \| h(v^L) - v^L \|_{B^{\mathrm{T}}(P_1 + \lambda \hat{\Sigma})B}^2$$
$$+ 2\lambda (v^e)^{\mathrm{T}} v^x - 2(v^e)^{\mathrm{T}} B^{\mathrm{T}} P_1 B \left[h(v^L) - v^L \right] + (v^e)^{\mathrm{T}} B^{\mathrm{T}} P_1 B v^e$$
$$+ \lambda e^{\mathrm{T}} \left[(A - LC)^{\mathrm{T}} \hat{\Sigma} (A - LC) - \hat{\Sigma} \right] e + 2\lambda e^{\mathrm{T}} (A - LC)^{\mathrm{T}} \hat{\Sigma} B \left[h(v^L) - v^L \right]$$

利用 $v^x(k) = v^L(k) + v^e(k)$, 并进行适当的配方和合并同类项, 得到

$$V(k+1) - V(k)$$
$$= \| x \|_{-Q+P_0-P_1}^2 - \lambda \| h(v^L) \|^2 + \| h(v^L) - v^L \|_{\lambda I + B^{\mathrm{T}} P_1 B + \lambda B^{\mathrm{T}} \hat{\Sigma} B}^2$$
$$- 2(v^e)^{\mathrm{T}} \left(\lambda I + B^{\mathrm{T}} P_1 B \right) \left[h(v^L) - v^L \right] + (v^e)^{\mathrm{T}} \left(\lambda I + B^{\mathrm{T}} P_1 B \right) v^e$$
$$+ \lambda e^{\mathrm{T}} \left[(A - LC)^{\mathrm{T}} \hat{\Sigma} (A - LC) - \hat{\Sigma} \right] e + 2\lambda e^{\mathrm{T}} (A - LC)^{\mathrm{T}} \hat{\Sigma} B \left[h(v^L) - v^L \right]$$

两次应用引理 8.1, 并利用 $\Sigma_0 = Q_o + A\Sigma_1 A^{\mathrm{T}} - A\Sigma_1 C^{\mathrm{T}} \left(R_o + C\Sigma_1 C^{\mathrm{T}} \right)^{-1} C\Sigma_1 A^{\mathrm{T}} = Q_o + (A - LC)\Sigma_1(A - LC)^{\mathrm{T}} + LR_o L^{\mathrm{T}}$, 得到

$$V(k+1) - V(k)$$
$$\leqslant x^{\mathrm{T}} \left(-Q + P_0 - P_1 \right) x - \lambda h(v^L)^{\mathrm{T}} h(v^L)$$
$$\quad + \left[h(v^L) - v^L \right]^{\mathrm{T}} \left[(1 + \gamma_1) \left(\lambda I + B^{\mathrm{T}} P_1 B \right) + (1 + \gamma_2) \lambda B^{\mathrm{T}} \hat{\Sigma} B \right] \left[h(v^L) - v^L \right]$$
$$\quad + (1 + 1/\gamma_1) (v^e)^{\mathrm{T}} \left(\lambda I + B^{\mathrm{T}} P_1 B \right) v^e$$
$$\quad + \lambda e^{\mathrm{T}} \left[(1 + 1/\gamma_2) \left((A - LC)^{\mathrm{T}} \hat{\Sigma} (A - LC) - \hat{\Sigma} \right) + \frac{1}{\gamma_2} \hat{\Sigma} \right] e$$
$$= x^{\mathrm{T}} \left(-Q + P_0 - P_1 \right) x - \lambda h(v^L)^{\mathrm{T}} h(v^L)$$
$$\quad + \left[h(v^L) - v^L \right]^{\mathrm{T}} \left[(1 + \gamma_1) \left(\lambda I + B^{\mathrm{T}} P_1 B \right) + (1 + \gamma_2) \lambda B^{\mathrm{T}} \hat{\Sigma} B \right] \left[h(v^L) - v^L \right]$$
$$\quad + (1 + 1/\gamma_1) (v^e)^{\mathrm{T}} \left(\lambda I + B^{\mathrm{T}} P_1 B \right) v^e$$
$$\quad + \lambda e^{\mathrm{T}} \left[(1 + 1/\gamma_2) \left((A - LC)\Sigma_1(A - LC)^{\mathrm{T}} - \Sigma_1 \right) + \frac{1}{\gamma_2} \hat{\Sigma} \right] e$$
$$= x^{\mathrm{T}} \left(-Q + P_0 - P_1 \right) x - \lambda h(v^L)^{\mathrm{T}} h(v^L)$$
$$\quad + \left[h(v^L) - v^L \right]^{\mathrm{T}} \left[(1 + \gamma_1) \left(\lambda I + B^{\mathrm{T}} P_1 B \right) + (1 + \gamma_2) \lambda B^{\mathrm{T}} \hat{\Sigma} B \right] \left[h(v^L) - v^L \right]$$
$$\quad + (1 + 1/\gamma_1) (v^e)^{\mathrm{T}} \left(\lambda I + B^{\mathrm{T}} P_1 B \right) v^e$$
$$\quad + (1 + 1/\gamma_2) \lambda e^{\mathrm{T}} \left(-Q_o + \Sigma_0 - \Sigma_1 - LR_o L^{\mathrm{T}} \right) e + \frac{1}{\gamma_2} \lambda e^{\mathrm{T}} \hat{\Sigma} e$$

当条件 (1)~(4) 成立时，$V(k+1) - V(k) < 0$，$\forall \left[x(k)^{\mathrm{T}}, e(k)^{\mathrm{T}} \right] \neq 0$。因此，$V(k)$ 为证明指数稳定的 Lyapunov 函数。

定理 8.3中的条件 (1)~(3) 是对 R、Q、P_N、N、R_o、Q_o、Σ_{N_o} 和 N_o 的要求；而条件 (5) 则是对 h 的要求。一般地，减小方程求解误差、γ_1 和 γ_2 有利于满足条件 (4)。当 $h = \tilde{1}$ 时，可取 $\gamma_1 = \infty$，则条件 (1)~(3) 是线性系统稳定的条件。但是，由式(8.30)的结构可知，当 $h = \tilde{1}$ 时，系统渐近稳定的条件仅为条件 (1) 和 $Q_o > \Sigma_0 - \Sigma_1$，这种稳定性并不要求 $V(k+1) - V(k) \leqslant 0$。由定理 8.3的证明过程可知，为了使 $V(k+1) - V(k) \leqslant 0$，多了一个单调性条件 $\lambda \| h(v^L) \|^2 \geqslant (v^e)^{\mathrm{T}} (\lambda I + B^{\mathrm{T}} P_1 B) v^e$，这一单调性要求反映在定理 8.3的条件 (2)~(4) 中，故条件 (2) 比条件 $Q_o > \Sigma_0 - \Sigma_1$ 更苛刻。

如果条件 (1)~(3) 满足但是 $h \neq \tilde{1}$，我们可以在条件 (4) 基础上得到更加好用的稳定性结论。为此采用假设 8.4和假设 8.5。

推论 8.5 (TSOFPC 的稳定性)　对于式(8.1)表示的系统，采用 TSOFPC[式(8.25)和式(8.26)]，其中 h 满足式(8.11)。假设：

(1) 每当 $[x(0), e(0)] \in \Omega \subset \mathbb{R}^{2n}$ 时，$\| v^L(k) \| \leqslant \Delta$ 对 $\forall k \geqslant 0$ 成立。

(2) 存在正标量 γ_1 和 γ_2 使得系统设计满足定理 8.3的条件 (1)~(3) 和条件 (4)

$$-\lambda \left[b_1^2 - (1 + \gamma_1) (b-1)^2 \right]$$
$$+ (b-1)^2 \sigma_{\max} \left((1 + \gamma_1) B^{\mathrm{T}} P_1 B + (1 + \gamma_2) \lambda B^{\mathrm{T}} \hat{\Sigma} B \right) \leqslant 0.$$

则闭环系统的平衡点 $\{ x = 0,\ e = 0 \}$ 指数稳定且吸引域为 Ω。

注解 8.2　我们可以将推论 8.5的条件 (4) 替换为如下更保守的条件：

$$-\lambda \left[b_1^2 - (1 + \gamma_1) (b-1)^2 - (1 + \gamma_2) (b-1)^2 \sigma_{\max} \left(B^{\mathrm{T}} \hat{\Sigma} B \right) \right]$$
$$+ (1 + \gamma_1) (b-1)^2 \sigma_{\max} \left(B^{\mathrm{T}} P_1 B \right) \leqslant 0$$

将在后面用到。

关于定理 8.3和推论 8.5中的吸引域，我们有如下结论。

定理 8.4 (TSOFPC 的吸引域)　对式(8.1)表示的系统，采用 TSOFPC[式(8.25)和式(8.26)]，其中，h 满足式(8.11)。假设存在正标量 Δ、γ_1 和 γ_2 使得推论 8.5的条件 (1)~(4) 满足。则闭环系统的吸引域不会小于如下的集合：

$$S_c = \left\{ (x, e) \in \mathbb{R}^{2n} | x^{\mathrm{T}} P_1 x + \lambda e^{\mathrm{T}} \hat{\Sigma} e \leqslant c \right\} \tag{8.32}$$

式中

$$c = (\Delta/d)^2, \quad d = \left\| (\lambda I + B^{\mathrm{T}} P_1 B)^{-1} B^{\mathrm{T}} P_1 A \left[P_1^{-1/2}, \quad -\lambda^{-1/2} \hat{\Sigma}^{-1/2} \right] \right\| \tag{8.33}$$

证明　由于已经满足了推论 8.5的条件 (1)~(4)，我们仅需证明：对于 $\forall [x(0), e(0)] \in S_c$，$\| v^L(k) \| \leqslant \Delta$ 对所有 $k \geqslant 0$ 成立。

采用两个非奇异变换：$\bar{x} = P_1^{1/2} x$，$\bar{e} = \lambda^{1/2} \hat{\Sigma}^{1/2} e$。则对于 $\forall [x(0), e(0)] \in S_c$，$\left\| [\bar{x}(0)^{\mathrm{T}} \quad \bar{e}(0)^{\mathrm{T}}] \right\| \leqslant \sqrt{c}$ 且

$$\|v^L(0)\|$$

$$= \left\| \left(\lambda I + B^{\mathrm{T}} P_1 B\right)^{-1} B^{\mathrm{T}} P_1 A \left[x(0) - e(0)\right] \right\|$$

$$\leqslant \left\| \left[\left(\lambda I + B^{\mathrm{T}} P_1 B\right)^{-1} B^{\mathrm{T}} P_1 A P_1^{-1/2} - \left(\lambda I + B^{\mathrm{T}} P_1 B\right)^{-1} B^{\mathrm{T}} P_1 A \lambda^{-1/2} \hat{\Sigma}^{-1/2} \right] \right\|$$

$$\times \left\| \left[\bar{x}(0)^{\mathrm{T}} \ \bar{e}(0)^{\mathrm{T}}\right] \right\| \leqslant \Delta \tag{8.34}$$

这样, 如果 $[x(0), e(0)] \in S_c$, 那么推论 8.5 中的所有条件对 $k = 0$ 满足。根据定理 8.3 的证明过程, 易知: 如果 $[x(0), e(0)] \in S_c$, 那么 $[x(1), e(1)] \in S_c$。因此, 对所有 $[x(0), e(0)] \in S_c$, $\|v^L(1)\| \leqslant \Delta$ 成立; 这说明推论 8.5 中所有条件对 $k = 1$ 也是满足的。以此类推, 可知只要 $[x(0), e(0)] \in S_c$, 那么对所有 $k \geqslant 0$, $\|v^L(k)\| \leqslant \Delta$ 成立。因此 S_c 是吸引域。证毕。

应用定理 8.4, 我们可以调整控制器参数来满足推论 8.5 的条件 (1)~(4), 并得到期望的吸引域。下面给出一个指导性的算法 8.4。

算法 8.4 (获得期望吸引域 Ω 的控制参数调整的指导思想)

步骤 1: 定义方程求解精度。选择初始 Δ。确定 b_1 和 b。

步骤 2: 选择 $\{R_o, Q_o, \Sigma_{N_o}, N_o\}$ 得到稳定的估计器。

步骤 3: 选择 $\{\lambda, Q, P_N, N\}$ (主要是 Q, P_N, N) 满足条件 (1)。

步骤 4: 选择 $\{\gamma_1, \gamma_2, \lambda, Q, P_N, N\}$ (主要是 $\gamma_1, \gamma_2, \lambda$) 满足条件 (2)~(4)。如果这两个条件不能满足, 那么转向步骤 1~ 步骤 3 中的某步 (具体情况具体分析)。

步骤 5: 检查条件 (1)~(4) 是否全部满足。若不是, 那么转向步骤 3。否则, 减小 γ_1、γ_2 [同时保证条件 (3) 始终满足]、增加 Δ [b_1 相应地减小, 同时需要保证条件 (4) 始终满足]。

步骤 6: 由式 (8.33) 计算 c。若 $S_c \supseteq \Omega$, 则停止; 否则转向步骤 1。

当然, 这并不表示任何所要求的吸引域都能达到。但是, 如果 A 没有单位圆外的特征值, 那么可以得到如下结论。

定理 8.5 (TSOFPC 的半全局稳定性) 对式 (8.1) 表示的系统, 采用 TSOFPC [式 (8.25) 和式 (8.26)], 其中, h 满足式 (8.11)。假设 A 没有单位圆外的特征值, 并且存在 Δ 和 γ_1, 使得在不考虑饱和约束时

$$b_1^2 - (1 + \gamma_1)(b-1)^2 > 0 \tag{8.35}$$

则对任意有界集 $\Omega \subset \mathbb{R}^{2n}$, 可以调整控制器和观测器参数使闭环系统的吸引域不小于 Ω。

证明 当无饱和约束时, b_1 和 b 的确定与控制器参数无关。记使得式 (8.35) 成立的参数 $\{\gamma_1, \Delta\}$ 为 $\{\gamma_1^0, \Delta^0\}$。当存在饱和约束时, 仍选择 $\gamma_1 = \gamma_1^0$ 和 $\Delta = \Delta^0$, 则可能发生如下两种情况。

情况 1: 当 $\lambda = \lambda_0$ 时, 式 (8.35) 成立。以如下方式确定参数。

(1) 选择

$$P_N = Q + A^{\mathrm{T}} P_N A - A^{\mathrm{T}} P_N B \left(\lambda I + B^{\mathrm{T}} P_N B\right)^{-1} B^{\mathrm{T}} P_N A$$

则 $P_0 - P_1 = 0$。进一步, 选择 $Q > 0$, 则 $Q > P_0 - P_1$ 且推论 8.5 条件 (1) 对所有 λ 和 N 都满足。选择任意 N。

(2) 选择 $R_o = \varepsilon I$, $Q_o = \varepsilon I > 0$, 其中, ε 为标量。选择

$$\Sigma_{N_o} = Q_o + A\Sigma_{N_o}A^{\mathrm{T}} - A\Sigma_{N_o}C^{\mathrm{T}}\left(R_o + C\Sigma_{N_o}C^{\mathrm{T}}\right)^{-1}C\Sigma_{N_o}A^{\mathrm{T}}$$

和任意 N_o, 则 $\Sigma_0 - \Sigma_1 = 0$。显然, 存在 $\gamma_2 > 0$ 和 $\xi > 0$ 使得 $(1 + 1/\gamma_2)(Q_o - \Pi) - 1/\gamma_2\hat{\Sigma} \geqslant \varepsilon\xi I$ 对所有 ε 成立。选择一个充分小的 ε, 使得

$$b_1^2 - (1 + \gamma_1)(b-1)^2 - (1 + \gamma_2)(b-1)^2\sigma_{\max}\left(B^{\mathrm{T}}\hat{\Sigma}B\right) > 0$$

注意若 Σ_1 足够小, 则 $\hat{\Sigma}$ 足够小。这时,

$$(1 + 1/\gamma_2)\left(-Q_o + \Sigma_0 - \Sigma_1 - LR_oL^{\mathrm{T}}\right) + 1/\gamma_2\hat{\Sigma}_1$$

$$= (1 + 1/\gamma_2)\left(-Q_o - LR_oL^{\mathrm{T}}\right) + 1/\gamma_2\hat{\Sigma} \leqslant -\varepsilon\xi I$$

(3) 在

$$P_1 = Q + A^{\mathrm{T}}P_1A - A^{\mathrm{T}}P_1B\left(\lambda I + B^{\mathrm{T}}P_1B\right)^{-1}B^{\mathrm{T}}P_1A$$

两边同乘 λ^{-1}, 得到

$$\bar{P}_1 = \lambda^{-1}Q + A^{\mathrm{T}}\bar{P}_1A - A^{\mathrm{T}}\bar{P}_1B\left(I + B^{\mathrm{T}}\bar{P}_1B\right)^{-1}B^{\mathrm{T}}\bar{P}_1A$$

由于 A 没有单位圆外的特征值, 当 $\lambda \to \infty$ 时, $\bar{P}_1 \to 0$ (关于该性质可以参考文献 [20])。因此, 存在 $\lambda_1 \geqslant \lambda_0$ 使得对 $\forall\lambda \geqslant \lambda_1$:

① $\lambda^{-1}(1 + 1/\gamma_1)A^{\mathrm{T}}P_1B\left(\lambda I + B^{\mathrm{T}}P_1B\right)^{-1}B^{\mathrm{T}}P_1A$

$$= (1 + 1/\gamma_1)A^{\mathrm{T}}\bar{P}_1B\left(I + B^{\mathrm{T}}\bar{P}_1B\right)^{-1}B^{\mathrm{T}}\bar{P}_1A < \varepsilon\xi I,$$ 即推论 8.5 条件 (2) 满足成立的条件;

② $-\left[b_1^2 - (1 + \gamma_1)(b-1)^2 - (1 + \gamma_2)(b-1)^2\sigma_{\max}\left(B^{\mathrm{T}}\hat{\Sigma}B\right)\right]$

$$+ (b-1)^2(1 + \gamma_1)\sigma_{\max}\left(B^{\mathrm{T}}\bar{P}_1B\right) \leqslant 0$$

即注释 8.2 中的不等式满足成立的条件; 相应地, 推论 8.5 的条件 (4) 满足成立的条件。

(4) 进一步, 存在 $\lambda_2 \geqslant \lambda_1$ 使得对 $\forall\lambda \geqslant \lambda_2$, $\left\|\bar{P}_1^{1/2}A\bar{P}_1^{-1/2}\right\| \leqslant \sqrt{2}$ (关于该性质可以参考文献 [20])。现在, 令

$$\bar{c} = \sup_{\lambda\in[\lambda_2,\infty),(x,e)\in\Omega}\left(x^{\mathrm{T}}\bar{P}_1x + e^{\mathrm{T}}\hat{\Sigma}e\right)$$

则 $\Omega \subseteq \bar{S}_{\bar{c}} = \left\{(x,e) \in \mathbb{R}^{2n}|x^{\mathrm{T}}\bar{P}_1x + e^{\mathrm{T}}\hat{\Sigma}e \leqslant \bar{c}\right\}$。定义两个变换: $\bar{x} = \bar{P}_1^{1/2}x$ 和 $\bar{e} = \hat{\Sigma}^{1/2}e$, 则存在足够大的 $\lambda_3 \geqslant \lambda_2$ 使得对 $\forall\lambda \geqslant \lambda_3$ 和 $\forall\left[x(0)^{\mathrm{T}}, e(0)^{\mathrm{T}}\right] \in \bar{S}_{\bar{c}}$,

$$\left\|v^L(0)\right\| = \|-K[x(0) - e(0)]\| = \left\|[-K, K][x(0)^{\mathrm{T}}, e(0)^{\mathrm{T}}]^{\mathrm{T}}\right\|$$

$$= \left\|\left[-K\bar{P}_1^{-1/2}, K\hat{\Sigma}^{-1/2}\right][\bar{x}(0)^{\mathrm{T}}, \bar{e}(0)^{\mathrm{T}}]^{\mathrm{T}}\right\|$$

$$\leqslant \left\| \left[-K\bar{P}_1^{-1/2}, \ K\hat{\Sigma}^{-1/2} \right] \right\| \left\| \left[\bar{x}(0)^{\mathrm{T}}, \bar{e}(0)^{\mathrm{T}} \right] \right\|$$

$$\leqslant \left\| \sqrt{2}(I + B^{\mathrm{T}}\bar{P}_1 B)^{-1}B^{\mathrm{T}}\bar{P}_1^{1/2}, \ -(I + B^{\mathrm{T}}\bar{P}_1 B)^{-1}B^{\mathrm{T}}\bar{P}_1 A\hat{\Sigma}^{-1/2} \right\| \sqrt{c} \leqslant \Delta$$

因此，对 $\forall \left[x(0)^{\mathrm{T}}, \ e(0)^{\mathrm{T}} \right] \in \Omega$，当 $k = 0$ 时推论 8.5 的所有条件都满足，而根据定理 8.4 的证明过程知其对 $\forall k > 0$ 也满足。

通过以上的决策过程，控制器已经达到期望的吸引域要求。

情况 2：当 $\lambda = \lambda_0$ 时式 (8.35) 不成立。很明显，原因在于控制作用受饱和约束的限制过大。根据情况 1(3) 中同样的原因，由式 (8.25) 可知：对于任意大的有界集 Ω，对 $\forall \lambda \geqslant \lambda_4$ 和 $\forall \left[x(k)^{\mathrm{T}}, e(k)^{\mathrm{T}} \right] \in \Omega$ 存在充分大的 $\lambda_4 \geqslant \lambda_0$，$\hat{u}(k)$ 甚至不违反饱和约束。这一过程相当于减小 Δ 并重新确定 b_1 和 b，使式 (8.35) 成立。

总之，如果 $\lambda = \lambda_0$ 时不能满足给定的吸引域要求，那么可以选择 $\lambda \geqslant \max\{\lambda_3, \lambda_4\}$ 和适当的 $\{Q, P_N, N, R_o, Q_o, \Sigma_{N_o}, N_o\}$。证毕。

在定理 8.5 的证明中，特别体现了调整 λ 的作用。如果 A 没有单位圆外的特征值，那么适当固定其他参数后，可以通过调整 λ 得到任意大的吸引域。当 A 有单位圆上的特征值时，这一点格外重要，因为有大量的工业对象可以用稳定模型和若干积分环节的串联形式来建模。当 A 没有单位圆外的特征值，但是有单位圆上的特征值时，相应的系统是临界稳定系统，也可能是不稳定系统；但只要稍加控制，这类系统就可以得到镇定。

第 9 章　广义预测控制

9.2~9.4节参考了文献 [6]，9.5节参考了文献 [33]。

9.1　单变量广义预测控制的基本算法

9.1.1　预测模型

考虑 SISO 的 CARI 模型，即

$$A(z^{-1})y(k) = B(z^{-1})u(k-1) + \frac{\xi(k)}{\Delta} \tag{9.1}$$

式中，

$$A(z^{-1}) = 1 + a_1 z^{-1} + \cdots + a_{n_a} z^{-n_a}, \ \deg A(z^{-1}) = n_a;$$

$$B(z^{-1}) = b_0 + b_1 z^{-1} + \cdots + b_{n_b} z^{-n_b}, \ \deg B(z^{-1}) = n_b;$$

z^{-1} 是后移算子，即 $z^{-1}y(k) = y(k-1)$，$z^{-1}u(k) = u(k-1)$；$\Delta = 1 - z^{-1}$ 是差分算子，$\{\xi(k)\}$ 是均值为零的白噪声序列。对有 q 拍时滞的系统，$b_0, b_1, \cdots, b_{q-1} = 0$，$n_b \geqslant q$。

为了利用模型式(9.1)导出 j 步后输出 $y(k+j|k)$ 的预测值，首先考虑下述丢番图 (Diophantine) 方程：

$$1 = E_j(z^{-1})A(z^{-1})\Delta + z^{-j}F_j(z^{-1}) \tag{9.2}$$

式中，$E_j(z^{-1})$、$F_j(z^{-1})$ 是由 $A(z^{-1})$ 和预测长度 j 唯一确定的多项式，表达为

$$E_j(z^{-1}) = e_{j,0} + e_{j,1}z^{-1} + \cdots + e_{j,j-1}z^{-(j-1)}$$

$$F_j(z^{-1}) = f_{j,0} + f_{j,1}z^{-1} + \cdots + f_{j,n_a}z^{-n_a}$$

在式(9.1)两端乘以 $E_j(z^{-1})\Delta z^j$，并利用式(9.2)可以写出 $k+j$ 时刻的输出预测值：

$$y(k+j|k) = E_j(z^{-1})B(z^{-1})\Delta u(k+j-1|k) + F_j(z^{-1})y(k) + E_j(z^{-1})\xi(k+j) \tag{9.3}$$

由于在 k 时刻，未来的噪声 $\xi(k+i)$，$i \in \{1, \cdots, j\}$ 都是未知的，所以对 $y(k+j)$ 最合适的预测值可以由式 (9.4) 得到

$$\bar{y}(k+j|k) = E_j(z^{-1})B(z^{-1})\Delta u(k+j-1|k) + F_j(z^{-1})y(k) \tag{9.4}$$

式中，记 $G_j(z^{-1}) = E_j(z^{-1})B(z^{-1})$。结合式(9.2)可得

$$G_j(z^{-1}) = \frac{B(z^{-1})}{A(z^{-1})\Delta}[1 - z^{-j}F_j(z^{-1})] \tag{9.5}$$

再引入另一个丢番图方程：

$$G_j(z^{-1}) = E_j(z^{-1})B(z^{-1}) = \tilde{G}_j(z^{-1}) + z^{-(j-1)}H_j(z^{-1})$$

式中

$$\tilde{G}_j(z^{-1}) = g_{j,0} + g_{j,1}z^{-1} + \cdots + g_{j,j-1}z^{-(j-1)}$$

$$H_j(z^{-1}) = h_{j,1}z^{-1} + h_{j,2}z^{-2} + \cdots + h_{j,n_b}z^{-n_b}$$

则由式(9.3)和式(9.4)可以得到

$$\bar{y}(k+j|k) = \tilde{G}_j(z^{-1})\Delta u(k+j-1|k) + H_j(z^{-1})\Delta u(k) + F_j(z^{-1})y(k) \tag{9.6}$$

$$y(k+j|k) = \bar{y}(k+j|k) + E_j(z^{-1})\xi(k+j) \tag{9.7}$$

9.1.2 丢番图方程的解法

文献 [2] 给出了一个 $E_j(z^{-1})$、$F_j(z^{-1})$ 的递推算法。

首先，根据式(9.2)可以写出

$$1 = E_j(z^{-1})A(z^{-1})\Delta + z^{-j}F_j(z^{-1}),$$

$$1 = E_{j+1}(z^{-1})A(z^{-1})\Delta + z^{-(j+1)}F_{j+1}(z^{-1})$$

以上两式相减，可得

$$A(z^{-1})\Delta[E_{j+1}(z^{-1}) - E_j(z^{-1})] + z^{-j}[z^{-1}F_{j+1}(z^{-1}) - F_j(z^{-1})] = 0$$

记

$$\tilde{A}(z^{-1}) = A(z^{-1})\Delta = 1 + \tilde{a}_1 z^{-1} + \cdots + \tilde{a}_{n_a}z^{-n_a} + \tilde{a}_{n_a+1}z^{-(n_a+1)}$$

$$= 1 + (a_1 - 1)z^{-1} + \cdots + (a_{n_a} - a_{n_a-1})z^{-n_a} - a_{n_a}z^{-(n_a+1)}$$

$$E_{j+1}(z^{-1}) - E_j(z^{-1}) = \tilde{E}(z^{-1}) + e_{j+1,j}z^{-j}$$

则可得

$$\tilde{A}(z^{-1})\tilde{E}(z^{-1}) + z^{-j}[z^{-1}F_{j+1}(z^{-1}) - F_j(z^{-1}) + \tilde{A}(z^{-1})e_{j+1,j}] = 0 \tag{9.8}$$

等式(9.8)恒成立的一个必要条件是 $\tilde{A}(z^{-1})\tilde{E}(z^{-1})$ 中所有阶次小于 j 的项为零。由于 $\tilde{A}(z^{-1})$ 的首项系数为 1，很容易得出结论：使式(9.8)恒成立的必要条件是

$$\tilde{E}(z^{-1}) = 0 \tag{9.9}$$

进而，使式(9.8)成立的充要条件是式(9.9)和式(9.10)成立。

$$F_{j+1}(z^{-1}) = z[F_j(z^{-1}) - \tilde{A}(z^{-1})e_{j+1,j}] \tag{9.10}$$

将式(9.10)等式两边各相同阶次项的系数逐一比较，得到

$$e_{j+1,j} = f_{j,0}$$

$$f_{j+1,i} = f_{j,i+1} - \tilde{a}_{i+1}e_{j+1,j} = f_{j,i+1} - \tilde{a}_{i+1}f_{j,0}, \ i \in \{0, \cdots, n_a - 1\}$$

$$f_{j+1,n_a} = -\tilde{a}_{n_a+1}e_{j+1,j} = -\tilde{a}_{n_a+1}f_{j,0}$$

这一 $F_j(z^{-1})$ 系数的递推关系也可以用向量形式记为

$$f_{j+1} = \tilde{A}f_j$$

式中

$$f_{j+1} = [f_{j+1,0}, \cdots, f_{j+1,n_a}]^{\mathrm{T}}$$

$$f_j = [f_{j,0}, \cdots, f_{j,n_a}]^{\mathrm{T}}$$

$$\tilde{A} = \begin{bmatrix} 1-a_1 & 1 & 0 & \cdots & 0 \\ a_1-a_2 & 0 & 1 & \ddots & 0 \\ \vdots & \vdots & \ddots & \ddots & 0 \\ a_{n_a-1}-a_{n_a} & 0 & \cdots & 0 & 1 \\ a_{n_a} & 0 & \cdots & 0 & 0 \end{bmatrix}$$

此外，还可得 $E_j(z^{-1})$ 系数递推公式为

$$E_{j+1}(z^{-1}) = E_j(z^{-1}) + e_{j+1,j}z^{-j} = E_j(z^{-1}) + f_{j,0}z^{-j}$$

当 $j=1$ 时，式(9.2)为

$$1 = E_1(z^{-1})\tilde{A}(z^{-1}) + z^{-1}F_1(z^{-1})$$

故应取 $E_1(z^{-1})=1$、$F_1(z^{-1})=z[1-\tilde{A}(z^{-1})]$ 为 $E_j(z^{-1})$、$F_j(z^{-1})$ 的初值。这样，$E_{j+1}(z^{-1})$ 和 $F_{j+1}(z^{-1})$ 便可按式 (9.11) 来进行递推计算。

$$\begin{cases} f_{j+1} = \tilde{A}f_j, \ f_0 = [1,0,\cdots,0]^{\mathrm{T}} \\ E_{j+1}(z^{-1}) = E_j(z^{-1}) + f_{j,0}z^{-j}, \ E_0 = 0 \end{cases} \tag{9.11}$$

由式(9.9)可知 $e_{j,i}, i < j$ 的值与 j 没有关系，故可以简记 $e_i \triangleq e_{j,i}, i < j$。

考虑第二个丢番图方程。由式(9.5)可知，$G_j(z^{-1})$ 的前 j 项和 j 没有关系；$G_j(z^{-1})$ 的前 j 项的系数正是对象单位阶跃响应前 j 项的采样值，记作 $g_1, g_2, \cdots, g_j$。这样，

$$G_j(z^{-1}) = E_j(z^{-1})B(z^{-1}) = g_1 + g_2z^{-1} + \cdots + g_jz^{-(j-1)} + z^{-(j-1)}H_j(z^{-1})$$

故有

$$g_{j,i} = g_{i+1}, \ i < j$$

9.1.3 滚动优化

在 GPC 中，k 时刻的性能指标具有以下形式：

$$\min J(k) = E\left\{ \sum_{j=N_1}^{N_2} [y(k+j|k) - y_s(k+j)]^2 + \sum_{j=1}^{N_u} \lambda(j)\Delta u(k+j-1|k)^2 \right\} \qquad (9.12)$$

式中，$E\{\cdot\}$ 为取数学期望；$y_s(k+j)$ 为未来输出的参考值 (期望值、设定值)；N_1 和 N_2 分别为预测时域的起始与终止时刻；N_u 为控制时域，即在 N_u 步后控制量不再变化，即 $u(k+j-1|k) = u(k+N_u-1|k)$, $j > N_u$；$\lambda(j)$ 为控制加权系数，为了简化一般可以假设其为常数 λ。

除去随机系统带来的差别外，上面的性能指标与动态矩阵控制中的性能指标非常相似。在动态矩阵控制性能指标中，只需把 N_1 以前的权系数 w_i 取为零，即可得到相同的形式。

利用预测模型式(9.4)，可以得到

$$\bar{y}(k+1|k) = G_1(z^{-1})\Delta u(k) + F_1(z^{-1})y(k) = g_{1,0}\Delta u(k|k) + f_1(k)$$

$$\bar{y}(k+2|k) = G_2(z^{-1})\Delta u(k+1|k) + F_2(z^{-1})y(k)$$

$$= g_{2,0}\Delta u(k+1|k) + g_{2,1}\Delta u(k|k) + f_2(k)$$

$$\vdots$$

$$\bar{y}(k+N|k) = G_N(z^{-1})\Delta u(k+N-1|k) + F_N(z^{-1})y(k)$$

$$= g_{N,0}\Delta u(k+N-1|k) + \cdots + g_{N,N-N_u}\Delta u(k+N_u-1|k)$$

$$+ \cdots + g_{N,N-1}\Delta u(k|k) + f_N(k)$$

$$= g_{N,N-N_u}\Delta u(k+N_u-1|k) + \cdots + g_{N,N-1}\Delta u(k) + f_N(k)$$

式中

$$\begin{cases} f_1(k) = [G_1(z^{-1}) - g_{1,0}]\Delta u(k) + F_1(z^{-1})y(k) \\ f_2(k) = z[G_2(z^{-1}) - z^{-1}g_{2,1} - g_{2,0}]\Delta u(k) + F_2(z^{-1})y(k) \\ \quad\vdots \\ f_N(k) = z^{N-1}[G_N(z^{-1}) - z^{-(N-1)}g_{N,N-1} - \cdots - g_{N,0}]\Delta u(k) + F_N(z^{-1})y(k) \end{cases} \qquad (9.13)$$

均可由 k 时刻已知的信息 $\{y(\tau), \tau \leqslant k\}$ 及 $\{u(\tau), \tau < k\}$ 进行计算。

如果记

$$\bar{y}(k|k) = [\bar{y}(k+N_1|k), \cdots, \bar{y}(k+N_2|k)]^{\mathrm{T}}$$

$$\Delta\tilde{u}(k|k) = [\Delta u(k|k), \cdots, \Delta u(k+N_u-1|k)]^{\mathrm{T}}$$

$$\overleftarrow{f}(k) = [f_{N_1}(k), \cdots, f_{N_2}(k)]^{\mathrm{T}}$$

并且注意到 $g_{j,i} = g_{i+1}(i < j)$ 是阶跃响应系数, 则可得

$$\vec{y}(k|k) = G\Delta\tilde{u}(k|k) + \overleftarrow{f}(k) \tag{9.14}$$

式中, $G = \begin{bmatrix} g_{N_1} & g_{N_1-1} & \cdots & g_{N_1-N_u+1} \\ g_{N_1+1} & g_{N_1} & \cdots & g_{N_1-N_u+2} \\ \vdots & \vdots & \ddots & \vdots \\ g_{N_2} & g_{N_2-1} & \cdots & g_{N_2-N_u+1} \end{bmatrix}$, $g_j = 0, \ \forall j \leqslant 0$。

用 $\bar{y}(k+j|k)$ 替换式(9.12)中的 $y(k+j|k)$, 从而把性能指标写成向量形式:

$$J(k) = [\vec{y}(k|k) - \vec{\omega}(k)]^{\mathrm{T}}[\vec{y}(k|k) - \vec{\omega}(k)] + \lambda\Delta\tilde{u}(k|k)^{\mathrm{T}}\Delta\tilde{u}(k|k)$$

式中, $\vec{\omega}(k) = [y_s(k+N_1), \cdots, y_s(k+N_2)]^{\mathrm{T}}$。这样, 当 $\lambda I + G^{\mathrm{T}}G$ 非奇异时, 得到使性能指标式(9.12) 最优的解:

$$\Delta\tilde{u}(k|k) = (\lambda I + G^{\mathrm{T}}G)^{-1}G^{\mathrm{T}}[\vec{\omega}(k) - \overleftarrow{f}(k)] \tag{9.15}$$

即时最优控制量可以由式 (9.16) 给出 (假设 $\Delta u(k) = \Delta u(k|k)$ 和 $u(k) = u(k|k)$):

$$u(k) = u(k-1) + d^{\mathrm{T}}[\vec{\omega}(k) - \overleftarrow{f}(k)] \tag{9.16}$$

式中, d^{T} 是矩阵 $(\lambda I + G^{\mathrm{T}}G)^{-1}G^{\mathrm{T}}$ 的第一行。

也可以进一步根据式(9.7)将输出预测写成如下向量形式:

$$\tilde{y}(k|k) = G\Delta\tilde{u}(k|k) + F(z^{-1})y(k) + H(z^{-1})\Delta u(k) + \tilde{\varepsilon}(k)$$

式中

$$\tilde{y}(k|k) = [y(k+N_1|k), \cdots, y(k+N_2|k)]^{\mathrm{T}}$$

$$F(z^{-1}) = [F_{N_1}(z^{-1}), \cdots, F_{N_2}(z^{-1})]^{\mathrm{T}}$$

$$H(z^{-1}) = [H_{N_1}(z^{-1}), \cdots, H_{N_2}(z^{-1})]^{\mathrm{T}}$$

$$\tilde{\varepsilon}(k) = [E_{N_1}(z^{-1})\xi(k+N_1), \cdots, E_{N_2}(z^{-1})\xi(k+N_2)]^{\mathrm{T}}$$

从而把性能指标写成向量形式:

$$J(k) = E\left\{[\tilde{y}(k|k) - \vec{\omega}(k)]^{\mathrm{T}}[\tilde{y}(k|k) - \vec{\omega}(k)] + \lambda\Delta\tilde{u}(k|k)^{\mathrm{T}}\Delta\tilde{u}(k|k)\right\}$$

这样, 当 $\lambda I + G^{\mathrm{T}}G$ 非奇异时, 得到最优控制律如下:

$$\Delta\tilde{u}(k|k) = (\lambda I + G^{\mathrm{T}}G)^{-1}G^{\mathrm{T}}\left[\vec{\omega}(k) - F(z^{-1})y(k) - H(z^{-1})\Delta u(k)\right]$$

由于采用了数学期望，$\tilde{\varepsilon}(k)$ 不出现在上面的控制律中。即时最优控制量则可以由式(9.17)给出：

$$u(k) = u(k-1) + d^{\mathrm{T}} \left[\vec{\omega}(k) - F(z^{-1})y(k) - H(z^{-1})\Delta u(k) \right] \tag{9.17}$$

定义

$$\Delta \overset{\leftarrow}{u}(k) = [\Delta u(k-1), \Delta u(k-2), \cdots, \Delta u(k-n_b)]^{\mathrm{T}}$$

$$\overset{\leftarrow}{y}(k) = [y(k), y(k-1), \cdots, y(k-n_a)]^{\mathrm{T}}$$

则未来输出预测值 $\vec{y}(k|k) = [\bar{y}(k+N_1|k), \bar{y}(k+N_1+1|k), \cdots, \bar{y}(k+N_2|k)]^{\mathrm{T}}$ 可以表示为

$$\vec{y}(k|k) = G\Delta\tilde{u}(k|k) + H\Delta \overset{\leftarrow}{u}(k) + F \overset{\leftarrow}{y}(k) \tag{9.18}$$

式中

$$H = \begin{bmatrix} h_{N_1,1} & h_{N_1,2} & \cdots & h_{N_1,n_b} \\ h_{N_1+1,1} & h_{N_1+1,2} & \cdots & h_{N_1+1,n_b} \\ \vdots & \vdots & \ddots & \vdots \\ h_{N_2,1} & h_{N_2,2} & \cdots & h_{N_2,n_b} \end{bmatrix}$$

$$F = \begin{bmatrix} f_{N_1,0} & f_{N_1,1} & \cdots & f_{N_1,n_a} \\ f_{N_1+1,0} & f_{N_1+1,1} & \cdots & f_{N_1+1,n_a} \\ \vdots & \vdots & \ddots & \vdots \\ f_{N_2,0} & f_{N_2,1} & \cdots & f_{N_2,n_a} \end{bmatrix}$$

当 $\lambda I + G^{\mathrm{T}}G$ 非奇异时，最优控制作用为

$$\Delta u(k) = d^{\mathrm{T}} \left[\vec{\omega}(k) - H\Delta \overset{\leftarrow}{u}(k) - F \overset{\leftarrow}{y}(k) \right] \tag{9.19}$$

定理 9.1 (性能指标最优解)　假设 $\vec{\omega}(k) = 0$，则采用 GPC 时性能指标的最优值为

$$J^*(k) = \overset{\leftarrow}{f}(k)^{\mathrm{T}} \left[I - G(\lambda I + G^{\mathrm{T}}G)^{-1}G^{\mathrm{T}} \right] \overset{\leftarrow}{f}(k) \tag{9.20}$$

$$J^*(k) = \lambda \overset{\leftarrow}{f}(k)^{\mathrm{T}}(\lambda I + GG^{\mathrm{T}})^{-1} \overset{\leftarrow}{f}(k), \ \lambda \neq 0 \tag{9.21}$$

式中，$\overset{\leftarrow}{f}(k) = H\Delta \overset{\leftarrow}{u}(k) + F \overset{\leftarrow}{y}(k)$。

证明 9.1　将式(9.14)和式(9.15)代入性能指标，适当地化简可得式(9.20)。利用如下矩阵求逆公式：

$$(Q + \mathrm{MTS})^{-1} = Q^{-1} - Q^{-1}M\left(SQ^{-1}M + T^{-1}\right)^{-1}SQ^{-1} \tag{9.22}$$

式中，Q、M、T、S 为任意满足相应可逆要求的矩阵，可由式(9.20)得到式(9.21)。

9.1.4　在线辨识与校正

考虑将对象模型式(9.1)改写为 $A(z^{-1})\Delta y(k) = B(z^{-1})\Delta u(k-1)+\xi(k)$。可得 $\Delta y(k) = -A_1(z^{-1})\Delta y(k) + B(z^{-1})\Delta u(k-1) + \xi(k)$，其中，$A_1(z^{-1}) = A(z^{-1}) - 1$。把模型参数与数据参数分别用向量形式记为

$$\theta = [a_1 \cdots a_{n_a}\ b_0 \cdots b_{n_b}]^{\mathrm{T}}$$

$$\varphi(k) = [-\Delta y(k-1) \cdots -\Delta y(k-n_a)\ \Delta u(k-1) \cdots \Delta u(k-n_b-1)]^{\mathrm{T}}$$

则可将上式写作 $\Delta y(k) = \varphi(k)^{\mathrm{T}}\theta + \xi(k)$。

在此，可用渐消记忆的递推最小二乘法估计参数向量：

$$\begin{cases} \hat{\theta}(k) = \hat{\theta}(k-1) + K(k)[\Delta y(k) - \varphi(k)^{\mathrm{T}}\hat{\theta}(k-1)] \\ K(k) = P(k-1)\varphi(k)[\varphi(k)^{\mathrm{T}}P(k-1)\varphi(k) + \mu]^{-1} \\ P(k) = \dfrac{1}{\mu}[I - K(k)\varphi(k)^{\mathrm{T}}]P(k-1) \end{cases} \tag{9.23}$$

式中，$0 < \mu < 1$ 为遗忘因子，常常选择 $0.95 < \mu < 1$；$K(k)$ 为权因子；$P(k)$ 为正定矩阵。在控制起动时，需要设置参数向量 θ 和矩阵 P 的初值，通常可令 $\hat{\theta}(-1) = 0$，$P(-1) = \alpha^2 I$，α 是一个足够大的正数。在控制的每一步，首先要组成数据向量，然后就可由式(9.23)先后求出 $K(k)$、$\hat{\theta}(k)$、$P(k)$。

在通过辨识得到多项式 $A(z^{-1})$、$B(z^{-1})$ 的参数后，就可重新计算控制律式(9.16)中的 d^{T} 和 $\overleftarrow{f}(k)$，并求出最优控制量。

自适应 GPC 如算法 9.1 所示。

算法 9.1 (自适应 GPC)

GPC 的在线控制可以归结为以下步骤。

步骤 1：根据最新输入输出数据，用递推公式(9.23)估计模型参数，得到 $A(z^{-1})$，$B(z^{-1})$；
步骤 2：根据所得的 $A(z^{-1})$，按式(9.11)递推计算 $E_j(z^{-1})$、$F_j(z^{-1})$；
步骤 3：根据 $B(z^{-1})$、$E_j(z^{-1})$、$F_j(z^{-1})$，计算 G 的元素 g_i，并依式(9.13)计算出 $f_i(k)$；
步骤 4：重新计算出 d^{T}，并按式(9.16)计算出 $u(k)$，将其作用于对象。

9.2　两步法广义预测控制

Hammerstein 模型为一个静态非线性环节加上一个动态线性环节的形式。静态非线性环节为

$$v(k) = f(u(k)),\ f(0) = 0 \tag{9.24}$$

式中，u 为输入；v 为中间变量；在文献中，常称 f 为可逆非线性。线性部分采用自回归滑动平均模型：

$$a(z^{-1})y(k) = b(z^{-1})v(k-1) \tag{9.25}$$

式中，y 为输出，$a_{n_a} \neq 0$, $b_{n_b} \neq 0$, $\{a,b\}$ 不可约。由于往往不能准确地知道 $v(k)$ 的值，因此需要式(9.25)的如下形式：

$$a(z^{-1})y^L(k) = b(z^{-1})v^L(k-1) \tag{9.26}$$

式中，$v^L(k-1)$ 为 $v(k-1)$ 理想值；$y^L(k)$ 对应于 $v^L(k)$。

9.2.1 无约束

首先由式(9.26)利用线性广义预测控制 (LGPC) 求解 $v^L(k)$，采用如下性能指标：

$$J(k) = \sum_{i=N_1}^{N_2} \left[y^L(k+i|k) - y_s(k+i) \right]^2 + \sum_{j=1}^{N_u} \lambda(\Delta v^L)^2(k+j-1|k) \tag{9.27}$$

在本章中，一般取 $y_s(k+i) = \omega$, $i > 0$。这样，LGPC 的控制律为

$$\Delta v^L(k) = d^{\mathrm{T}}(\vec{\omega} - \overleftarrow{f}) \tag{9.28}$$

式中，$\vec{\omega} = [\omega, \omega, \cdots, \omega]^{\mathrm{T}}$。$u$ 改为 v^L；但 $\overleftarrow{f}$ 所用的 y 不改为 y^L。

然后由

$$v^L(k) = v^L(k-1) + \Delta v^L(k) \tag{9.29}$$

计算施加于实际对象的控制作用 $u(k)$，即求解关于 $u(k)$ 的如下方程：

$$f(u(k)) - v^L(k) = 0 \tag{9.30}$$

其解 (未必是准确解) 为

$$u(k) = g\left(v^L(k)\right) \tag{9.31}$$

上述方法首次提出时称为非线性 GPC(NLGPC；见文献 [29])。

9.2.2 有输入饱和约束

输入饱和约束在实际应用中往往是不可避免的。现假设控制作用受到饱和约束 $|u| \leqslant U$，其中 U 为正标量。由式 (9.28)得到 $\Delta v^L(k)$ 后，通过解关于 $u(k)$ 的方程

$$f(\hat{u}(k)) - v^L(k) = 0 \tag{9.32}$$

得到 (未必是准确解)

$$\hat{u}(k) = \hat{f}^{-1}(v^L(k)) \tag{9.33}$$

再解饱和得到实际控制作用为 $u(k) = \mathrm{sat}\{\hat{u}(k)\}$，其中，$\mathrm{sat}\{s\} = \mathrm{sign}\{s\} \min\{|s|, U\}$ 并形式化地记为式(9.31)。

上述控制策略称为 I-型两步法广义预测控制 (TSGPC-I)。

为了处理输入饱和, 还可以将输入饱和约束转化为中间变量约束, 从而得到另一种 TS-GPC 策略。首先由对 u 的约束 $|u| \leqslant U$ 来确定对 v^L 的约束 $v_{\min} \leqslant v^L \leqslant v_{\max}$。由式(9.28)得到 $\Delta v^L(k)$ 后, 令

$$
\hat{v}(k) = \begin{cases} v_{\min}, & v^L(k) \leqslant v_{\min} \\ v^L(k), & v_{\min} < v^L(k) < v_{\max} \\ v_{\max}, & v^L(k) \geqslant v_{\max} \end{cases} \tag{9.34}
$$

然后求解关于 $u(k)$ 的方程

$$
f\left(u(k)\right) - \hat{v}(k) = 0 \tag{9.35}
$$

并令其解 $u(k)$ 满足饱和约束, 记为

$$
u(k) = \hat{g}\left(\hat{v}(k)\right) \tag{9.36}
$$

也可以形式化地记为式(9.31)。该控制策略称为 II-型两步法广义预测控制 (TSGPC-II)。

注解9.1 得到中间变量约束后,还可以设计另外一种非线性分离 GPC,称为 NSGPC。NSGPC 求解 $\Delta v^L(k)$ 不再采用式(9.28), 而是通过优化问题得到

$$
\min_{\Delta v^L(k|k),\cdots,\Delta v^L(k+N_u-1|k)} J(k)
$$
$$
= \sum_{i=N_1}^{N_2} \left[y^L(k+i|k) - y_s(k+i)\right]^2 + \sum_{j=1}^{N_u} \lambda(\Delta v^L)^2(k+j-1|k) \tag{9.37}
$$
$$
\text{s.t. } \Delta v^L(k+l|k) = 0,\ l \geqslant N_u,
$$
$$
v_{\min} \leqslant v^L(k+j-1|k) \leqslant v_{\max},\ j \in \{1, 2, \cdots, N_u\} \tag{9.38}
$$

其他计算和表示同 NLGPC。由此容易看到 TSGPC 和 NLGPC 的区别。

如前文所述, 将 NLGPC、TSGPC-I 和 TSGPC-II 统称为 TSGPC。将由 $v^L(k)$ 确定 $u(k)$ 的过程称为非线性反算。理想的非线性反算将达到 $f_0 \circ g = 1$, 即

$$
v(k) = f_0(g(v^L(k))) = v^L(k) \tag{9.39}
$$

如果 $f_0 \neq f$ 或 $f \neq g^{-1}$, 那么很难做到 $f_0 = g^{-1}$, 实际上一般不可能做到 $f_0 = g^{-1}$。当无输入饱和时, 理论上由 $v^L(k)$ 求对应的 $u(k)$ 取决于 $v^L(k)$ 的大小和 f 的形式。众所周知, 即使是对于单调函数 $v = f(u)$, 反函数 $u = f^{-1}(v)$ 不一定对 v 的所有取值都对应存在。当存在输入饱和时, 解饱和作用也可能造成 $v(k) \neq v^L(k)$。总之, 由于方程近似求解、解饱和及模型误差等, 用线性模型求解的 $v^L(k)$ 可能无法实现, 实际实现的将是 $v(k)$。

后面将分析 $f_0 \neq g^{-1}$ 时 TSGPC 的闭环稳定性。

9.3 最小拍控制相关的广义预测控制稳定性判据

考虑式(9.1)中的模型, $C(z^{-1}) = 1$, 将其变换为

$$
\tilde{A}(z^{-1})y(k) = \tilde{B}(z^{-1})\Delta u(k) + \xi(k) \tag{9.40}
$$

式中，$\tilde{A}(z^{-1}) = 1 + \tilde{a}_1 z^{-1} + \cdots + \tilde{a}_{n_A} z^{-n_A}$，$n_A = n_a + 1$；$\tilde{B}(z^{-1}) = \tilde{b}_1 z^{-1} + \tilde{b}_2 z^{-2} + \cdots + \tilde{b}_{n_B} z^{-n_B}$，$n_B = n_b + 1$。假设 $\tilde{a}_{n_A} \neq 0$，$\tilde{b}_{n_B} \neq 0$。假设 $(\tilde{A}(z^{-1}), \tilde{B}(z^{-1}))$ 为不可简约对。取 $\vec{\omega} = [\omega, \omega, \cdots, \omega]^{\mathrm{T}}$。

为了将 GPC 的控制问题转化为滚动时域的线性二次型 (LQ) 问题，不考虑 $\xi(k)$，将模型式(9.40)变换为如下状态空间模型 (能控标准型、最小实现)：

$$x(k+1) = Ax(k) + B\Delta u(k), \ y(k) = Cx(k) \tag{9.41}$$

式中，$x \in \mathbb{R}^n$，$n = \max\{n_A, n_B\}$；$A = \begin{bmatrix} -\tilde{\alpha}^{\mathrm{T}} & -\tilde{a}_n \\ I_{n-1} & 0 \end{bmatrix}$，$I_{n-1}$ 为 $n-1$ 阶单位阵，$\tilde{\alpha}^{\mathrm{T}} = \begin{bmatrix} \tilde{a}_1 & \tilde{a}_2 & \cdots & \tilde{a}_{n-1} \end{bmatrix}$；$B = [1 \ 0 \ \cdots \ 0]^{\mathrm{T}}$；$C = \begin{bmatrix} \tilde{b}_1 & \tilde{b}_2 & \cdots & \tilde{b}_n \end{bmatrix}$。

当 $i > n_A$ 时，$\tilde{a}_i = 0$；当 $i > n_B$ 时，$\tilde{b}_i = 0$；当 $n_A < n_B$ 时，A 为奇异阵。

由于讨论的是稳定性，考虑 $\omega = 0$ 可不失一般性。取

$$Q_i = \begin{cases} C^{\mathrm{T}}C, & N_1 \leqslant i \leqslant N_2 \\ 0, & i < N_1 \end{cases}, \quad \lambda_j = \begin{cases} \lambda, & 1 \leqslant j \leqslant N_u \\ \infty, & j > N_u \end{cases}$$

则性能指标式(9.12)可以等价地化为 LQ 问题的性能指标：

$$J(k) = x(k+N_2)^{\mathrm{T}}C^{\mathrm{T}}Cx(k+N_2) + \sum_{i=0}^{N_2-1} \left[x(k+i)^{\mathrm{T}}Q_i x(k+i) + \lambda_{i+1}\Delta u(k+i)^2 \right] \tag{9.42}$$

由 LQ 问题的标准解法可得控制律为

$$\Delta u(k) = -\left(\lambda + B^{\mathrm{T}}P_1 B\right)^{-1} B^{\mathrm{T}}P_1 A x(k) \tag{9.43}$$

这就是把 GPC 看作 LQ 问题时所解得的控制律，称为 GPC 的 LQ 控制律，其中，P_1 可以由 Riccati 迭代公式求出：

$$P_i = Q_i + A^{\mathrm{T}}P_{i+1}A - A^{\mathrm{T}}P_{i+1}B\left(\lambda_{i+1} + B^{\mathrm{T}}P_{i+1}B\right)^{-1}B^{\mathrm{T}}P_{i+1}A,$$
$$i = N_2 - 1, \cdots, 2, 1, \ P_{N_2} = C^{\mathrm{T}}C \tag{9.44}$$

控制律式(9.43)与 GPC 常规控制律式(9.16)在稳定性上是等价的 (见文献 [16])。

如果 A 奇异，那么对式(9.41)进行非奇异线性变换，可得

$$\bar{x}(k+1) = \bar{A}\bar{x}(k) + \bar{B}\Delta u(k), \ y(k) = \bar{C}\bar{x}(k)$$

式中，$\bar{A} = \begin{bmatrix} A_0 & 0 \\ 0 & A_1 \end{bmatrix}$，$\bar{B} = \begin{bmatrix} B_0 \\ B_1 \end{bmatrix}$，$\bar{C} = [C_0, \ C_1]$，$A_0$ 可逆，$A_1 = \begin{bmatrix} 0 & 0 \\ I_{p-1} & 0 \end{bmatrix} \in \mathbb{R}^{p \times p}$，$C_1 = \begin{bmatrix} 0 & \cdots & 0 & 1 \end{bmatrix}$，$p$ 为 A 中零特征值的个数，I_{p-1} 为 $p-1$ 阶单位阵。以下结论的推导见文献 [31] 和文献 [32]。

引理 9.1　$n_A \geqslant n_B$ 时，取 $N_1 \geqslant N_u$，$N_2 - N_1 \geqslant n - 1$，则

(1) 当 $\lambda \geqslant 0$ 时，P_{N_u} 可逆。

(2) 当 $\lambda > 0$ 时，GPC 控制律式(9.43)可以转化为如下形式：

$$\Delta u(k) = -B^{\mathrm{T}} \left(A^{\mathrm{T}}\right)^{N_u - 1} \left[\lambda P_{N_u}^{-1} + \sum_{h=0}^{N_u - 1} A^h B B^{\mathrm{T}} \left(A^{\mathrm{T}}\right)^h\right]^{-1} A^{N_u} x(k) \tag{9.45}$$

引理 9.2　当 $n_A \leqslant n_B$ 时，取 $N_u \geqslant N_1$，$N_2 - N_u \geqslant n - 1$，则

(1) 当 $\lambda \geqslant 0$ 时，P_{N_1} 可逆。

(2) 当 $\lambda > 0$ 时，GPC 控制律式(9.43)可以转化为如下形式：

$$\Delta u(k) = -B^{\mathrm{T}} \left(A^{\mathrm{T}}\right)^{N_1 - 1} \left[\lambda P_{N_1}^{-1} + \sum_{h=0}^{N_1 - 1} A^h B B^{\mathrm{T}} \left(A^{\mathrm{T}}\right)^h\right]^{-1} A^{N_1} x(k) \tag{9.46}$$

引理 9.3　当 $n_A \leqslant n_B$ 时，记 $p = n_B - n_A$ 和 $N^p = \min\{N_1 - p, N_u\}$ 并取 $N_1 \geqslant N_u$，$N_2 - N_1 \geqslant n - p - 1$，$N_2 - N_u \geqslant n - 1$，则

(1) 当 $\lambda \geqslant 0$ 时，$P_{N^p} = \begin{bmatrix} P_{0,N^p} & 0 \\ 0 & 0 \end{bmatrix}$，其中，$P_{0,N^p} \in \mathbb{R}^{(n-p) \times (n-p)}$ 可逆。

(2) 当 $\lambda > 0$ 时，GPC 控制律式(9.43)可以转化为如下形式：

$$\Delta u(k) = -\left[B_0^{\mathrm{T}} \left(A_0^{\mathrm{T}}\right)^{N^p - 1} \left[\lambda P_{0,N^p}^{-1} + \sum_{h=0}^{N^p - 1} A_0^h B_0 B_0^{\mathrm{T}} \left(A_0^{\mathrm{T}}\right)^h\right]^{-1} A_0^{N^p},\ 0\right] \bar{x}(k) \tag{9.47}$$

引理 9.4　当 $n_A \geqslant n_B$ 时，记 $q = n_A - n_B$ 和 $N^q = \min\{N_1 + q, N_u\}$ 并取 $N_u \geqslant N_1$，$N_2 - N_u \geqslant n - q - 1$，$N_2 - N_1 \geqslant n - 1$。则

(1) 当 $\lambda \geqslant 0$ 时，以 P_{N_1} 为初值，通过

$$P_i^* = A^{\mathrm{T}} P_{i+1}^* A - A^{\mathrm{T}} P_{i+1}^* B \left(\lambda + B^{\mathrm{T}} P_{i+1}^* B\right)^{-1} B^{\mathrm{T}} P_{i+1}^* A,$$

$$P_{N_1}^* = P_{N_1},\ i \in \{N_1, N_1 + 1, \cdots, N^q - 1\}$$

反算 $P_{N^q}^*$，则 $P_{N^q}^*$ 可逆。

(2) 当 $\lambda > 0$ 时，GPC 控制律式(9.43)可以转化为如下形式：

$$\Delta u(k) = -B \left(A^{\mathrm{T}}\right)^{N^q - 1} \left[\lambda P_{N^q}^{*-1} + \sum_{h=0}^{N^q - 1} A^h B B^{\mathrm{T}} \left(A^{\mathrm{T}}\right)^h\right]^{-1} A^{N^q} x(k) \tag{9.48}$$

定理 9.2　当满足如下条件时，存在充分小的 λ_0，使得当 $0 < \lambda < \lambda_0$ 时 GPC 闭环稳定：

$$N_u \geqslant n_A,\ N_1 \geqslant n_B,\ N_2 - N_u \geqslant n_B - 1,\ N_2 - N_1 \geqslant n_A - 1 \tag{9.49}$$

定理 9.3 假设 $\xi(k) = 0$。GPC 在满足如下条件之一时为 deadbeat 控制器:

(1) $\lambda = 0$, $N_u = n_A$, $N_1 \geqslant n_B$, $N_2 - N_1 \geqslant n_A - 1$。

(2) $\lambda = 0$, $N_u \geqslant n_A$, $N_1 = n_B$, $N_2 - N_u \geqslant n_B - 1$。

常规的 GPC 没有稳定性保证。20 世纪 90 年代后这一问题得到了解决,主要是采用新型的 GPC。其中的一个思想是如果令未来一段时间的预测输出等于期望输出,并适当地选择时域参数,则闭环系统稳定。这样得到的预测控制为具有终端等式约束的预测控制,或称为 SIORHC(stabilizing input/output receding horizon control;见文献 [23]) 或 CRHPC(constrained receding horizon predictive control;见文献 [3])。

考虑的模型与 9.3 节相同。$\xi(k) = 0$。在采样时刻 k,具有终端等式约束的 GPC 的性能指标为

$$J = \sum_{i=N_0}^{N_1-1} q_i y(k+i|k)^2 + \sum_{j=1}^{N_u} \lambda_j \Delta u^2(k+j-1|k) \tag{9.50}$$

$$\text{s.t.} \quad y(k+l|k) = 0, \quad l \in \{N_1, \cdots, N_2\}, \tag{9.51}$$

$$\Delta u(k+l-1|k) = 0, \quad l \in \{N_u+1, \cdots, N_2\} \tag{9.52}$$

式中,$q_i \geqslant 0$ 和 $\lambda_j \geqslant 0$ 为加权系数,而 N_0、N_1 和 N_1、N_2 为预测、约束时域的起始、终止时刻,N_u 为控制时域。

定理 9.4 当满足如下两个条件之一时,具有终端等式约束的 GPC 闭环系统是 deadbeat 稳定的。

$$\begin{cases} N_u = n_A, \ N_1 \geqslant n_B, \ N_2 - N_1 \geqslant n_A - 1 \\ N_u \geqslant n_A, \ N_1 = n_B, \ N_2 - N_u \geqslant n_B - 1 \end{cases} \tag{9.53}$$

9.4 两步法广义预测控制的稳定性

由于闭环系统的滞留非线性成为 $f_0 \circ g$,故模型非线性部分的不准确性及实际系统执行机构的非线性也可以包含在 $f_0 \circ g$ 中,因此针对 TSGPC 的稳定性分析结果也是鲁棒性分析结果。

9.4.1 基于 Popov 稳定性定理的结论

引理 9.5 (Popov 稳定性定理) 设图 9.1所示 $G(z)$ 代表稳定的系统,$0 \leqslant \varphi(\vartheta)\vartheta \leqslant K_\varphi \vartheta^2$。则当满足 $\dfrac{1}{K_\varphi} + \text{Re}\{G(z)\} > 0$, $\forall |z| = 1$ 时闭环系统稳定。

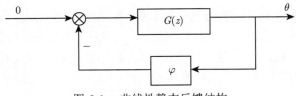

图 9.1 非线性静态反馈结构

其中，Re$\{\cdot\}$ 表示取复数的实部；$|z|$ 表示复数 z 的模。应用引理 9.5可以得到如下 TSGPC 的稳定性结论。

定理 9.5 (TSGPC 的稳定性) 假设 TSGPC 所用模型的线性部分与实际系统完全相同，且存在两个常数 $k_1, k_2 > 0$，使得

(1) $a(1 + d^{\mathrm{T}}H)\Delta + (1 + k_1)z^{-1}d^{\mathrm{T}}Fb = 0$ 的根全部位于复平面的单位圆内。

(2) 对于任意 $|z| = 1$，

$$\frac{1}{k_2 - k_1} + \mathrm{Re}\left\{\frac{z^{-1}d^{\mathrm{T}}Fb}{a(1 + d^{\mathrm{T}}H)\Delta + (1 + k_1)z^{-1}d^{\mathrm{T}}Fb}\right\} > 0 \tag{9.54}$$

则当

$$k_1\vartheta^2 \leqslant (f_0 \circ g - 1)(\vartheta)\vartheta \leqslant k_2\vartheta^2 \tag{9.55}$$

时，TSGPC 闭环系统稳定。

注解 9.2 给定控制器参数 λ，N_1，N_2，N_u 后，可能找到多组 $\{k_0, k_3\}$，使得 $\forall k_1 \in \{k_0, k_3\}$ 时特征方程 $a(1 + d^{\mathrm{T}}H)\Delta + (1 + k_1)z^{-1}d^{\mathrm{T}}Fb = 0$ 的全部特征根位于复平面的单位圆内。这样，满足定理 9.5的条件 (1) 和条件 (2) 的 $[k_1, k_2] \subseteq [k_0, k_3]$ 可能有无穷个。假设实际系统的非线性项满足

$$k_1^0\vartheta^2 \leqslant (f_0 \circ g - 1)(\vartheta)\vartheta \leqslant k_2^0\vartheta^2 \tag{9.56}$$

式中，$k_1^0, k_2^0 > 0$ 为常数，则定理 9.5说明：当任意一组 $\{k_1, k_2\}$ 满足

$$[k_1, k_2] \supseteq [k_1^0, k_2^0] \tag{9.57}$$

时，对应的系统是稳定的。

实际上已知式(9.56)时，检验系统的稳定性可以直接利用如下的结论。

推论 9.1 (TSGPC 的稳定性) 假设 TSGPC 所用模型的线性部分与实际系统完全相同，非线性项满足式(9.56)。则当

(1) $a(1 + d^{\mathrm{T}}H)\Delta + (1 + k_1^0)z^{-1}d^{\mathrm{T}}Fb = 0$ 的根全部位于复平面的单位圆内；

(2) 对于任意 $|z| = 1$，

$$\frac{1}{k_2^0 - k_1^0} + \mathrm{Re}\left\{\frac{z^{-1}d^{\mathrm{T}}Fb}{a(1 + d^{\mathrm{T}}H)\Delta + (1 + k_1^0)z^{-1}d^{\mathrm{T}}Fb}\right\} > 0 \tag{9.58}$$

时，TSGPC 闭环系统稳定。

9.4.2 寻找控制器参数的两个算法

利用定理 9.5和推论 9.1还可以设计控制器参数 $\{\lambda, N_1, N_2, N_u\}$ 使系统稳定。

如果开环系统无单位圆外的特征值，那么采用算法 9.2一般能找到满足要求的 $\{\lambda, N_1, N_2, N_u\}$。但对其他情况，不一定对任意的 $\{k_1^0, k_2^0\}$ 都能找到满足稳定性要求的 $\{\lambda, N_1, N_2, N_u\}$，这时，一般要对实际系统解饱和程度再加以限制，即设法增加 k_1^0。算法 9.3可以用于确定最小的 k_1^0。

算法 9.2 (由给定的 $\{k_1^0, k_2^0\}$ 确定控制器参数 $\{\lambda, N_1, N_2, N_u\}$, 使系统稳定)

步骤 1: 在 (计算量等) 可允许的范围内, 对 $\{\lambda, N_1, N_2, N_u\}$ 轮换搜索 (轮换搜索前要确定参数的搜索范围; "轮换搜索" 一词来自数学规划方面的书). 搜索完毕全部算法结束, 否则定一组 $\{\lambda, N_1, N_2, N_u\}$, 确定多项式 $a(1 + d^T H)\Delta + z^{-1}d^T Fb$.

步骤 2: 采用 Jury 判据 (见相关控制理论书), 判断是否 $a(1 + d^T H)\Delta + (1 + k_1^0)z^{-1}d^T Fb = 0$ 的全部根位于复平面的单位圆内. 若不是, 则转步骤 1.

步骤 3: 将 $-z^{-1}d^T Fb/[a(1 + d^T H)\Delta + (1 + k_1^0)z^{-1}d^T Fb]$ 化为最简 (不可简约) 形式, 记为 $G(k_1^0, z)$.

步骤 4: 将 $z = \sigma + \sqrt{1 - \sigma^2}i$ 代入 $G(k_1^0, z)$ 得到 $\text{Re}\{G(k_1^0, z)\} = G_R(k_1^0, \sigma)$.

步骤 5: 令 $M = \max_{\sigma \in [-1,1]} G_R(k_1^0, \sigma)$, 若 $k_2^0 \leqslant k_1^0 + \dfrac{1}{M}$, 则结束. 否则, 转步骤 1.

算法 9.3 (由期望的 $\{k_1^0, k_2^0\}$, 确定控制器参数 $\{\lambda, N_1, N_2, N_u\}$ 使得 $\{k_{10}^0, k_2^0\}$ 满足稳定性要求, 并使 $k_{10}^0 - k_1^0$ 最小化)

步骤 1: 首先令 $k_{10}^{0,\text{old}} = k_2^0$.

步骤 2: 同算法 9.2的步骤 1.

步骤 3: 用根轨迹法或 Jury 判据确定 $\{k_0, k_3\}$, 使得 $[k_0, k_3] \supset [k_{10}^{0,\text{old}}, k_2^0]$ 且 $a(1 + d^T H)\Delta + (1 + k_1)z^{-1}d^T Fb = 0$, $\forall k_1 \in [k_0, k_3]$ 的全部根位于复平面的单位圆内. 若不存在这样的 $\{k_0, k_3\}$, 则转步骤 2.

步骤 4: 在 $k_{10}^0 \in \left[\max\{k_0, k_1^0\}, k_{10}^{0,\text{old}}\right]$ 内, 对 k_{10}^0 采用一维增量搜索方法, 搜索完毕转步骤 2, 否则将 $-z^{-1}d^T Fb/[a(1 + d^T H)\Delta + (1 + k_{10}^0)z^{-1}d^T Fb]$ 化为最简 (不可简约) 形式, 记为 $G(k_{10}^0, z)$.

步骤 5: 将 $z = \sigma + \sqrt{1 - \sigma^2}i$ 代入 $G(k_{10}^0, z)$ 得到 $\text{Re}\{G(k_{10}^0, z)\} = G_R(k_{10}^0, \sigma)$.

步骤 6: 令 $M = \max_{\sigma \in [-1,1]} G_R(k_{10}^0, \sigma)$, 若 $k_2^0 \leqslant k_{10}^0 + \dfrac{1}{M}$ 且 $k_{10}^0 \leqslant k_{10}^{0,\text{old}}$, 则取 $k_{10}^{0,\text{old}} = k_{10}^0$ 并记 $\{\lambda, N_1, N_2, N_u\}^* = \{\lambda, N_1, N_2, N_u\}$, 转步骤 2, 否则转步骤 4.

步骤 7: 搜索结束后令 $k_{10}^0 = k_{10}^{0,\text{old}}$ 和 $\{\lambda, N_1, N_2, N_u\} = \{\lambda, N_1, N_2, N_u\}^*$.

9.4.3 实际非线性界的确定方法

以上给出了已知 $\{k_1^0, k_2^0\}$ 确定控制器参数的方法, 这里简要说明 $\{k_1^0, k_2^0\}$ 的确定方法, 以使定理 9.5和推论 9.1真正发挥作用. $f_0 \circ g \neq 1$ 可能有以下原因:

(1) 解饱和的影响.

(2) 非线性方程求解误差, 包括无实解时取近似解造成的误差.

(3) 模型非线性部分不准确.

(4) 实际系统执行机构的不准确.

假设采用 TSGPC-II, 则滞留非线性 $f_0 \circ g$ 的示意图如图 9.2 所示. 若再假设:

(1) 非线性方程求解无误差.

(2) 在 $v_{\min} \leqslant v \leqslant v_{\max}$ 内 $k_{0,1}f(\vartheta)\vartheta \leqslant f_0(\vartheta)\vartheta \leqslant k_{0,2}f(\vartheta)\vartheta$.

(3) 解饱和程度满足 $k_{s,1}\vartheta^2 \leqslant \text{sat}(\vartheta)\vartheta \leqslant \vartheta^2$, 则① $f_0 \circ g = f_0 \circ \hat{g} \circ \text{sat}$; ② $k_{0,1}\text{sat}(\vartheta)\vartheta \leqslant f_0 \circ g(\vartheta)\vartheta \leqslant k_{0,2}\text{sat}(\vartheta)\vartheta$; ③ $k_{0,1}k_{s,1}\vartheta^2 \leqslant f_0 \circ g(\vartheta)\vartheta \leqslant k_{0,2}\vartheta^2$.

且最终有 $k_1^0 = k_{0,1}k_{s,1} - 1$ 和 $k_2^0 = k_{0,2} - 1$. 由于 $1 - k_{s,1}$ 为解饱和程度, 所以 $k_{s,1}$ 可以称为不饱和程度.

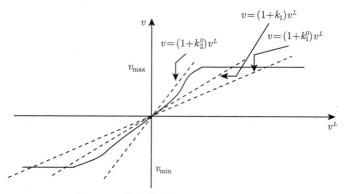

图 9.2　滞留非线性 $f_0 \circ g$ 的示意图

9.5　两步法广义预测控制的吸引域

对固定的不饱和程度 $k_{s,1}$，如果推论 9.1的所有条件满足，那么系统稳定。但是，当对输入饱和系统采用 TSGPC 时，$k_{s,1}$ 要随 LGPC 参数发生变化。9.4 节没有解决 $\{k_1^0, k_2^0\}$ 随 $k_{s,1}$ 变化的问题。该问题直接涉及闭环系统的吸引域，需要在状态空间模型下进行讨论。

9.5.1　控制器的状态空间描述

将模型式(9.26)变换为如下状态空间模型:

$$x^L(k+1) = Ax^L(k) + B\Delta v^L(k), \ y^L(k) = Cx^L(k) \tag{9.59}$$

式中，$x^L \in \mathbb{R}^n$。对于 $0 < i \leqslant N_2$ 和 $0 < j \leqslant N_2$，取

$$q_i = \begin{cases} 1, & N_1 \leqslant i \leqslant N_2 \\ 0, & i < N_1 \end{cases}, \ \lambda_j = \begin{cases} \lambda, & 1 \leqslant j \leqslant N_u \\ \infty, & j > N_u \end{cases} \tag{9.60}$$

则 LGPC 性能指标式 (9.27)可以等价地化为 LQ 问题的性能指标 (参考文献 [15])

$$J(k) = \|Cx^L(k+N_2|k) - Ly_s(k+N_2)\|_{q_{N_2}}^2$$

$$+ \sum_{i=0}^{N_2-1} \left\{ \|Cx^L(k+i|k) - Ly_s(k+i)\|_{q_i}^2 + \lambda_{i+1}(\Delta v^L)^2(k+i|k) \right\} \tag{9.61}$$

式中，$x^L(k|k) = x(k)$，其 LQ 控制律为

$$\Delta v^L(k) = - \left(\lambda + B^{\mathrm{T}} P_1 B\right)^{-1} B^{\mathrm{T}} \left[P_1 Ax(k) + r(k+1)\right] \tag{9.62}$$

式中，P_1 可以由 Riccati 迭代公式求出:

$$P_i = q_i C^{\mathrm{T}} C + A^{\mathrm{T}} P_{i+1} A - A^{\mathrm{T}} P_{i+1} B \left(\lambda_{i+1} + B^{\mathrm{T}} P_{i+1} B\right)^{-1} B^{\mathrm{T}} P_{i+1} A, \ P_{N_2} = C^{\mathrm{T}} C \tag{9.63}$$

而 $r(k+1)$ 则由式 (9.64) 计算:

$$r(k+1) = -\sum_{i=N_1}^{N_2} \varPsi^{\mathrm{T}}(i,1) C^{\mathrm{T}} y_s(k+i), \tag{9.64}$$

$$\varPsi(1,1) = I,$$

$$\varPsi(j,1) = \prod_{i=1}^{j-1} \left[A - B \left(\lambda_{i+1} + B^{\mathrm{T}} P_{i+1} B \right)^{-1} B^{\mathrm{T}} P_{i+1} A \right], \ \forall j > 1 \tag{9.65}$$

记式(9.62)为

$$\Delta v^L(k) = K x^L(k) + K_r r(k+1) = [K \quad K_r] \left[x(k)^{\mathrm{T}} \quad r(k+1)^{\mathrm{T}} \right]^{\mathrm{T}} \tag{9.66}$$

取 $y_s(k+i) = \omega, \ \forall i > 0$。故有

$$v^L(k) = v^L(k-1) + K x(k) + K_\omega y_s(k+1) \tag{9.67}$$

式中，$K_\omega = -K_r \sum_{i=N_1}^{N_2} \varPsi^{\mathrm{T}}(i,1) C^{\mathrm{T}}$。图 9.3 为 TSGPC 的等效框图。

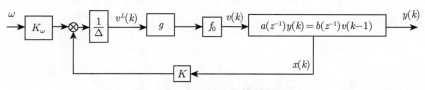

图 9.3　TSGPC 的等效框图

9.5.2　吸引域相关稳定性

当式(9.56)成立时，令 $\delta \in \mathrm{Co}\{\delta_1, \delta_2\} = \mathrm{Co}[k_1^0 + 1, \ k_2^0 + 1]$，即 $\delta = \xi\delta_1 + (1-\xi)\delta_2$，$\xi$ 为满足 $0 \leqslant \xi \leqslant 1$ 的任意值。若由 δ 代替 $f_0 \circ g$，因为 δ 是标量，故可以在框图中移动一个位置，则图 9.3 变为图 9.4。易知若图 9.4 所示不确定系统鲁棒稳定，则原 TSGPC 闭环稳定。

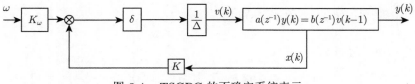

图 9.4　TSGPC 的不确定系统表示

下面推导图 9.4 所示系统的扩展状态空间模型。首先，

$$\Delta v(k) = \delta K x(k) + \delta K_\omega y_s(k+1) \tag{9.68}$$

因此

$$x(k+1) = (A + \delta B K) x(k) + \delta B K_\omega y_s(k+1) \tag{9.69}$$

又因为

$$y_s(k+2) = y_s(k+1) \tag{9.70}$$

故有

$$\begin{bmatrix} v^L(k) \\ x(k+1) \\ y_s(k+2) \end{bmatrix} = \begin{bmatrix} 1 & K & K_\omega \\ 0 & A+\delta BK & \delta BK_\omega \\ 0 & 0 & 1 \end{bmatrix} \begin{bmatrix} v^L(k-1) \\ x(k) \\ y_s(k+1) \end{bmatrix} \qquad (9.71)$$

与原结果[33] 相比，这里矩阵第一行少了 δ，记式(9.71)为

$$x^{\mathrm{E}}(k+1) = \Phi(\delta) x^{\mathrm{E}}(k) \qquad (9.72)$$

并称 $x^{\mathrm{E}} \in \mathbb{R}^{n+2}$ 为扩展状态。

定理 9.5和推论 9.1都没有涉及吸引域。TSGPC 的平衡点 (u_e, y_e) 的吸引域 Ω 定义为满足如下条件的初始扩展状态 $x^{\mathrm{E}}(0)$ 的集合：

$$\forall x^{\mathrm{E}}(0) \in \Omega \subset \mathbb{R}^{n+2}, \ \lim_{k\to\infty} u(k) = u_e, \ \lim_{k\to\infty} y(k) = y_e \qquad (9.73)$$

对于给定的 $v^L(-1)$ 和 ω，TSGPC 的平衡点 (u_e, y_e) 的吸引域 Ω_x 定义为满足如下条件的初始状态 $x(0)$ 的集合：

$$\forall x(0) \in \Omega_x \subset \mathbb{R}^n, \ \lim_{k\to\infty} u(k) = u_e, \ \lim_{k\to\infty} y(k) = y_e \qquad (9.74)$$

根据以上描述和推论 9.1容易得到如下结论。

定理 9.6 (TSGPC 的稳定性结论)　假设 TSGPC 所用模型的线性部分与实际系统完全相同，并且：

(1) 对 $\forall x^{\mathrm{E}}(0) \in \Omega$, $\forall k > 0$，不饱和程度 $k_{s,1}$ 使非线性项 $f_0 \circ g$ 满足式(9.56)。

(2) $a(1 + d^{\mathrm{T}}H)\Delta + (1 + k_1^0)z^{-1}d^{\mathrm{T}}Fb = 0$ 的根全部位于复平面的单位圆内。

(3) 式(9.58)满足。

则 TSGPC 的平衡点 (u_e, y_e) 稳定，吸引域为 Ω。

9.5.3　吸引域的计算方法

记 $\Phi_1 = \begin{bmatrix} 1 & K & K_\omega \end{bmatrix}$。在式(9.71)中，

$$\Phi(\delta) \in \mathrm{Co}\left\{\Phi^{(1)}, \Phi^{(2)}\right\}$$

$$= \mathrm{Co}\left\{ \begin{bmatrix} 1 & K & K_\omega \\ 0 & A+\delta_1 BK & \delta_1 BK_\omega \\ 0 & 0 & 1 \end{bmatrix}, \begin{bmatrix} 1 & K & K_\omega \\ 0 & A+\delta_2 BK & \delta_2 BK_\omega \\ 0 & 0 & 1 \end{bmatrix} \right\} \qquad (9.75)$$

与文献 [33] 中结果相比，这里矩阵第一行少了 δ，假设推论 9.1中所有条件满足，则可以采用算法 9.4计算吸引域。

采用算法 9.4计算的吸引域也称为如下系统：

$$x^{\mathrm{E}}(k+1) = \Phi(\delta) x^{\mathrm{E}}(k), \ v^L(k) = \Phi_1 x^{\mathrm{E}}(k)$$

$$v_{\min}/k_{s,1} \leqslant v^L(k) \leqslant v_{\max}/k_{s,1} \ (\text{或 } v_{\min}^L \leqslant v^L(k) \leqslant v_{\max}^L)$$

的"最大输出可行集"。关于"最大输出可行集"可以参考文献 [11]；注意其中的"输出"是指上面系统的输出 $v^L(k)$，而不是系统式(9.25) 的输出 y；可行为"满足约束"之意。算法 9.4 采用迭代方法：定义 S_0 为零步可行集，则 S_1 为一步可行集、$\cdots$、S_j 为 j 步可行集；而约束的满足是指不管状态演变多少步，约束总是满足的。

算法 9.4 (吸引域的理论计算方法)

步骤 1: 确定满足推论 9.1中所有条件的 $k_{s,1}$(如采用 TSGPC-II，则 $k_{s,1} = (k_1^0 + 1)/k_{0,1}$)。令

$$S_0 = \left\{ \theta \in \mathbb{R}^{n+2} | \Phi_1 \theta \leqslant v_{\max}/k_{s,1}, \ \Phi_1 \theta \geqslant v_{\min}/k_{s,1} \right\}$$
$$= \left\{ \theta \in \mathbb{R}^{n+2} | F^{(0)} \theta \leqslant g^{(0)} \right\} \tag{9.76}$$

式中，$g^{(0)} = \begin{bmatrix} v_{\max}/k_{s,1} \\ -v_{\min}/k_{s,1} \end{bmatrix}$，$F^{(0)} = \begin{bmatrix} \Phi_1 \\ -\Phi_1 \end{bmatrix}$。令 $j = 1$。在该步中，若已知 v^L 的最值 $v_{\min}^L$ 和 $v_{\max}^L$，也可令

$$S_0 = \left\{ \theta \in \mathbb{R}^{n+2} | \Phi_1 \theta \leqslant v_{\max}^L, \ \Phi_1 \theta \geqslant v_{\min}^L \right\}$$
$$= \left\{ \theta \in \mathbb{R}^{n+2} | F^{(0)} \theta \leqslant g^{(0)} \right\} \tag{9.77}$$

步骤 2: 令

$$N_j = \left\{ \theta \in \mathbb{R}^{n+2} | F^{(j-1)} \Phi^{(l)} \theta \leqslant g^{(j-1)}, \ l = 1,2 \right\} \tag{9.78}$$

并令

$$S_j = S_{j-1} \cap N_j = \left\{ \theta \in \mathbb{R}^{n+2} | F^{(j)} \theta \leqslant g^{(j)} \right\} \tag{9.79}$$

步骤 3: 若 $S_j = S_{j-1}$，则令 $S = S_{j-1}$ 并结束整个算法。否则，令 $j = j+1$ 并转步骤 2。

定义 9.1 若存在 $d > 0$ 使得 $S_d = S_{d+1}$，则称 S 是有限确定的。此时 $S = S_d$。称 $d^* = \min \{d|S_d = S_{d+1}\}$ 为确定性指数 (或输出可行性指数)。

因为 $S_j = S_{j-1}$ 的判断可以转化为优化问题，所以算法 9.4 可以转化为算法 9.5。

算法 9.5 (吸引域的迭代优化算法)

步骤 1: 确定满足推论 9.1中所有条件的 $k_{s,1}$。按照式(9.76)或式(9.77)计算 S_0。取 $j = 1$。

步骤 2: 求解下列优化问题：

$$\max_{\theta} J_{i,l}(\theta) = \left(F^{(j-1)} \Phi^{(l)} \theta - g^{(j-1)} \right)_i, \ i \in \{1, \cdots, n_j\}, \ l \in \{1,2\} \tag{9.80}$$

满足如下约束要求：

$$F^{(j-1)} \theta - g^{(j-1)} \leqslant 0 \tag{9.81}$$

式中，n_j 为 $F^{(j-1)}$ 的行数，$(\cdot)_i$ 表示取第 i 行。令 $J_{i,l}^*$ 为 $J_{i,l}(\theta)$ 的最优值。如果

$$J_{i,l}^* \leqslant 0, \ \forall l \in \{1,2\}, \ \forall i \in \{1, \cdots, n_j\}$$

那么停止并取 $d^* = j-1$；否则，继续。

步骤 3: 由式(9.78)求 N_j 并由式(9.79)求 S_j，令 $j = j+1$，转步骤 2。

注解 9.3 $J_{i,l}^* \leqslant 0$ 表示：当满足式(9.81)时，也满足 $F^{(j-1)} \Phi^{(l)} \theta \leqslant g^{(j-1)}$。

在实际应用中不一定能够找到有限个不等式来准确地表达吸引域 S，即 d^* 不是一个有限值。为了加快收敛速度，或者在算法 9.4 和算法 9.5 不收敛时近似系统的吸引域，可以引入 $\varepsilon > 0$。记 $\tilde{1} = [1,1,\cdots,1]^{\mathrm{T}}$，在式 (9.78) 中，令

$$N_j = \left\{\theta \in \mathbb{R}^{n+2} \middle| F^{(j-1)}\Phi^{(l)}\theta \leqslant g^{(j-1)} - \varepsilon\tilde{1},\ l = 1, 2\right\} \tag{9.82}$$

算法 9.6 (吸引域的 ε-迭代优化算法)

除了 N_j 由式 (9.82) 计算，其他与算法 9.5 相同。

9.5.4　数值例子

采用的系统线性部分为 $y(k) - 2y(k-1) = v(k-1)$。取 $N_1 = 1$，$N_2 = N_u = 2$，$\lambda = 10$，得到 $k_0 = 0.044$，$k_3 = 1.8449$，当 $k_1 \in [k_0, k_3]$ 时定理 9.5 条件 (1) 满足；再取 $k_1 = 0.287$，则满足定理 9.5 条件 (2) 的最大的 k_2 为 1.8314；这也是满足 $[k_1, k_2] \subseteq [k_0, k_3]$ 的所有 $\{k_1, k_2\}$ 中 $k_2 - k_1$ 最大的一组。

取 Hammerstein 非线性为 $f_0(\theta) = 2.3f(\theta) + 0.5\sin f(\theta)$，$f(\theta) = \mathrm{sign}\{\theta\}\theta\sin\left(\dfrac{\pi}{4}\theta\right)$。输入约束为 $|u| \leqslant 2$。令方程求解完全准确，由 f 的表示可知 $|\hat{v}| \leqslant 2$。令不饱和程度 $k_{s,1} = 3/4$，则由前面的叙述可知 $1.35\theta^2 \leqslant f_0 \circ g\,(\theta)\theta \leqslant 2.8\theta^2$，即 $k_1^0 = 0.35$、$k_2^0 = 1.8$。

在上述参数选择下，由推论 9.1 可知：系统可在一定的初始扩展状态范围内稳定。

取两个系统状态为 $x_1(k) = y(k)$ 和 $x_2(k) = y(k-1)$。图 9.5 中虚线所包围区域为 $v^L(-1) = 0$ 和 $\omega = 1$ 时的吸引域 Ω_x，是根据算法 9.5 得到的。取三组仿真初值分别为

(1) $y(-1) = 2$，$y(0) = 2$，$v^L(-1) = 0$；

(2) $y(-1) = -1.3$，$y(0) = -0.3$，$v^L(-1) = 0$；

(3) $y(-1) = 0$，$y(0) = -0.5$，$v^L(-1) = 0$。

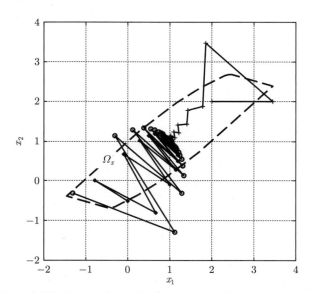

图 9.5　TSGPC 的吸引域和状态变化轨迹图

设定值取为 $\omega = 1$。由定理 9.6可知这时系统应该是稳定的。

```
%根据这个程序源代码，读者估计吸引域的顶点
clear;
A=[3 -2;1 0]; B=[1 0]'; C=[1 0];
lamad=10;
% N1=1; % N2=2; % Nu=2;
P2=C'*C; P1=C'*C+A'*P2*A-A'*P2*B*inv(lamad+B'*P2*B)*B'*P2*A;
K=-inv(lamad+B'*P1*B)*B'*P1*A; Kr=-inv(lamad+B'*P1*B)*B';
Kw=-Kr*([1 0;0 1]+A-B*inv(lamad+B'*P2*B)*B'*P2*A)*C';
deta1=1.35; deta2=2.8;
Fai1=[1 deta1*K deta1*Kw;[0 0]' A+deta1*B*K deta1*B*Kw;0 [0 0] 1];
Fai2=[1 deta2*K deta2*Kw;[0 0]' A+deta2*B*K deta2*B*Kw;0 [0 0] 1];
Fai11=[1 K Kw];
omiga1=1; v_1=0;
j=0;
F(1,1:4)=Fai11; F(2,1:4)=-Fai11; g(1,1)=8/3; g(2,1)=8/3;
F1(1,1:2)=F(1,2:3); F1(2,1:2)=F(2,2:3);
g1(1,1)=g(1,1)-omiga1*F(1,4)-v_1*F(1,1);
g1(2,1)=g(2,1)-omiga1*F(2,4)-v_1*F(2,1);
g1(1,1)=g1(1,1)/F1(1,2); F1(1,1:2)=F1(1,1:2)/F1(1,2);
g1(2,1)=g1(2,1)/F1(2,2);
F1(2,1:2)=F1(2,1:2)/F1(2,2);
MM=8;
for j=1:MM
    sss=size(F);   mmm=sss(1);
    for i=1:mmm
        F(mmm+2*i-1,1:4)=F(i,1:4)*Fai1; g(mmm+2*i-1,1)=g(i,1);
        F1(mmm+2*i-1,1:2)=F(mmm+2*i-1,2:3);
        g1(mmm+2*i-1,1)
            =g(mmm+2*i-1,1)-omiga1*F(mmm+2*i-1,4)-v_1*F(mmm+2*i-1,1);
        g1(mmm+2*i-1,1)=g1(mmm+2*i-1,1)/F1(mmm+2*i-1,2);
        F1(mmm+2*i-1,1:2)=F1(mmm+2*i-1,1:2)/F1(mmm+2*i-1,2);
        F(mmm+2*i,1:4)=F(i,1:4)*Fai2; g(mmm+2*i,1)=g(i,1);
        F1(mmm+2*i,1:2)=F(mmm+2*i,2:3);
        g1(mmm+2*i,1)=g(mmm+2*i,1)-omiga1*F(mmm+2*i,4)-v_1*F(mmm+2*i,1);
        g1(mmm+2*i,1)=g1(mmm+2*i,1)/F1(mmm+2*i,2);
        F1(mmm+2*i,1:2)=F1(mmm+2*i,1:2)/F1(mmm+2*i,2);
    end
end
sss=size(F1); mmm=sss(1);
for i=1:mmm
    XX1(2*i-1)=(-1)^i*20; XX1(2*i)=-(-1)^i*20;
    XX2(2*i-1)=-F1(i,1)*XX1(2*i-1)+g1(i,1);
    XX2(2*i)=-F1(i,1)*XX1(2*i)+g1(i,1);
```

```
end
plot(XX1,XX2);

%本程序源代码的吸引域来自Domain_TSGPC.m
clear;
pi=3.14159265;
X0=[2 2]'; G=[1 0;3 1]; F=[3 -2;7 -6]; lamadI=10*[1 0;0 1]; y_past=X0';
oumiga=[1 1];
YVec(1)=y_past(1); Vvec_1(1)=0; UVec_1(1)=0; VLvec_1(1)=0;
X1Vec_1(1)=y_past(1); X2Vec_1(1)=y_past(2);
MMMM=99;
for i=1:MMMM
    detaVL=-[1 0]*inv(lamadI+G'*G)*G'*F*[y_past'-oumiga'];
    VLvec_1(i+1)=VLvec_1(i)+detaVL; UVec_1(i+1)=VLvec_1(i+1);
    if UVec_1(i+1)>2
        UVec_1(i+1)=2;
    end
    if UVec_1(i+1)<-2
        UVec_1(i+1)=-2;
    end
    %Compute u by Newton_raphson Method.
    SUsub11=UVec_1(i+1);
    for j=0:100
        aaaaa=SUsub11*sin(pi/4*SUsub11);
        if SUsub11<0
            aaaaa=-aaaaa;
        end
        bbbbb=sin(pi/4*SUsub11)+pi/4*SUsub11*cos(pi/4*SUsub11);
        if SUsub11<0
            bbbbb=-bbbbb;
        end
        if abs(bbbbb)<0.000001 and abs(aaaaa)<0.2
            SUsub12=0;
        else
            SUsub12=SUsub11-(aaaaa-UVec_1(i+1))/bbbbb;
        end
        SUsub11=SUsub12;
    end
    Vvec_1(i+1)=SUsub12*sin(pi/4*SUsub12);
    if SUsub12<0
        Vvec_1(i+1)=-Vvec_1(i+1);
    end
    Vvec_1(i+1)=2.3*Vvec_1(i+1)+0.5*sin(Vvec_1(i+1)); %% 2.3 substitute 1.8
    YVec(i+1)=2*YVec(i)+Vvec_1(i+1);
    y_past(2)=y_past(1);        y_past(1)=YVec(i+1);
```

```
        X1Vec_1(i+1)=YVec(i+1);   X2Vec_1(i+1)=YVec(i);
end
X0=[-1.3 -0.3]';
G=[1 0;3 1]; F=[3 -2;7 -6]; lamadI=10*[1 0;0 1];
y_past=X0';
oumiga=[1 1]; YVec(1)=y_past(1); Vvec_3(1)=0; UVec_3(1)=0;
VLvec_3(1)=0; X1Vec_3(1)=y_past(1); X2Vec_3(1)=y_past(2);
for i=1:MMMM
    %%% SECOND!!!
    detaVL=-[1 0]*inv(lamadI+G'*G)*G'*F*[y_past'-oumiga'];
    VLvec_3(i+1)=VLvec_3(i)+detaVL;   UVec_3(i+1)=VLvec_3(i+1);
    if UVec_3(i+1)>2
        UVec_3(i+1)=2;
    end
    if UVec_3(i+1)<-2
        UVec_3(i+1)=-2;
    end
    %Compute u by Newton_raphson Method.
    SUsub11=UVec_3(i+1);
    for j=0:100
        aaaaa=SUsub11*sin(pi/4*SUsub11);
        if SUsub11<0
            aaaaa=-aaaaa;
        end
        bbbbb=sin(pi/4*SUsub11)+pi/4*SUsub11*cos(pi/4*SUsub11);
        if SUsub11<0
            bbbbb=-bbbbb;
        end
        if abs(bbbbb)<0.000001 and abs(aaaaa)<0.2
            SUsub12=0;
        else
            SUsub12=SUsub11-(aaaaa-UVec_3(i+1))/bbbbb;
        end
        SUsub11=SUsub12;
    end
    Vvec_3(i+1)=SUsub12*sin(pi/4*SUsub12);
    if SUsub12<0
        Vvec_3(i+1)=-Vvec_3(i+1);
    end
    Vvec_3(i+1)=2.3*Vvec_3(i+1)+0.5*sin(Vvec_3(i+1)); %% 2.3 substitute 1.8
    YVec(i+1)=2*YVec(i)+Vvec_3(i+1);
    y_past(2)=y_past(1);    y_past(1)=YVec(i+1);
    X1Vec_3(i+1)=YVec(i+1); X2Vec_3(i+1)=YVec(i);
end
X0=[0 -.5]'; G=[1 0;3 1]; F=[3 -2;7 -6]; lamadI=10*[1 0;0 1]; y_past=X0';
```

```
oumiga=[1 1]; YVec(1)=y_past(1); Vvec_4(1)=0; UVec_4(1)=0; VLvec_4(1)=0;
X1Vec_4(1)=y_past(1); X2Vec_4(1)=y_past(2);
for i=1:MMMM
    detaVL=-[1 0]*inv(lamadI+G'*G)*G'*F*[y_past'-oumiga'];
    VLvec_4(i+1)=VLvec_4(i)+detaVL;        UVec_4(i+1)=VLvec_4(i+1);
    if UVec_4(i+1)>2
        UVec_4(i+1)=2;
    end
    if UVec_4(i+1)<-2
        UVec_4(i+1)=-2;
    end
    %Compute u by Newton_raphson Method.
    SUsub11=UVec_4(i+1);
    for j=0:100
        aaaaa=SUsub11*sin(pi/4*SUsub11);
        if SUsub11<0
            aaaaa=-aaaaa;
        end
        bbbbb=sin(pi/4*SUsub11)+pi/4*SUsub11*cos(pi/4*SUsub11);
        if SUsub11<0
            bbbbb=-bbbbb;
        end
        if abs(bbbbb)<0.000001 and abs(aaaaa)<0.2
            SUsub12=0;
        else
            SUsub12=SUsub11-(aaaaa-UVec_4(i+1))/bbbbb;
        end
        SUsub11=SUsub12;
    end
    Vvec_4(i+1)=SUsub12*sin(pi/4*SUsub12);
    if SUsub12<0
        Vvec_4(i+1)=-Vvec_4(i+1);
    end
    Vvec_4(i+1)=2.3*Vvec_4(i+1)+0.5*sin(Vvec_4(i+1));%% 2.3 substitute 1.8
    YVec(i+1)=2*YVec(i)+Vvec_4(i+1);
    y_past(2)=y_past(1);        y_past(1)=YVec(i+1);
    X1Vec_4(i+1)=YVec(i+1);     X2Vec_4(i+1)=YVec(i);

end
XX_=[2.465 2.395 2.317 1.761 1.171 0.312 -1.45 -1.38];
YY_=[2.6845 2.6795 2.6497 2.3605 1.9673 1.275 -0.378 -0.42];
XX_=[XX_ -0.465 -0.395 -0.317 0.239 0.829 1.688 3.45 3.38 2.465];
YY_=[YY_ -0.6845 -0.6795 -0.6497 -0.3605 0.0327 0.725 2.378 2.42 2.685];
plot(XX_,YY_); hold;
plot(X1Vec_1,X2Vec_1,X1Vec_3,X2Vec_3,X1Vec_4,X2Vec_4);
```

参 考 文 献

[1] Bloemen H H J, van Den Boom T J J, Verbruggen H B. Model-based predictive control for Hammerstein-Wiener systems. International Journal of Control, 2001, 74(5): 482-495.

[2] Clarke D W, Mohtadi C, Tuffs P S. Generalized predictive control: Part I. The basic algorithm. Automatica, 1987, 23(2): 137-148.

[3] Clarke D W, Scattolini R. Constrained receding-horizon predictive control. IEE Proceedings. Part D (Control Theory and Applications), 1991, 138(4): 347-354.

[4] Davison E J, Smith H W. Pole assignment in linear time-invariant multivariable systems with constant disturbances. Automatica, 1971, 7(4): 489-498.

[5] Dayal B S, MacGregor J F. Identification of finite impulse response models: Methods and robustness issues. Industrial and Engineering Chemistry Research, 1996, 35(11): 4078-4090.

[6] Ding B C, Li S Y, Xi Y G. Stability analysis of generalized predictive control with input nonlinearity based on Popov's theorem. Acta Automatica Sinica, 2003, 29(4): 582-588.

[7] Ding B C, Xi Y G. A two-step predictive control design for input saturated Hammerstein systems. International Journal of Robust and Nonlinear Control, 2006, 16(7): 353-367.

[8] Ding B C, Xi Y G, Li S Y. Stability analysis on predictive control of discrete-time systems with input nonlinearity. Acta Automatica Sinica, 2003, 29(6): 827-834.

[9] Ding B C, Xi Y G, Li S Y. On the stability of output feedback predictive control for systems with input nonlinearity. Asian Journal of Control, 2004, 6(3): 388-397.

[10] Fruzzetti K P, Palazoğlu A, McDonald K A. Nolinear model predictive control using Hammerstein models. Journal of Process Control, 1997, 7(1): 31-41.

[11] Gilbert E G, Tan K T. Linear systems with state and control constraints: The theory and application of maximal output admissible sets. IEEE Transactions on Automatic Control, 1991, 36(9): 1008-1020.

[12] González A H, Adam E J, Marchetti J L. Conditions for offset elimination in state space receding horizon controllers: A tutorial analysis. Chemical Engineering and Processing: Process Intensification, 2008, 47(12): 2184-2194.

[13] Hu T, Lin Z L, Shamash Y. Semi-global stabilization with guaranteed regional performance of linear systems subject to actuator saturation. Systems and Control Letters, 2001, 43(3): 203-210.

[14] Hu T, Miller D E, Qiu L. Controllable regions of LTI discrete-time systems with input saturation. Proceedings of the 37th IEEE Conference on Decision and Control, Tampa, 1998: 371-376.

[15] Kwon W H, Byun D G. Receding horizon tracking control as a predictive control and its stability properties. International Journal of Control, 1989, 50(5): 1807-1824.

[16] Kwon W H, Choi H, Byun D G, et al. Recursive solution of generalized predictive control and its equivalence to receding horizon tracking control. Automatica, 1992, 28(6): 1235-1238.

[17] Lee J H, Morari M, Garcia C E. State-space interpretation of model predictive control. Automatica, 1994, 30(4): 707-717.

[18] Lee J H, Xiao J. Use of two-stage optimization in model predictive control of stable and integrating systems. Computers and Chemical Engineering, 2000, 24(2-7): 1591-1596.

[19] Lin Z L, Saberi A. Semi-global exponential stabilization of linear systems subject to input saturation via linear feedbacks. Systems and Control Letters, 1993, 21(3): 225-239.

[20] Lin Z L, Saberi A, Stoorvogel A A. Semiglobal stabilization of linear discrete-time systems subject to input saturation, via linear feedback-an ARE-based approach. IEEE Transactions on Automatic Control, 1996, 41(8): 1203-1207.

[21] Lundström P, Lee J H, Morari M, et al. Limitations of dynamic matrix control. Computers and Chemical Engineering, 1995, 19(4): 409-421.

[22] Maciejowski J M. The implicit daisy-chaining property of constrained predictive control. Applied Mathematics and Computer Science, 1998, 8(4): 695-711.

[23] Mosca E, Zhang J X. Stable redesign of predictive control. Automatica, 1992, 28(6): 1229-1233.

[24] Muske K R, Badgwell T A. Disturbance modeling for offset-free linear model predictive control. Journal of Process Control, 2002, 12(5): 617-632.

[25] Pannocchia G, Rawlings J B. Disturbance models for offset-free model-predictive control. AIChE Journal, 2003, 49(2): 426-437.

[26] Poubelle M A, Bitmead R R, Gevers M R. Fake algebraic Riccati techniques and stability. IEEE Transactions on Automatic Control, 1988, 33(4): 379-381.

[27] Qin S J, Badgwell T A. A survey of industrial model predictive control technology. Control Engineering Practice, 2003, 11(7): 733-764.

[28] Rao C V, Rawlings J B. Steady states and constraints in model predictive control. AIChE Journal, 1999, 45(6): 1266-1278.

[29] Zhu Q M, Warwick K, Douce J L. Adaptive general predictive controller for nonlinear systems. IEE Proceedings. Part D (Control Theory and Applications), 1991, 138(1): 33-40.

[30] 丁宝苍. 工业预测控制. 北京: 机械工业出版社, 2016.

[31] 丁宝苍. 预测控制稳定性分析与综合的若干方法研究. 上海: 上海交通大学, 2003.

[32] 丁宝苍, 席裕庚. 基于 Kleinman 控制器的广义预测控制稳定性分析. 中国科学: E 辑, 2004, 34(2): 176-189.

[33] 丁宝苍, 席裕庚. 输入非线性广义预测控制系统的吸引域分析与设计. 自动化学报, 2004, 30(6): 954-960.

[34] 丁宝苍, 杨鹏, 李小军, 等. 基于状态观测器的输入非线性预测控制系统的稳定性分析. 第二十三届中国控制会议论文集 (上册), 无锡, 2004.